普通高等教育“十三五”规划建设教材

农林概论

An Introduction to Agricultural and Forest Science

徐小牛　常　成　主编

中国农业大学出版社
·北京·

内 容 简 介

本书主要作为高等农林院校各专业教材，其内容涵盖农业和林业两大部分。其中农业部分主要讲述农业的起源与发展、我国农业生产的特点，特别是种植业生产的内容与特点，同时还介绍了世界上农业生产较发达且具有代表性的国家和地区的农业特点；林业部分重点介绍林业发展、森林资源分布与生物多样性以及森林可持续经营的特点，使读者对我国及世界农业生产有着整体性和概括性的了解。

本书可供高等农林院校学生，农业科研机构、农业及林业相关部门的管理人员使用。

图书在版编目(CIP)数据

农林概论/徐小牛，常成主编. —北京：中国农业大学出版社，2016.7(2017.8重印)
ISBN 978-7-5655-1636-8

Ⅰ.①农…　Ⅱ.①徐…②常…　Ⅲ.①农业－高等学校－教材②林业－高等学校－教材
Ⅳ.①S

中国版本图书馆CIP数据核字(2016)第156284号

书　名　农林概论
作　者　徐小牛　常　成　主编

策划编辑　王笃利　姚慧敏　　**责任编辑**　冯雪梅
封面设计　郑　川
出版发行　中国农业大学出版社
社　址　北京市海淀区圆明园西路2号　　**邮政编码**　100193
电　话　发行部 010-62818525,8625　　读者服务部 010-62732336
编辑部 010-62732617,2618　　出　版　部 010-62733440
网　址　http://www.cau.edu.cn/caup　　**E-mail** cbsszs@cau.edu.cn
经　销　新华书店
印　刷　北京鑫丰华彩印有限公司
版　次　2016年8月第1版　2017年8月第2次印刷
规　格　787×1 092　16开本　21印张　520千字
定　价　46.00元

《农林概论》编委会委员

主　编　徐小牛(教授)　　常　成(副教授)

副主编　王　滨(副教授)　朱宗河(副教授)

主　审　张文明(副教授)

编　委　(按姓氏笔画为序)

王　滨(博士,副教授)　　王成雨(博士,讲师)

王晓波(博士,副教授)　　刘西军(博士,副教授)

朱宗河(博士,副教授)　　张文静(博士,副教授)

陈庆全(博士,副教授)　　宋　贺(博士,讲师)

何海兵(博士,讲 师)　　郑文寅(博士,副教授)

武　丽(博士,副教授)　　徐　斌(博士,教授)

徐小牛(博士,教 授)　　陶　晓(博士,讲师)

常　成(博士,副教授)　　黄庆丰(博士,教授)

黄　婷(硕士,副教授)

前　　言

《农林概论》主要是为全国高等农林院校各专业学生编写的教科书，其中农业部分主要讲述了农业的起源、发展阶段、我国农业发展概况、种植业的特点以及农业发达国家和地区的农业生产特点；林业部分重点介绍了林业发展概况、森林资源分布及特点、森林生物多样性及重要森林树种、森林资源培育与可持续经营、森林有害生物控制以及森林资源科学利用等内容。编写这本教材的目的是让学生，特别是非农林专业的学生对农林业有个全面了解，激发其对农林业生产的兴趣。

本书分为两篇共十一章。其中农业部分共有五章，由常成统稿、张文明主审，具体分工：第一章由黄婷编写，第二章由黄婷和宋贺编写，第三章由王成雨、王晓波、常成编写，第四章由郑文寅、朱宗河、武丽、陈庆全、王晓波、张文静、何海兵、王成雨、宋贺编写，第五章由常成、王晓波编写。林业部分共有六章，由徐小牛统稿，具体分工：第六章由徐小牛编写，第七章由陶晓编写，第八章由刘西军编写，第九章由黄庆丰编写，第十章由王滨编写，第十一章由徐斌编写。在编写过程中得到安徽农业大学教务处和中国农业大学出版社的大力支持和帮助，在此深表感谢。

本书涉及内容较为广泛，缺憾和不足之处在所难免。恳请各位专家、学者和读者批评指正，以便及时修订和改正。

编　者

2016 年 1 月

目　录

第一篇　农业部分

第二篇　林业部分

第一篇

农业部分

第一章 绪论——农业的起源

农业是人类社会最基本的物质生产部门，而农村是农业生产主要区域。与其他物质生产部门通常仅仅提供物质产品相比，农业生产除了具有经济价值外，还具有重要的生态环境和文化价值。随着生产力的发展和社会的进步，农业在国民经济中的比例逐步降低，但其对人类社会发展的基础性没有下降，只是以其他方式来体现。

根据古人类学家的研究，人类的历史大约可以追溯到300万年以前，而农业起源恐怕要追溯到1万年以前。根据生产力发展水平划分，世界农业经历了原始农业、传统农业和现代农业三个阶段。

一、农业的起源背景

农业伴随着人类的起源而产生。在出现农耕以前数百万年的漫长岁月里，人类的祖先以采集和渔猎为生。人类逐渐学会了用人工方法改善野生植物的生长环境或者模仿自然的生长过程以增加采集物的数量，之后又进一步学会了人工驯化野生动植物并加以饲养和种植，从而逐渐掌握了畜牧和农耕技术，原始农业因而产生、发展。当农业起源时，还没有文字记载，只有一些口口相传的神话传说流传下来。中国是人类的发祥地之一，也是四大文明古国之一，早在距今1万年左右，农业开始在中国出现，原始农业初步发展。公元前21世纪—公元前771年，中国由原始社会进入奴隶制时代，原始农业也逐渐向粗放农业转变，为后来农业的长足发展创造了条件。

距今170万—1万年前，已有脱离动物界的原始人类生活在这片辽阔的大地上。当时还没产生农业，原始人类以采集和渔猎为生，史称旧石器时代，然而，随着人口的增长，人类常常面临饥饿的威胁。如何获得稳定而可靠的食物来源成了农业起源的动力。距今1万—4 000年前，也就是史称的新石器时代，生活在这块土地上的先人们创始了农业。一般认为，采集活动孕育了原始的种植业，狩猎活动孕育了原始的畜牧业。从最原始的社会进化到现在，农业也发展到了一定的技术高度。中国农业发生最早的地区是黄河流域和长江流域。黄河流域土壤疏松肥沃，气候温暖干燥，为原始农业的发生与发展提供了良好的自然条件。考古学资料表明，黄河中游的磁山和裴李岗文化距今已有8 000年历史。遗址中发现大量粟类作物，有的窖穴堆积达2m以上。从出土工具看，不仅有石斧、石刀、石铲、石镰等种、管、收农具，还有石磨盘和石磨棒等粮食加工工具。此外，还表现有猪、狗、鸡的遗骸，说明当时已经形成农牧混合型农业经济。有学者根据20世纪80年代发现的谷物种植的遗迹、遗址从而断定中国农业起源于以裴李岗文化、磁山文化和河姆渡文化为代表的新石器时期前期，并得出中国是世界上农业起源的中心之一的结论。

对于原始社会，农业就已经在人类的采集活动中开始了，当时男成员从事狩猎(渔猎)，女成员则担任采集工作。这种分工习惯到了唐代还有保留，当时云南的裸行蛮，即是“其妻入山林，采拾虫鱼菜螺等，归啖食之”。这些女成员长时间和植物接触，通过不断的观察，自然会逐步认识到植物的生长过程——种子入土，经过发芽、成长，最后开花结果。于是，她们好奇地进行了模拟式的试种，当然这其中必然需要经过无数次的失败，才逐渐摸索出播种的方法。

在种植业开始发展的同时，孕育于狩猎经济中的畜牧业也逐渐萌芽。即当人们在狩猎的过程中，有意识地选择一些比较驯服的动物(起初是小的)留在身边，慢慢地就饲养起来。由于狩猎的需要，最先驯养的动物可能是狗。七八千年前的长江、黄河流域新石器时代遗址中已发现有猪骨和狗骨。长江流域的遗址中除猪骨外，还有水牛骨骼。到四五千年前，家畜饲养进一步发展，狗、猪、牛、羊的数量增加了。山东章丘龙山镇城子崖遗址出土有大批零整兽骨，其中有马骨。陕西陕县庙底沟和辽宁大连市羊头洼遗址都发现鸡骨，说明马和鸡也在新石器时代晚期成了饲养的家畜、家禽。后世所称的“六畜”此时都已被人们驯养了。游牧民族生活的地区，考古发现较多的是牛、羊、马的骨骼，猪骨比较少见。养猪业的异常发展，是与中国农业中种植业紧密联系在一起的。中国是世界上最早饲养猪的国家之一。裴李岗遗址已出土有猪骨，河姆渡遗址出土了一只小陶猪。考古发掘的许多新石器时代遗址表明，凡是主要从事农业生产的氏族部落，都饲养以猪为主的家畜。还有一种可能是当人们吃食物的时候，一些比较驯服的动物就跟随在人们身旁拣拾残食，人们便留它们在身边喂养。当狩猎不到动物，衣食无着落时，就用它们来补充。畜牧业就是在这种情况下逐渐发展起来的。

一般认为，从旧石器时代晚期农业就已经开始，到了新石器时代，种植业和畜牧饲养在原始社会经济中，已占着主导地位，采集和狩猎至此降至次席。在农业和畜牧业没有发明以前，由采集和渔猎活动而得到的野生动植物是人们食物和生活资料的主要来源，在很大程度上受限于大自然。只有农业出现后，人们才改变了人与自然的关系。人们能够从一小块土地上获得的食物，和在较大土地上采集狩猎获得的一样多。人在农业生产实践中应用了有关生物繁殖的知识，依靠自己的活动来增殖天然产品，找到了较稳定可靠的衣食来源。从此人们在自然界就取得了一些主动。所以，农业出现后很快成为我国古代社会的基本生产部门。由于农业的逐步发展，人们可以生产出除满足生产者本身所需之外的剩余粮食，这是城市出现，农业和畜牧业、手工业分工，特别是脑力劳动得以从体力劳动中分化出来的物质基础。农业的出现是具有划时代意义的大事，它是文明的基础。

因此，原始农业生产结构的发展可分为3个阶段：①以采集渔猎结合为主，种植业不占主要地位。②以种植业为主，采集渔猎居次要地位。③种植业进一步发展，畜牧业产生，以至种植业和畜牧业结合，采集渔猎仍作补充。而从原始农业种植的作物来看，可分为两个阶段：无性繁殖作物和种植繁殖作物。

二、农业起源原因和条件

农业起源一向被作为中石器时代的重要课题和新石器时代开始的标志而备受考古学家的关注。长期以来，经过考古学家、历史学家、社会学家、农业学家等的不断努力，这方面的研究成果已颇为丰硕。关于农业起源，首先，很多学者认为环境变化是导致原始农业出现的原因。

距今约1万年前，由于气候的波动，必然会造成中国动植物资源的巨大变化，动植物的减少尤其是各种易猎可食动物的大幅减少，使得中国南北两地的居民面临越来越大的生存压力。而这一阶段一开始的急剧升温及以后的渐趋稳定，为谷物驯化的成功提供了良好的气候条件。正是在这一阶段，中国南北两地几乎同时进入原始栽培农业的诞生阶段。其次，有些学者认为人口压力是原始农业发生、发展的原因。另外还有一些学者认为原始农业的产生是出于人类发展的需要及人类定居生活的出现。

而农业的起源，就像种植庄稼需要合适的土壤一样，也需要一定的条件，主要有以下四个方面：

(一)人类的进化

农业经济，是一种高级类型的经济生产部门。这种生产活动的开展，不仅要依赖于自然界，而且要依赖于人类的智慧和才能。只有人类自身文化水平不断提高并达到一定程度后，农业经济才有可能被发明。但直到进化到新人阶段，人类还不能摆脱渔猎和采集的生活。然而，体质进化是不可更改的方向，人类越来越聪明了，经验越来越丰富了。直到撒下了第一颗种子后，人类从此开始了改造自然为自己谋取幸福的伟大进程。

(二)天然食物的不足

随着人口的增加，资源消耗加大了，根据推断，在旧石器时代末期，地球上的人口还不足300万，到新石器时代就增加到了5 000万。另外，工具的改进，也加大了对资源的消耗，地球上的最后一次冰期，使许多动植物大量减少。一方面是人口和人们欲望的增长，另一方面是动植物资源的减少，这种尖锐的矛盾仅仅用原来的渔猎和采集方法是无法解决的，只能另寻出路，用农业这种方式来生产食物。

(三)采集经验的积累和丰富

漫长的采集生活，使人类积累了开展原始农业生产所必须具备的一些知识，这是原始农业赖以产生的技术基础。处于旧石器晚期的人们在采集野生果实的过程中，有关作物栽培的初步知识也开始萌芽。

(四)各种农业生产条件的诞生

原始农业的生产条件，首要者在于生产工具、贮藏条件和氏族组织等几个方面。

(1)旧石器时代晚期，石器向细小化方向发展，为前农业生产工具的产生提供了可能条件。此时期用于采集野生谷穗的石刀已在多处遗址中发现，如在贵州出土的穿洞骨铲是新石器时代用于翻土的骨铲的起源。这些生产工具的重大进步，意味着采集狩猎经济的发展已经到了农业的“前夜”。

(2)贮藏器皿的出现同样是原始农耕文化赖以生产的重要条件。农业经济是生产周期较长且受季节性气候制约严重的一种经济部门。农业生产的周期性和季节性决定了食物来源的间歇性和难以保证性。因此，农产品贮藏不仅是保证食物连续供应的重要措施，而且是农业生产下一个周期能够得以开展的根本保证。

(3)氏族组织是农耕文化必不可少的社会保障。在氏族组织内部，古人类共同采集或狩猎，就如现代社会是现代化大生产的组织形式一样，氏族组织为原始农业中的分工合作提供了组织框架，有效的分工合作又保证了生产的持续性和技术经验的积累及继承。

三、农业起源有文献记载的传说

目前文献记载的关于中国农业起源的传说大概有以下四种：

(1)神农氏，史书记载："...... 神农，因天之时，分地之利，制耒耜，教民农作，神而化之，使民宜之，故谓之神农也。"

(2)柱，是神农之子。此说见于《左传·昭公·昭公二十九年》，柱自幼跟随神农从事农业，焚烧山林，开垦耕地，熟悉农活，使本氏族得以兴旺，后来就也被人们当作农神来祭祀。神农因发明农业使本氏族从游牧生产转变为农耕生产，得到人们的敬重，而到了其子柱的时期，由于农业生产得到很大发展，已能供养本氏族，无须再像过去游牧时期"逐水草而居"那样飘泊不定，开始定居生活。这在当时无疑是一个划时代的成就，人们敬仰柱也是理所当然的。

(3)轩辕氏，即黄帝，不少人认为他才是农业的创始者。在《史记·五帝本纪》中有相关的记载："轩辕乃修德振兵，治五气，艺五种。"

(4)后稷，名弃，即周民族的祖先，是首创农业的。在《诗经》里就有很多篇章歌颂他的功德。后稷是周族的始祖，也是该族农业生产技术的缔造者，故被后人尊为农神。有的人说他是黄帝的后裔，有关后稷的文献资料要比神农、柱、黄帝等详细、完整得多，对其从事农业生产的情况也更为具体。后稷的母亲姜嫄因踩了巨人的脚印而怀孕生出了后稷。后稷出生后，他的母亲认为是不祥之兆，就把他丢弃了，没料到把他丢到路上后，来往的牛马都躲避他，不愿踩到他，将他丢到结了冰的河中，也冻不死他，有鸟飞来用羽毛覆盖他替他保暖。他的母亲看到这些，十分惊讶，于是就把他带回家抚养成人。后稷在小时候就很有农业天赋，喜欢栽培种植各种作物，长大后就教人们进行农业耕作，被后世许多人认为是农神。稷最早就是后稷栽培的作物，后来人们就以此来作为他的名字。社稷一词就是地神与农神的合称。

农业起源对人类社会产生了非常重要的影响，它提供了人口大规模的集聚物质基础，使人类得以利用群体的智慧和力量来改造自然，促进社会结构向高层次演进。

思考题

1. 简述农业起源的条件。

第二章 农业发展阶段

农业的发展与社会生产力的提高、生产关系的进步密不可分，其发展大致可分为原始农业、传统农业和近现代农业。

第一节 原始农业

原始农业（10 000 年前—2 700 年前，持续 7 300 年）大约形成于新石器时期，当时仅仅是以人力利用木器、石器、骨器等最简单的工具，进行最原始的种植业和养殖业。没有技术支撑，不懂得施肥灌水等技术措施，人类只能适应和利用自然，而改造自然的能力极其微小。

一、原始农业的初始阶段

远古人类为了维持生存，只有依靠采集和捕捞自然界里现成的动植物果腹，还不能以自己的劳动去增加动植物的产品数量。这时一切的技术进步都是为了寻找到更多的食物。在旧石器时期，远古人类以粗制的、没有磨制的石器为工具，而且学会了用火，这是该时期的重要特征。人类可以用火烧烤鱼肉和含淀粉植物的块茎、块根，从而使他们可以拓展寻找食物的地区，因此，他们在世界的许多地方居住了下来。当代考古学家在世界各地都发掘出旧石器这一事实就是证明。在这个时期里，人类也学会使用粗制的棍棒和标枪，因此出现狩猎，但由于工具极为原始，仅靠狩猎不能捕捉到维持生命最低数量的食物。所以，采集植物和捕鱼是当时人类劳动和生活的主要内容。但是，无论是采集还是狩猎都只是利用自然界现成的动植物，而不是去生产，即增加动植物的产品。

二、原始农业的发展阶段

该阶段出现在新石器时期。人类学会了以打磨制作石器为工具，并发明了弓箭，这是该阶段的重要特征。弓箭的发明和使用是当时的重大技术进步，它使打猎成为人类普通的劳动，也使肉食成为人类的日常食物。人类从多余猎物中发明了驯养动物的方法，从此开始形成原始的畜牧业。他们也懂得了把磨制好的石器缚在棍棒上作为武器和工具使用，懂得了用石器削制木质用具和容器，加上在长期的采集植物过程中找到了适于种植的谷物的籽粒，因此就形成了原始的种植业。

驯养繁殖动物和种植谷物，使新石器时期的人类开始定居生活并形成村落。当代考古学家已在世界各地多处发掘出新石器时代的陶器。这就证明，人类的祖先是在新石器时期开始其定居生活的，因为陶器只有在定居的环境下才能制作。而陶器的制作，又标志着人类文化史上蒙昧时代的结束和野蛮时代的开始。

三、原始农业的生产技术

原始农业的过程可以概况如下：

用火→移居→棍棒→弓箭→狩猎→驯养
↘石斧→种植→定居制陶

这个过程说明，是技术进步促进了原始农业的发展，而原始农业的发展又推动了人类文明。原始农业的技术进步首先表现在生产工具上，从粗制的棍棒和石器工具发展为精心打磨过的石制、骨制和木制工具，还出现了极少量的青铜制工具。其次表现在工作方法上，从只会采集发展到刀耕火种乃至锄耕火种，出现了原始的烧垦制。第三表现在对野生动植物的驯化上，从单纯猎取野生动物，采集野生植物的籽粒，发展到对某些野生动植物进行驯化，使之可以饲养和种植。最后表现在对农业生产条件的改造上，原始人类从对自然环境的绝对依赖发展到在很小的范围内对自然条件作某些改善，使之有利于农业的发展。

第二节　传统农业

到了传统农业阶段(2700年前—100年前，持续2 600年)，随着役畜的使用、金属农具的出现，农业进入一个新的阶段。这个过程，欧洲始于古希腊和古罗马的奴隶社会时期，我国始于春秋战国或秦汉时期。农业动力已由单纯依靠人力转向人畜并用，同时生产工具也有了改进，农业生产已积累了一些经验，掌握了施肥灌水补充作物所需养分和水分可以增产，休闲、换茬等措施可以调养恢复地力且有利于提高作物产量等简单技术。

传统农业是在自然经济条件下，采用人力、畜力、手工工具、铁器等手工劳动方式，靠世代积累下来的传统经验发展，以自给自足的自然经济居主导地位的农业，是采用历史上沿袭下来的耕作方法和农业技术的农业。传统农业具有低能耗、低污染等特征，在当今时代依然发挥重要作用。

基本特征是：金属农具和木制农具代替了原始的石器农具，铁犁、铁锄、铁耙、耧车、风车、水车、石磨等得到广泛使用；畜力成为生产的主要动力；一整套农业技术措施逐步形成，如选育良种、积肥施肥、兴修水利、防治病虫害、改良土壤、改革农具、利用能源、实行轮作制等。传统农业在欧洲是从古希腊、古罗马的奴隶制社会(公元前5世纪—公元前6世纪)开始，直至20世纪初叶逐步转变为现代农业。

传统农业技术状况长期保持不变，农民对生产要素的需求长期不变，传统生产要素的需求和供给处于长期均衡状态。传统农业是由粗放经营逐步转向精耕细作，由完全放牧转向舍饲或放牧与舍饲相结合，利用改造自然的能力和生产力水平等均较原始农业大有提高。传统农业的特点是精耕细作，农业部门结构较单一，生产规模较小，经营管理和生产技术仍较落后，抗御自然灾害能力差，农业生态系统功效低，商品经济较薄弱，基本上没有形成生产地域分工。传统农业从奴隶社会起，经封建社会一直到资本主义社会初期，甚至现在仍广泛存在于世界上许多经济不发达国家。中国是一个历史悠久的农业古国,历来注重精耕细作,大量施用有机肥,兴修农田水利发展灌溉,实行轮作、复种,种植豆科作物和绿肥以及农牧结合等。在发展现代农业的同时,仍需保持和发扬中国传统农业特点,逐步走"生态农业"和"现代农业"道路,建设优质、高产、低耗的农业生态系统,提高农业生产水平。

第三节 近代农业

一、近代农业基本特征和产生背景

近代农业是传统农业向现代农业转变的过渡阶段。与传统农业相比,近代农业的劳动生产率有着显著的提高。近代农业在近代工业革命和自然科学成就的推动下,用机械和电力工具替代了手工工具和畜力农具,用化学肥料补充了天然有机肥肥料,用人工培育品种替代了农家传统品种,用近代科学技术提升了农业生产经验,用农业商品化生产取代了自给自足的小农生产方式。因发展不平衡,各国的近代农业时期并不一致。大体来说,发达国家近代农业是从19世纪中叶到20世纪40年代,大约100年的时间。我国近代农业主要是从1840年鸦片战争至新中国建立这段时期。这一段时期里,世界的经济、文化和政治格局都发生了剧烈的变化,在很多领域内出现了大量突出的成就,也出现了很多尖锐的矛盾。这些巨大的变革,推动着农业生产力的提高,加速着农业商品化的进程。

近代农业产生的条件离不开近代农业革命和农业资本主义化。国内外对农业革命的定义和时期有着不同看法。以英国为例,农业史学家认为农业革命主要发生在1750—1880年,他们把新耕作制度的应用和农业生产技术的革新看成农业革命的重要内容。马克思认为农业革命主要是指圈地运动造成的土地所有制的变革,以及耕作方法的改进和生产资料的积累,这一过程从15世纪70年代一直持续到18世纪中叶。

国内不少学者认为,英国的农业革命开始于15世纪后30年代,到19世纪中叶,主要包括两个内容:第一,通过圈地运动实现的土地所有权的变革;第二,农业生产技术的革新。圈地运动转变封建所有制的村社公有制用地为资本主义完全私有制土地,适应了资本主义大工业和大城市发展需要的商品化农业的需求,把大批固着于土地的农民变成自由的劳动者,为大工业和大农业的发展提供大量劳动力,使原有的生产者脱离了生产资料,实现了资本的原始积累。此外,农业技术的变革包括新畜种改良、新作物的选育和栽培、耕作等技术的进步。在15—16世纪,块根作物(土豆、胡萝卜等)和牧草(紫花苜蓿、三叶草、黑燕麦)的种植就已经逐渐推广开来,诺福克轮作制替代了传统的耕作制度。圈地运动和农业生产技术的革新两个方面内容缺一不可,其中圈地运动是农业革命的基础,是主导因素,因为很多先进农业技术在中国、印度等封建国家存在了上千年,但它们始终是封建农业经济,没有实现农业的革命。圈地运动改造了封建土地制度,扫除了资本主义农业发展的障碍。

与经济发达国家不同,我国近代农业在1840—1949年间,自然灾害频发,战乱不止。比如,1931年长江中下游特大洪水,淹没农田5 000多万亩,灾民2 800余万,死亡14.5万人。加上长期受到战争的破坏,灾民大增,导致很多耕地荒芜,农业生产更为低落。到1949年,全国除薯类作物外,所有农作物产量均较历史最高年产量急剧下降。与此同时,残酷的田赋、地租、劳役，加上帝国主义列强通过不平等条约在华取得的特权，对我国农业生产都产生了较大的冲击。

二、近代农业生产工具的进步

机械力代替全部或部分畜力是近代农业的重要特征之一。1805 年第一台割草机出现。1811 年英国人史密斯取得了收割机的专利。1820 年英国布朗发明了收割机。1825 年美国制造出第一台马拉棉花播种机。1936 年美国的海勒姆·穆尔和约翰·哈斯寇制造了第一部联合谷物收获机，它能同时完成小麦的收割及脱粒工作。这种收割机由 20 匹马拖动，用装于侧面的轮子驱动内部的机械。由于马队较为庞大，又难以驾驭和指挥，机动性能和效率较低，且成本过高，很难推广和应用，但它的发明给人们看到机械化在农业中应用的前景。1889 年第一台棉花收割机在美国制造出来，随后第一台实用联合收割机在美国问世。到 20 世纪早期，脱粒机经过改进之后，其结构和性能已比较完善。

工作机的逐步完善和使用，使人们对效率更高的动力机的需求变得更为迫切，为满足这一需求，拖拉机应运而生。19 世纪初，瓦特蒸汽机问世，它首先被应用到带动蒸汽脱粒机的固定作业上，随后被应用到一些移动的机械上。1874 年，蒸汽拖拉机在法国问世，被绳索引着进行耕地作业。1889 年，第一台内燃机拖拉机在美国产生，随后被广泛应用。1892 年，在美国第一台实用的汽油拖拉机出现。1931 年更强动力和效率的柴油拖拉机在美国问世。同时内燃拖拉机也逐步走向成熟，它们为联合收割机、中耕机和耧草机等机器的广泛应用创造了条件。

美国在 1910—1940 年间，基本实现农业机械化。随后，德国、英国、法国和日本等也相继实现。我国首见于晚清时期，1880 年的《益闻录》记载："天津有客民在距津一百五十里地方，租荒地五万亩，概从西法，以机器从事"。受政府提倡振兴实业，鼓励官商控股或利用华侨资本购置机器的影响，到 1908 年，我国就引进了新式拖拉机、采油机、播种机、收割机和脱粒机等新式农具。

三、近代农业生产技术的发展

近代农业处在人类的第二次科技革命时期，这一时期物理学、数学、化学、生物学等突出性成果大量涌出，并进入农业领域，极大地提高了人类对农业科学的认识和农业生产力水平。

在化学方面，被称为"有机化学之父"的德国化学家李比希，在 1840 年出版的《化学在农业和植物生理学中的应用》一书中，通过大量的试验结果论述了植物、土壤和肥料营养物质的变化和相互关系，并提出了元素平衡理论和补偿学说。他认为作物收获后会带走土壤中的营养物质，导致土壤肥力水平的下降，但施用有机肥和化肥可以恢复和提高土壤的肥力和作物产量。李比希的理论，促进了近代化学肥料工业的产生，使施用人工肥料的做法日趋普及，开辟了提高作物产量的新办法。在李比希的研究基础上，传统的耕作技术发生了巨大的变化，变低产农业为高产农业，变低投人农业为高投入农业，使原来依靠生物能源的农业开始愈来愈多地依靠矿物能源，促进了石油农业的发展。

在合成化学方面，1874 年，德国欧特马-勒德勒就已发现，用氯苯和三氯乙醛反应生成一种叫滴滴涕(DDT)的物质，该物质在 1939 年被瑞士化学家米勒证明具有杀虫效力，随后被开发成除虫剂。1878 年，法国植物学家米拉德在散步的时候发现喷洒过蓝白相间东西的葡萄树丝毫没有染上当时流行的葡萄霉叶病，经打听才知道白蓝相间的东西是由熟石灰和硫酸铜溶液混合而成，是庄园主人用来恐吓馋嘴过路人的“毒药”。在进行试验后，在1885年，该“毒药”被命名为波尔多液，推荐对抗葡萄的霉叶病。波尔多液随后被证明有很强的杀菌性，被制成杀菌剂，广泛应用到防治蔬菜、果树、棉和麻等的多种病害上。1934年，法国人杜皮尔合成了六六六。1938年德国人系拉台尔合成八甲磷，并在6年后，又合成了有蒜臭味的对硫磷。这些化学制剂可以有效地杀死许多昆虫，且成本低廉，易于制造，被大量生产和应用。1895年法国和美国发现并应用硫酸铜除去十字花科的杂草而不伤害禾本科的杂草，从而开启了化学除草的开端。在20世纪40年代，2,4-D的出现，又大大促进了化学合成除草剂的发展和应用。1931年荷兰化学家柯尔从人尿中分离出一种叫吲哚乙酸的物质，可以诱导胚芽鞘弯曲，从而开启了作物生长调节剂的开发进程。此外，在1909年，德国物理化学家哈伯在实验室中将氮气和氢气在一定条件下合成了氨，随后在1911年底，德国工业化学家博施在巴登苯胺纯碱公司使哈伯发明的合成氨法实现了工业化生产。合成氨技术除了可以生产出炸药外，还能合成造福人类的化肥。

在生物方面，1938年德国植物学家M.J.施莱登提出植物是由细胞组成的，植物的发育从单细胞开始。次年，动物学家施旺进一步证实了动物和植物细胞从整体而言结构是相似的，细胞是生物体的功能单位。细胞学说的创立，有力地推动了生物学的发展。1859年，英国生物学家达尔文在环球航行中对动植物和地质结构等进行了大量的观察和采集后，出版了《物种起源》，提出了生物进化论学说，学说指出世界的所有生物都在自然选择和适者生存的规律约束下下生存和进化。1865年，被誉为“现代遗传学之父”的奥地利生物学家孟德尔，通过豌豆实验，发现了遗传规律、分离规律及自由组合规律，并首次提出生物遗传因子的概念。1909年，美国遗传学家和胚胎学家摩尔根，偶然在一群红眼果蝇中发现了一只白眼雄果蝇，进而利用果蝇进行杂交试验，揭示了位于同源染色体上不同座位的两对以上等位基因的遗传规律，即著名的连锁与互换规律。这些发现使遗传学研究从个体水平发展到细胞水平。

在细胞学说、进化论和遗传学的基础上，近代农业良种选育技术开始快速发展并逐步走向成熟。1908年美国人舒尔为玉米杂交奠定了理论基础。1921年美国康涅狄格州农业试验站推广杂交玉米种，随后在1930年，美国农业部门将科学家选育的杂交玉米种向农民推广。1933年美国杂交玉米的播种面积仅占全国播种面积的0.4%，但仅过10年后，杂交玉米的播种面积占全国玉米播种总面积的59%。1945年，美国中西部11个州播种的全部是杂交玉米，增幅达到50%～90%。我国在1925年也开展了杂交玉米的育种工作，到30年代，各地育种家先后育成一批玉米双杂交种。比如燕京大学农学院卢纬民先生，在1935年将258个玉米测交进行试验，产量比对照高出43%。虽然受到战争影响，推广不大，但为我国玉米品种改良事业奠定了深厚的基础。

近代农业阶段，作为生物学科重要分支的免疫学也有了一定的发展。比如1881年，德国微生物学家巴斯德观察发现患过某种传染病并得到痊愈的动物，以后对该病有免疫力。以此为启发，用减毒的炭疽、鸡霍乱病原菌分别免疫绵羊和鸡，获得成功。

综上所述，由于生产工具和科技的进步，以及其他领域的影响，近代农业生产力得到极大的提高，进而促进社会分工，从此农业的自然经济被商品经济取代。

第四节　现代农业和未来农业

一、现代农业基本特征和产生背景

现代农业是一个动态和历史的概念，它从 20 世纪中叶发展至今，是农业发展历史上一个重要阶段。现代农业主要是指广泛应用现代科学技术、现代工业提供的生产资料、现代科学管理方法、高效快捷的信息系统和社会服务体系服务的良好生态环境支持的农业。第二次世界大战以后，世界各国都致力于科技和经济的发展，进而有力地推动了现代农业的发展。

现代农业的基本特征是：①实现农业生产条件、基础设施和物质装备现代化；②实现农业科学技术和生产模式的现代化；③实现经营方式、管理技术和管理手段的现代化；④实现农业生产的规模化、专业化、区域化，具备较高土地产出率和劳动生产率，使农业成为高度商品化产业；⑤实现农业生产的可持续性，对区域生态环境友好。

目前发达国家的农业基本上实现的是现代农业。根据不同的国情，西方国家逐步摸索出三种不同现代农业模式。第一种模式：人少地多，劳动力短缺型。代表的国家有美国、澳大利亚和加拿大等。它们使用大量农业机械提高农业生产率和农产品的总量。目前美国依靠农业机械的广泛应用，用 600 万的农业人口，养活着 3 亿美国人，还使美国成为最大的农产品出口国。第二种模式：人口密度大，耕地资源短缺型。代表国家有荷兰、以色列、日本和韩国等。它们主要以提高资源利用效率、单位面积产量和种植高附加值农产品为特色。比如人口密度大约每平方千米 400 人的荷兰，根据国家气候特点和国情，避开销售价位低的禾谷类作物生产，大力发展畜牧业和高附加值的园艺业，曾经为温饱发愁的小国，一跃成为全球第一大蔬菜出口国和全球第三大农产品出口国。第三种模式：土地和劳动力水平适中型。比如法国、英国和德国等。它们主要以提高劳动生产率和土地生产率兼顾为目标。比如法国为了防止土地分散，规定农场主的土地只允许一个子女继承，同时国家还实行“以工养农”政策，且政府出钱培训农民，使得法国成为世界上第二大农产品出口国和世界第一大农产品加工品出口国。和西方发达国家相比，我国现代化农业之路还较为漫长，但从发达国家现代农业发展模式看，农业现代化道路没有固定不变的模式，要根据国情，从实际出发，不断加大科技进步和制度创新的力度，走具有中国特色的现代农业发展道路，必能使我国农业尽快全面地步入现代农业发展阶段。

二、现代农业生产工具的进步

农业机械化是农业现代化进程不可逾越的阶段，农业机械化水平是衡量农业生产力和农业现代化水平的重要阶段。在现代农业阶段，农业机械化水平得到了长足的发展。

农用拖拉机是农业生产中重要的动力。1973 年，世界拖拉机数量达 1 400 万台以上。此外，拖拉机的结构和性能也得到巨大的提高。液压转向装置的应用，解决了四轮驱动拖拉机转向困难的问题，铰接式转向大大降低转向半径，从而促进了大功率四轮驱动拖拉机的发展。20 世纪 80 年代，四轮驱动型拖拉机的数量就已经超过两轮驱动型拖拉机 35％以上。此外，无论是农用大型拖拉机还是小型拖拉机，目前单机的作业平均效率在不断增加。与 1945 年相比，在 1983 年平均每台拖拉机效率提高了 1.5 倍。为了降低成本，方便使用和生产，拖拉机及其零部件开始系列化、通用化、标准化生产。拖拉机的安全性、操作轻便性和工作环境的舒适性也越来越受到重视，舒适的驾驶室和简洁的仪表盘都可以改善驾驶员的工作条件和工作质量。

拖拉机的广泛应用推动了其他农机具的发展。1956 年，美国停止生产脱粒机，谷物收获全部采用谷物联合收割机。谷物联合收割机能够一次完成谷类作物的收割、脱粒、分离茎秆、清除杂余物等工序，从田间直接获取谷粒的收获，从而节省了人力物力，大大减轻了农民的负担。目前联合收割机已是大田作业不可缺少的农业机械，用其收割小麦，可比一般人工收割减少脱粒损失 5%～8%，一天一台可收获小麦 400～500 亩（1 亩＝666.67 m^2）。使很多过去认为无法实现机械化的农业作业项目都实现了机械化操作。比如玉米、棉花、油菜收获机、秸秆打捆机、饲草收割机、青贮饲料打包机等都先后被制造出来，并被广泛投入使用。二次大战前，马铃薯、红薯、甜菜和胡萝卜等块茎作物因其和土块区分困难，难以实现机械化收获，主要采用人工收获。战后，由于引入了区分块茎和土块的技术，块茎类收获机被发明出来，并被很快推广使用。目前发达国家的绝大部分蔬菜和水果也已经实现了机械化收获。比如甘蓝收获机，主要由回转式拔取装置、顶部压紧装置、切根装置、夹持链、杂质出口、甘蓝箱和输送装置等组成。果品收获机一般包括果品采收机和果品分选机。生产上应用比较多的果品采收机是推摇式和撞击式机械振动采收机。果品分选机可以根据果品的尺寸特征、重量和色泽进行分选。

在畜牧业生产方面许多操作也开始实现机械化操作。比如，机械挤奶器的应用。20 世纪初，橡胶内套真空吸奶的挤奶器在英国、新西兰、澳大利亚、丹麦等国开始发展，到 60 年代末，就开始采用管道式挤奶设备并实现自动化。到 70 年代末，瑞典生产的两节拍挤奶器，其真空度和脉动频率均能随奶流速度的变化而变化，同时美国发明了单奶杯自动脱落回收的自控挤奶器。在英国 1970 年几乎所有的乳牛场全部使用挤奶器。在养禽业，电热孵化器得到长足的发展，比如美国在 1934 年为 2.4 万个，到 1953 年就达到 8 万个。

目前在农业作业中，无人机因其工作适应性好、操作灵活、效率高等优势在农业作业特别在农业植保方面也正在和其他农业设备一样得到广泛的运用。专业农用无人机与农作物的距离最低可保持在 1～2 m 的固定高度，规模也能达到每小时 80～100 亩，其效率要比常规喷洒至少高出 100 倍。采用远程操纵飞机，农药对施药人员的危害也可以大大降低。目前无人机的使用已经成为现代农业的“新宠”。

利用局部网络或互联网等通信技术把传感器、控制器、机器、人员和物等通过新的方式联在一起。物联网工具，目前正在现代农业中广泛应用起来。它能通过布置多层次的物联网传感器网络监测系统对环境信息和动植物信息进行在线监测，同时通过接收信号，对水肥投入、减灾避灾等进行实时控制，达到农业生产的精准高效健康发展。

三、现代农业生产技术的发展

杂交育种绿色革命推动着现代农业的进一步发展。在绿色革命中，两个国际研究机构作出了突出的贡献。一个是国际玉米和小麦改良中心，一个是国际水稻研究所。国际玉米改良中心，在以美国人勃劳格为首的小麦育种家的带领下，利用矮化基因的品系与抗锈病的墨西哥小麦进行杂交，育成一批矮秆、半矮秆抗倒伏、抗锈病和高产的品种。墨西哥从 1960 年推广矮秆小麦以来，短短 3 年间总产接近 200 万 t，亩产从原来 50 kg 提高到 250 kg。墨西哥在 1944 年还是小麦进口国，1967 年后即变成了世界第二大出口国。在 1967—1978 年间，印度因引进矮秆小麦增产 200%。国际水稻所将我国台湾省的一个水稻品种的矮秆基因，成功地导入到高产的印度尼西亚的品种“皮泰”中，培育出“国际稻 8 号”水稻品种。此后，又相继培育出“国际稻”系列品种。该系列品种具有半矮秆、高产、耐肥、抗倒伏、穗大、粒多等特点，在发展中国家迅速推广开来。一季稻亩产量可以高达 600 kg 以上，因此被誉为“奇迹稻”。我国的杂交水稻也是第一次绿色革命时期的杰出代表。它在 20 世纪 70 年代选育成功，在国际水稻基础上又将水稻育种水平提高到一个新的高度，为解决世界粮食安全问题作出了巨大贡献。

从 20 世纪四五十年代，开始以原子能技术、航天技术、电子计算机技术、人工合成材料、分子生物学和遗传工程等高新技术为代表的新科技革命，它是继蒸汽技术革命和电力技术革命之后科技领域里的又一次重大飞跃，被称为第三次科技革命。第三次科技革命中产生的新技术和很多成果都被陆续地应用在农业生产中，为农业生产注入了新的血液。其中，生物工程技术的地位尤其重要。

20 世纪 50 年代初，英国科学家威尔金斯等用 X 射线衍射技术对 DNA 结构研究发现，DNA 可能具备一种螺旋结构。1951 年底，女物理学家弗兰克林拍摄到一张清晰的 DNA 的 X 射线照片。1952 年，美国化学家鲍林发表关于 DNA 是三链模型的研究报告。而随后，沃森和克里克通过研究发现，DNA 是一种双链螺旋结构，并在《自然》杂志上发表了这一重大发现，宣布了分子生物学的诞生。从 20 世纪 60 年以来，在分子生物学领域一些令人惊叹的成果层出不穷，如遗传密码子破译、DNA 重组等，它们的发现打开了“生命之门”，推动了细胞生物学的产生。正因为这些革命性的成果出现，20 世纪 70 年代，生物工程技术开始问世，它是以生物学的理论和技术为基础，结合化工、机械、电子计算机等现代工程技术，充分运用分子生物学的最新成就，自觉地操纵遗传物质，定向地改造生物或其功能，并通过大规模的培养，获取目的产物的新兴技术。

生物工程技术在现代农业中应用非常广泛，很多方面产生了显著的成果。在种植业方面，生物技术在杂交育种、植物抗逆性和作物丰产优质方面广泛应用。杂交育种中雄性不育系的植株特别重要，目前可以通过分离特定的基因启动子与核糖核酸酶基因链接或者通过导入毒性基因使花粉发育过程受阻，从而获得不育系，为农作物杂交育种提供了新的路径。在植物抗逆行性研究上，目前基因工程在针对植物的抗虫性、抗病性和抗除草剂性方面研究较多。1987 年比利时 Vacek 研究小组和美国 Monsanto 公司首次报道了首例把苏云金芽孢杆菌的 Bt 基因导入烟草和番茄，从而产生了 Bt 毒蛋白。该蛋白有很强的杀虫效果，随后该技术被广泛应用到棉花、玉米、苹果等农作物中。抗病性研究中，目前采用的方法是将病毒的外壳蛋白基因导入植物，使其具有抗病性。比如 1986 年美国科学家 Beachy 将烟草花叶病毒 Top 外壳蛋白基因导入烟草，获草首例抗病毒转基因烟草。在抗除草剂方面，主要通过修饰除草剂作用的靶蛋白，使其对除草剂不敏感，或者引入一些酶系统，使得除草剂在作物体内得到降解。

目前我国已经拥有一些抗 2,4-D 的棉花、抗阿特拉津的大豆等抗除草剂作物。我国用基因工程在植物品质的改良方面也取得一些成就，比如转基因耐储藏的番茄品种——“华番一号”，在 1996 年成为我国第一个获得商品化生产的农作物基因工程品种。生物技术在养殖业方面也已被广泛应用，包括动物的分子育种，动物的繁育新技术，畜禽基因工程疫苗等方面。比如在动物繁育发面，通过 X 精子和 Y 精子分离技术可以控制动物后代的性别比例。可见现代生物技术在农业上的发展前景广阔，将在第二阶段绿色革命中发挥越来越重要的作用。

四、未来农业与展望

21世纪，人类对农产品数量、品质、质量的要求会越来越高，一些安全、卫生、营养和精细的农产品将备受青睐。同时农业在社会中的功能也会相应发生一些变化，比如一些观光旅游型农业应运而生。沈农夫等预测21世纪农业将主要向8种类型发展。

(一)立体高效型农业

立体农业，又称为层次农业，是充分利用空间把不同生物种群组合起来，多物种共存、多层次配置、多级物质能量循环利用的立体种植、养殖或种养的农业经营模式。立体农业有狭义和广义之分。狭义的立体农业，主要利用地理上的垂直分布形成立体生产布局的特点，比如中国云南、四川等地根据海拔的高低，依次从高到低种植草原、林树、农作物等等，具有典型的规律性和层次性；或利用作物的生长过程的时空差比，如高秆与矮秆、富光与耐阴和深根与浅根，形成多种作物、多层次、多时序的立体交叉种植结构，例如兰考的桐粮间作，由于泡桐扎根较深，不与小麦抢肥水，农桐间作的农田中，泡桐防护林不但能起到很好的防风固沙的作用，还能营造良好的农田小气候环境，总体上小麦反能增收15%～20%。广义的立体农业是指在一定区域范围内，最大限度地实行种植、栽培、养殖等多层次、多级利用的一种综合农业生产方式。最著名的有中国珠江三角洲的“桑基鱼塘”。“桑基鱼塘”的生产方式是：通过蚕粪喂鱼，塘泥培肥桑树，把栽桑、养蚕、养鱼三者有机结合起来，形成桑、蚕、鱼、泥互相依存、互相促进的良性循环，避免了水涝，营造了十分理想的生态环境，收到了理想的经济效益，同时减少了环境污染，使得长三角有了“桑茂、蚕壮、鱼肥大、塘肥、基好、蚕茧多”的典型特点。

(二)超级型农业

超级型农业是利用高新技术、生物工程、培育杂交种，实现高产高效。比如杂交水稻品种超级稻，其产量可达12 000～15 000 kg/hm^2，同时具有米质好、抗寒、抗病、抗倒伏的特点。超级型农业，除了具有超高产特点外，还具有超优质特点，例如高蛋白小麦、高油玉米、高赖氨酸玉米等。超级方向一般有两种：一是大。比如2012年，在美国马萨诸塞州托普斯菲尔德市举行的一个博览会上，展出了一个巨大的南瓜。它重911 kg，由来自罗得岛的罗恩·华莱士种植，它也因此创造了当时的世界纪录。作为奖励，华莱士得到65 000美元的奖金。不过在两年后，该记录被瑞士人麦耶尔打破，因为他在参加德国勃兰登堡展览时带的南瓜重951 kg。超级型的另一个方向是小，主要培育精、优、小、巧的微型动植物品种。比如，墨西哥畜牧学家贝鲁埃科斯耗费17年培育的小种牛，体重仅为130 kg左右，身高不到1 m，该小种牛的日产乳量可以高达4 L。日产乳量为6 L的大种牛每年需要1.2 hm^{2}草地供饲，但同样的面积可以供养10头小种牛，这些小种牛的日产总乳量可达40 L。很多植物也可以变小矮化，比如矮化苹果树，两年就可以结果，亩产能达到5～6 t。

(三)快速型农业

农业产值之所以低，主要和其生产力低、生产周期长有关系。快速型农业越来越受到人们的青睐。比如白羽鸡，号称目前世界上长得最快的鸡，这种肉鸡生长速度快，一般40天左右出栏，平均体重可达2.5～3 kg。在植物栽培方面，可以利用组培进行脱毒苗工厂化生产，大大提高生产效率。如用草莓的5株原苗，8个月即可生产出30万株成苗。

(四)设施型、无土型农业

设施农业,是在环境相对可控条件下,采用工程技术手段,进行动植物高效生产的一种现代农业方式。设施农业涵盖设施种植、设施养殖和设施食用菌等。设施栽培是露天种植产量的3.5倍,在耕地资源稀缺的国家,发展设施农业是解决人多地少制约可持续发展问题的最有效技术工程。以设施蔬菜为例,占蔬菜种植面积18.7%的设施菜田,2008年的总产值为4 100多亿元,是蔬菜总产值的51%。20世纪80年代以来,我国设施蔬菜种植面积高速增长,从1980年的0.7万hm^2,增长到2008年的334.7万hm^2,增长了近500倍,正逐步成为我国蔬菜生产的主导产业。2009年9月,我国第一例以智能控制为核心的植物工厂研发成功,并在长春农博园投入运行。它的研制成功,标志着中国在设施农业高技术领域已取得重大突破。植物工厂以节能植物生长灯和LED为人工光源,采用制冷—加热双向调温控湿、光照-二氧化碳耦联光合与气肥调控、营养液在线检测与控制等若干个相互关联的控制子系统,可实时对植物工厂的温度、湿度、光照、气流、二氧化碳浓度以及营养液等环境要素进行自动监控,实现智能化管理。至1998年,日本已有用于研究展示、生产的植物工厂近40个,其中生产用植物工厂17个。植物工厂提供的光的波段主要是红光和蓝光,比例超过60%。因此将红光和蓝光按照一定配比制成光源,就能满足植物生长需求。红外和远红外等成分主要以热量的形式出现,耗能严重。1957年世界上第一家植物工厂诞生在丹麦,1974年日本等国也逐步发展起来。美国犹他州立大学试验用植物工厂种植小麦,全生育期不到2个月,一年可收获4～5次。

(五)工艺型农业

"寓食于乐"、"饮食欣赏"成为21世纪人们追求的时尚。人们除了对农产品品质有很高的要求外,目前对农产品的外观的要求也越来越高。一些工艺型农业技术开始出现,如模具西瓜、模具人参果等。以方形西瓜为例,通过模具生产出来的方形的西瓜就特别受消费者喜爱。第一,和普通西瓜相比,方形西瓜通过压缩后单位体积的营养密度增大,营养更丰富。第二,比较耐贮藏和运输,食用方形西瓜贮藏期可为一个月,用于观赏的方形西瓜贮藏期可达6个月之久,方形西瓜形状规则更易运输。第三,有观赏食用双重价值,有更高的附加值。据说,方形西瓜是在日本培育的,最初只是为了方便储藏,后来受到世界很多国家人们喜爱,特别是俄罗斯人。有报道称在莫斯科一家连锁商店内,每个方形西瓜的价格高达860美元,是普通西瓜价格的300倍。此外,还有在一些水果上写上一些祝福的字、词,等。比如,通过遮光或者其他处理,可以形成一些"寿"桃、"福"果等"化妆"水果。

(六)保健型农业

现代人的健康意识与日俱增。衣、食、住、行,保健为本。"养生乃长寿之伴侣,健康是长寿的朋友"。"终生保健,终生康健"。目前养生保健型食物备受青睐。目前培育了一些美味可口,又有保健疗效的抗癌粮、长寿果、富硒蔬菜、高锌蛋、高锌小麦、高维生素A原玉米和高铁豆类等。以富锌小麦为例,其价格可达到30元/kg,是普通小麦的十几倍。

(七)资源节约型和环境友好型农业

我国人口压力大、农业资源存量少、人均占有水平低的基本现状,农业的高速增长多依赖于化肥、农药等化学物质的大量投入,由此给农业环境带来了巨大压力。农业的发展不一定必须以牺牲环境为代价,二者可以兼得的关键便是农业发展方式的转变。农业发展必须走资源节约型和环境友好型道路。资源节约型农业是发展多熟制种植,采取先进的灌溉制度和技术、科学的施肥制度等的节时、节地、节水、节能、高效低耗的集约化农业。环境友好型农业，是减量使用农药、化肥和地膜，改进种植养殖技术，发展农业生态工程、健康养殖工程、废弃物循环再利用工程，实现农业生产无害化和农业废弃物的资源化。资源节约型和环境友好型农业是实现农业可持续发展的必由之路。

（八）观光型农业

伴随全球农业的产业化发展，人们发现，现代农业不仅具有生产性功能，还具有改善生态环境质量，为人们提供观光、休闲、度假资源的功能。随着人们生活水平的提高、生活节奏的加快以及竞争的日益激烈，人们渴望多样化的旅游，尤其希望能在典型的农村环境中放松自己。于是，农业与旅游业交叉的新型产业——观光农业应运而生。按照功能，观光农业可分为七类：观赏作物品种园地、品尝型观光农业、购物型观光农业、务农型（参与型）观光农业、娱乐型观光农业、疗养型观光农业、度假型观光农业。按照结构分类可以分为观光种植业、观光林业、观光牧业、观光渔业、观光副业、观光生态农业等。以观光种植业为例，云南罗平县借助 80 万亩油菜花海及县境内独特的生态农业、迷人的自然景观，展示云南罗平县的油菜花海和山水风情。罗平人将每年初春定为“油菜花节”，自 1999—2012 年已成功举办了 12 届“中国云南·罗平国际油菜花文化旅游节”，11 年共接待中外游客 1 060 多万人次，共实现旅游综合收入 50 多亿元，促进了当地人们的就业，增加农民的收入。

思考题

1. 为什么说“农业的出现是人类经济史上的第一次革命”？
2. 传统农业的基本特征是什么？
3. 很多先进农业技术在中国、印度等封建国家存在了上千年，为什么近代农业在这些国家没有率先形成？
4. 现代农业的主要特征是什么？
5. 你觉得未来的农业类型还有哪些？

第三章

中国农业生产概况

本章主要介绍了我国农业生产的组织形式、农业资源区划内容及特点、农业生产概况以及农业生产对我国国民经济的作用,从而使读者对我国农业生产整体情况有所了解和掌握。

第一节 中国农业生产组织变化

一、新中国成立以前的农业生产组织形式

尽管随着资本主义在封建社会后期逐渐萌芽,农业生产商品化水平逐步提高,农产品市场和农业经营要素市场(土地、劳动力及金融市场等)也开始发育,但总体来讲农户家庭经营还停留在人力、畜力耕种,技术相对停滞的传统农业生产组织形式。

由于我国国土面积大,区域间环境及生态的不平衡导致了土地经营制度的差异性。在华北平原,农民土地产权相对完整,土地的所有权和使用权呈现出“高度流动性”。除极少数官绅以及乡村豪强、恶霸活跃在华北土地市场外,大多数中下层农民尽管拥有或耕种 20 亩左右的土地,但他们租出、当出土地,又租进、当进土地,导致地权越来越分散。这也影射出新中国成立前我国土地市场既有土地买卖市场又有土地租赁、典当市场,其发育程度已经相当高。而在南方,表现为土地永佃制下土地田底权(所有权)与田面权(耕作权)相分离,田底权交易相对频繁,而田面权受到传统习俗约束,极少买卖。

农业生产中始终存在着小农家庭经营和经营式农业两种不同的经营方式。在北方,农业中雇工经营或以雇工经营为主的农户耕地面积占全部农户耕地面积的比重占 20%～30%,而南方这一比例为 15%～25%。而且在近代华北平原的农业劳动力市场上,长工劳动力市场相对不足,其雇佣关系表现为更多的私人关系,但是,短工工作方式相对灵活,雇佣关系很少受到限制,因而其市场发展得相对充分。这种短工市场的发育体现了我国农村社会分工程度的深化,适应了当时农业生产的特点。截至新中国成立前夕,地主、富农及农垦公司经营土地面积约为全国耕地面积的 18%,地主经营中雇工一般占 80%～90%,富农经营中雇工占到 25%～40%,农垦公司全部为雇工经营。三种经营中雇工生产部分约占到总耕地面积比例的 8.5%。对华北的经营式农场研究表明,经营式农场劳动生产率较小农经济高,但由于没有大的技术突破,经营式农场规模通常维持在 100～200 亩。但是由于当时耕作者组成了下层社会系统,社

会地位相对较低，上层社会系统由朝廷和官僚构成，表现为社会政治体系的双层构架，经营式地主取得一定的财富积累后，通常不进行技术革新或生产性投资，而是致力于提升社会地位，通过农业积累的财富与国家政权搭上关系，或进行商业投资，或二者兼而有之，使经营式农业再度进入小农经济—经营式农业—小农经济的循环。

二、1949—1952 年土地改革运动时期的农业生产组织形式

新中国成立之后，为了废除地主阶级封建剥削的土地所有制，实行农民土地所有制，借以解放农村生产力，发展农业生产，为新中国的工业化开辟道路。从 1950 年开始，党和国家开展了土地改革运动，到 1952 年底土地改革在全国范围内基本完成。通过土地改革，原无地或少地农民无偿获得了 7 亿亩的土地和生产资料，占农业人口 60%～70%的贫农、中农占有耕地比例达到 90%以上。原地主、富农占有耕地比例较少，至全部耕地的 8%左右，广大农户无偿获得了较完整的土地产权和剩余索取权，过去每年向地主缴纳的 350 亿 kg 粮食的苛重地租被免除。土改后，农户从事生产的积极性极大提高，与 1949 年相比，1952 年全国农业总产值增加了 48.5%，粮食产量也提高了 44.8%。

虽然由于土地改革使土地和生产资料因平均化而呈现出分散化的特点，农业生产基本上是小农生产，同时由于少数农民经营不善或其他原因（病、死、赌博等现象）出现了卖地和荒地现象，但总体而言，这次土地改革极大促进了农户生产的积极性。

三、1952—1978 年的农业生产组织形式

虽然在短期内土地改革取得了良好的农业产出效果，但分散的农户小规模家庭经营方式使得生产力水平出现瓶颈，使农业生产力难以快速持续提高，难以支撑中国重工业的恢复和发展。1953 年第一个“五年计划”明确了优先发展重工业，农业生产集中于粮食和工业原材料生产，以不断增加农业生产剩余支持工业化发展的目标。由于当时新中国成立不久，资本极端缺乏，自愿储蓄率太低，重工业难以获得自身发展的资金。为支持重工业优先发展，在农业领域推行了农业合作化、统购统销和户籍制度。最初农业合作化的推行是在遵循自愿的基础上，农户将自己的土地和生产资料联合起来，以“互助组—初级社—高级社”为组织形式，并于 1958 年建立了人民公社。人民公社实行单一的公社所有制，原来高级社拥有的土地和生产资料被无偿划归公社所有，由公社统一支配和管理，全公社的劳动力也由公社统一调配，实行公社统一经营、统负盈亏、统一分配生产资料和生活资料的制度。社员从自愿入社到被迫入社且失去了退社自由，农户的私有产权被剥夺了。

以人民公社为载体的集体化实际上是在农户私有产权的逐步剥夺的过程中实现国家对农村实施经济控制实现国家利益最大化的一种形式。初级社是以个体农民自愿组织起来的半社会主义性质的集体经济组织，特点是农户土地入股，耕畜、农具作价入社，由社实行统一经营，社员参加集体劳动，劳动产品在扣除农业税、生产费、公积金、公益金和管理费用之后，按照社员的劳动数量和质量及入社的土地等生产资料的多少进行分配。高级社对农民私有化的土地及土地上附属设施，实行无偿转为集体所有。人民公社则是将若干个高级合作社联合起来，将原高级社划分为若干生产大队和小队，不仅使集体的规模和经营范围更大，而且使公有化程度更高。不仅如此，人民公社还是“政社合一”、“工农商学兵合一”的一种组织，实质是将政权组

织、社会组织、经济组织合为一体，形成了政治、经济、社会高度集中统一的管理体制。

由于当时农业生产中机械化水平偏低，农业生产仍然沿袭传统的作业和经营方式，农业合作化最终成为传统小农的叠加，同时农业合作化还具有激励不足、机会主义等制度本身固有的缺陷，农业合作化在推行几年后遇到了许多问题。1957 年城乡人均粮食消费量为 203 kg，1960 年这一数字下降到了 163.5 kg，农村人均粮食消费量更是下降了 23.4%，粮食消费量的下降导致人口净减 1 000 万。由于人民公社超越了当时生产力发展水平，盲目追求"一大二公"，不仅损害了个人利益，而且也损害了各生产集体利益，严重挫伤了农民的生产积极性，1961 年以后，我国农业合作化进入了一个不彻底的小范围调整时期，将其调整为"三级所有、队为基础"，恢复了自留地和集市贸易，甚至一段时间在一些地区"包产到户"也得到了恢复。

人民公社时期，农民贫困成为不争的事实，农村的增长受到较大的抑制。资料表明，1952—1978 年间，5100 亿元农业资金通过价格分配中转移出去，而同期农业税收为 9 798 亿元，财政支农支出仅为 577 亿元，政府从农业中提取净额为 4 500 亿元，约为 1982 年农业总产值的 1.81 倍。

虽然人民公社未实现结束中国漫长历史中形成的小农经济这一目标，但在这一过程中通过农业为工业提供资本支持的目标已经达到。1958—1982 年，人民公社为工业化建设提供的资金额度占到国民收入积累额的 36.7%，平均每个农业劳动从业人员提供积累量达 81.37 元。因而，就牺牲农业支持工业发展的这一目标而言，人民公社表现出高的政治绩效效率，但其对农业的贡献效益和效率却是低的。尽管这 30 年来，我国农业生产结构不合理的状况得到了一定改善，林牧副渔业产值比重从 1952 年的 16.9%上升到 1978 年的 22.2%，呈现出稳步上升的趋势(表 3-1)。但总体来说，对农业、农村、农民而言，人民公社这一制度安排并不成功，其效率低的原因除劳动者的监督成本高、监督不力等之外，更重要在于在有限的土地上投入大量的劳动力而不能使农业本身获得增长。

表 3-1　1952—1978 年全国农林牧副渔产值构成　　%

项目	年份						
	1952	1957	1962	1965	1970	1975	1978
种植业	83.1	80.6	78.9	75.8	74.7	72.5	67.8
畜牧业	11.5	12.9	10.3	14	12.9	14	13.2
林业	0.7	1.7	1.7	2.0	2.2	2.9	3.0
副业	4.4	4.3	7.3	6.5	8.7	9.1	14.6
渔业	0.3	0.5	1.8	1.7	1.5	1.5	1.4
总产值	100.0	100.0	100.0	100.0	100.0	100.0	100.0

注：我国的农业生产结构，严瑞珍等，1986.

四、1978 年以后农业生产双层经营制度

农业合作化已被证实是一种失败至少是超越当时社会生产力发展水平的制度。因而，对其进行改革势在必行，最初改革的星星之火起源于安徽省凤阳县凤梨公社小岗村。

1978 年 11 月 24 日晚，安徽省凤阳县小岗村西头严立华家残破的茅屋里挤满了 18 位农

民，一次关系全村命运的秘密会议正在这里召开。这次会议的成果主要有三条：一是分田到户；二是不再伸手向国家要钱要粮；三是如果干部坐牢，社员保证把他们的小孩养活到 18 岁。队长严俊昌在会上特别强调，"我们分田到户，瞒上不瞒下，不准向任何人透露。"在 1978 年，这是一个冒天下之大不韪勇敢伟大的壮举，它揭开了中国农村改革的新篇章。

1982 年 1 月 1 日，中国共产党历史上第一个关于农村工作的一号文件明确指出包产到户、包干到户属于社会主义集体经济的范畴。此后，家庭联产承包责任制不断得到稳固和完善。家庭经营责任制在很短的时间内遍及全国，占到农户总数的 96.6%，承包耕地面积占农村耕地总量的 95.7%。

家庭生产责任制的特点是：集体拥有土地等基本生产资料所有权，社区集体组织拥有社区土地的所有权、发包权及社区未发包的自留地，农户拥有土地的承包权和使用权，分散劳动和独立经营；在收益分配上实行"交够国家的，留足集体的，剩下全是自己的"包干分配制度；集体与农户双方的权利与义务通过承包合同约定，在合同约定之外，农户拥有经营自主权。这种双层经营体制实施后迅速解放了我国农业生产力，广大农民迅速脱贫，走上富裕的道路，中国因此创造了用世界上 7%的土地养活世界上 22%人口的奇迹，令世人瞩目。

1984 年全国粮食产量达到 40731 万 t，比 1978 年增长了 33.6%，棉花总产达到 625.8 万 t，比 1978 年增长了 1.89 倍。农民人均收入由 1978 年的 191.33 元增加到 1984 年的 355 元，增加了 85.5%。据测算，由于实行家庭经营制 1978—1984 年我国农村种植业产值增长了 42.23%、产值增长了 46.89%。从 1985 年开始农民的实际收入进入缓慢增长阶段，1989—1991 年进入第一次停滞增长阶段。而 2002 年以来非农产业如农民工外出务工的兴起和农民税负的减轻，农民收入才得到恢复性增长。

农业合作化改革的最初目的是：还给农民完整的土地产权，进行农业的家庭经营；同时在土地国家所有权框架内缩小合作社的规模，但由于农民土地产权的获得不是通过市场交易而是通过政府的无偿赠与，回归土地私有制的成本相对较高，因而实际的制度设计在理论上的两种选择之间进行了折中，选择了土地集体所有、农户家庭经营的双层经营制度。这种折中表明了 20 世纪 80 年代初农业经营制度本身的创新不足，预示了日后对双层经营制度进行渐进性创新的必然性。

五、农业生产组织形式的未来选择方向

由于 20 世纪 80 年代的农村双层经营体制改革的不彻底性，随着制度绩效的释放，这一制度也带来了诸多问题。家庭承包经营虽然解决了农业生产组织中的激励和监督问题，但在农业生产过程中土地规模过于狭小、细碎化，严重阻碍了现代生产要素进入，抑制了农户农业家庭经营收入水平的提高；农业生产成本和交易成本高，在市场中处于明显的劣势。而集体经营"统"的层次却相对薄弱，表现为农业生产性服务供给不足导致条件逐步恶化、因土地产权不完整随意侵犯农民土地权利等，农村双层经营体制逐步显示出自身难以克服的缺陷。

进入 90 年代以来，农业双层经营制度设计的初始条件已经发生明显变化，由于计划经济体制被突破，农户的温饱已经得到解决，非农经济迅速发展，农业受市场约束越来越大。近年来，各级政府和企业围绕家庭承包经营组织的小生产与大市场的矛盾进行了大量的形式创新，如农业产业化经营、土地规模经营、集体经济股份合作制、以农民专业合作组织为主的市场组

织创新等，其中最引人注目的是农业产业化经营。

农业产业化经营主要解决小生产与大市场的矛盾，着眼于农户的市场问题，并出现了“公司＋农户”、“公司＋基地＋农户”、“公司＋中介组织＋农户”等不同的模式。这种农业发展模式在带动农户调整农业生产结构、扩大农户经营规模和农产品生产规模、增加农户收入方面发挥了一定的积极作用。但是由于公司与农户之间的地位不对等、龙头企业的市场竞争力薄弱及企业与农户之间履约机制脆弱，农业产业化经营对农户收入水平的拉动效应也不尽如人意。农业产业化强调在中观层次上促进农业与其他产业链条的链接，让农户真正分享产后的利润，但在实践中由于龙头企业与农户之间利益联结机制不健全，常常使农业沦为工商业攫取利润的源泉。长期以来由于缺乏对专业化、规模化农业微观生产经营主体的培育，我国微观生产经营主体仍然以分散的、小规模的、低积累能力和缺乏市场开发能力的面目出现，加上缺乏强有力的组织，严重影响了农业产业化经营制度的效率和农业竞争力的提高。

近年来，一些经济发达地区进行农业规模经营，推进农业企业化，如家庭农场、集体农场、农业土地股份制、农业企业，取得了良好的成效，这些企业化经营组织和制度的出现和发展还有待于深入的理论探索及国家的政策引导和金融支持。

进入21世纪以来，农村总人口平均年龄、劳动力平均年龄和农业劳动力平均年龄都呈不断上升趋势，截止到2012年，我国农村和农业劳动力平均年龄分别高达42.56、50.03岁，农村人口和劳动力老龄化特别是农业劳动力老龄化的趋势更为明显（表3-2）。预计10年后，农村劳动力的平均年龄将超过50岁，而农业劳动力平均年龄将超过60岁，这给未来全社会的劳动力供给和农业发展带来严峻的挑战，同时，劳动力女性化越来越严重。农业劳动力中有51.95%是小学文化程度；其次是文盲，占比为24.14%；再次为初中文化程度，占比为19.13%；而高中文化程度者占比很小，不足5%。即便如此，农业劳动力中相对较高学历的人群仍有向非农产业转移的趋势，可见，农业劳动力受教育水平仍处于全社会平均水平的最低端，这将对当前及未来的现代农业建设造成现实的困难。

表3-2　农村人口平均年龄变化情况　　岁

年份	总人口平均年龄	农村劳动力平均年龄	农业劳动力平均年龄
2007	31.42	41.37	48.45
2009	31.57	41.94	48.91
2012	34.58	42.56	50.03

引自：农业劳动力变动趋势的规模与结构，张永丽等，2015.

农业劳动力的区域性短缺、青壮年短缺，会增大我国粮食的供需缺口。农业劳动力老龄化不仅影响到粮食生产和粮食安全，而且影响到农业技术进步与推广，传统农业向现代农业转变，以及土地利用效率等。农业劳动力女性化不仅会限制农村妇女自身的发展，而且会对农村经济的可持续发展造成潜在威胁。

因此，十八届五中全会提出“培养职业农民队伍”，制定专门规划和切实可行的政策，吸引年轻人务农，培育新型职业农民，造就高素质的新型农业生产经营者队伍。扶持有技能和经营能力的农民工返乡创办家庭农场、领办农民合作社，创立农产品加工、营销企业和农业社会化服务组织。

第二节　中国农业资源与区划

一、中国农业自然资源的现状

资源，指一国或一定地区内拥有的物力、财力、人力等各种物质要素的总称。分为自然资源和社会资源两大类。前者如阳光、空气、水、土地、森林、草原、动物、矿藏等；后者包括人力资源、信息资源以及经过劳动创造的各种物质财富。

农业活动所依赖的自然条件和社会条件构成了农业资源。土地资源、土壤资源、气候资源、水资源和生物资源等是农业生产所依赖的自然资源。劳动力、资金、化肥、农药和农机具等是农业生产所依赖的社会资源。在传统农业向现代农业转化的进程中，科学技术和信息正成为日益重要的社会资源。

自然资源是人类赖以生存和社会经济发展的基础，是指一定经济技术条件下自然界中对人类有用的一切物质和能量。按照能被人类利用的时间长短，一般将自然资源分为有限资源和无限资源。农业自然资源是有限的。按照自然资源能否再生和恢复的特性，将之分为再生(可更新)资源和非再生(不可更新)资源。再生资源的特点是被人类合理开发利用后，可以通过生态系统自身的运行力量使之得到恢复和再生，从而使人们能够永续利用。大部分农业自然资源属于可更新资源。非再生资源(如磷、钾等矿产资源)的储量固定，利用一点少一点，直至用尽，这种非再生性是不可逆转的。对一切不可更新资源应加强保护、管理和节约利用。有些可更新资源在人类过度开发利用下，再生速度赶不上人类需求的增长，再生潜力受损，甚至会导致这类资源枯竭，如森林资源、水资源。因此，对再生资源也需加强保护、管理和节约利用。

我国幅员辽阔，地理位置优越，自然资源丰富。但人口众多，人均资源占有量较低。加之我国经济力量较为薄弱，科学技术水平还不高，目前对自然资源的利用状况不能令人满意，仍然存在资源过度开采和资源利用效益低等严重问题。现将中国农业自然资源的现状分述如下。

1. 土地资源

人类只有一个地球，土地资源有限。土地承载着人类，承载着社会的未来，对人类当前和将来有用的土地称为土地资源。地球的表面积为 5.20997 亿 hm^2，其中 71% 为水所覆盖，陆地面积仅为 1.4841 亿 hm^2。全世界耕地的面积为 14.14 亿 hm^2，因人口增长过快而并发的对土地需求和管理不当，使世界的耕地面积在逐年减少，土地生产潜力有日益降低的趋势。

我国国土面积为 960 万 km^2，居世界第 3 位。除约占 19% 的沙漠荒原、戈壁和永久积雪、山地、冰川，以及占 8% 的城市、工矿和交通用地外，其余 73% 的土地，基本上是能用于农业生产的土地资源。我国土地资源构成如表 3-3 所示。耕地、林地和草地的面积均居世界前列，分别居第 4、5 和 2 位。丰富多样的土地类型为农林牧和其他阔叶利用土地提供了多样化的条件。但我国人口众多，人均占有土地资源的多个指标都低于世界平均水平(表 3-4)，且我国人口分布东密西疏，东部地区有近 1/3 省份的人均耕地面积不足 0.07 hm^2。我国是多山之国，山脉纵横，错综复杂。高原、山地和丘陵约占国土面积的 2/3，山地开发利用的难度大，适耕地少。西北干旱区和青藏高原高寒区，土地面积大，耕地少，较差的自然条件(缺水，热量不足，自然灾害多)限制了土壤资源的开发利用，开垦难度大。近年由于城镇发展迅速，工业、交通和建筑用地多，占用耕地现象严重，预计到2050年全国可供开垦的耕地为1300万 hm^2 左右，且多分布在边远地区；而同期交通，建筑及退耕还林等合计减少耕地2600万 hm^2，届时我国人口将达到15亿～16亿，土地将承受更大的压力。

表 3-3 我国土地资源的构成

类别	面积/10^6 hm^2	占土地总面积/%
全国土地	960.0	100.0
耕地(2005)	128.2	13.3
桑、茶、果、橡胶地	3.3	0.3
有林地(2005)	175.0	18.21
草地	393.0	40.9
沿海滩涂	2.0	0.2
内陆水域	26.7	2.8
其他用地、难利用地	231.8	24.1

注：农业概论，官春云，2007.

表 3-4 我国土地资源人均占有面积居世界平均水平比较 m^2

地区	土地资源				农林牧用地
	土地	耕地	林地	草地	
中国	8400	1010	1300	3300	5510
世界	25333	2687	7933	6133	16933
中国居世界	第120位	第110位	第110位	第80位	—

注：《农业概论》，官春云，2007.

2. 土壤资源

土壤是指陆地上能够生长植物的疏松表层。它具供应和调节水分、养分、空气、热能等植物生活因素的能力，俗称土壤肥力。在气候、地形、母质、生物等成土因素的综合作用下形成了各种自然土壤。自然土壤经人类垦殖而形成了高度熟化的农业土壤。土壤资源是具有农、林、牧业生产性能的土壤的总称。它是人类生活和生产最基本的、最重要的自然资源之一。

我国不同地区的土壤资源具有不同的生产力，对农林牧业的适宜性也存在较大差异。我国土壤资源的分布也不平衡，东部季风区的垦殖历史悠久，土壤生产力较高，土壤资源高度利用，因地少人多，土壤资源极为珍贵。西北干旱区和青藏高原高寒区，土地面积大，耕地少，自然条件差(缺水，热量资源不足，自然灾害多)，限制了土壤资源的开发利用。

目前，我国还有占现有耕地约1/3的低产土壤，土壤肥力低，保水保肥能力差，水土流失严重，土壤改良的任务十分艰巨。

3. 气候资源

气候是重要的自然资源，农业生产对光、热、水等构成的气候资源有着特殊依赖性。它不仅决定着农业生产类型和构成，而且对农产品的产量和品质有重大影响。气候在一定程度上影响着区域的土壤资源构成和性质，水资源分配，生物资源种类和数量。

我国位于世界最大陆地——亚欧大陆的东南部，毗邻世界最大海洋——太平洋，西南还有号称世界屋脊的青藏高原。这样的地理配置使我国气候具有明显的季风性和强烈的大陆性。加之我国幅员辽阔，地形复杂，地势悬殊，使得气候类型复杂多样，气候资源丰富，为我国农业生产提供了优越的自然环境条件，也有诸多限制和影响农业生产的弊端，如季风的波动性大，使得我国的气象灾害频繁，这是造成我国农作物产量不稳定的重要原因。

我国的太阳辐射资源丰富，年辐射总量为 3300～8300MJ/m²，年光合有效辐射量在 2400MJ/m² 以上。青藏高原为最高值区，川黔地区为最低值区。在生长季(4—10 月)内的太阳辐射占全年总辐射的 40%～60%，与水热条件的配合同季，对农业生产十分有利。长江以南地区的太阳辐射在年内分配较均衡，作物可以周年生长。

我国的热量资源丰富，但地域差异大，季节变化悬殊。东部季风区的热量资源随着纬度增高而减少，如≥10℃的积温在海南省的南端达到 9 000℃以上，而黑龙江省北部不足 2 000℃，长江中下游地区为 5 000℃左右。我国西部受地形的影响，改变了热量随纬度分布的地带性特征，而随着海拔高度升高而减少。如青藏高原的南部谷地≥10℃积温在 3 000℃以上，高原的大部分地区在 1 700～2 000℃之间，有的地方不足 500℃。丰富多样的热量资源为作物种类和种植制度多样化提供了适宜的气候环境(表 3-5，表 3-6)，但是我国热量在季节和年际间很不稳定，低温冷(冻害)常有发生，这是农业生产的不利因素。

表 3-5　积温与作物熟制

≥10℃积温	可能采用的熟制
3 400 以下	基本上一年一熟
3 400～4 000	两年三熟或一年二熟(冬小麦复种早熟糜子、荞麦等)
4 000～8 000	一年二熟(冬小麦复种玉米、谷子、甘薯、大豆，或稻麦两熟)
4 800 以上	一年三熟制(双季稻加冬作油菜、大麦或小麦)

注：农业环境，刘义隆等编，1998.

表 3-6　积温与宜种作物

≥10℃积温	可能栽培的作物
1 000 以下	基本上无作物栽培，作物籽粒不能成熟
1 000～1 500	早熟马铃薯、早熟大麦(青稞)、早熟燕麦(莜麦)、早熟春小麦、早熟荞麦、少数甜菜、早熟根菜类蔬菜等
1 500～2 000	马铃薯、大麦、小麦、油菜、燕麦、胡麻、豌豆、蚕豆、荞麦、甜菜、早熟耐寒蔬菜、各种喜凉作物
2 000～2 500	特早熟水稻、早熟玉米、早中熟谷子、早熟高粱、早熟大豆、甜菜、各种喜凉作物
2 500～3 000	早熟水稻、中晚熟玉米、中晚熟高粱、中晚熟谷子、中晚熟大豆、早熟芝麻、甜菜、向日葵、各种喜凉作物、各种蔬菜
3 000～3 500	特早熟陆地棉、花生、早中熟水稻、甘薯、芝麻、中温作物、各种喜凉作物、各种蔬菜

续表 3-6

≥10℃积温	可能栽培的作物
3 500～4 000	早中熟陆地棉、中晚熟水稻、甘薯、芝麻、各种中温作物、喜凉作物、各种蔬菜
4 000～4 500	中熟陆地棉、晚熟水稻、特早熟细绒棉、各种喜温作物、各种中温作物、各种喜凉作物、各种蔬菜
4 500～7 500	中晚熟陆地棉、早中晚熟细绒棉、双季连作稻、各种喜温作物、各种中温作物、各种喜凉作物
7 500 以上	水稻一年可三熟、玉米、甘薯可冬种、不宜种植喜凉作物(小麦、油菜、马铃薯等)

注:农业环境,刘义隆等编,1998.

4. 水资源

广义讲,地球圈中不同形态的水均可称水资源。狭义的水资源是指大陆上有大气降水补给的各种地表淡水(河川、湖泊)和地下淡水的动态径流水量。虽然水资源在水分循环中能不断地被补充恢复,但也是有限的自然资源。

大气降水是陆地上淡水的基本来源。我国平均年降水 628 mm,降水量的分布从东南沿海向西北内陆递减。长江以南各地年降水 1 000～1 200 mm,秦岭淮河一带为 700～800 mm,黄河流域 500～600 mm,西北内陆 100～200 mm。一般山地的降水多于平地,迎风坡多于背风坡。

我国的降水集中在下半年,与热量充足的生长季相配合,对发展农业生产有利。但季节分配不均匀,年际间变化大,容易酿成旱涝灾害,成为农业生产的限制因素。

我国河川多年平均径流量为 27 115 亿 m^3,居世界第 6 位。人均占有年径流量不到 2 500 m^3。只相当于世界平均数 10 800 m^3 的 1/4。每公顷耕地平均占有径流量只有27 200 m^3,相当于世界平均数 36 000 m^3 的 2/3 略多,长江流域及长江以南耕地只占全国耕地的 37.8%。拥有的径流量却占全国的 82.5%,我国水资源南多北少,东多西少的局面与我国耕地分布状况极不相称,加剧了我国水资源的稀缺性。长江流域每公顷耕地平均占有水量 43 000 m^3,黄河流域为 3 900 m^3,海河流域仅为 2 400 m^3。随着人口增加,经济的发展,水资源的消耗也在快速增长,水资源危机日益加重。

为了解决我国北方地区,尤其是黄淮海流域的水资源短缺问题,自 1952 年开始,广大科技工作者做了大量的野外勘查和测量,在分析比较 50 多种方案的基础上,形成了南水北调东线、中线和西线调水的基本方案。南水北调东线工程起点在长江下游的扬州,终点在天津,可以缓解苏、皖、鲁、冀、津等五个省、市水资源短缺的状况,2013 年 11 月 15 日,东线一期工程正式通水运行。南水北调中线工程,即从长江最大支流汉江中上游的丹江口水库东岸岸边引水,经长江流域与淮河流域的分水岭南阳方城垭口,沿唐白河流域和黄淮海平原西部边缘开挖渠道,在河南荥阳市王村通过隧道穿过黄河,沿京广铁路西侧北上,自流到北京颐和园团城湖的输水工程。供水范围主要是唐白河平原和黄淮海平原的西中部,供水区总面积约 15.5 万 km^2,工程重点解决河南、河北、天津、北京 4 个省市,沿线 20 多座大中城市的生活和生产用水问题,并兼顾沿线地区的生态环境和农业用水。2014 年 12 月 12 日,南水北调中线工程正式通水。南水北调西线工程简称西线调水工程,是指从四川长江上游支流雅砻江、大渡河等长江水系调水,至黄河上游青、甘、宁、蒙、陕、晋等地的长距离调水工程,是补充黄河上游水资源不足,解决我国西北地区干旱缺水,促进黄河治理开发的重大战略工程。目前,该项目处于前期论证阶段,为未建项目。

5. 生物资源

生物资源包括森林、灌丛、草场等所构成的植被、水生生物系统和野生动物等。生物资源对人类生存和繁荣有十分重要的意义，是农业自然资源的重要组成部分。

由于我国独特的自然条件及演化历史，生物资源异常丰富。我国已经调查记录的蕨类植物为2 600种，裸子植物225种，被子植物32 083种，哺乳类动物613种，鸟类1 329种，爬行类动物376种，两栖类动物279种，淡水鱼类1070种。植物资源中，就维管植物而言，全国计353科，3 184属，27 150种。按种的数目，仅次于世界植物区系最丰富的马来西亚和巴西，居世界第3位。我国还有大量古老的或原始的科、属，有许多孑遗植物。中国是世界上栽培植物重要的起源中心，仅作物、果树、蔬菜所保存的品种资源就有1.7万多份。

受人类长期生存活动的影响，我国东部天然植被的面积已不多，但就植被类型而言，几乎可以见到世界上所有的植被类型。如湖南省内的植被有针叶林、阔叶林、竹林、灌草丛、草丛、草甸、沼泽、水生植被、农作物植被等类型。经数千年的开发，现存植被以次生林为主，多为人工或半人工的针叶林。

我国野生动物物种丰富，陆栖脊椎动物和两栖动物有2 100种，鱼类约2 100种，包括昆虫在内的无脊椎动物种类，估计在100万种以上。有些动物种类是中国特有的，是举世闻名的珍贵物种。

历史上，我国是城市森林资源丰富的国家。先秦时期，即便是黄土高原的森林覆盖率也超过50%。几千年来，我国森林资源一直遭到严重破坏，已属于少林国家之一。我国通过20余年的造林和封山育林，森林覆盖率已经有所提高。2005年与1998年相比有林面积增加1 596.8万hm^2。我国现有森林面积1.75亿hm^2，占世界森林面积的4.5%，列世界的第5位。我国现有森林总蓄积量136.18亿m^3，比1998年增加8.89亿m^3。我国森林的树种繁多，森林类型多样，不仅为我们提供了各种木材，而且提供了丰富多样的林产品。

二、中国自然资源存在的主要问题

农业自然资源及其依存的生态环境都具有明显的有限性。一方面世界人口的快速增长，加大了对资源的需求，另一方面人类又在不合理地开采和利用自然资源，致使全球性的自然资源危机正日益呈现在人类面前。目前，我国在农业自然资源的开发利用方面也存在一些突出问题。

1. 土地资源开发利用中存在的主要问题

目前，我国土地资源开发利用中主要存在两方面问题：一是大面积耕地质量退化；二是土地资源浪费严重。前者主要是水土流失、土地沙漠化、盐碱化、潜育化以及土地污染等因素所致，后者主要是土地利用不合理、乱占滥用耕地等因素造成的。

(1)水土流失严重　水土流失是当前我国土地资源遭到破坏的主要问题。现实状况是治理赶不上破坏，小片治理，大片加重，有的地区水土流失面积有增无减。2005年全国水土流失面积为356万km^2，占国土总面积的37.1%。全国每年流失土壤50亿t。黄土高原一直是水土流失最严重的区域。东北、华北部分省份的水土流失面积占耕地的50%左右。南方的丘陵山地，水土流失亦相当严重。

我国水土流失严重，固然有自然因素(如气候、地形、降水等)作用，但对耕地掠夺式经营，砍伐森林，破坏草场，不合理开垦等人为因素是加重水土流失的主要原因。

水土流失带来一系列恶果，全国每年因水土流失而侵蚀的土层，相当于全国现有耕地上被刮去 1 cm 厚的表土，在自然条件下形成 1 cm 厚的土壤则需 100—400 年。全国因水土流失带走的氮、磷、钾等营养物质就相当于 4 000 万 t 化肥所含的营养量。由于耕地的表土侵蚀、养分流失、地力下降，导致作物产量降低，有些受旱严重的农田不得不弃耕抛荒。21 世纪以来，政府实施“退耕还湖”工程，洞庭湖蓄水面积已得到一定程度的恢复。在山区，因水土流失而导致泥石流和滑坡等地质灾害频繁发生。

(2)土地沙化盐渍化和污染等日益严重　2004 年底我国沙化土地面积为 173.97 万 km^2，占国土面积的 18.12%，平均每年扩展 1 500 km^2。在干旱、半干旱地区，不合理的灌溉使得土地盐渍化面积扩大，新疆、甘肃省受盐渍化威胁的耕地占 30%～40%，因土壤管理不善和排灌不当，南方各省已出现 450 万 hm^2 的潜育化稻田，并有扩展的趋势。据调查，洞庭湖周围次生潜育化的稻田约占 20%。受工业“三废”污染，以及不合理使用化肥和农药造成农业环境面源污染的土地在不断增加。

(3)耕地资源锐减　我国耕地资源的绝对数在逐年递减，随着人口的不断增加，人均耕地面积也在大幅度下降。2005 年，全国耕地净减少 36.16 万 hm^2，其中，建设占用耕地 13.87 万 hm^2，灾毁耕地 5.36 万 hm^2，生态退耕 39.03 万 hm^2，农业结构调整，减少耕地 1.23 万 hm^2，查出往年已经建设但未变更上报的占用耕地 7.34 万 hm^2，土地整理复垦开发补充耕地 30.67 万 hm^2。由于缺乏统筹规划，土地管理工作落后，不少建设项目宽占窄用、多征少用、早征晚用、征而不用、征用优良耕地等问题突出，致使我国耕地资源锐减。

2. 森林资源开发利用中存在的主要问题

目前，我国森林资源开发利用中存在的主要问题是森林覆盖率低，森林资源消耗量大，林种结构不尽合理，森林质量不高，对森林灾害防控能力不强，不能适应国民经济发展和维护生态平衡的需要。详见下篇相关章节。

3. 农业用水开发利用中存在的主要问题

“水利是农业的命脉”。我国是农业大国，又是贫水大国。农业水资源十分短缺，供需矛盾尖锐，是继耕地资源之后的又一紧缺资源。

(1)农业用水资源短缺　全国多数省份的公顷均水资源不足 7 500 m^3，远低于世界的平均水平(3 5295 m^3)。我国不少地区出现水荒，局部地区还很严重。全国每年平均约有 0.2 亿 hm^2 的农田受旱，成灾面积约 637.33 万 hm^2，有 5 000 万人的饮水困难，华北、西北和东北地区尤为严重。虽然长江以南地区的公顷均水量达 39 645 m^3，但水资源的地域分布和季节分配不合理，调蓄能力差，一些山地丘陵区因地形、地质等不利因素的影响，农业用水也十分困难。

(2)水资源浪费严重　尽管我国农业用水资源十分短缺，但水的浪费却很惊人。目前，我国大部分地区灌溉技术落后，还有许多农田仍采取漫灌方式，水的利用率很低，灌溉水的有效率只有 25%～40%，每年损失水量约 2 000 亿 m^3。由于水土流失严重，我国南方许多山塘、水库淤塞，加上农田水利工程不配套或年久失修，造成蓄水、调水能力差，水资源浪费严重。

(3)地下水开采过量，水质污染加剧　一些地区为满足农业用水，过量开采地下水资源造成地下水位降低，地下漏斗面积的扩大，地面局部沉降。沿海地区的海水入侵，水质恶化，甚至导致树木枯死，使耕地风蚀沙化加重。目前，大量未经处理的工业废水和生活废水的排放，使江湖库塘和地下水的水质受污染，特别是一些城市郊区的农业用水受到不同程度的污染，且有加剧的趋势。水质污染还给农业生产和农业环境带来一系列问题。

三、中国自然资源利用和环境保护

1. 自然资源利用和保护

人类直接或间接获取自然资源，用于生存、生产和生活。根据自然环境和自然资源动态平衡规律，维持和调节人类与其赖以生存、生产和生活的整个自然综合体之间的生态关系，即为自然资源保护。

人类对利用和保护自然资源的认识有一个发展过程。现在人们已逐步认识到必须保护和合理利用自然资源，即在利用过程中进行保护，遵循自然规律，维护其再生功能，使自然机制正常运转，不致因为人类利用而遭到破坏，造成生态失调，使其能永续利用。

2. 自然资源保护的理论基础

自然资源保护涉及许多学科，作为自然科学与社会科学桥梁的生态学原理已成为自然资源保护的理论基础。

(1)生态系统的整体性　生态系统是生物群体和环境系统两者构成的一个相互依存和相互制约的结构实体。生态系统的整体性表现不只是单纯的空间并存关系，而主要在于各成分间的一种组织结构和依存关系，即有序的组织结构。只有其组成部分有机地组合在一起，才能产生更大的功能单位，呈现出多功能整体性。

在保护利用自然资源时，必须注意生态系统的整体性，在不影响其整体功能的条件下，考虑该系统或组成成分的可利用程度(可利用率)。

(2)生态系统的稳定性和生态平衡　生态系统在一定时间内，其结构和功能处于相对稳定状态，系统的物质和能量的输入输出接近平衡，在有限的外来干扰下，通过自我调节能恢复到稳定状态。生态平衡是一种动态平衡。通常所说的生态平衡往往包含了生态体系中一系列层次不同的水平结构系统之间的平衡。

自然生态系统的稳定性包含了系统经受各种变化而能保持其原初相识结构系统的持续性，即它保持又恢复到平衡的能力。一般恢复时间短，又与原初稳定状态接近，则系统调节能力强。当一定时间内外来干扰超越生态系统的自我调节能力而不能恢复到原来状态，使其失去原有的生态效能，生态平衡遭到破坏，即所谓生态失调。

在保护和利用自然资源时，必须认识到人类活动是在生态系统整体动态平衡中增加了干扰因素。如果人类活动使生态系统和生态流程急剧变化，生态系统组成成分之间失去相互调节适应的潜能，必然会导致生态系统失调。生态系统只有在人为的、有益的影响下，才可以逐步更替而建立新的稳定性。

(3)生态系统的负荷力　在特定的条件下，生物与人类的生存和发展受环境限制。这种环境限制在具体的特定的空间、时间范围内的表现即为生态系统的负荷力。自然资源的负荷力不仅是决定环境为物种群体提供的自然资源可利用的重要因子，也是保持自然资源稳定性，对一切外来作用因素压力产生反应的调节适应能力。生态失调，经常是超出生态系统各层次结构负荷力的结果。

经济的发展必须考虑生态系统各层次结构负荷阈值的制约。如采伐森林、捕鱼狩猎、采集药材时不应超过能使各种资源永续利用的生产和增长潜力；排污时必须使排污量不超过环境的自净能力(环境容量)。

(4)生态经济原则　脱离人类社会的经济活动谈合理利用保护自然资源，或者为了经济发展而不顾自然资源的生态学规律肆意开发滥用自然资源都是错误的。只有把生态规律和经济规律结合起来，才能全面解决自然资源的合理利用和保护问题。

生态学与经济学结合的趋势在20世纪70年代已出现，如今国内外已有成功经验。在我国的经济建设战略目标中已提出了要按照自然规律(主要是生态规律)和经济规律办事，同时提出注重生态效益和经济效益的观点，力求社会、经济和生态环境协调发展。经济建设必须遵循自然规律，利用和保护自然资源实际协调发展是人类社会经济发展的一条规律。

3. 自然资源保护的实践

(1)自然资源保护的宣传教育和科学研究　我国的自然资源保护工作自新中国成立初期引起高度重视，近年来对自然资源保护工作的宣传、教育和科研工作得到进一步加强。

随着自然资源保护事业的发展，自然保护的科学研究工作也逐步开展起来。新中国成立以来，各科研单位结合经济建设，组织了一系列的大规模综合考察，查明各类自然资源的数量、质量及地理分布。在一些地区还开展了自然资源的定位和半定位研究。这些都为我国的自然保护事业提供了科学基础。全国各省(自治区、直辖市)相继成立了环境保护和监测机构，从事当地环境污染、三废治理、环境监测的研究，对当地自然资源保护作出了贡献。我国21世纪初已经全面启动生态示范区、生态县(市)和生态省建设的研究和实施，取得了明显成效。自然保护的科学研究是多学科、综合性很强的工作，还要求自然科学与社会科学紧密结合。目前，我国自然保护科研人员的数量和质量还不能满足需要。

(2)自然资源保护的法制建设　为了确保自然资源的合理开发利用和保护，有必要对人们开发利用各种自然资源的活动加以干预和管理。国家制定出开发利用各种自然资源的总政策和某种自然资源的特殊政策。自然资源保护法规就是将这些政策具体化、法律化，从而使其成为由国家强制力保证执法的法律规范。自然资源保护是一国人民的根本利益所在，只有制定完备的、系统的、合乎国情的、切实可行的自然保护法规且能严格实施这些法律，才能使自然资源保护工作顺利发展并取得成效。

我国自然资源保护的法制建设已取得很大进展。1978年修订的《中国人民共和国宪法》已将自然保护内容纳入其中，规定"国家保障自然资源的合理利用……禁止任何组织或者个人用任何手段侵占或者破坏自然资源。"1979年全国人大通过了《中华人民共和国环境保护法(试行)》，1989年修改后颁布了《中华人民共和国环境保护法》。该法是我国历史上第一部自然资源保护的基本法，它的颁布标志着我国的自然资源保护工作走上了法治的道路。之后我国相继制定了《海洋环境保护法》、《水污染防治法》、《大气污染防治法》，1994年颁布了《中华人民共和国自然保护区条例》以及涉及森林草原土地、矿藏、水资源、野生动物保护、渔业、水土保持等的资源保护法规、法律。各地方人大和政府也依据环境保护法制定了许多地方法规。但应看到我国的自然资源保护法制建设的任务还很艰巨。

(3)自然保护区的建设　自然保护区是指为了自然保护的目的，把包含保护对象在内的一定面积的陆地或水体划分出来，进行特殊的保护和管理的区域。自然保护区的主要功能是通过它使人类认识和掌握自然界变化的规律及人与自然之间的协调关系。

我国在新中国成立以后的1956年才开始建立自然保护区，到2004年底，全国有自然保护区1 674个，总面积为11 869.5万hm^2，占陆地国土面积12.36%。我国的自然保护区，包括森林、湿地、荒漠。如湖南的张家界国家森林公园，在1992年已列入联合国的《世界自然遗产名录》，是国家级重要自然保护区之一。这些自然保护区提供了生态系统的天然“本底”，是动物、植物和微生物物种及其群体的天然储存库，是进行科学研究的天然实验室，是活的自然博物馆。自然保护区是向群众普及自然知识和宣传自然保护的重要场所，同时还是重要的旅游资源。

(4)中国生态农业的建设　生态农业是根据生态学、生态经济学的原理，在中国传统农业精耕细作的基础上，应用现代科学技术方法建立和发展起来的一种多层次、多结构、多功能的集约经济管理的综合农业生产体系。生态农业具有整体性，要求农、林、牧、渔、工、商、运输诸业的综合经营体系整体发展。生态农业重视系统整体的协调，区内森林、农田、水域、草地等之间及经济、技术、生态环境之间相互有机配合，使生物技术与传统农业经验及工程技术相结合。生态农业具有农业地域类型的多样性、结构组分的多样性和多层次性。这样的多样性有利于物质和能量的多层次利用。生态农业还具有高效性、持久性和稳定性的属性。

发展生态农业是建设具有中国特色的现代农业的必然选择。中国生态农业的实践表明，这种生产方式符合自然界的发展规律，并能较好地协调经济建设与环境保护的矛盾，是保护自然、促进经济持续发展的重要途径，保证了农业可持续发展。中国的生态农业系统已有多种类型。如生物立体共生的生态农业系统、物质循环利用的生态农业系统、生物相克避害的生态农业系统、主因子调控的生态农业系统等。20世纪90年代以来，中国生态农业得到迅速发展。其发展趋势主要表现在示范规模扩大，新的生态农业的模式不断形成。2000年启动的生态示范区建设规划和实施工作已经取得显著成效，已有生态乡和生态县(市)的试点建设成功经验，生态省的建设于1999年在海南省启动，现已在我国的很多省展开。

四、中国农业区划

农业区划是对农业生产空间分布的一种科学分类的方法。它是实现农业的合理布局和制定农业规划的科学手段和依据，是用严格的科学态度指导农业生产、实现农业现代化的一项不可缺少的基础工作。

农业区划的基础任务之一是分类划分，而农业类型和区域是客观存在的地域差异的集中体现。要正确反映这种地域分异现象，就必须通过一定的分类分区方法才能区别其差异性，归纳其类似性，揭示农业生产的地域分异规律。在农业区划工作中，无论进行哪一种区划或是哪一级区划，尽管所采用的方法各异，都必须遵循以下原则：一是要有明确的市场经济观念，以市场为导向、以效益为核心来安排农业生产的作物品种或是调整作物布局和农业结构；二是必须树立鲜明的生产观点，坚持为加速发展和实现农业现代化服务；三是要有实事求是的科学态度，从实际出发，正确完整地认识农业生产的地区差异性，针对存在的主要问题，采取相应的措施；四是要有长期的观点，根据农业生产发展和逐步实现农业现代化的要求，做分阶段的安排，并保持连续性，着眼长远。

农业区划工作内容复杂，头绪繁多。可简单归结为4个步骤：①准备工作。包括建立领导班子，组建工作队伍，培训农业区划人员，制订进度，收集、整理资料并初步分析，准备交通工具及仪器用品。②室外调查。它是取得第一手资料的重要手段，一般包括普查、路线调查和典型调查3种不同方式。③室内分析研究，提出成果。运用已经掌握的资料，绘制有关分析图表，正式确定分区原则和指标，修改和校正最初的分区方案草稿，并分区研究其农业发展方向，提出科学论证和改进措施。④区划成果的应用。

农业区划在进行具体分区时，方法种类较多，但总的讲主要有定性分析分区法和定量分析法两大类。定性分析分区法主要包括主导因素分析法、区域对比法、地图叠加法、综合平衡法等。这种分区法是在掌握一定资料和数据的基础上，依据区划的目的，确定分区原则和指标体系或绘制有关指标的单因子分区图，相互叠加进行分区。对分区中存在的不确定边界或有争议的分区界线，运用已有的经验，在实地调查和综合分析的基础上，加以调整和完善。定量分区法比较常用的有聚类分析法和模糊聚类法。这种方法主要是根据分类单元及其指标体系所含特征量，经过数学处理，对研究地区进行分区划分。其程序：①根据区划目的，罗列出相关因素。②针对各因素对农业生产影响的重要程度，确定各相关因素的权重。③进行聚类，聚类既可从上到下分解，将全体分类单元视为一类，然后将差异最大的类分开，也可自下而上聚合，即把相似程度最大的合为一类，使数目减少。④将聚类结果放到实际中检验和调整。

各地农业生产都存在着由普遍到特殊、由大同到小异的等级差异；在对农业生产进行行政管理上，又存在中央、省、市、县等不同层次的地域单元；加上农业区划研究内容、性质和层次的不同，形成了复杂的农业区划体系。农业区划体系的横向结构主要包括农业自然区划、农业部门与作物区划、农业技术措施区划、综合农业区划4个方面。

现有的全国性的农业区划主要有《中国种植业区划》、《中国综合农业区划》、《中国综合自然区划概要》和《中国农业机械化区划》等。《中国种植业区划》根据自然条件和社会经济条件，比较作物结构、布局和种植制度，考虑到种植业发展方向和关键措施的相对一致性，把中国分为东北大豆、春小麦、玉米、甜菜区；北部高原小杂粮甜菜区；黄淮海麦、棉、油、烟、果区；长江中下游稻、棉、油、桑、茶区；南方丘陵双季稻、茶、柑橘区；华南双季稻、热带作物、甘蔗区；川陕盆地稻、玉米、薯类、柑橘、桑区；云贵高原稻、玉米、烟草区；西北绿洲麦、棉、甜菜、葡萄区；青藏高原青稞、小麦、油菜区十大种植区。

《中国综合农业区划》是全国农业区划委员会于1981年完成的。它是农业区划研究成果总的体现，阐明了中国农业自然资源的基本特点及其综合评价，在各种自然区划、部门区划及其他单位区划或专题研究基础上，从分析到综合概括，指明了存在的问题和发展潜力，分析了主要农业部门的布局现状和规律性，指出应当重视粮食生产，制止长期对资源的掠夺性经营、提出实现集约经营、提高单产、保护生态环境、合理调整农业结构等建议。根据发展农业生产自然、经济、技术条件的区内相似性和区际差异性，农业基本特征和发展方向的一致性，农业生产关键问题与建设途径的相对一致性，保持一定行政区划的完整性的原则，把全国划分为10个一级区和38个二级区。将东部秦岭—淮河以南地区划分为长江中下游区、西南区、华南区；秦岭—淮河以北划分为东北区、内蒙古及长城沿线区、黄海海区，黄土高原区；西部划分为甘新区、青藏区。此外，还将中国的海域划为一个海洋水产区。由于各一级农区内部农业复杂多样，存在较大的差异，因而在各一级区内又分别划分若干二级区，共计38个二级区。

《中国综合自然区划概要》按照地表自然综合体的相似性和差异性，划分出地区的自然单元，将中国自然区划作三级划分：一级为区域，二级为带，三级为区。全国划分为3个自然区域，14个自然带及44个自然区。该书对各个自然区的特征、农业现状和生产潜力、发展方向等分别作了阐述，就一些重要问题提出了意见和建议。全国分东部季风、西北干旱和青藏高寒三大区域，根据气温将全国分为寒温带、中温带、暖温带、北亚热带、中亚热带、南亚热带、边缘热带、中热带、赤道热带、干旱中温带、干旱暖温带、高原寒带、高原亚寒带、高原温带 14 个自然带，然后根据地貌条件分出 44 个自然区。

《中国农业机械化区划》是我国首次按照不同类型地区指导农业机械化发展的一项重要基础工作。依据影响农业机械化的自然、社会经济条件以及农业生产基本特征，将全国划分为 9 个一级区，38 个二级区。

除了上面提到的几种农业区划外，还有《中国农业气候区划》、《中国土壤区划》、《中国植被区划》、《中国土壤侵蚀区划》、《中国土地利用区划》、《中国水稻种植区划》、《中国小麦区划》、《中国玉米区划》、《中国大豆区划》、《中国棉花种植区划》、《中国油菜种植区划》等农业部门和作物区划。

五、中国主要农区

我国农业的地域差异巨大，且类型复杂多样。如东部与西部之间、南北之间的差异，中、高山地区上下之间的垂直差异等。《中国综合农业区划》将全国陆地共划分为 9 个一级农业区，38 个二级区，加上将中国海域划分成的海洋水产区，共 10 个一级农区。

1. 东北区

东北区位于中国东北部、北部，东部与俄罗斯、朝鲜为邻，南临黄海、渤海，西至内蒙古高原，包括辽宁(除朝阳地区外)、吉林、黑龙江三省和内蒙古东北部大兴安岭地区，土地总面积为 95.8 万 km^2，人口占全国 8.57%。该区包括兴安岭林区、松嫩三江平原农业区、长白山地林农区和辽宁平原丘陵农林区 4 个二级区。该区平原辽阔，土地肥沃，有富饶的森林与丰富的矿产，是中国重要的商品粮、大豆、木材生产基地和重工业基地。

该区土地、水和森林资源比较丰富，热量资源不够充足。由于纬度高，冬季严寒，无霜期由北至南 80～180 d，除辽南外，大部分地区只能一年一熟。北部地区 6—8 月的作物生长期内常出现低温冷害造成减产。该区是我国人均粮食产量相对较多的地区，常年向国家提供大量商品粮和大豆。

该区大部分地区热量不足，低温冷害频率高；水资源较丰富，但春旱、洪涝威胁大。大兴安岭北端位于寒温带，年均温小于 −4℃，极端低温在 −45℃ 以下，土壤有冻土层，无霜期小于 90 d，限制了农作物种植和天然放牧。该区大部分位于中温带，夏季温和湿润，冬季寒冷漫长，有效积温偏少，只宜种植春小麦、大豆和早中熟的玉米、水稻以及甜菜、胡麻，一年一熟。南部辽东半岛处于暖温带，无霜期 120～150 d，可种植冬小麦，二年三熟。该区降水地区间差异大，东部降水山区在 1 000 mm 以上，平原为 500～750 mm，属半湿润、湿润区。西部属半干旱区，年降水只有 350 mm 左右。平原农区降水能满足春小麦需要，但春旱较严重，影响玉米播种及幼苗生长。东部山区降水多，变率大，加之平原地区地势低洼，黑土持水量强、透水性差、排水不畅，洪涝灾害较严重。

该区土地资源丰富，农林牧用地量大、质优，分布着松嫩平原、三江平原和辽河中下游平原三大平原。地面起伏平缓，土壤以黑土、黑钙土、暗草甸土为主，表层有机质含量高，自然肥力好，农业人口人均耕地居各地各区之首。宜农荒地 800 万 hm^2，是荒地资源开发潜力最大的地区。山区面积占 52%，广布以红松、落叶松为主的材质优良的天然林，森林覆盖率达 37.3%，是中国最大的天然林区。该区西部和东部地三江平原有天然草地 1 369.9 万 hm^2，大部分是以优质牧草为主的草甸草场。

该区工业、交通发达。工业产值约占全国的 13%，交通也较发达，其铁路密度全国最大。农业劳动力占总人口比重是全国最低的，每一个农业劳动力经营耕地为 1.4 hm^2，加之国有农场多，农业劳动生产率高。

该区是我国粮食、大豆、甜菜的重要生产基地。除保证该区粮食供应外，每年净调出 300 万 t 左右。大豆产量高、质量好，是中国主要出口农产品区域之一；甜菜、亚麻、柞蚕茧产量也居各区之首。但大部分地区受热量限制，只能一年一熟，复种指数为 98.6%。粮食单产南北差异大，属旱作雨养农业，且旱、涝、低温冷害频率高，生产不稳定。该区西部草原质量虽好，但面积较小，而三江草场多为沼泽化草场，难以放牧，目前畜牧业以舍饲为主，发展相对缓慢，但以优势的种植业为基础的农区饲养业，有较大的发展潜力。该区林业地位重要，但多年来采伐量大于生产量，造成森林资源衰退。

该区进一步发展的关键问题：改变粗放经营，在提高单产的基础上适当扩大耕地面积；采取综合措施，提高抵御低温冷害和洪涝、盐碱、风沙等自然灾害的能力；林区以营林和更新造林为中心，加强护林防火，合理利用森林资源；玉米、高粱在粮食总产量中占的比重很大，加上甜菜、大豆加工的副产品等，该区有极其丰富的饲料资源，但肉类却不能自给，应该大力发展畜牧业和建设城郊型副产品基地。

今后农业发展应加大肥料投入，提高机械化水平，积极扩大旱灌和水田面积，改资源型的粗放农业为集约型农业，并加强农田基本建设，推行适用配套技术，减轻旱、涝、低温冷害威胁，进一步提高商品粮的产出能力。同时，有计划、有步骤地适度开荒。针对农业经营单一的状况，在抓好优势粮食作物生产的同时，抓好甜菜、亚麻等经济作物及蔬菜、果品生产；在抓好奶牛与生猪生产的同时，发展家禽与草食性家畜的饲养；并加强对森林的培育、保护。该区区域差异较大，不同区域开发重点不一样。松嫩平原应进行深度开发，巩固与提高其农业基地的地位；三江平原应抓好流域治理，改造中、低产田，并有计划开垦荒地；大小兴安岭、长白山地区应做好森林资源的培育与保护工作。

2. 内蒙古及长城沿线区

内蒙古及长城沿线区位于中国北部，北至中俄、中蒙国境线，南至长城沿线，与黄土高原、黄海海区接壤，西至乌兰察布盟、包头、盐池，东接东北区。该区包括内蒙古自治区包头以东地区（除大兴安岭地区外）、辽宁朝阳地区、河北承德和张家口地区、北京市延庆县、山西晋北和晋西北地区、陕西榆林沿长城各县、宁夏盐池和同心县等共 130 个县（旗、市）。总面积为 81 万 km^2，人口占全国 3.19%，包括内蒙古北部牧区、内蒙古中南部牧农区和长城沿线农牧林区 3 个二级区。该区草原辽阔，是中国的重要牧区。

该区自然条件具有明显的过渡性特征。处于湿润的森林地带与干旱的荒漠地带之间、半湿润向半干旱和干旱地区过渡的地带，雨量少而变率大，年降雨量从东南向西北递减，春旱严重，无霜期 100～150 d，农作物只能一年一熟，水热条件不够充足，而草原辽阔，农牧兼营。北部为牧区，中部为半农半牧区，南部为农区。

该区半干旱草原占绝对优势，自然条件从东南向西北呈带状更替。大部分地区只能满足一年一熟喜凉作物生长，东南部可发展喜温作物（玉米、高粱、谷子）。降水偏少，且集中于 7—8 月份，春季干旱少雨，多大风，春旱严重。大部分地区属于旱作农业不稳定区。锡林浩特—

温都尔庙—包头—乌兰镇—盐池以西以北无农业。东南部边缘有小部分属旱作较稳定地区。全区水资源贫乏且地区分布不均，不少地区为无流区，只有西南土默川平原西部得到黄河水灌溉。东部大兴安岭东麓、西辽河流域、呼伦贝尔草原径流占全区80%。该区草原辽阔，类型多样，以温带草原为主，从东到西为草甸草原、草原、荒漠草原，南部为暖温型草原与森林草原。天然草地占土地总面积的63%，占全国草地的16.2%，次于青藏高原和甘新区，但草地质量好，适合畜牧业发展。东部呼伦贝尔草原、锡林郭勒草原与科尔沁草原是中国最优良的草原；西部乌兰察布草原产草量较低，但质量较佳，最适于养羊。产草量季节差异大，冬春草场严重不足。耕地比重小，且大部分耕地质量较差，二、三等耕地占80%。

该区大部分地区属干旱地区，春季干燥、少雨、多大风加之土质沙性大，成为土地沙漠化强烈的自然基础。由于人口激增、滥垦、滥牧、滥樵十分严重，这些不合理的人为活动，更加剧了土地沙漠化，使得该区农业生态环境脆弱。

农区大都工作粗放，单产在各农业区中最低。呼伦贝尔和锡林郭勒盟东部是我国优良的草甸草原，草原畜牧业在我国占有重要地位。进一步发展农业生产，必须合理利用和保护土地、草场资源，制止土地沙漠化的扩展，正确处理农牧矛盾，改变粗放经营和多灾低产状况。因地制宜地调整农牧业结构和布局，牧区实行以牧为主的方针，严格控制开荒；严格执行草原法，合理利用和保护草原；实行以草定畜和划区轮牧；选择水土条件较好地段，建立人工饲草饲料基地和各种良性牲畜生产基地，提高出栏率和商品率。半农半牧区实行以牧为主，农牧结合的方针，稳定农区耕地，着力提高单产。

该区以牧为主、半农半牧、农牧交错。畜牧业以传统放牧方式为主，草场建设差，超载放牧，造成草场退化，生产能力低。种植业既存在不利的自然因素，又采取广种薄收方式，加之基本农田建设差，掠夺性经营造成肥力下降，这些都造成农业生产水平低下。虽然人均耕地数量居各区之首，而人均粮食却低于全国平均数。另外，由于地处偏远，交通闭塞，商品经济不发达。今后的发展方向应是坚持以牧为主，强化农牧结合，加强草原建设，巩固提高畜牧业的地位和作用；加强农田基本建设，改变广种薄收的生产方式，缓解农牧征地矛盾；扩大植被覆盖，加速沙漠化土地的治理，改善生态环境。

3. 黄淮海区

黄淮海区位于长城以南，淮河以北，太行山及豫西山地以东。包括京、晋、冀、鲁、豫、皖、苏的375个县市，耕地0.224亿 hm^2（居各农区之首）。土地总面积为44.4万 km^2，人口占全国的22.0%。该区包括燕山太行山山麓平原农业区、黄淮平原农业区、山东丘陵农林区和冀、鲁、豫低洼平原农业区4个二级区，是中国人口密度最大、平原面积最广的地区，垦殖指数达50%，是全国最大的小麦、玉米、棉花、花生、芝麻生产基地。

该区属暖温带半湿润、湿润季风气候，光热组合好，光资源有效性高，大部分地区可一年两熟。最冷月均温在−8℃以上，冬小麦可安全越冬，春季升温快，冬小麦返青早，是中国冬小麦的最适生长区。年降水500～900 mm，从南向北递减，雨热同季，80%～90%的降水集中于作物生长期，对农业生产极有利。但降水季变、年变率大，易发生旱涝灾害。新中国成立以来，黄淮海区发生的旱涝灾害面积占全国的一半以上。水资源不足，全区耕地占全国的22.7%，地表水、地下水和入境水合计值占全国水资源总量的5.1%，而且河流丰枯变率大，以致丰水年汛期河水泛滥成灾，而枯水年出现干枯断流。

该区平原辽阔，耕地比重高。除山东丘陵外，76%的土地为黄河、淮河、海河的冲积平原。

自西向东可分3类：燕山、太行山、伏牛山山前洪积冲积平原，地形微倾，水源条件较好，无盐碱威胁，是高产、稳产地区；黄河、淮河、海河的冲积平原，地下水位较浅，其中北部海河平原多碟形洼地，盐碱普遍，中部受黄河泛滥影响，风沙土较多，南部淮河平原，多砂姜土，土质黏重；东部滨海平原，土壤多盐碱化，生产条件较差。该区耕地数量居各区首位，但中、低产土壤面积大。

该区地处中原，区位条件优越，有众多大中城市，港口、铁路、公路海运交通便捷。农业开发早，农耕历史悠久，以前农业技术装备水平高，年全区平均机耕率、灌溉率、单位面积化肥使用量和用电量均居各一级农区前列。且城市工业基础雄厚，煤、石油资源丰富。

该区以旱作灌溉农业为主，土地利用率高。全区94.3%的耕地为旱地，有效灌溉面积已占耕地的55%，是中国旱作农区水浇地面积最大，发展最快的地区。该区已成为北方以小麦、玉米、棉花为主，土地利用率最高的地区。花生总产也居各区之首。另外该区还是中国暖温带水果主产区，梨、苹果、红枣产量在全国占绝对优势。该区农业发展的另一重要特点是在大幅度增产粮食的同时，加快了经济作物、畜牧业和水产业的发展，农业生产结构趋向优化。

旱、涝、碱、薄是该区农业发展的主要问题。今后农业发展应加强水利建设，节流与开源并举，在厉行节水的同时，加快跨流域调水步伐，如南水北调工程，解决水资源不足的问题；以盐碱土，砂姜黑土，风沙土为重点，改良低产土壤，从而综合治理洪涝旱碱，并努力提高农业集约化水平，致力于提高土地生产力。要发挥地区优势，促进农业的地域分工与综合发展，从而把该区建设成以小麦、玉米、棉花、花生及温带水果为主的多种农产品生产基地和多种农副产品精深加工基地。

为了充分发挥该区的巨大增产潜力，必须进一步综合治理旱涝碱：提高防洪标准，加强排灌工程配套，调整机井布局，控制地下漏斗发展，大力发展节水型农业。坚持用地养地相结合，培肥改土，努力提高单产。巩固提高粮食生产，合理布局经济作物。大力发展畜牧、林业和副业，改善农业生产结构。

4. 黄土高原区

黄土高原区位于太行山以西，青海日月山以东，伏牛山及秦岭以北，长城以南，包括晋、冀、鲁、豫、陕、甘、青、宁的264个县(市)。该区包括晋东，豫西丘陵山地农林牧区，汾渭谷地农业区，晋、陕、甘黄土丘陵沟谷牧林农区，陇中青东丘陵农牧区4个二级区，是一个以旱杂粮生产为主，产量不高不稳，水土流失严重，亟待综合治理的地区。土地总面积为51.7万km^2，人口占全国7.2%。该区是中国农业的发源地，但水土流失严重，生态环境恶化，亟待治理开发。

该区大部分地区为黄土覆盖的高原和丘陵沟壑，地貌复杂地势高亢，地面起伏不平，切割严重，沟壑纵横，坡陡沟深。黄土垂直节理发育，下渗性强，遇水分散，抗冲性能弱，深陷性明显。年降水300～500 mm，夏、秋多暴雨。这些成为水土流失严重的自然基础。加之人为的不合理利用，如陡坡滥垦，使林草植被遭到破坏，使该区成为水土流失最严重的地区。水土流失使土壤贫瘠，加剧了水旱灾害，而且泥沙下泄严重威胁黄淮海平原。

该区气候属温带向暖温带、半湿润向半干旱区的过渡地带。光温条件较好，且昼夜温差大，利于农作物优质、高产。但干旱威胁很大，水资源贫乏，开发利用困难。东南部属半湿润气候，中部广大黄土丘陵沟壑区，属半湿润易旱气候，西部属半干旱地区。该区人均地表径流仅相当于全国平均的1/5，径流时间分布不平衡，泥沙含量高，既不利于蓄洪，也不利于灌溉，加之地表破碎，饮水困难，更加剧了水资源稀缺与干旱威胁。农村经济贫困，温饱尚未完全解决。

该区农业生产以旱作农业为主。盛行旱杂粮为主、小麦为辅的耕作制度。坡耕地比重大，经营粗放，广种薄收，生产水平低下。农村经济结构单一，以种植业为主，粮食生产为主，商品经济不发达。

今后该区农业发展，要合理安排农林牧用地，有计划地实行陡坡退耕，扩大林草植被，生物措施与工程措施结合，综合治理水土流失；要加强基本农田建设，河谷盆地发展灌溉农业，坡地修筑梯田，同时实行集约经营，争取粮食自给；要因地制宜优化产业结构，积极发展经济作物、林果业、牧业、乡镇企业和第三产业，尽快脱贫致富。晋陕黄土丘陵沟壑区，应加速治理水土流失，改善生态环境；渭北、陇东旱塬，资源经济条件较好，增长潜力大，应重点进行农业开发；汾渭平原，生产水平高，以粮、油、棉、肉为主，应着重巩固与提高。

5. 长江中下游区

长江中下游区位于伏牛山、淮河以南，福州—英德—梧州一线以北，西部以雪峰山为界，东抵海洋，长江横贯而过，包括豫、苏、皖、鄂、湘、沪、浙、赣、闽、粤、桂的544个县(市)。土地总面积为97.9万km^2，人口占全国28.6%。该区包括长江下游平原丘陵农畜水产区，豫、鄂、皖低山平原农林区，长江中游平原农业生产区，江南丘陵山地农林区，浙闽丘陵山地林农区和南岭丘陵山地林农区6个二级区，是一个人多地少，水热资源丰富，农林比较发达、农业生产水平较高的地区，也是中国农业集约化程度和综合发展水平最高，农村经济发达的地区。

该区属于亚热带季风气候，北部能满足稻麦一年两熟的需要，中南部可种植双季稻和越冬作物，一年三熟，并适宜多种亚热带林果生长。夏秋作物生长旺盛，结实期日照充足，光、热、水季节配合较好，成为农作物高产、稳收的重要因素。该区河网稠密，湖泊众多，有中国五大淡水湖，耕地形态以水田为主。目前已形成平原农区的灌溉系统，淡水渔业养殖、捕捞较发达。但梅雨年变率大，常形成旱、涝灾害。

该区地貌类型复杂多样，平原是农业精华所在，丘陵山地开发潜力大。平原占1/3，主要有洞庭湖平原、江汉平原、鄱阳湖平原、太湖平原、长江下游沿江平原、苏北里下河平原及长江支流的河谷平原。这些地区土层深厚、土质肥沃、耕地连片，是该区农业精华，其土壤主要为由黄棕壤，红壤发育的具有良好物理性质和丰富养分的水稻土。丘陵山地面积广，江南大面积的红壤丘陵，是中国亚热带经济林果(油茶、油桐、乌桕、茶、柑橘)的重要产区；南岭山地是以杉木为主的用材林基地；北部桐柏山，大别山丘陵山地构成淮河、长江的分水岭，天然植被为落叶阔叶-常绿阔叶混交林。

该区地处沿江、沿海，区位条件优越，内外交通方便，城镇密集，工业基础好，经济发展水平高。农村社会总产值与农村人均社会总产值均居各区首位，但地区发展不平衡，多数丘陵山区交通不便，农业生产水平较低，经济发展较落后。

该区农业综合发展水平高，农业集约化程度高。土地利用率高，而普遍实行以水稻为主的多熟制，复种指数为全国最高，农田投入水平高，沿海沿江经济发达地区农田耕种、灌排、植保、脱粒等已基本实现机械化，工作水平高，在精耕细作基础上，广泛采用先进科学技术。农产品总量大，商品率高。稻谷、油菜籽、桑蚕茧、黄红麻产量居各区首位，肉类、水产亦居各区首位，林地面积仅次于东北区居第二，一些亚热带经济林果产品也占有很高比重。该区是全国提供商品粮最多的地区，也是全国农副产品商品率最高的地区。

该区农村经济的主要特点是乡镇企业在全国处于领先地位，整个农村经济正向农村工业化、城乡一体化方向发展。

该区水田利用比较集约，旱地经营则很粗放，宜林宜牧的丘陵山地广阔，或者处于半荒芜状态，或者被乱垦滥伐，水土流失加剧。众多的淡水湖泊被围垦，面积逐渐缩小。洪涝渍害和伏秋干旱，都对农业生产有一定危险。进一步发展农业生产，必须加强水利建设，根治洪涝渍旱灾害，用地养地相结合，改进工作制度，科学开发利用丘陵山地，大力发展林牧业，合理开发利用和保护淡水水域，积极发展水产业。

今后应充分利用现有的工农业基础，发挥沿江、沿海区域优势，全面发展农村经济。太湖平原，沿海、沿江地区加快发展乡镇企业，并向外向型经济发展，争取领先实现农业现代化，并带动整个区域经济的发展；长江中游平原（洞庭湖，鄱阳湖，江汉平原）应致力于以高产、优质、高效为目标的粮、棉、油、肉、水产品商品生产基地的建设；江淮地区应加强区域水土治理，进一步开发丘陵岗地，内陆水面和沿海滩涂，扩大优质稻米，优质棉、畜禽、水产、蚕桑为主的商品生产；江南红壤丘陵盆地，应加强沟谷的农田建设，综合开发红壤丘陵荒地，建成亚热带经济林果和区域性粮食商品生产基地；南岭山地，应加强森林资源的保护、抚育，营造以速成丰产林为主的用材林。

6. 西南区

西南区位于秦岭以南，滇南、桂林山地以北，西依青藏高原，东邻长江中游丘陵平原，包括陕、甘、川、云、贵、鄂、湘、桂的 432 个县（市），土地总面积 100.7 万 km^2，总人口占全国 17.73%，包括秦岭大巴山林农区，四川盆地农林区，川、鄂、湘、黔边境山地农牧区，黔、桂高原山地林农牧区，川、滇高原山地农林牧区 5 个二级区，是一个地处亚热带，以山地丘陵为优势的重要农林基地，也是中国自然条件和农业资源最为复杂多样的地区，除四川盆地外，农村经济贫困落后，生态环境恶化。

该区山高坡陡，山脉纵横交错，高原、盆地与山丘、平坝间叠分布，地势十分复杂。在土地总面积中，山地占 70%，丘陵与高原占 23%，平坝只占 7%，因而林地多达 8 600 万 hm^2，占全国的 17.8%，耕地比重小，现有耕地中水田占 43%，旱地占 57%，大部分旱地是坡耕地，加之新构造运动剧烈，地表物质稳定性差，水土流失较严重。

该区地处亚热带，北有秦岭和大巴山作为天然屏障，冬春气温普遍高于东部同纬度地区，农作物可二熟或三熟，茶、油桐、柑橘等亚热带经济林果可广泛种植。气候垂直差异明显，在高低差大的地区，由河谷至山顶，存在从南亚热带至山地寒温带的一系列热量带，形成高低差异明显的“立体农业”。冬季季风与西南季风带来丰沛降水，且大多集中在夏、秋季节，雨热同期，利于农作物及林木生长。但冬干、春旱较为普遍。光能地区差异大，西、南部比较充裕，黔中与四川盆地阴雨多，雾日多，特别是秋季常阴雨连绵，不利于秋收作物成熟收割。该区河川众多，水资源丰富，年径流量占全国的 22%，但受山区地貌条件限制，开发难度大，特别是广大岩溶地区，地表水漏失严重，更难利用。

土地资源中耕地质量普遍较差，不仅旱地大多是土层浅薄的坡耕地，水田中亦有相当一部分是冷浸田、烂泥田等低产田。除四川盆地灌溉条件较好外，大部分地区水利条件很差，不仅旱地无法灌溉，水田中有 30%左右是“望天田”或“冬水田”。该区林草资源丰富，宜林、宜牧地比耕地面积多 5～6 倍。丰富的山区资源遭到破坏，大片的森林日渐演替为疏林、灌丛及灌草丛。

该区农业生产以种植业为主，以粮食为主。但人均耕地少，受水肥条件限制，土地利用率也不高，复种指数为 192%，且大多经营粗放，生产水平低下，年粮食平均单产不仅低于南方其他农区，甚至低于北方黄淮海区，粮食不能自给，是全国缺粮最多的地区。烤烟、油菜、桑、茶、水果及生猪在全国居重要地位，烤烟是云贵两省财政的重要来源。四川盆地是国内最大的油菜籽集中产区，也是仅次于长江中下游地区的蚕茧基地，同时，还是全国最重要的生猪商品生产基地，是该区农业精华所在。

此外，该区林特产也非常丰富，油桐、生漆、乌桕、核桃、白蜡、棕片均居各区之首。该区“立体农业”景观很有特色，一般山脚、河谷大多是以水田为主的耕作带，山腰多为旱作农业或农林交错地带，山顶则以林木为主。

该区粮食平均单产较低，与其优越的自然条件不相称，具有较好的开发潜力。农业的进一步发展，必须大力发展灌溉，改变冬水田、望天田和雷响田比重大的靠天吃饭局面；改造低产田，提高复种指数；大力发展林牧业生产，改变山区贫困面貌。应坚持发展经济与治理生态环境相结合，加强以水利为中心的农业基本建设，山、水、田、林、路综合治理。巩固提高以四川盆地为主的平坝地区的农业生产，努力提高粮食自给率；合理开发利用山区资源，发展立体农业，充分发挥林、牧业优势。大力发展农副产品和林牧产品加工，以及以农村运销为重点的乡镇企业，加快脱贫致富步伐。

7. 华南区

华南区位于中国最南部，北以福建闽江口南岸——云南盈江的揭阳河为界，包括闽、粤、桂、滇的 191 个县(市)。该区包括闽南、粤中农林水产区，粤西、桂南水产区，琼雷及南海诸岛农林区，台湾农林区 5 个二级区，总面积为 49.6 万 hm^2，总人口占全国 9.59%，全区地跨南亚热带和热带，水热资源丰富，是我国唯一适宜发展热带作物的地区。

该区大部分地区长夏无冬，秋春相连，南亚热带地区无霜期 300～340 d 或更长，热带地区终年无霜。热带水稻一年可种三季，热带和南亚热带的南部甘薯可越冬，可种冬玉米，偏北可种冬烟和冬季蔬菜，甘蔗可秋植和种宿根蔗。可种植橡胶、椰子、咖啡、胡椒、龙舌兰、麻、腰果、油棕等热带经济作物。雨量丰沛，水资源供需基本平衡，但受季风影响时空分布不均，洪枯变幅大，且沿海多台风暴雨。

该区山地多，平地少，林地较广，耕地不足，海岸线长，海域宽广。在土地总面积中，平原台地不到 30%，丘陵山地占 70%以上，人均耕地 0.05 hm^2，是人均占有耕地最少的农区，且供开垦的后备土地资源有限。水域宽广，可供水产养殖的淡水水域为 20 万 hm^2，约占土地总面积的 4%，且海岸线长，居各区之首，港湾众多，浴场辽阔，并有相当数量的海涂资源。

该区地处中国沟通海外的南大门，地理位置优越，厦门与台湾一水之隔，深圳、珠海毗邻香港、澳门，黄埔、湛江等大型港口同五大洲多个港口有航运往来，内陆交通也较发达。改革开放后，发展外向型经济，农村经济较发达，但沿海和山区经济发展及农民收入水平还极不平衡。

该区是中国唯一的热带作物种植区，7 种主要经济作物适宜的种植面积共 283 万 hm^2，热带作物的经济价值也较高，但实际种植面积仅占宜植面积的 26.4%，还有很大发展潜力。该区中耕地以水田为主，稻谷产量占粮食总产量的 80%以上，但人均耕地最少，粮食不能自给，全区人均占有粮食约为全国人均的 74%。华南区属农业生产多宜区，甘蔗、花生、桑、麻、茶、水果、蔬菜等经济中占重要地位，甘蔗产量占全国的 2/3 以上，以鲜活农产品为重点的创汇农业比重较大，多种经营较发达。

该区地区间生产、经济发展极不平衡，沿海平原和边远山区差别悬殊。东部沿海地区土地利用率高，耕作先进，复种指数一般为 200%～250%。而西部农业生产条件差，耕作粗放，个别地区还沿用“刀耕火种”的原始耕作方法，复种指数一般在130%左右。沿海地区商品经济发达而内陆偏僻地区如右江流域，桂西南石岩溶地区，滇南高原狭谷地带等，生态环境恶化，生产发展缓慢，还处于自给、半自给状态。

该区粮食不能自给，农业生产水平差别很大，具有较大的生产潜力。发展农业必须正确处理粮胶、粮蔗等关系，从全局着眼，合理安排作物布局，建设以橡胶为中心的热作生产基地和蔗糖生产基地，大力改善水肥条件，提高复种指数和单产，建立区内粮食生产基地，大力发展林业、果树和多种经营。

今后应继续充分发挥水热条件和地理位置两大优势，巩固提高热带、亚热带作物生产；稳定粮田面积，自产为主，外源为辅，解决好粮食供应问题，进一步发展外向型农业和二、三产业，以沿海平原带动内陆山区，促进区域经济全面发展，重点抓好闽粤沿海平原创汇农业基地建设、海南岛西双版纳以橡胶为主的热带作物生产基地建设、西部丘陵台地新蔗区的开发建设。

8. 甘新区

甘新区位于包头—盐池—天祝一线以西，祁连山—阿尔金山以北，包括新疆全部、甘肃河西走廊、宁夏银川平原和内蒙古西部，包括新、甘、宁、蒙的131个县（旗、市），总面积为236.7万 hm^2，总人口占全国的1.98%。该区包括3个二级区，蒙、宁、甘农牧区，北疆农牧林区和南疆农牧区，是一个国境线长、气候干旱、地广人稀、少数民族聚居、以依靠灌溉的沃州农业和荒漠放牧为主的地区。

该区深居内陆，气候属中温带至暖温带极端干旱的荒漠、半荒漠地区，光照强，热量也较丰富，但降水稀少，没有灌溉便没有农业。大部分地区位于中温带，宜于喜凉作物和部分喜温作物生产。塔里木盆地、吐鲁番盆地、哈密盆地及甘肃安西、敦煌地区属暖温带，可以一年两熟或两年三熟，种植冬小麦及棉花、玉米、水稻等喜温作物。该区春季升温快而夏温高，昼夜温差大，积温的有效性高，利于光合产物的积累，因而农作物产量高，果实着色浓，瓜果和甜菜糖分高，品质好。

该区多高山与盆地相间，土地资源数量多、质量差，天然草地多，农林用地少。甘新区面积占全国的近1/4，但戈壁、流动沙丘和裸地等不可利用的土地约占59%。在可利用土地中，天然草地多，占88.8%；林地耕地少，分别占3.23%和6.4%，由于人口密度小，人均占有耕地高出全国近一倍。

大部分地区径流不足10 mm，不少地区为无流区，水资源主要来自高山区降水和冰雪融化及过境河流。水资源成为该区农业发展的限制因素，除伊犁河、额尔齐斯河等少数河流尚有开发潜力外，大部分地区只能在节水基础上挖潜。干旱、多风，植被稀少，使得荒漠广布，沙漠占全区的21%，加之资源利用不当，沙漠化加剧沙进人退现象时有发生。由于蒸发强烈和盆地排水不良，土壤普遍盐碱化，盐碱地占耕地的48%，盐碱成为低产的主要原因。

该区交通闭塞，农村工业不发达，人均纯收入低。

该区农业以绿洲灌溉农业为主体，农业随水源分布分散性地镶嵌在沙漠，戈壁、荒漠之中。农业生产以农为主，农林牧结合。土地盐碱化、沙漠化、荒漠化加剧，生态系统脆弱。由于人口稀少，人均粮油产量高，加之光热资源丰富，棉花、甜菜、瓜果等优质经济作物比重为全国最高。南疆是重要的长绒棉生产区，河套、石河子地区是重要甜菜产区。除此之外，新疆的哈密瓜、吐鲁番葡萄、库尔勒香梨也都驰名中外。

畜牧业为草原放牧与农区牧业并存。该区草原辽阔，但大多为生产力极低的荒漠草原，优质草原主要分布在天山、阿尔泰山、祁连山等山区，故牧业以山区放牧畜牧业为主体。但草场季节性明显，冷暖草场不平衡，夏秋草场有余，冬春饲料不足，限制了畜牧业发展。该区畜牧业上停留在“靠天养畜”状态，山麓地带农牧矛盾突出。农业也存在耕作、经营粗放的问题，盐碱和风沙危害较大。

争取进一步发展农业生产，必须合理开发和节约利用水源，改良盐碱地；调整季节牧场，加强草原建设，实行农牧结合；造林种草，防风固沙。今后农业发展应农牧并重，以农为主，发展集约化的绿洲农业与农牧结合的放牧畜牧业，建设优质高产的棉、糖基地和区域性商品粮基地、瓜果基地及以羊为主的畜牧业基地，建立节水农业体系，防治沙漠化、盐碱化，合理利用山区资源，保护改善农业生态环境，抓好塔里木盆地的优质长绒棉生产，伊犁地区毛、肉、乳为主要产品的畜牧业生产，天山北坡综合农业基地和为城市服务的农业，河西走廊的商品粮基地建设。

9. 青藏区

青藏区东起横断山区，西抵喀喇昆仑山，南至喜马拉雅山，北达阿尔金山—祁连山，包括西藏自治区、青海省大部、甘肃的甘南自治州和天祝、萧南县、四川省西部、云南西北角共 155 个县(市)，地处高寒地区，总面积为 212.5 万 km^2，总人口占全国的 0.53%。该区包括藏南农牧区、川藏林农牧区、青甘牧农区、青藏高寒牧区 4 个二级区，是土地面积最大而人口最少的一个农区，也是我国重要的牧区和林区。

该区地势高，热量不足，空气稀薄，太阳辐射强度大。青藏高原是中国，也是世界上海拔最高、面积最大的高原，高大的山岭与切割程度不一的宽谷和许多湖盆及低山、丘陵相间分布，组成辽阔的高原面。气候严寒，年均温低于 0℃，最暖月低于 10℃。江河谷地中下游最暖月均温 14～18℃，是耕地、人口相对集中地区。高原东南边缘低海拔的河谷，属山地亚热带气候，有水稻、玉米、茶叶栽培。该区空气稀薄，含氧量低，但光照充足，太阳辐射强，生物对热量利用率高，加之地面热力作用强，使农用土地资源的分布上限及其自然生产力都大幅度提高。

该区土地资源以草地为主，林地次之，耕地极少，分布相对集中。全区可利用草地占总土地面积的 50.7%，占全国可利用草地的 34%，居各区之首。其中草甸草地面积最大，适于放牧牦牛，草原草地次之，适于放牧藏绵羊与山羊。该区森林由喜马拉雅山南坡经横断山区到祁连山地，呈弧形分布，林地面积为 1181.6 万 hm^2，占总土地面积的 5.6%，占全国森林面积的 9.5%。耕地极少，只占土地总面积的 0.3%，是全国耕地面积最少、比重最小的地区，主要分布在热量和水土条件较好的江河谷地与湖盆地带，且土温低、肥力低、土层薄、耕层浅。

该区水资源非常丰富，但地区分布极不平衡，取水难度大。喜马拉雅山南坡及横断山的东部和南部迎风坡年降水量达 1 000～2 000 mm 或更多，背风面降水甚少，而且越往西越少，柴达木盆地和羌塘高原西北部年降水在 50 mm 以下。由于大多地处江河上游，水资源丰富，河川径流总量约占全国的 30%，天然水能蕴藏量大，但开发难度极大。

该区地广人稀，交通闭塞，农村经济极为落后，农业产值占 86.3%，是各区农业产值比重最高的一个区，农业人口人均农村社会总产值位居倒数第二，仅略高于西南区。

该区农林牧业都具有高寒地区的共同特点。主要特产、作物和树种均对低温、低氧的高寒环境具有很强的适应能力。放牧畜牧业是该区的主导产业，但当前基本上处于靠天养畜状态，生产水平很低。森林资源丰富，但大部分林区由于交通困难，基本上没有开发利用，已开发林区则集中过伐，资源衰退。农牧业生产以自给为主，农畜产品的商品率很低。

该区的农业发展应以牧为主、农牧林并举，大力发展区内自给性的粮食生产。主要措施：加速建设巩固的草料生产基地，摆脱靠天养畜状态；提高牲畜质量，调整畜群结构；因地制宜发展种植业，建立区内商品粮基地；合理利用和保护森林资源。该区农业今后要大力提高放牧畜牧业生产水平，继续加强粮食和人工草料生产，逐步实现粮食自给，合理经营与开发天然森林，不断改善交通、商业等经济发展的内外部环境条件，促进商品流通，发展民族经济，建设细毛羊、半细毛羊和肉乳兼用牦牛商品生产基地。

10. 海洋水产区

海洋水产区南至南沙群岛，北至辽东湾，包括热带、亚热带、暖温带和温带。自北向南有渤海、黄海、东海、南海以及台湾以东太平洋西部五大海域，总面积约为 120.8 万 hm^2（不包括台湾以东太平洋西部海域），其中大陆架 43 万 hm^2。其中水深在 200 m 以内的大陆架面积约占世界大陆架面积的 23%。整个海域跨越纬度 40°以上和温带、亚热带、热带，东、南海还与大洋沟通，并同时承受暖、寒两种海流的影响，为海洋生物造成了多样化海洋水文气象条件。

大陆海岸与岛屿海岸凹凸曲折，海底地形起伏有变，底质多种多样，自然景观各异。长江、黄河、珠江等大小河流的大量淡水流注入海，给海洋生物带来了丰富的营养盐类和饵料。这些自然因素构成了对多种多样海洋生物十分适宜、优越的生活环境和繁殖条件，使我国海洋成为西太平洋生物资源丰厚、面积广阔的著名渔场。我国海洋渔业资源量据估计为 300 万～700 万t，但现状是沿海及近海水域资源利用过度，外海利用不足。各个海区资源利用程度也不同，破坏最严重的是黄海和渤海，东海的外海还有一定潜力，南海的深海水域基本上属于未开发区，情况有待探明，但海水深，作业较困难。

浅海滩涂养殖业区总面积约为 600 万 hm^2，气候温暖湿润，有机质丰富，底质又多以泥、沙为主，适用于多种鱼、虾、贝、藻类繁殖生长，水产资源十分丰富。我国浅海渔业历史悠久，但新中国成立前主要靠采捕天然资源。新中国成立后养殖业逐渐发展，以海带、贻贝为主。

海洋捕捞渔业区面积辽阔，岛屿、港湾众多，海洋鱼虾蟹类资源丰富。生产上存在的主要问题是生产布局不合理，作业方式单一，渔获单产和质量下降，近海资源衰退。由于大量渔船集中在近海生产，近海捕捞能力成倍增加，渔场却未相应扩大，生产效果显著下降，特别是盲目发展底拖网作业，片面强调高产，使渔业资源和水域生态环境遭到破坏，水产品产量减少、质量下降，在总产量中低值鱼和小杂鱼占一半以上，带鱼、黄鱼等 8 种经济价值高、数量大的品种，产量连年大幅度下降。近海底层鱼类捕捞过度，越捕越小、越少，外海中、上层鱼类很少利用，多为其他国家所捕捞，深海远洋渔业也未发展。今后应调整近海作业，开辟外海渔场，发展远洋渔业。

为了合理开发利用和保护增殖资源，必须统一规划，合理布局，调整和减轻沿海、近海捕捞强度，控制捕捞船只，淘汰有害渔具渔法，规定禁渔区、禁渔期，保护亲鱼、幼鱼，大力发展海水养殖和建立养殖基地，充分利用滩涂浅海的可养水面，积极向外海和远洋发展。

第三节　中国农业生产概况

中国农业发生于新石器时代。中国的黄河、长江流域，是世界农业起源地之一。在长达八九千年的发展过程中，中国农业曾经有过许多领先于世界的发明创造，但近代帝国主义的入侵使中国沦为半封建半殖民地，农业日益落后于发达的资本主义国家，经历了漫长的停滞时期。中华人民共和国成立后，社会主义制度的建立和土地改革使得中国农村经济得到了迅速的恢复和发展，中国农业进入了发展较快的新时期。1978 年十一届三中全会揭开中国经济改革序幕。1982 年 11 月，全国实行承包制，农村经济新的格局全面建立。尽管近 30 多年来的发展过程中也有过挫折，但中国以仅仅相当于世界 7%的耕地养活了几乎占世界 20%的人口，说明中国农业改革取得了巨大的成就。

中国农业自古以种植业为主。种植业即狭义农业，包括粮食作物、经济作物、饲料作物和绿肥等的生产，粮食作物尤占主要地位。种植五谷，其具体项目，通常用“十二个字”即粮、棉、油、麻、丝(桑)、茶、糖、菜、烟、果、药、杂来代表。种植业在农业总产值中所占的比重，20 世纪 50 年代为 80%以上；60 年代为 75%以上；70 年代前期为 75%左右，由于人口多，后期为 66%左右；80 年代中期已降到 60%上下。50 年代以后，林业、畜牧业、渔业和副业等才在原有的基础上有了增长，但它们在农业总产值构成中的比重，总的变化不大。1979 年以后由于农村进行经济体制改革，确定了“决不放松粮食生产，积极发展多种经营”的方针，农村经济从较为单一的经营向多种经营的商品经济转化。林业、畜牧业、渔业和副业所占的比重才开始出现引人注目的变化。

从农作物播种总面积看，粮食作物播种面积所占的比重从 50—70 年代起始终高达 80%左右，其中有 9 年超过 85%，1979 年以后适当调整了作物布局。与此相应，粮食作物的播种面积由 1978 年的 18 亿亩减少到 1986 年的 16.6 亿亩，比重下降到 76.9%。但由于亩产量增加，总产量反由 30 475 万 t 增至 39 151.2 万 t。1986 年粮食总产量的大致构成为：稻谷 44%，小麦 23%，玉米 18%，薯类 6.5%，其他 8.5%。

经济作物播种面积在农作物的总播种面积中一直偏小，但总的趋势是上升的。从 50 年代至 1978 年大体为 8%～9%；进入 80 年代后，连续上升至 14%左右。从经济作物的不同种类看，1952—1986 年间棉花的播种面积在农作物播种总面积中的比重由 3.9%减少到 3.0%左右，产量则由 130.35 万 t 增加到 354 万 t，30 余年中虽有起伏或停滞，但总的来说还是增长较快的。油料包括花生、油菜籽和芝麻等的产量起伏很大。经济作物 1952 年的播种面积占农作物播种总面积的 4%，产量为 419.3 万 t，此后有升有降。1978 年以后又发展很快。1986 年的播种面积占农作物播种总面积的 7.9%，产量 1473.8 万 t，1949—1979 年间，约为 1952 年的 3.5 倍，是农业增产的又一重要原因。其他经济作物的发展情况，以 1986 年的产量与 1952 年比较，其增长幅度约为：烤烟 6 倍，茶叶 6 倍，黄红麻 5 倍，糖料(甘蔗、甜菜)7 倍，水果 18 倍。

根据现行统计规定，农业总产值的计算方法通常是用农林牧渔业产品及其副产品的数量分别乘以各自单位产品的价格以求得各业产值；少数生产周期较长，当年没有产品或产品数量不易统计的，则采用间接方法匡算其产值；将农林牧渔四业的产值相加就得到农业总产值。改革开放以来，中国农林牧渔业总产值一直保持较高的增长速度。按可比价格计算，平均每年增长 5%以上，其中牧业和渔业生产的增长速度更快。因而农林牧渔业总产值的结构也发生了显著变化。以当年价格计算，1978 年农业产值占农林牧渔业总产值的比重为 80.00%，林业占 3.44%，牧业占 14.98%，渔业占 1.58%；到了 1997 年，农、林、牧、渔业产值分别占农林牧渔业总产值的 56.40%、3.33%、30.99%和 9.28%。在 19 年的时间里，农业产值所占比重下降幅度达 30%，牧业产值比重增长 1 倍以上，而渔业产值的比重则增长了接近 5 倍。这一变化表明，中国农业生产结构在过去 20 年时间里已发生了巨大变化，动物性食品的生产和消费比例大幅度上升，人民生活水平明显提高，生活质量也相应改善。

在农业总产值构成中，林业产值在50年代以前仅占0.7%的微小比重。50年代以后，林业建设有了发展，1986年林业的产值比重增加到5%。但林业生产起伏较大，总的发展速度不快。植物病虫害防治也取得重大成就。30余年来，全国累计造林面积18多亿亩，居世界中等水平。因抚育管理跟不上，再加上采伐多于更新，1985年的森林面积仅为17.3亿亩，每人平均1.7亩，按有效成分计算，森林覆盖率为12%，且分布很不平衡，多集中在东北、西南和浙江、福建等地区。为了改变林业生产与国家和人民需要严重不适应的状况，为中国农业生产的稳定发展创造条件。1978年以来已采取措施加强林业建设，提高了抗御水旱灾害的能力，从而使抚育管理不断改进，造林面积和木材产量有所增加，用材林、经济林和防护林的构成也日趋合理。在水土保持、改造低产田、治理盐碱地和改良土壤等方面也做了大量工作。造林面积和木材产量有所增加。

在农业总产值构成中，畜牧业产值在50—60年代初期所占比重总的呈下降趋势，以后逐渐回升。1952年的畜牧业比重为11.5%，1986年增至21.8%。其占耕地面积的比重约为44.5%，种植业和畜牧业之间的产值比例，则因种植业所占的比重逐步减少，二者的差距有所缩小。大体上50年代初为7:1，80年代中期为3:1。主要反映在以下几个方面。家畜头数有较大幅度的增加。1986年末的存栏数大牲畜(包括牛、马、驴、骡、骆驼)为11 896.1万头(其中役畜约占58%)，猪为33 719.1万头，羊为16 622.9万头，分别比1952年增加了55.6%、2.75倍和1.69倍。其中猪的数量增加最快。在全世界猪的存栏总数中，中国约占40%。大牲畜则因部分役畜为农业机械所取代，比重有所降低。此外，家兔和野生动物的饲养利用，近年来也有较大发展。但和社会需求相比，以1985年与1952年相比，畜牧业的发展不快，特别是出栏率较低。1986年肉猪的出栏率为77.6%，羊为31.5%，牛仅6.1%。中华人民共和国成立以后，由于落后的生产关系的束缚，农牧业生产总的处于相当低的水平，其原因在于饲养方法落后和饲料工业不发达。牛羊则很大程度上是由于草原建设不相适应。因此中国肉类产量虽由50年代的300多万t增加到1986年的2 112万t，牛奶产量由1978年的88万t增加到1986年的289.9万t，但按人平均占有量低于一般经济发达的国家。由于肉类产量中猪肉占90%以上，而猪的饲养又集中在农区，因而95%的肉类产自农区，无论农区或牧区畜牧业都有很大的发展潜力。除家畜、家禽饲养业以外，以桑蚕和蜜蜂等昆虫为对象的动物生产也有很大发展。特别是养蚕业，1986年蚕茧产量36.9万t(其中桑蚕茧产量为33.6万t)，比1952年增加近2倍。

在农业总产值构成中，水产业即渔业1952年仅占0.3%，1953—1978年间仅3.2%，1986年的比重已增至4.1%，30余年有了较大的发展。水产品总产量1952年为166.6万t，按可比价格计算，1986年增至823.6万t，提高了近4倍，有力地促进了农业生产的迅速增长。从水产品的产量构成看，1986年，海水产品约占57.7%，淡水产品约占42.3%。海水产品中绝大部分来自捕捞，主要是近海捕捞，海水养殖和远洋捕捞尚未得到应有的发展。

中国农业中的副业，在不同时期有不同性质和内容。60年代以前的副业，是指农民利用业余时间或家庭中的辅助劳力所从事的生产活动，包括采集、渔猎以及家庭手工业如编织、刺绣等，大多属于自给、半自给性质。又于1956年基本完成了农业合作化，其在农业总产值中所占的比重约为4%。至于后来由人民公社和生产大队举办的企业，首先以3年时间完成了土地改革。它们虽在一个时期仍被当作副业，实质上已是相对独立于农业之外的工业、交通运输业和建筑业等，突破了副业的范围；到80年代，又进一步演变成为乡镇企业。

中国农业的快速发展与中国农业自然资源基本特性直接相关。中国农业自然资源具有如下基本特性：

1. 整体性

农业各种资源彼此间相互联系、相互制约，形成统一的整体。在一定的水、热条件下，形成一定的土壤和植被，以及与此相适应的动物和微生物群落。一种自然因素的变化，会引起其他因素甚至资源组合的相应变化，如原始森林一旦被破坏以后，就会引起气候变化、水土流失和生物群落的变化，成为另一类型的生态系统。

2. 地域性

由于地球与太阳的相对位置及其运动特点，以及地球表面海陆分布的状况和地质地貌变化，地球上各个地区的水、热条件各不相同。因此不仅大的区域如南方和北方、东部和西部、沿海和内陆、平原和山区自然资源的形成条件以至各种资源的性质、数量、质量和组合特征等都有很大差别。即使在一个小范围内，如在水田和旱地、平地和坡地、阳坡和阴坡，以及不同的海拔高度之间，也都有不同的资源生态特点。严格地说，农业自然资源的分布，只有相似的而无相同的地区。

3. 数量的有限性和潜力的无限性

地球上土地的面积、水的数量、到达地面的太阳辐射量等，在一定地区、一定时间内都有一定的量的限制。人类利用资源的能力以及资源被利用的范围和途径，还受科学技术水平的制约。但相对而言，由于农业自然资源的可更新性和可培育性，它的生产潜力是无限的。随着科学技术的进步，人类不但有可能做到保持农业自然资源的循环更新，而且可以不断地扩大资源的利用范围，使有限的资源能无限地发挥其生产潜力。

4. 可培育性和可更新性

人类虽不能创造自然资源，但可以采取各种措施，在一定程度上改变它的形态和性质。如通过改土培肥、改善水利、培育优良的生物品种等，进一步发挥自然资源的生产潜力。与矿产资源随开发利用而趋减少的情况不同，农业自然资源是可更新和可循环的。主要表现在土壤肥力的周期性恢复，生物体的不断死亡与繁衍，水分的循环补给，气候条件的季节性变化等。更新和循环的过程可因人类活动的干预而加速，从而打破原来的生态平衡。这种干预和影响如果是合理的，就有可能在新的条件下，使农业自然资源继续保持周而复始、不断更新的良好状态，建立新的生态平衡；反之，则某些资源就会衰退，甚至枯竭。

中国农业自然资源状况从全国范围看，气候、土地、水和生物资源分别具有以下一些特点：

(1)光、热条件优越，但干湿状况的地区差异大。中国南北相距5 500多km，跨近50个纬度，大部分地区位于北纬20°～50°之间的中纬度地带。全年太阳辐射总量一般西部大于东部，高原大于平原。以西藏为最高，西北地区和黄河流域的太阳辐射条件优于世界上不少平均温度相似的地方，长江流域优于日本和西欧。农作物生长期间的热量条件，除分别占国土面积1.2%和26.7%的寒温带以及青藏高原多属高寒气候外，其余72.1%的地区处于温带(占国土25.9%)、暖温带(占18.5%)、亚热带(占26.1%)，以至热带和赤道带(占1.6%)，全年0℃以上积温均在2 500℃以上。其中以海南为最高，达8 500～9 000℃，无霜期100 d至全年无霜。因而如仅就热量条件而言，夏季都可种植多种喜温作物，大部地区并可复种，一年种二熟或三熟。全国各地的干湿状况大体可以 400 mm 等雨量线为界,即从大兴安岭起,经通辽、张北、榆林、兰州、玉树至拉萨附近,沿东北斜向西南一线,分为东南和西北两大部分。东南部为湿润、半湿润区,西北部为半干旱和干旱区,约各占国土的一半。东南部受太平洋季风环流影响,雨水较充沛,年降雨量随纬度高低和距海远近变化于 400～2 400 mm 之间,干燥度一般低于 1.5。且雨、热基本同期,80%以上的雨水集中在作物活跃生长期内,这是 90%以上的农区和林区都分布在东半部的重要原因。

下半年南北之间的温度差异较小。北方夏季气温比世界同纬度地方高,可使一年生喜温作物的北界大大向北推移。冬季气温则比世界同纬度地方低,又使冬小麦等越冬作物的北界南移。季风气候的不利方面主要是它的不稳定性,即夏季风各年的进退时间、影响范围和强度都不相同,因而降水年内分布不匀,年际变化也大,洪涝、干旱、低温、霜冻、台风等农业气象灾害的频率较高。

西北部半干旱、干旱区的年降水量一般在 400 mm 以下,有些地方仅数十毫米甚至数毫米,干燥度在 1.5 以上,有的甚至达 20 以上。因而限制了农业和林业的发展,只在较高的山岭有少量森林资源。但这些地区有辽阔的草原,形成了中国的牧区。

(2)土地资源的绝对量大,按人平均占有的相对量少。根据统计资料,全国土地总面积约为 960 万 km^2,约占世界土地总面积的 7.3%,仅次于俄罗斯和加拿大而居世界第 3 位。耕地面积按沿用习惯亩统计数字为 14.9 亿亩(注:较实际面积可能偏低),约为世界耕地总面积的 7%,次于俄罗斯、美国、印度而居第 4 位。林地面积 17.3 亿亩,占世界森林总面积的 3%,次于俄罗斯、巴西、加拿大、美国而居第 5 位。草原面积 47.9 亿亩,其中可利用的面积约 33.7 亿亩,仅次于澳大利亚、俄罗斯而居第 3 位,另有草山草坡约 7.2 亿亩。淡水水面 2.5 亿亩,其中可供养殖面积约 7 500 万亩;海涂面积约 2997 万亩,水深 200 m 以内的大陆架约 23 亿亩,为发展淡水及海洋渔业提供了较好的资源条件。

中国按人平均占有的各类土地资源数量显著低于世界平均水平。山地多、平地少,海拔 3 000 m 以上的高山和高原占国土的 25%。此外还有约 19%难于利用的土地和 3.5%为城市、工矿、交通用地。人均耕地面积仅约 1.5 亩,为世界平均数 4.5 亩的 1/3,是人均占有耕地最少的国家之一。人均林地面积约 1.8 亩,森林覆盖率为 12.7%,而世界平均分别为 13.6 亩和 31.3%。人均草地面积 5 亩多,也只及世界平均数 10.4 亩的 1/2。

(3)河川径流总量大,但水土配合不协调。中国年平均降水总量约 6 万亿 m^3(折合平均降水深 628 mm)中,约有 56%的水量为植物蒸腾、土壤和地表水体蒸发所消耗,44%形成径流。全国河川多年平均径流总量为 27 115 亿 m^3,在世界上仅次于巴西、俄罗斯、加拿大、美国和印度尼西亚而居第 6 位。但如折合为年平均径流深,则仅为 284 mm,较许多国家为低。人均占有年径流量仅为 2 558 m^3,只相当于世界平均数 10 800 m^3 的 1/4,美国的 1/5,俄罗斯和印度尼西亚的 1/7,加拿大的 1/50。

按耕地每亩平均占有径流量也只有 1 819 m^3,只相当于世界平均数 2 400 m^3 的 2/3 略多。此外,地下水资源中参加短期水量循环(一年或几年)的浅层水概算每年平均综合补给量(天然资源)约为 7 718 亿 m^3。扣除地下水和地表水之间的重复计算部分,全国水资源平均年总量约为 27 362 亿 m^3,比河川径流量约增加 3%。

水资源的地区分布很不均匀。长江流域及长江以南耕地只占全国总耕地的 37.8%,拥有的径流量却占全国的 82.5%;黄淮海三大流域径流量只占全国的 6.6%,而耕地却占全国的

38.4%。长江流域每亩耕地平均占有水量达2 800万 m^3 左右，黄河流域为260万 m^3，海河流域仅为160万 m^3。水量在时程分配上也极不平衡，年际间变幅很大。如海河流域1963年径流量达533亿 m^3，1972年仅99亿 m^3，相差5.4倍。全国有相当大的地区，易受洪、涝、旱、渍等自然灾害的侵扰。

(4)生物种属繁多，群落类型丰富多样。造成这种多样性的原因是中国不同地区的自然条件十分复杂，另外也与引起北半球温带许多第三纪动植物种系灭绝的第四纪冰川的影响较小有关。就全国范围看，北半球所有的自然植被类型，从热带雨林和季雨林到寒温带针叶林几乎都可见到，植物区系的丰富程度仅次于马来西亚和巴西，居世界第3位。动、植物资源也很丰富，有"活化石"之称的大熊猫、水杉和银杉等，更是世界稀有的珍贵动植物种类。如此多样的生物资源不但是农业多种经营的重要物质基础，而且为农、林、牧、渔业的进一步发展，提供了十分丰富的基因库。在一定的经济技术条件下，一切自然资源，包括农业自然资源对人类生存需要的负荷能力是有限的。随着人口的不断增长，人口数量与自然资源不足的矛盾已成为世界性问题。因此，在严格控制人口增长的同时，农业自然资源的保护和合理利用，愈来愈受重视。

中国农业的快速发展，与举国大力开展的农业体制改革也密切相关。1949年以前的中国农业，由于几千年封建制度和百余年帝国主义的压榨，生产力水平极为低下，生产规模狭小的小农经济，常常连简单再生产也难以维持。中华人民共和国成立以后，首先以3年时间完成了土地改革。紧接着，又于1956年基本完成了农业合作化，使广大农民走上了社会主义道路。但由于合作化后期工作上的缺点和偏差，加以1958年发动了人民公社化运动，1966年又发生了灾难性的"文化大革命"，以致农业社会主义改造的进程遭受了严重挫折。中国农业中的副业，是指农民利用业余时间或家庭中的辅助劳力所从事的生产活动。根据中国共产党十一届三中全会决议的精神，对原来的农村经济体制开始进行有计划、有步骤的改革，已经采取的改革措施包括对原人民公社经营体制和政社合一体制的改革，以及农产品收购制度的改革等，特别是通过经营体制的改革，以家庭承包为主的联产承包责任制在全国基本普及。1986年，农业中集体经营与承包农户分散经营相结合的双层经营体制逐步形成，大大提高了农业合作经济组织的自主权和农民的生产积极性。有力地促进了农业生产的迅速增长。按可比价格计算，1979—1985年农业总产值平均年递增率达10.1%，1985年为398元，增加了197%。

1979年以后，中国国营农场的经营体制已逐步地进行了改革。中国除汉族以外的少数民族包括壮、蒙古、回、藏、满、维吾尔、苗、侗、彝、土家、朝鲜、布依、高山等55个民族，1985年少数民族自治地方的少数民族人口约占全国人口的5.6%，但所拥有的草原和森林资源分别约占全国的90%和40%。草原和森林资源不仅在历史上一贯占有重要地位，而且至今仍有较高的经济价值，对于农业自然资源的开发利用和整个农业的发展关系重大。中华人民共和国成立以前，少数民族农业的经济形态和发展水平很不一致。许多民族以封建制的生产方式为主，有的还存在着农奴制或牧奴制，甚至还保留有原始公社制的残余。从农业生产的结构和发展水平看，有的停留在渔猎经济阶段，有的以从事畜牧业为主，有的主要务农，但仍沿用刀耕火种、广种薄收的原始耕作方式。他们的某些独特的传统生产技艺，如朝鲜族的农艺、维吾尔族的园艺、蒙古族的畜牧和兽医等是较为精湛的，但由于落后的生产关系的束缚，农牧业生产总体处于相当低的水平。中华人民共和国成立以后，经过社会主义改造和80年代以来的农村经济体制改革，少数民族自治地区的农业生产也得到了很大的发展。以1985年与1952年相比，农业总产值从 46.5 亿元增至 368.3 亿元；粮食从 1 582 万 t 增至 4 006 万 t，大牲畜（年底头数）从 2 439 万头增至 4 749 万头。

为了促使传统农业向现代农业转化，中国于 50 年代中期提出农业技术改造任务。当时，计划用 5 个五年计划的时间完成农业机械化。以后这一进程因工作的失误发生曲折。1979 年以后，中共中央确定发展农业“一靠政策，二靠科学”的方针，又使农业技术改造工作走上了健康发展的轨道。30 余年来，农业技术改造所取得的成就，主要反映在以下几个方面。

兴修农田水利和兴修山地水平梯田一直是 30 余年来全国大规模农田基本建设的重点项目。由于排灌动力机械的大量增加和渠道等设施的大规模建设，1984 年农田的有效灌溉面积达 66 338.7 万亩，居世界第一位，其占耕地面积的比重约为 44.5%，也高于世界绝大多数国家。在有效灌溉面积中，机电灌溉的面积约占 56.6%，而 1952 年仅为 1.6%。农田基本建设的巨大成就，提高了抗御水旱灾害的能力，为中国农业生产的稳定发展创造了条件。

肥料施用坚持了有机肥同无机肥相结合的原则。多集中在东北、西南和浙江、福建等地区。但在继续广泛施用人畜粪和绿肥等有机肥料的同时，化肥施用量有了大幅度的增加。按有效成分计算，1986 年化肥用量（折纯量）1 930.6 万 t，为 1952 年的 240 余倍，每亩耕地平均施用量 13 kg，居世界中等水平。但化肥构成上磷肥、钾肥的比重偏低。植物病虫害防治也取得重大成就。1982 年化学防治面积近 12.8 亿亩，占耕地面积的 86%。历史上常常造成颗粒无收的蝗灾已告消灭，许多植物病害如小麦锈病等已得到有效控制。

由于建立了兽医生物药品工业体系，40 年代末期，兽用药物迅速推广，50 年代就在全国范围内消灭了牛瘟。以后，气肿疽、牛肺疫、羊痘等传染病和一些寄生虫病也得到有效控制。中国研制的猪瘟、牛痘、羊痘等疫苗，居世界领先地位。

30 余年来育种工作的巨大成就，是农业增产的又一重要原因。1949—1979 年间，全国开展了水稻、小麦、棉花等 25 种主要农作物的育种工作，育成并用于生产的品种达 2700 余个，其中推广面积在 100 万亩以上的 265 个，对提高产量、改进品质、增加抵抗病虫害的能力等都起了重要作用。1975—1984 年间杂交水稻的推广，对粮食的增产作用尤为显著。现稻、麦等主要农作物的良种种植面积均已超过播种面积的 90%。

除了对传统品种进行改良外，还先后从国外引进良种，并通过纯种繁殖和杂交，育成了不少优良的牛、羊、猪和家禽品种。冷冻精液和人工授精繁殖体系也已形成。由于工业发展水平的限制和农村存在十分庞大的劳动力资源，中国农业机械化的程度仍较低。人力操作和手工工具尚占主导地位。但 30 余年来农业机械和农村用电量的变化也是很大的。50 年代初期，拖拉机的拥有量还微不足道；1986 年已有大中型拖拉机 86.65 万台，小型拖拉机 452 万台（其中手扶拖拉机有相当数量用于农村运输）；联合收割机的拥有量为 3.09 万台，农用载重汽车的拥有量为 49.92 万辆。1986 年的机耕面积达 54 641.7 万亩，超过全国耕地总面积的 1/3。与此相应，电力在农村中的应用也有很大发展，1986 年农村用电量为 586.7 亿 kW/h。

在近 20 年的时间里，不仅农林牧渔业产值的比重发生了巨大变化，各业的内部结构也有很大变化。中国农业种植业结构日趋合理，种植业内部经济作物种植面积的比重逐渐上升，主要农作物产量和产值的上升速度加快。有学者指出，中国农业的发展在农村，新时期农村生产要素市场化发展的方向将沿着三条主线展开：第一条是通过农业产业体系、科技人才体系和农业基础能力等重点领域建设引导农业生产要素市场化；第二条是以城乡统筹思路促进农村社会保障、农村教育等社会事业的发展，强化农村生产要素市场投入机制；第三条是以科技创新持续发掘农村生产要素市场化流转的内生动力。随着国家政策对农业的进一步倾斜，农业产量和产值的上升速度可能更快，农业在中国的发展速度和规模将远远超过历史的任何时期，未来一段时间内，中国农业的发展将发生翻天覆地的变化。

第四节　农业生产在国民经济中的地位

农业是基础产业部门，也是国民经济的基础和有机组成部分，对于国民经济的发展不可替代。从战略观点来看，合理高效利用农业自然资源、人力资源和农业资本，实现农业经济科学发展是国民经济的高速、科学增长的保障。

一、农业是国民经济的基础

1. 农业是人类赖以生存和发展的基础

人类的生存之本在于农业，直到目前为止，维持人类生命活动所必需的食品最终只能依靠农业。农业生产利用作物光合作用吸收的太阳能和自然界的无机物质来生产粮食、豆类、油料、蔬菜、水果等植物性产品，然后再利用动物的消化合成功能进一步将植物性饲料转化为肉、蛋、奶等动物性产品。食物的生产是直接生产者的生存和一切生产的首要条件，从经济学的角度看，衣食是人类最基本的生活资料，农产品维持着人类的生存和劳动力的再生产。

2. 农业是国民经济其他部门产生和独立的基础

农业曾经是人类社会的唯一生产部门。随着农业生产力的提高，人们生产的农产品在满足农业劳动者自身的需要后出现了剩余，手工业逐渐从农业部门分离出来成为独立的生产部门。随着农业和手工业的进一步发展和分离，商品交换的范围和规模不断扩大，从而导致商业也形成独立的经济部门。但农业的基础作用在于，农业部门能为社会提供多少剩余产品，是社会分工的物质前提。没有农业的发展，就没有社会的第一次、第二次和第三次大分工，也就没有国民经济其他部门的产生和独立。

3. 农业是非物质生产部门存在和发展的基础

农业劳动生产率完全达到或超过劳动者个人需要是一切社会的基础。农业生产力和农业劳动生产率的高低，不仅决定着为国民经济其他部门提供剩余农产品的数量，而且决定着为国民经济其他部门提供劳动力的数量和国民经济其他部门发展的规模和速度。非物质生产的社会部门与非农产业部门一样，其存在也以农业的发展为前提。只有农业剩余产品的不断增加，才能使越来越多的人不仅能够脱离农业，而且能够脱离物质生产部门，从而使科学、文化、教育、卫生和其他公共部门得以独立出来并获得进一步发展。

4.“农业的基础地位”主要在于农业的性质

农业的基础地位，不仅在于农业人口、农业劳动力和农业产值和收入在国民经济中所占比重的大小，主要还在于农业的性质和作用。一个国家在由农业国走向工业国的过程中，农业所占比重越来越小，但是，农业的基础地位不能动摇，作用会更加重要，支撑力度更坚实、更可靠、更大。随着我国社会、经济的发展，农业的作用和农民的作用会明显提高。

5."农业是国民经济的基础"是一条普遍和客观规律

农业是第一产业,是社会发展和人类生存的基础。古今中外概不例外。在古代,农业支撑着整个社会的发展,基础地位无可动摇;在现代社会和未来社会,农业仍然是国民经济的基础。发达国家如美国,虽然农业产值仅占国民经济的2%,农业劳动力仅占2%,但是农业部门为农业服务的机构非常完善,力度也很大,国家仍然非常重视农业。最发达的国家一般都是农产品出口国。中国从1863年有海关记录开始,到中华人民共和国成立,在一百多年的时间里,一直是粮食的净进口国。多年来,美国、法国、荷兰一直排在粮食出口国的前三名。

二、农业在国民经济中的作用

1. 食物主要来源

对于多数发展中国家,农业是非农部门获得食物供应的主要甚至唯一来源。因此,经济多样化的程度和发展速度取决于国内食物生产者所生产的超过自身需要的剩余食物。理论上国内食物不足可以通过扩大进口来加以弥补。但是,食物进口经常受到外汇短缺和成本过高的限制。随着工业化、城市化的进展,农业以外的对食物需求的增长速度有超过非农部门发展速度的趋势。原因在于非农部门的人均收入往往高于农业部门,因而城市人均食物消费量通常也高于农村。但在农业劳动力迅速向其他部门转移的过程中,如果食物的生产和供应没有相应地增长,就可能导致食物短缺,从而限制其他产业的增长。

2. 农业是国民经济其他部门劳动力的主要来源

农业剩余劳动力是工业和国民经济其他部门劳动力的主要来源。从历史上看,社会劳动力曾经以农业为主要甚至唯一就业部门;随着国民经济的发展,越来越多的劳动力转入第二产业和第三产业等非农部门,农业劳动力占从业总人数的比重不断下降。但农业是人类基本生活资料的生产部门,因而,劳动力必须首先满足农业生产的需要。农业劳动生产率提高了,才能有剩余产品和剩余劳动力提供给社会。中国改革开放以来的情况也是如此。一方面农村非农产业异军突起,另一方面上千万甚至更多的农业劳动力离开农业、农村,在城镇从事长期或短期的非农生产经营活动,极大地增加了社会财富的生产和供应。

3. 农业是工业特别是轻工业的原料基地

农业是工业原料的重要来源。在工业化的初期阶段,农产品加工曾经在工业生产中占有主要地位。今天,大多数发展中国家仍然以农产品加工为重要产业;尤其是农业生产相对集中的地区,农产品加工更具有特殊重要的意义。在中国农村城镇化、工业化的进程中,农产品加工也是重要的生产部门。我国轻工业原料的70%来自农业,以农产品为原料的工业产值,占工业总产值的1/3以上,占生活资料工业产值的4/5以上,主要是纺织、食品、服装、饲料工业等。

4. 农业为工业和其他部门提供日益广阔的市场

在经济发展的早期阶段,农业是国民经济的主要部门,农村人口占全国居民的绝大多数,其他部门的生产必然以农业、农村为主要市场。今天,大多数发达国家中农业占国民经济的份额大大缩小,其他部门的生产已转为互为主要市场,即产品交换主要在非农部门之间进行。但是,农业在市场需求方面的作用仍然不能低估。特别对于我国来说,由于农村人口占多数,农村市场需求的重要性更显而易见。我国有13亿人口，70%在农村，农村是一个广阔的市场，包括生活资料市场和生产资料市场。我国轻工业产品的60%销售到农村，农用生产资料的90%以上销往农村。

5. 农业是积累国民经济建设资金的重要来源

2004年，国家决定开始减免有关农业农民方面的费用和税收，现在，农民的税收已全部减免。但是，在20世纪90年代，我国财政收入的30%左右来自农业，主要渠道是：农业税、农林特产税、工商税，工业产品销往农村过程中的税收，农产品的加工、运输、营销过程中的税收等。农产品是国家出口创汇的重要来源。农产品出口创汇每年有120亿～130亿美元。20世纪末的几年，国家用于防洪抗灾的财政资金多达1 500亿～2 000亿元人民币。即使是在国家全部免除农民的税费条件下，农业因为其"前向关联"和"后向关联"的重要作用，也会在经济上为国民经济建设提供支持。

三、农业在现代社会中的作用

1. 农业的经济作用

农业的经济作用主要体现在农产品贡献、市场贡献、要素贡献和外汇贡献等方面。

农产品产品贡献指的是农业部门所生产的食物和工业原料。即使是在现代社会中，农业产品的贡献也是非常重要的。发展中国家经济起飞的标志是工业化、现代化，而非农部门的迅速扩大迫切需要增加食物和工业原料的供应。

市场贡献指的是农业部门对工业产品的市场需求。发展中国家工业化的进程中迫切需要工业品市场的迅速扩张，但一时又难以与发达国家在世界市场上竞争；而发展中国家的主要生产部门是农业部门，农业人口又占全国总人口的多数，因而农业和农村是国内市场的主体，农业和农村市场的发展在很大程度上制约着整个经济的增长。

要素贡献指的是农业生产要素向其他部门的转移。从长期的观点看，国民经济其他部门的发展过程就是农业领域生产要素不断向其他部门转移的过程。在农业仍然是主要经济部门时，几乎所有生产要素都曾集中使用于农业部门。

外汇贡献指的是农业在平衡国际收支方面的作用。对于发展中国家来说，增加先进技术设备的进口是加快本国工业化和现代化的有效途径。但是，刚刚兴起的新兴工业难以提供数量充足的可供出口的产品，而"外资"的引进又受到许多条件的限制。在这种情况下，扩大农产品的出口或者扩大农业进口替代品的生产以平衡国际收支，是许多发展中国家的主要选择，甚至是唯一选择。

2. 农业的生态环境作用

在农业生产中，合理利用土地、植树造林、改造沙漠、建立野生动植物园和自然保护区等，可有效保护自然环境和保持生态平衡。因此，农业部门是完成这一任务的主力军，在保护自然生态环境方面正在发挥主要作用。随着人们生活水平的提高，以及沙漠化对整体生态的影响的加深，人们越来越认识到生态环境的作用，同时对农业寄予了更多的生态环境方面的希望，"青山绿水，记得住乡愁"也是我国农业可持续发展的目标。

3. 农业的社会文化作用

无论在东方还是在西方，人们普遍向往乡村的田园生活。无论是植树造林、改造沙漠，还是建立自然保护区，都不是单纯的生产和经济活动，它们同时也是改变人们意识的精神和文化活动。休闲农业、旅游农业和观光农业也不仅是经济生产活动，不仅是简单的消费，它们同时也是精神文化活动。与城市相比较，农村社会具有十分明显的社区特征。农村社区的成员相对稳定，民风淳朴，邻里关系密切，人们重视伦理、亲情等传统价值观念，道德、风俗和舆论对行为的规范作用十分巨大，有时甚至比成文法规的约束力更强。

4. 农业还有重要的政治作用

农业问题紧密联系着农村问题、农民问题，联系着社会稳定和政治稳定问题。比如，就业、社区发展、人口发展问题；农民脱贫、致富、奔小康问题，也就是农民增收问题；农村城市化和城乡一体化问题；社会稳定、生产关系调整的重要基础等问题，以及“手中有粮，遇事不慌”，“无粮不稳”，这些充分说明了农业的社会影响和政治影响。

思考题

1. 简述改革开放以后农业经营制度的特点。
2. 简述中国农业区划的内容。
3. 如何理解农业是国民经济的基础？
4. 简述农业在国民经济中的作用。

第四章

中国种植业及其发展

种植业是指人们进行大田及园艺作物生产、管理等产业，主要包括作物学、园艺学、植物保护学、土壤学四个学科。本章重点介绍了我国种植业的内容、特点及其发展，讲述四个学科的理论和技术及其内在联系，形成作物种植的科学理论和技术体系。

第一节　中国种植业特点

种植业以土地为生产资料与外界环境进行物质能量交换，植物从大气中吸收 CO_2 并利用土壤中无机盐和水分，在光能驱动作用下把无机物转换成有机物质，为人类赖以生存的食物与生活资料的主要来源，为轻纺工业、食品工业提供原料，还为畜牧业和渔业提供饲料。另一方面，植物光合作用释放氧气对于维持大气氧浓度平衡发挥重要作用。

$$CO_2 + H_2O \xrightarrow{\text{光能}} (CH_2O) + O_2$$

种植业占农业生产的比重大、产值高，是农业生产的重要组成部分。特别是粮食作物生产的稳定发展对畜牧业和工业的发展、对人民生活水平的提高和改善及对中国国民经济的发展均有重要意义。中国种植业具有历史悠久、物种繁多、分布面广以及科技含量高等特点，这对于推动我国农业快速发展具有举足轻重的作用。

一、中国种植业历史悠久

我国是世界文明古国和种植业起源地之一，拥有悠久的农业文化。我国种植业诞生于7 000—8 000 年前。诞生初期，中国种植业大致分为两大类：北方旱作（起源地：大地湾，今甘肃；以小米和油菜为主）和南方水稻（起源地：长江至钱塘江下游的河姆渡，今浙江；以水稻为主）。经过 3000 年的发展，种植业发展到小麦、大麦、高粱、甜薯、麻、桑等作物种植。

有明确资料记载我国种植业发展历程的时期还要追溯到夏朝。夏朝至春秋期间(2206BC—403BC)是我国种植业发展的早期阶段。种植区域扩大至黄河中下游及长江中下游。种植模式为广种薄收的迁徙农业，土地采取轮耕撂荒使用制；种植方式在北方旱作农业区以“刀耕火种”方式种植，作物种类包括小麦、小米、高粱、大豆等，南方水稻区以“火耕水耨”方式种植，作物种类有水稻、甜薯、麻、桑等。其中西周时期（1126BC—771BC）对种植业的发展推动作用最大，至西周末期，灌溉和排水农业及施肥农业诞生。到春秋晚期（约403BC），铁器、犁耕、楚国建筑大型水库芍坡及吴国开凿大运河先驱的邦沟等农田水利建设等出现，提高了种植业的生产力水平。

至战国时期（403BC—221BC），种植区域向北扩展至西北干旱区东南边缘，南方推进至南岭一带；生产力水平进一步提高，铁器和牛耕逐渐普及，水利工程大力发展，种植模式由迁徙农业逐步过渡到传统农业。

秦朝时期（221BC—206BC），种植区域继续向西扩展至内蒙古后套平原以及宁夏西套平原。西汉和东汉时期，中国种植业区域面积推进至河西走廊、南疆（塔里木盆地）局部地区及青藏高原东北部湟水流域等；农业生产中精耕细作、新兴水利工程、铁制农具完全代替原始农业的木、石及青铜农具；迁徙农业完全演变成“永久农业”或“持续农业”的传统农业。

隋唐朝时期（589—907），农民对种植积极性高，农具也有所改进（例如曲颈犁和水车的发明）。在长江中下游及东南沿海一带，耕地迅速发展，已超越黄河中下游成为全国经济核心。其中水稻种植已趋普及，甘蔗、茶等亚热带作物的种植技术有重大改革，棉花仍限于广东、福建、亚热带山地及沿海地区种植。

元明清时期（1279—1840）我国种植业仍属于传统农业，但种植技术和作物种类均有较大突破。主要进展有5个方面，其中包括：①水稻、茶、甘蔗、甜菜等作物扩展种植较大；②全国稻米生产中心从长江三角洲转移到长江中游；③棉花种植已在华南普及并向北扩展到黄河中下游；④种桑养蚕在长江三角洲有很大进展，其中湖州（浙江省）成为当时著名的丝织业中心；⑤长江中下游及黄河中下游保持为全国核心区，东北温湿地区及西北干旱地区种植业发展迅猛，其种植技术与华南及西南地区并驾齐驱，青藏高原则仍属落后。

新中国成立以后，农业继续作为国民经济的基础，农业科技不断发展，多学科技术相互融合，种植业逐渐迈入现代化农业生产体系。

二、中国种植业涉及作物种类繁多

种植业产品不仅提供了人们生活必须品，而且提供了工业生产所需的原材料。中国种植业包括谷物、薯类、油料、豆类、棉麻类、糖料、烟草、蔬果类、茶类九大类。

(1)谷物作物包括稻谷、小麦、玉米、谷子、高粱、大麦等。

(2)薯类作物包括马铃薯、红薯、甘薯、木薯等。

(3)油料作物包括花生、油菜、芝麻、胡麻籽、向日葵、大豆等。

(4)豆类作物包括大豆、绿豆、红小豆、豌豆、豇豆、豆角等。

(5)棉麻类作物包括棉花、红黄麻、苎麻等。

(6)糖料作物主要包括甜菜和甘蔗。

(7)烟草作物。

(8)蔬果类作物主要包括蔬菜、西红柿、苹果、西瓜、葡萄等。

(9)茶叶作物。

三、中国种植业分布面广且存在明显的区域差异

中国国土陆地由平原（12%）、盆地（19%）、高原（26%）、丘陵（10%）及山地（33%）5部分

构成，其中宜耕土地面积资源占有比较小。在南北或东西跨度为 5 000 km 的陆地面积上均有种植业存在，但因我国南北（东西）地势地貌差异大，各地气候因子差异显著，加上各地区经济发展程度以及社会历史条件等客观原因，种植业在各区域生产存在明显的差异。基于这些因素，可以把我国种植业分为十大区：①东北大豆、春小麦、玉米、甜菜区；②北部高原小杂粮甜菜区；③黄淮海棉、麦、油、烟、果区；④长江中下游稻、棉、油、桑、茶区；⑤南方丘陵双季稻、茶、柑橘区；⑥华南双季稻、热带作物、甘蔗区；⑦川陕盆地稻、玉米、薯类、柑橘、桑区；⑧云贵高原稻、玉米、烟草区；⑨西北绿洲麦、棉、甜菜、葡萄区；⑩青藏高原青稞、小麦、油菜区。

随着对作物区划的方法不断深入研究，目前，通过空间自相关方法和基尼系数、专业化指数的计算可以发现各类农作物连片种植的空间格局，已初步找出进行农业区域化、规模化和专业化生产具有潜力的具体区位省份。

(1)谷物类农作物区域专业化生产的优势区位主要分布在华北平原、辽东半岛、三江平原、松嫩平原、豫北平原、江汉平原等平原地区。稻谷在地理空间上高度集聚在中国长江中下游地区的湖南省、湖北省、江西省和浙江省。此外，黑龙江省和辽宁省地区也是水稻专业化生产优势明显区域；小麦的区域专业化生产潜在区位主要集中在河北省、河南省、山东省和安徽省；玉米主要高度集聚在黑龙江省、辽宁省、吉林省、内蒙古自治区、河北省和河南省；谷子的区域专业生产优势区域高度集聚在内蒙古自治区、辽宁省、河北省和陕西省等；高粱主要连片分布在黑龙江省、辽宁省、吉林省、内蒙古自治区、宁夏回族自治州等；大麦生产优势区域主要集中在甘肃省、新疆维族自治区、江苏省和内蒙古自治区等。

(2)薯类在四川、重庆、贵州和甘肃省集中连片分布，专业化程度较高。马铃薯其生长对自然条件要求不高，又属于高产的农作物，因此在中西部传统农区种植较多，主要集聚在甘肃省、宁夏回族自治区、云南省、贵州省和四川省。

(3)油料作物集中连片分布在河南省、山东省、湖北省和安徽省。花生高度集聚在河北省、山东省、河南省和安徽省。油菜在生产上主要分布在湖北省、安徽省和四川省。这些地区处在湿润半湿润地区，利于油菜生长，是中国油菜籽的主产区，此外，青海省、西藏自治区和贵州省专业化种植程度高；芝麻具有专业化生产的优势省份主要有河南省、湖北省和安徽省；胡麻主要分布在甘肃省、山西省、内蒙古自治区和宁夏回族自治区，并且具有非常高的专业化生产程度；向日葵主要在黑龙江省、吉林省、甘肃省、宁夏回族自治区和山西省高度集聚，但在新疆维族自治区、内蒙古自治区也有专业化生产的潜力。

(4)豆类作物主要集中连片分布在黑龙江省、内蒙古自治区和吉林省。大豆和红小豆高度集聚在黑龙江省、吉林省和内蒙古自治区；绿豆主要分布在内蒙古自治区、吉林省、湖南省和河南省。

(5)棉类、麻类虽然在空间自相关方面不显著，但专业化程度都还较高。棉类区域专业化种植明显，2008 年新疆棉花产量已超过全国棉花产量的 40%。除此之外，河南省、山东省和安徽省也具有省域连片分布的潜力；苎麻可以专业化种植的省份主要布局在长江中上游的重庆市、四川省、湖北省和江西省。

(6)糖料地理空间分布最为集中，主要连片分布在广西壮族自治区、云南省、广东省和海南省，其专业化生产程度高。

(7)烟草主要连片分布在四川省、云南省和贵州省，区域专业化种植潜力大。另外，河南省和湖南省也是专业化生产的优势区。

(8)蔬菜和瓜类在山东省、河南省、河北省和安徽省集聚程度高,四川省也有分布。

(9)水果类在空间自相关方面不显著,主要集聚在河南省西部丘陵地带、陕西省的黄土高原地带以及山东半岛的丘陵地带。热带水果类主要集聚在具有热带气候特征的广东省。

(10)茶类主要在福建省、浙江省、云南省、湖北省和四川省,专业化程度较高。

通过了解农作物区域优势分布情况,政府可以加大对种植业空间布局的调控,这对各地区制定具体的农业政策具有重要意义。比如在气候、土壤、水资源等自然条件适于小麦、水稻、玉米等作物生长的区域,可扩大其种植规模,以此获得更大的经济效益。基于目前中国种植业的地理集聚格局,也可以为地方政府更有效地采用现代经营管理理念,如在各粮食作物优势生产区,通过加强田间试验建立相应的高产高效栽培模式,结合计算机信息技术、专家库知识系统以及模拟模型等手段管理作物生长发育,从而提高作物的产量水平和生产力等。

四、中国种植业科技含量高

全球种植业当前面临的主要问题在于自然资源恶化、耕地面积减少、劳动力投入比(占其他行业百分比)和投入量下降以及自然灾害频繁发生等危机,但对我国而言,种植业经济产出和品质性状等仍在不断提升,其主要原因归功于科学技术在种植业中的运用(表 4-1)。主要体现在以下几方面:

表 4-1 我国科技对农业发展贡献度 %

时期	科技对农业贡献度
"一五"时期	19.9
"七五"时期	27
"八五"时期	34
"十五"期末	48
当前	>50

注:种子导刊,邢路生,2011.

(1)品种资源选育方面　在改革开放以前,我国主要农作物大部分生产用种是常规品种,且品种更换周期长(10 年左右);改革开放后,我国良种培育有较大发展,尤其是杂交优势理论的研究与开发及其在水稻、玉米、棉花、油菜、高粱、蔬菜等农作物育种上的广泛应用,培育出一大批优质高产高效多抗(抗旱、抗病虫等)新品种,对于推动种植业高产稳产优质发展起着举足轻重的作用。目前,我国主要农作物良种覆盖率达到 95%以上。

(2)栽培耕作技术方面　推广种子精选包衣技术、精量半精量播种技术、免耕栽培技术、旱作节水(肥)栽培技术、测土配方施肥技术、专家知识库建立、农业信息决策诊断技术、全程机械化栽培技术、卫星和(或)近地面遥感(数码相机、无人飞机等近地面遥感工具)监控作物生长发育技术等重大实用技术显著提升了种植业的生产力。

(3)应对灾害方面　我国种植业特别注重加强防灾减灾工作,提高农业防灾、抗灾和救灾能力,有效地控制和减轻灾害损失。这使我国粮食生产的气象灾害损失率(10%)和生物灾害损失率(5%)控制在较低水平,这极大提高了我国种植业的生产潜力。

第二节　作物生产技术

一、种植制度

1. 种植制度

种植制度是指一个地区农作物组成配置、熟制与种植方式的总称。组成配置又称作物布局，主要指一个地区或生产单位作物组成和配置的总称，作物组成包括作物种类、品种、面积比例等，配置是指作物在区域或田地上的分布。熟制即同一块农田上一年之内种植作物的季数。比如热带地区一年三熟，暖温带地区一年一熟至两年三熟，寒温带一年一熟等。种植方式主要包括复种、间作、套种、混作等多熟种植方式；以及轮作、连作等。

2. 作物布局

作物布局是指一个地区或生产单位作物结构与配置的总称。结构包括作物种类、品种和面积(比例)。配置主要指作物的区域分布(宏观、粗略)，田块分布(微观、精细)。作物布局要回答的问题是：种什么？种多少？种哪里？作物布局的作用主要包括：

第一，满足人们的消费需求。劳作的目的就是满足需求。人们的需求随着生活水平的提高在不断地变化，而作物的布局也要随着需求的改变不断变化。比如以前主要关注的是作物的高产，而现在关注更多的是作物的品质、营养以及相应的保健功能。比如秋葵主要种植在南方地区，随着人们对其营养价值认识的提高，现在在北方的种植面积在不断扩大。

第二，合理利用资源和实现可持续发展。由于自然资源的限制，很多地方应该因地制宜建立合理的作物布局，如果不与当地自然条件配合好，会造成资源浪费。比如安徽滁州市地处江淮分水岭地区，多年平均降雨量仅为898～1 020 mm。农业生产结构以水稻种植为主，约占全部耕地面积的80％，一些不适宜栽种水稻的地方又勉强栽种水稻，渠系输水损失大。灌溉水利用系数只在0.45，有一半左右灌溉用水都在输水过程中渗漏。

第三，满足国内及国际市场。比如新疆八十九团以前是一个以棉花种植为主的团场，但葡萄的经济效益更高，于是进行了一定的作物布局调整。目前葡萄已经发展到7 000亩，其中挂果面积5 000亩，年总产优质鲜食葡萄4 000多t，远销国内外，创产值达1 500万元。

第四，促进农民就业。安徽省长丰县通过种植布局调整，大力发展草莓种植，现在全县草莓种植面积达到19.5万亩，总产量达到约35万t，总产值突破45亿元，草莓农户年均收入11万，约35万农民因此受益，草莓生产为农民创收占全县农民人均纯收入44％。

作物布局不能漫无目的、随意地调整，其布局有以下几点原则：第一，根据国情，以满足社会对农产品的需求为根本目的。根据国家的战略需求，作物的种植应该满足人们对植物性食物、动物性食物、种子、工业原材料的需要。根据国家战略需求和目前实际的自然和经济条件，国家划分了10个种植业区。第二，符合生态条件。应该因地制宜，趋利避害，发挥优势。各地生态因子的特殊性，影响到作物的产量、品质和稳产性。如果不根据当地的实际情况，引种调整布局，可能会造成一定的经济损失。比如，1999年建阳等地农民引种台湾木瓜12万株全部冻死，直接经济损失27多万元人民币，其根本原因是未经试种，盲目引种，违背了自然规律。

第三，符合可持续发展。在作物布局时要考虑合理利用和保护资源，用养结合。第四，有利于农民收入的提高。布局调整的根据包括比较效益和效益风险。比较效益，可以以粮食、传统作物、历年产量、周边经济效益为基准。效益风险分析包括气候风险，技术风险，市场风险等。以市场风险为例，贵州某区原来西红柿需求面积为 3 万亩，但当地相关部门没有从实际出发，调成种植面积为 5 万亩，结果导致当年大量西红柿卖不出，最终区委办公室和区政府办公室联合下发红头文件，要求辖区各单位干部职工每人购买 50 kg 番茄，把爱心工程变成强制性命令，引起很多争议。第五，有利于满足现代人们的生活。现代人除了对产品的质量有所要求外，还会对产品大小、工艺有新的要求，应该根据现代人的要求，及时进行相应布局调整以满足不同人群的需要。

3. 多熟种植

多熟种植指在同一田地上同一年内种植两种或两种以上作物的种植方式，其作物在时间与空间上集约化，分别包括复种、间套作两个方面。复种是指在同一田地上一年内接连种植两季或两季以上作物的种植方式。包括间作、混作、套作和立体种植等。间作是指在同一田地上于同一生长期内分行或者分带种植两种或者两种以上的作物的种植方式。比如豆茶间作、树菌间作、林药间作等。比如安徽界首一些地方实行林下种植板蓝根，每公顷鲜根重达 5 000～6 000 kg，经济效益十分可观。混作是在同一田块上，同期混合种植两种或者两种以上作物的种植方式。这里面可以包括同一作物的不同品种。比如，抗倒伏不抗病害的小麦品种与抗病害不抗倒伏的品种实行混种，可以大幅提高小麦的抗病性和抗倒伏性，实现小麦生产的稳产效应。套作，主要指在前季作物生长后期的株行间播种或移栽后季作物的种植方式，也称套种、串种。套种是一种集约化利用时间的种植方式，在劳动力过剩地区可以大幅提高经济收益。

立体种植是在同一农田上，两种或者两种以上作物从平面、时间上多层次地利用空间的种植方式，实际上是间、混、套作的总称。总体上讲，世界农业 14 亿 hm^2 的耕地上，单作是占主体，多熟种植面积粗略估计为 1.7 亿 hm^2，其中复种面积 1 亿 hm^2，间、混、套作面积 0.7 亿 hm^2，占世界耕地的 12%左右，主要集中在亚洲地区。复种对农业增产的作用：第一，有利于增加播种面积与作物年产量。第二，有利于缓和粮、经、饲、果、菜等作物争地的矛盾，促进全面增产，促进用地与养地相结合。第三，可增强全年产量的稳定性。比如“夏粮损失秋粮补”。比如，内蒙武川镇由于持续干旱，全乡旱地播种面积大幅减少，1 500 多 hm^2 旱地未能下种，播种的 1 200 多 hm^2 旱地由于芒种以前没有有效降雨而大部分绝收。6 月 15—18 日武川镇普降中到大雨，全乡要在 10 d 以内完成 1 400 多 hm^2 的抢种任务，抢种的作物以谷子、胡萝卜等为主。这是典型的以小秋补大秋，以秋粮补夏粮的例子。我国从 1983—1995 年种植指数上升了 11 个百分点，但 90 年代后期到现在，受粮食效益低、农村务工人员少等影响，复种指数有所下降。

4. 轮作和连作

轮作是在同一田地上在不同年际之间有顺序地轮换种植不同种类作物的种植方式。连作主要指在同一田地上连续种植相同作物或者相同复种方式的种植办法。和轮作相比，连作有时会带来土壤肥力下降、作物病虫害增多、作物生长不良等一系列连作障碍问题。但是目前在我国大部分地区还在实行连作，主要原因包括以下几点：第一，资源利用决定连作。在特定的资源条件下最适宜栽培某种作物，不可避免地出现该作物的连作。如南方水稻连作、黄淮海小麦-玉米复种连作。第二，受经济利益的驱动。出现连作障碍的作物，基本上都是经济作物，收益较高，连作虽有减产但最终的收益还是比其他作物高，而且如果配合施用农药，减产的幅度也不大。比如目前西瓜一亩地的收益能达到7 000元左右，远高于粮食作物的种植。第三，农民的种植习惯和经验也有重要作用，特别是在设施蔬菜种植体系中，由于技术要求较高，专一化种植现象比较普遍，也难以改种其他作物。第四，在某些地区作物连作是一种迫不得已的行为。例如在东北大豆产区，农民在大豆经济效益下滑时打算改种禾本科作物，但由于在大豆地里过多地使用了除草剂，导致改种的禾本科作物种子萌发受阻，出苗不齐，轮作也无法进行。

根据作物对连作的忍耐程度，可将作物分为以下几类：①忌连作作物。包括茄科的马铃薯、烟草和番茄还有葫芦科的西瓜，以及亚麻甜菜等。这类作物连作时作物生长严重受阻，植株矮小，发育异常，减产严重，甚至绝收。②不耐连作作物。以禾本科的陆稻，豆科的豌豆、大豆、蚕豆、菜豆，麻类的大麻、黄麻，菊科的向日葵，茄科的辣椒等作物为代表，其对连作的反应仅次于忌连作作物。长时间连作，生长发育受到抑制，造成大幅度的减产。这类作物连作障碍多为病害所致，需间隔3～4年再种植。国际水稻所进行的水稻旱作试验表明，与正常有水栽培相比，旱作的第一年的减产幅度在8%～21%之间，而连作后的减产可以高达69%，甚至几乎绝收。③耐短期连作作物，这类作物对连作反应的敏感性属中等类型，生产根据需要实行短期连作，在连作2～3年时受害较轻，包括甘薯、紫云英、苕子等作物。④耐连作作物。这类作物如玉米、水稻、甘蔗、麦类及棉花等作物，在采取适当农业技术措施的前提下耐连作程度较高，其中又以水稻、棉花的耐连作程度最高，在施足肥料的情况下，可长期连作。英国洛桑试验站的试验表明，在每亩每年施用厩肥40 t的条件下，小麦并没有表现出显著性的减产。目前我国春小麦连作区主要分布在东北平原地区；冬小麦连作区主要分布在北方无灌溉的冬麦区；玉米连作区主要分布在辽东半岛和黄淮海北缘地区；单季稻连作区南北方都有；双季稻连作区分布于南方稻区；棉花连作区主要分布在新疆棉区。

对于不耐连作的作物预防和消除途径主要包括：①土传病害的预防。防御策略主要是减少土壤病原菌数量，提高植株的抗病性。采用的办法有土壤化学物理消毒法和水旱轮作法。土壤化学消毒法可以采用氨水、H_2O_2等杀死土壤病菌和根结线虫等。实行水旱轮作，减少了农药的使用，有效降低农产品中有害、有毒物质残留，有利于提高农产品质量安全水平。此外，还可以引入拮抗性微生物，通过营养和空间竞争等降低土壤中病原菌的数量，抑制病原菌的活动。②对于土壤理化性状改变造成的连作障碍，首先应该改善土壤的理化性状。比如土壤出现次生盐渍化，首先要进行洗盐，随后进行合理的水分管理技术。③对于因作物引起的自毒效应而产生的连作障碍，应该清理植物残茬，施用有机肥或者通过嫁接等技术实现。总的来说，引起连作障碍的原因是复杂的，应该在细致分析后给予恰当的手段和方法予以克服，但从长远的角度，维持土壤的生态健康才是维持土壤肥力，克服连作障碍的根本所在。

二、作物栽培技术

(一)土壤耕作技术

土壤是作物生产最基本的生产资料，土壤耕作是作物生产的重要步骤，也是作物生产的基础环节。土壤耕作泛指运用犁、耙、耢、盖、磙等农具，通过机械作用，改善土壤耕层构造和孔隙度，协调水、肥、气、热状况，为作物播种、出苗和生长发育提供良好的土壤生态环境。土壤耕作的实质是通过机械作用，创造良好的耕层构造和孔隙度，调节土壤水气状况，从而调整土壤各肥力因素之间的矛盾。

土壤耕作方法多种多样，主要可分为基本耕作与表土耕作两大类。基本耕作，是指对土层影响较深，作用较强烈、能显著改变土壤物理性状、后效较长的一类土壤耕作措施，主要包括耕翻、深松耕、旋耕等方法。表土耕作，也称次级耕作，是指对土层影响较浅（一般 10 cm 以内），作用强度小、后效短的一类土壤耕作措施，主要包括耙地、中耕、作畦、起垄等方法。生产上，应因地制宜，根据土壤类型、作物种类、栽培目的、生育时期、自然条件等选择土壤耕作方法。

1. 翻耕

翻耕适于多种作物，是世界各国应用最广泛的一种耕作法，故常被称为传统耕作法。主要工具是铧式犁，由犁铧、犁壁、扶手组成，其中犁壁有对称式（翻土力弱）和非对称式（翻土力强）之分。

翻耕的适宜深度。翻耕深度的确定应考虑以下几个因素：①土壤质地，砂壤宜浅，物理性差的黏重土宜深。②气候，多雨季节宜深，干旱季节宜浅。③作物的要求，深根作物、地下结荚作物以及根茎类作物应深。此外，还应考虑原耕作层深度，尤其是水田的翻耕深度须考虑耕作层的厚度，即犁底层的深度，以免翻耕过深打破了犁底层。一般翻耕深度以作物根系密集分布的 20 cm 左右为宜，旱土可略深至 25 cm，而水田不宜超过 20 cm。我国机翻一般为 18～22 cm，畜力翻耕常不足 18 cm。加深耕层有一定增产效果，但因耗能多，效益并不与之相应。翻耕作业应有一定的农耗时间，通常是在土地冬闲前进行。不论是夏闲期间的伏耕，还是冬闲期间的秋耕，均宜早不宜晚。翻耕有一定的后效期，北方旱作农田有 2～3 年的后效，灌溉农田有 1～2 年的后效。据此，翻耕无须连年进行，但为了消除水田的还原性毒害物质，水田连年翻耕仍属必要。

翻耕法由于具有熟化土壤、翻埋粪肥、清除杂草、降解土壤毒害性还原物质等优点，在生产中发挥很大作用，这是传统农业迄今仍在世界各国广泛应用的原因。然而翻耕法也有它的不足之处。如在水分欠缺的半湿润和半干旱的雨养农区，翻耕期间助长了土壤水分的散失；助长坡耕地的土壤侵蚀；深度一成不变的经常翻耕，使犁底层致密增厚，妨碍作物根系伸展和降水入渗；不断地翻耕助长有机质矿化，不利于农田土壤有机质积累和动态平衡。诸如此类都是翻耕法应予以改进之处。

2. 深松耕法

如前所述，传统耕作法由于其自身工艺特征的限制，蓄水保墒作用是有限的，在坡耕地也不利于保持水土。相反，对超过一般耕作层厚度的松土，采用只松土、不翻土的深松耕法，在较深的部位（耕深 30～45 cm）对土壤进行全面或局部疏松，可以打破犁底层，利于降水入渗和作物根系伸展，增加降水入渗量，利于土壤水分的自然梯度分布，散墒失水少。加上耕后残茬留在地面上有一定保墒作用，从而使土壤水分状况比翻耕法要好。此背景下，深松耕应运而生。

深松耕应遵循以下原则：①分层深松，不乱土层，根据土壤种类和深松深度，安装 1～2 层深松铲，使耕作层一次加深到适宜深度，而各层上的位置不变。②间隔深松，虚实并存，这是深松耕法的主要特点，间隔深松在耕层中创造了纵向或横向“虚实并存”的耕层构造。③耕种结合，耕管结合，可省去一次成本较高的深翻耕作业，同时还缓和了单独深耕造成的农时紧迫矛盾，耕种结合和耕管结合接近雨季，深松耕部位的粗糙度较大，有利于接纳雨水，这两者结合能使生产单位所有土壤每年都有深松的机会。

深松耕法最早于20世纪40年代由前苏联的马尔采夫提出并应用于半干旱地区。他用无壁犁与表土作业耙地相配合，形成连续几年土层致密和一年全面深松相结合的耕层构造，以此来平衡土壤有机质的积累和消耗及蓄水和蒸发的矛盾。20世纪50年代起，美国研究用凿式犁等进行深松以部分代替翻耕，并提出“行下深松”的建议，即深松后拖拉机进地要“躲开”深松带，不使它再紧密。他们的试验结果，玉米、大豆、棉花等通常增产20%～30%。国内有关深松耕法的研究于20世纪70年代首先开始于东北，取得显著成效。据东北地区多年试验，深松耕法较翻耕法平均可增产粮豆10%～20%，甜菜、马铃薯20%～30%，水稻10%～20%。

深松耕法也存在一些问题，例如，难以翻埋有机粪肥、残茬和杂草，一般深松的田间，杂草较多，容易发生草荒。因此，深松耕法一般还不能取代翻耕法。然而在山区、坡地运用深松耕有利于水土保持，在盐碱地深松耕的增产效果也很显著。并且，深松耕法耕后地面留下一定数量残茬和地面粗糙度，同时也打破了犁底层，有利于保持水土，增强抗旱能力，是水土流失地区和干旱、半干旱地区较有希望的土壤耕作方法。

3. 旋耕法

人口增加，耕地减少，人均占有耕地锐减不可逆转，因此，增加复种，发展多熟种植对我国农业生产具有重要意义。为此，在耕作方法上要强调季节农时观念，为复种争取季节。于是，旋耕法应运而生，这是利用旋耕机旋转的刀片切削土壤、疏松耕层、破碎土块的一种耕作方法。旋耕法集基本耕作和表土耕作措施为一体，一次完成犁、耙、平、压多种作业，也可称为一种“少耕法”。它和翻耕法相比具有碎立性强、旱耕细碎。水耕表土松软起浆、耕后地面平整等特点，而且一次就能完成犁、耙、平、压等作业，省工省时，利于争取季节。尤其是我国南方双季稻区，稻收后旋耕，实行“双抢”，在土壤水分含量高、难以耕翻的条件下，旋耕可以保证农时和整地质量。但旋耕法的耕深通常仅10～14 cm，对残茬、杂草的覆盖度较差，长期旋耕会使耕层变浅，杂草增多。带水浅层旋耕还会破坏土壤结构，久而久之使水田通透性变差，产生次生盐渍化。为此，应提倡翻耕法与旋耕法轮换运用，深浅耕搭配，并与化学除草、全层施肥相结合，方能取长补短。

4. 耙地

耙地也叫耙耪、耙耱，是耕地后进行的表土耕作措施。其所用农具为耙，生产上有刀耙、钉齿耙、平田耙等几种类型。耙地的目的是划碎垡块，使地表细匀平整，清除杂草，破坏地表结皮，切断土壤毛细管，保蓄土壤水分，防止盐分随水上升到地表。

5. 中耕

中耕即在作物生长过程中于作物株行间进行的表土耕作措施。其主要做法即松动作物根部周围土壤，同时锄掉杂草，耕深多为5～10 cm。

6. 作畦

作畦是表土耕作措施的一种，即在土壤经过翻耕、碎土耙平后，依照地形、气候、土壤性质及种植作物种类的不同，把地面做成各种不同形状的畦，以利于作物的种植。

畦分平畦与高畦两种。畦的高度在10 cm以下的叫平畦，高度在30 cm以上叫高畦。我国北方地区，冬季寒冷干旱，为了减少土壤水分蒸发，便于防寒覆盖和浇水防旱，习惯平畦栽培；而南方地区雨水多、土质黏，为便于排水防涝，增强土壤通气性，促进根系生长，多采用高畦栽培。

7. 起垄

起垄是表土耕作措施之一，有利于提高土温，加厚土层，防洪排涝，防止表土板结，改善土壤通透性等。因此，对于根深作物、不耐涝作物而言，起垄栽培具有重要意义；同时，横坡起垄栽培可减少坡耕地的水土流失。

8. 覆盖耕作法

在干旱半干旱条件下，仅靠耙耱后表层的干土层覆盖，保墒效果极其有限，且不利于保护土壤。如果耕作或播种后，利用作物残茬覆盖地面，覆盖的作物残茬能阻碍水分蒸发，故能收到明显的保墒效果。生产上常用的覆盖物有沙石、作物秸秆和塑料薄膜等。

利用沙石覆盖耕过的土壤所形成的沙田，是我国西北旱区农民与干旱、侵蚀作斗争的过程中创造的一种蓄水、抗旱、保墒、稳产、增产的覆盖耕作法，主要分布在我国西北半干旱向干旱过渡地区。沙石间空隙大，有很好的渗水作用，且保护土壤，滞阻水分蒸发，日蒸发量比裸地减少4倍多。而且还多吸收太阳辐射，增温快，温差大，促进作物快长早发，产量大幅度增加。农田铺盖沙石前，饱施粪肥，实行翻耕，铺沙后进行播种，此后每年只需免耕播种，不加其他农作措施，5～10年后待耕层的土壤与沙石混合失效后，产量下降，需要经过清沙、施肥、耕作、铺沙重建沙田后，再行利用。沙田的工程量大，素有“苦了父亲，富了儿子，饿了孙子”的说法，过去在我国甘肃、宁夏、内蒙古、青海等省(区)半干旱旱作农区应用较广泛，现在有减少趋势。

在坡耕地上实施残茬覆盖还有明显的保水保土效果。长期连续秸秆覆盖，还能增加土壤有机质含量，提高土壤肥力。可见，残茬覆盖耕作法是旱农地区抗旱保墒、稳产增产的重要耕作方法。但它也有不利因素，如降低地温，导致作物生育略有延迟；作物生育期覆盖还会发生“氮饥饿”现象，需额外施肥。在我国北方有些地区，由于“三料”俱缺，大面积推广秸秆覆盖尚有困难，目前只能在有条件地区推广。

利用塑料薄膜覆盖，既增温又保墒，多方面地起到改善农田生态环境的作用，为作物旺盛的生理活动提供有利的条件。目前地膜覆盖已广泛应用于小麦、玉米、棉花、花生、烤烟等多种作物。在旱地上结合沟垄耕作法，实施膜垄沟种，使降雨时雨水集中渗入沟内，增产效果显著。但目前生产上运用的地膜在土壤里破碎之后很难自然降解，长此以往，就会有大量碎膜残留农田，破坏土壤通透性，严重阻碍作物出苗和根系下扎，成为农田新的污染物质。

9. 少免耕法

人们在长期的生产实践中发现，频繁的土壤耕作，尤其是过多的不必要的土壤耕作措施，不仅增加了生产成本和动力消耗，而且使耕层土壤致密，犁底层增厚，影响降水下渗，加速有机质耗损，尤其在坡耕地上多次不必要的耕作助长了水土流失。对此，国外20世纪50年代就开始探索减少耕作次数和强度的方法，于是，少耕法和免耕法应运而生。

免耕法是指作物播前不采用基本耕作和表土耕作，直接在茬地上播种，作物生育期间不使用农具进行土壤管理的耕作方法。典型的免耕由3个基本环节组成：①地面覆盖残茬、秸秆或其他覆盖物，借以减轻风蚀、水蚀和土壤蒸发。②采用联合作业的免耕播种机直接播种，一次完成开沟、播种、施肥、喷药、覆土、镇压等作业。③应用广谱性除草剂杀除杂草。

少耕法指在常规耕作基础上尽量减少土壤耕作次数或间隔耕种以减少耕作面积的一类耕作方法。它是介于常规耕作法和免耕法之间的中间类型。凡多项作业一次完成的联合作业，以局部深松代替全面深松，以耙茬、旋耕代替翻耕，在季节间、年份间轮耕，间隔带状耕种，减少中耕次数或免中耕等，均属少耕法范畴。

如果将免耕看作是少耕法的一种极限形式的话，根据 Spregue 教授等对少耕法的理解，少耕法可以分为免耕和表耕两种类型，其中表耕又包括带耕、垅耕、茬耕和耕播。美国采用少免耕法初期，大多采用耕播法。也有人将耕播法作为带耕的一种形式。

少免耕法在我国古已有之，主要应用于多熟制地区，以争取季节农时，实现全年增产。而国外少免耕的兴起，主要是为了减少投入，保护土壤，经在半干旱地区实施后，效果远不止于此，从而引起广泛重视。目前，国外的少免耕已步入机械化作业时期。我国在这方面进展也很快，如陕西关中地区在小麦收获后，用硬茬播种机直接播种玉米，节约了农耗时间，保证了“冬小麦-玉米”一年两熟制的均衡增产。

需要指出的是，以上土壤耕作方法通常不是单独应用的，土壤基本耕作措施往往与表土耕作措施综合应用，如翻耕往往与耙耱、镇压、起垄、开沟等表土耕作措施相结合，需根据生产实际的要求来定。单一的土壤耕作措施作用有限，根据作物生产需要，通常将若干土壤耕作措施相互配套有序地用于土壤，这样既有助于土壤耕作质量的提高，也能较好地满足土壤耕作多方面任务的需要。

(二)播种移栽技术

播种或移栽是作物生产过程中的首要环节，是一季作物生产的开始，是实现作物高产、优质、高效的基础。播种和移栽技术所涉及的内容很多，诸如作物种类和品种的选择、播种期和播种量(或移栽期和移栽密度)确定、播种方法的选用等，其根本任务和目标是根据当地的生产条件，运用各项相关技术，建立一个有利于发挥品种高产和抗逆遗传潜力以及自然资源高效利用的基础群体和土壤环境。

1. 种子处理

农作物种子进行播前处理，其目的主要有：①精选种子，提高田间发芽率和出苗率。②杀死种子携带的病虫害。③增强种子活力。④提高种子对不良土壤和气候条件的抵御能力。⑤打破休眠，促进发芽。⑥改变种子形状与大小，便于机械播种。生产上用的种子处理包括种子精选、杀菌消毒、浸种、药剂或肥料拌种等。

2. 播种技术

播种是指将农作物种子播在经翻耕或免耕但经一定处理的土壤上。播种是作物栽培的起点，播种的方法、时期、播量对作物生育过程及最后的产量与品质有很大的影响。作物种类及品种类型、种植制度、气候和土壤条件以及生产和经济水平等因素均强烈影响着各项播种技术。

(1)播种期的确定　播种期对作物的生育与产量形成有很大的影响，适期播种不仅可以保证作物发芽出苗处于适宜的环境条件，并可使作物整个生育过程处于最佳的生育环境，最大限度地减少环境胁迫和病虫杂草的危害。适期早播可延长生育期，增加光合同化时间，有利于高产优质，并可为后作生产提供宽松的作业时间和良好的生育条件，有利于实现全年高产。确定播种期，一般应根据气候条件、种植制度、品种特性和病虫害发生情况等综合考虑。

(2)播种量的确定　播种量是指单位面积上播种种子的数量。播种量的多少，直接决定了单位面积基本苗的多少，是影响作物个体生长和群体发育状况的重要因素。作物的单位面积产量决定于群体生产力，而群体生产力则由单位面积的株数和单株生产力所决定的，合适的播量是取得这两个因素的乘积达最大，即群体和个体之间矛盾最小的关键。

①确定播种量的原则　播种量的确定，要根据作物及品种类型、环境与生产条件、栽培技术水平、目标产量和经济效益等因素综合考虑决定。

②确定播种量的方法　在确定播种量时，先根据目标产量和品种特性确定基本苗，然后根据千粒重、发芽率、种子净度和出苗率等按下式计算播种量：

$$\text{播种量}(\mathrm{kg/hm^2})=\frac{\text{基本苗数}\times\text{千粒重}}{\text{发芽率}\times\text{种子净度}\times\text{出苗率}\times 1\,000\times 1\,000}$$

式中，千粒重、发芽率和种子净度可在播前通过种子检验得到，出苗率则按常年出苗率的经验数字估算或通过实际试验求得。

(3)播种方式　播种方式是指作物种子在单位面积上的分布状况，即株行配置。合理的播种方式能充分利用土地和空间，有利于作物生长发育，提高产量，又便于田间管理，提高工作效率。主要的播种方式有撒播、条播、点播。

3. 育苗移栽技术

种植作物可分为育苗移栽和直播栽培两种。种子直接播种于大田的栽培方式，称直播栽培；先育苗，然后把幼苗或营养器官的一部分移栽于大田的栽培方式称育苗移栽。

与直播栽培相比，育苗移栽具有以下优点：①缩短大田生育期，提高土地利用率，增加单位面积产量。②节省用种，提高大田保苗率，节支增收。③人为创造良好的育苗环境，防止或减轻自然灾害危害，有利于防除病虫害。④便于茬口安排与衔接，有利于实现周年集约化栽培。⑤苗体积小，可选择资源条件好、育苗成本低的地区异地育苗，提高作物生产效益。⑥可进行商品苗生产，减轻农民生产秧苗的负担及技术压力，促进作物商品性生产的发展。但育苗移栽根系易受损伤，特别是直根系作物，入土较浅，不利于吸收土壤深层养分和水分，抗旱、抗倒伏能力较差。此外，人工移栽费工费时劳动强度大。

(1)育苗方式　育苗方式很多，根据育苗利用的能源不同，大致可分为露地育苗、保温育苗和增温育苗3类。露地育苗是利用自然温度，如湿润育秧、营养体育苗、方格育苗；保温育苗是利用塑料薄膜覆盖保温，如各种农用薄膜育苗；增温育苗是利用各种能源增温，如生物能（酿热）温床育苗、蒸汽温室育苗、电热温床育苗等。

(2)移栽技术　移栽时期根据作物种类、适宜苗龄和茬口而定，一般水稻以叶龄指数40%～50%，棉花以2～4叶移栽产量较高，玉米移栽的苗龄为25～35 d，南方冬油菜移栽以5～6片真叶为宜。移栽可带土或不带土，带土移栽伤根少，可以缩短缓苗期，早活早发，但较为费工。移栽前先浇水湿润，以不伤根或少伤根为好。移栽时行株距按计划规格确定，移栽深度根据作物种类、幼苗大小确定，一般深度3 cm左右，要求深浅一致，最好将大小苗分级移栽，栽后需及时施肥浇水，以促进成活和幼苗生长。

4. 合理密植

合理密植的目的是要解决好个体与群体的矛盾，促进个体生产，协调产量各构成因素的关系，充分发挥群体光合生产力，显著提高生物学产量或经济系数。为了确定适宜的种植密度，必须了解作物品种的生育特性与产量形成特点、熟悉当地的气候和土壤条件。

(1)种植密度的确定　适宜的种植密度，应综合考虑作物种类及品种、茬口、土壤肥力、栽培管理水平和气候条件等因素。

①气候条件　一个地区的光照、温度、雨量、生长季节等气候条件，对作物的生长发育有很大影响。一般在温度高、雨量充沛、相对湿度较大、生长季节长的地区，作物植株较高大，分蘖、分枝多，种植密度宜小些；反之，密度宜大些。在同一地区及肥力、品种相同的情况下，晚播（栽）的要比适期播种（移栽）的密度要小些。

②土壤肥力和管理水平　一般在肥力水平高、施肥量大和管理好的土地上，植株生长繁茂，分蘖或分枝较多，单株生产力较大，密度宜小些。相反，在土壤瘠薄、施肥量少和管理差的条件下，植株生长较差，应适当增加密度，依靠群体生产力提高单位面积产量。对于单秆性作物如玉米、高粱等，则是高肥下密度宜大些，低肥下密度不宜过大。

③作物种类和品种类型　作物种类不同，植株形态特征和生长习性都有很大差异。禾谷类作物可分为分蘖作物和不分蘖作物两类。分蘖作物中小麦、水稻等，群体密度与基本苗（种植或移栽密度）的关系十分密切，而不分蘖作物如玉米、高粱等群体密度主要取决于基本苗的多少。同一作物不同品种的种植密度也是有差别的。例如，玉米中叶片直立的紧凑型品种比平展叶品种密度应大些；反之亦然。再如，水稻品种间分蘖力有强有弱，株高有高有矮，棉花果枝有长有短，大豆分枝有多有少等等。在确定种植密度时，应考虑到这些品种间的差异。

④种植方式及收获目的　同一种作物种植方式不同，密度应有差异。一般撒播的植株较分散，密度可适当高些；条播植株相对集中，密度过大，个体之间矛盾突出，应适当减少种植密度；条播中采用大小行播种的，密度可比等行距的适当高些。点播的密度应比以上两种播种方式低些。

以茎、叶等营养体为收获目的的作物，种植密度宜大些；以种子为收获目的，尤其是以加大种子繁殖倍数为目的的，密度宜小些。

(2)合理密植的方式　生产实践证明，当密度增大时，配合适当的种植方式，更能发挥密植的增产效果。作物种植方式多种多样，但主要可分为等行距和宽窄行两类。

(三)肥料运筹技术

作物的高产优质栽培离不开科学施肥。作物肥料运筹技术是科学施肥的核心，其理论依据是作物营养需求、吸收与利用规律，以及农艺措施对改善作物营养的效应。肥料运筹技术必须以养分作用规律与施肥效应为前提，针对不同肥料种类和作物种类提出相应的施用技术，服务于高产、优质、高效的作物生产。

1. 施肥原则

施肥的目的主要有两个：一是为了供应作物营养，提高产量和改善品质；二是为了改良和培肥土壤。要达到这些目的，必须坚持合理施肥。而培肥地力、协调土壤和作物营养平衡、产量与品质相统一、提高肥料利用率和施肥效益、减少生态环境污染等是合理施肥所必须坚持的原则。

(1)培肥地力的可持续原则　培肥地力是农业可持续发展的根本。土地是农业最基本的生产资料和作物生长发育的场所，地力是土地能够生长植物的能力。对于农田土地，人类的农业生产活动对地力的影响远远超过了土地本身的物质特性。人类的农业生产活动，如施肥、耕作、轮作等农田管理措施，不仅直接影响着地力发展变化的方向和速度，而且决定着农业生产的水平和发展趋势，更决定着人类生存状况与质量。只有树立培肥地力的观点，才能实现农业可持续发展。许多耕作栽培措施，诸如土壤耕作、施肥、灌溉、轮作等都具有一定的培肥地力的作用，其中施肥是培肥地力最有效和最直接的途径。

(2)协调营养平衡原则　作物的正常生长发育有赖于体内各种养分有一个适宜的含量。因而通过测定作物体内某种养分元素的含量，可以确定该养分的供应充足与否。如果其含量低于某一临界值，就需要通过施肥来调节该养分在作物体内的含量水平，使其达到最适范围，以保证作物正常生长发育对该养分的要求。

(3)增加产量与改善品质相统一的原则　化肥对作物的增产作用已是众所周知的事实。据中国国家统计局资料，1957—1998 年间全国化肥(纯养分)年投入量与粮食年总产量之间有着密切的关系($r=0.959$)。据估计，化肥在粮食增产中的作用要占到 40%～60%的份额。把每千克肥料养分所增加的作物经济产量千克数称为肥料的生产系数(PI)。对不同地点肥料试验结果的分析表明，肥料的生产系数在 7～30 kg 范围内，但不同国家和不同养分的生产系数变异很大，主要受各种养分肥料的施用年限和施用量的影响，随着施用时间的延长和施用量的增加，所施养分的生产系数有下降的趋势。

农产品的品质包括营养品质、商品品质和符合加工需要的某些品质，它主要决定于作物本身的遗传特性，但也受到外界环境条件的影响。外界环境因素主要包括养分供应、土壤性质、气候环境和管理措施等，其中养分供应对改善作物产品品质有着重要的作用。尽管不同营养元素对产品质量的影响各不相同，但养分平衡是提高产品质量的基本保障。

(4)提高肥料利用率原则　肥料利用率，也称肥料利用系数或肥料回收率，是指当季作物对肥料中某一养分元素吸收利用的数量占施用该养分元素总量的百分数。我国目前一般氮肥的平均利用率在 30%～40%之间，磷肥在 10%～25%之间，钾肥在 40%～60%之间，有机肥在 20%左右。各种肥料的利用率变幅较大，主要是由于其受多种因素的影响，诸如作物种类、栽培技术、施肥技术、气候条件、土壤类型等。因而不同地区，由于气候条件、土壤类型、农业生产条件和技术水平的不同，肥料的利用率相差很大。磷肥的利用率一般明显低于氮肥和钾肥的利用率，但磷肥的残效大而持久，如果把残效计算在内，磷肥利用率与氮、钾肥的利用率相近或更高。提高肥料利用率的主要途径有：有机肥和无机肥配合施用；按土壤养分状况和作物需肥特性施用肥料；氮、磷、钾肥配合施用；改进化肥剂型(如造粒、复合)和改进施肥机具等。

在相同生产条件下，随着施肥量的增加，肥料利用率下降；施肥方法也明显影响着肥料利用率，如在石灰性土壤上，铵态氮肥深施覆土比表施或浅施的利用率要高，而磷肥集中施用比均匀施用时的利用率要高；不同的肥料品种利用率也有差异，一般硫酸铵的利用率比尿素和碳酸氢铵的高，不同土壤条件下的肥料利用率也不一样，水田中硝态氮肥的利用率低于铵态氮肥和尿素，石灰性土壤上钙镁磷肥的利用率低于过磷酸钙。

(5)减少生态环境污染原则　不合理施肥不仅起不到增产、改质和培肥土壤的作用，反而会导致土壤质量下降，肥力降低，这方面的报道很多，归纳起来主要不良影响有：引起土壤酸化或盐碱化；土壤结构破坏，肥力下降；导致土壤污染，进而对生态环境造成污染。

有时肥料施入土壤后，一些肥料的成分或肥料与土壤发生相互作用的产物不可避免地要进入与土壤圈密切相关的大气圈、水圈和生物圈，而不合理的施肥会增加这些物质进入环境的数量，造成环境污染。

2. 施肥技术与施肥量的确定

作物所需的营养元素除由施肥供给外，还可由土壤供给。所施用肥料的养分当季也不全被作物吸收利用(表4-2)，其利用率因肥料种类、气候条件、土壤保肥力和栽培条件等不同而异。因而，在作物生产中，施肥技术若以耕种者的个人经验传授和积累，往往会造成施肥不当而达不到施肥的应有效果，甚至造成肥害。随着科学技术的发展，特别是农业化学的发展，新型测定仪器的研制，肥料新品种和施肥新技术的开发，使测土施肥技术得到了迅速发展，成为一项常规的农业技术措施，在许多国家中得到广泛应用，并已获得明显的社会经济效益。我国已有几千万公顷农田在推广、实施各种配方施肥技术，使农作物获得丰收，取得了良好的经济效益。

表4-2　主要作物不同生育期养分吸收占全生育期养分吸收总量的百分数　　%

作物	生育时期	N	P	K
冬小麦	越冬期	14.87	9.07	6.95
	返青期	2.17	2.04	3.41
	拔节期	23.64	17.73	29.75
	孕穗期	17.40	25.74	36.08
	开花期	13.89	37.91	23.81
	乳熟期	23.31	—	—
	成熟期	7.72	7.46	—
春玉米	苗期	0.25	0.08	0.25
	拔节期	9.04	4.21	10.89
	抽雄期	34.38	19.48	35.60
	授粉期	32.11	28.45	49.75
	乳熟期	14.78	23.77	0.54
	成熟期	9.44	24.01	2.87
水稻	秧苗期	0.50	0.26	0.40
	分蘖期	23.15	10.58	16.95
	拔节期	51.40	58.03	59.75
	抽穗期	12.31	19.66	16.92
	成熟期	12.63	11.47	5.99
棉	出苗-现蕾	8.27	5.10	4.24
	现蕾-开花	27.10	22.00	20.40
	开花-吐絮	64.60	72.90	75.40

注：作物栽培学总论，曹卫星，2006.

(1)推荐施肥技术　推荐施肥技术分为土壤测试和植物营养诊断两个相互有关又各有特色的技术系统，一个以土壤分析测试为主，一个以植株分析诊断为主进行推荐施肥。

①土壤测试推荐施肥　土壤测试技术分为三类。一是北美、西欧国家采用的土壤养分丰

缺指标法，其特点是用合适的提取剂提取土壤有效养分，根据农作物相对产量水平把土壤有效养分含量划分成不同等级，再按不同等级提出推荐施肥量。二是以前苏联东欧各国采用的养分平衡法，其特点是按照农作物产量需要的养分数量，用土壤养分含量和肥料进行平衡，另外，再补充一部分肥料培肥地力。三是日本采用的土壤诊断法，根据农作物高产所需地力水平提出高产土壤的养分含量标准，通过施肥和改土达到这个标准。再按农作物达一定产量水平的养分吸收量补施肥料，不使地力下降。以上三种测土施肥技术类型只是大体的划分，每一类型还可细分出一些方法上不同的技术系统，各系统之间在方法上也有不少相互渗透的地方。在使用上应根据我国的国情，发展具有我国特色的测土施肥技术。

②植物营养诊断　植物营养诊断包括作物生长诊断或形态诊断和组织分析营养诊断。

作物生长诊断根据作物的生育状态、长势、长相、叶色进行诊断，缺素诊断和生育诊断是形态诊断的两种主要方法。缺素诊断是通过作物缺乏某种元素表现的植株症状判断作物是否缺乏这种元素。叶色诊断是缺素诊断的发展，主要应用于植株氮素营养状况的判别，在水稻、小麦等作物上应用较多，通过专用的叶色卡与植株叶色进行比较确定是否需要使用氮肥。生育诊断是根据作物群体的长势、长相和生育进程，决定栽培管理的时机，如水稻、小麦等作物应用叶片与其他器官的同伸关系，以叶龄为形态指标，判断是否需要肥水管理措施。这种诊断手段可用于肥水措施时机的选择，用量的多少还需要结合经验或测土施肥来确定。

组织分析营养诊断是对来自特定部位、特定生育阶段的植株样品，对其体内某一养分元素测定其含量，也可称为植物组织分析。植物组织分析可用临界值法、标准值法、综合诊断施肥法确定是否需要施用该元素。

(2)施肥量的确定　目前我国应用较为广泛的一种推荐施肥法是目标产量施肥法推荐施肥。用目标产量法确定施肥量时，要根据单产水平对养分的需要量、土壤养分的供给量、所施肥料的养分含量及其利用率等因素进行估测。一般可用下式计算：

肥料需要量＝(作物总吸收量－土壤养分供应量)/(肥料中该养分含量×肥料利用率)

作物的总吸收量＝目标产量×每千克产量养分需要量

生产每千克产量养分需要量可通过测定获得。表4-3所列的资料可供参考。如每生产500 kg稻谷，吸收N 7.5～9.55 kg，P_2O_5 4.05～5.10 kg，K_2O 9.11～11.10 kg，N∶P∶K大约为1∶0.5∶1.6。每生产100 kg小麦籽粒，吸收N3.0 kg，P_2O_5 1～1.5 kg，K_2O 2.0～4.0 kg，N∶P∶K大约为3∶1∶3。

目前各种土壤测试方法都还难以测出土壤对一季作物供应养分的绝对数量，土壤养分供应量参数不能直接应用土壤养分测试值，必须通过田间试验进行校验，从与农作物产量及吸肥量的关系中求得土壤养分的利用系数，才能使土壤测试值获得定量意义。据浙江、上海、辽宁省农科院用^{15}N标记土壤N和湖北省用^{32}P标记土壤P的试验表明，水稻吸收氮的59％～84％，磷的58％～83％来自土壤。

肥料的当季利用率受肥料种类、作物、土壤、栽培技术等影响，需要根据本地区的试验数据提出。我国当季肥料利用率的大致范围为：氮肥30％～60％，磷肥10％～25％，钾肥40％～70％。影响化肥利用率的还有化肥用量本身，随着化肥用量的增加，化肥的利用率是下降的，在推荐施肥中应加以考虑。

表 4-3　不同作物形成 100 kg 经济产量所需养分的量

作物	收获物	从土壤中吸收氮、磷、钾的数量/kg		
		N	P_2O_5	K_2O
水稻	稻谷	2.10～2.40	1.25	3.13
冬小麦	籽粒	3.00	1.25	2.50
春小麦	籽粒	3.00	1.00	2.50
大麦	籽粒	2.70	0.90	2.20
荞麦	籽粒	3.30	1.60	4.30
玉米	籽粒	2.57	0.86	2.14
谷子	籽粒	2.50	1.25	1.75
高粱	籽粒	2.60	1.30	3.00
甘薯	块根	0.35	0.18	0.55
马铃薯	块茎	0.50	0.20	1.06
大豆	豆粒	7.20	1.80	4.00
豌豆	豆粒	3.10	0.86	2.86
花生	荚果	6.80	1.30	3.80
棉	籽棉	5.00	1.80	4.00
油菜	菜籽	5.80	2.50	4.30
芝麻	籽粒	8.20	2.07	4.41
烟草	鲜叶	4.10	0.70	1.10
大麻	纤维	8.00	2.30	5.00
甜菜	块根	0.40	0.15	0.60

注：作物栽培学总论，曹卫星，2006.

3. 肥料种类与施用技术

农业生产的快速发展带来了肥料生产企业的繁荣。目前，在农业生产中投入的肥料种类多而繁杂，且随着农业科研的发展，更多新型肥料将面世。

(1)肥料种类　肥料种类很多，按其来源可分为农家肥料和商品肥料；按其化学组成可分为有机肥料和无机肥料；按化学反应可分为酸性肥料、中性肥料和碱性肥料；按肥效快慢可分为速效性肥料和迟效性肥料；按其元素成分可分为单一肥料和复合肥料；按肥料形态可分为固体肥料、液态肥料和气态肥料。但一般分为有机肥料、无机肥料和微生物肥料三类。

(2)施用技术　合理的施肥应该不断提高土壤肥力，改善土壤理化性状，满足作物对各种养分的需求，降低成本，产量高，品质好，经济效益高。为此，必须研究作物的吸肥特性和吸肥规律。根系是作物吸收养分的主要器官，施肥的主要方式为土壤施肥。把肥料施入土中，作物根系从土壤中吸收养分供其生长发育。叶面施肥也是施肥方法之一，叶面能吸收养分，进行叶面施肥也能得到好的效果。

总之，作物合理施肥应以有机肥料为主，化肥为辅；因土、因作物、因肥分期追肥；以深施为主，做好分层施肥；各种肥料合理配合施用。肥料能否配合施用可参考表 4-4。

表 4-4　常用化学肥料能否混合一览表

肥料种类	氨水	尿素	碳酸氢铵	硫酸铵	氯化铵	磷酸铵	硝酸铵	(钠、钾、钙)硝酸盐	石灰氮	过磷酸钙	钙镁磷肥	磷矿粉	氯化钾、硫酸钾	石灰、草木灰	粪尿肥	厩肥、堆肥
氨水	○	○	○	×	○	△	○	○	×	△	×	×	△	×	△	○
尿素	○	○	△	○	○	○	×	△	△	○	○	○	○	×	△	○
碳酸氢铵	○	△	○	△	△	△	△	△	×	△	×	△	△	×	×	○
硫酸铵	×	○	△	○	○	○	○	△	×	△	×	△	○	×	○	○
氯化铵	○	○	△	○	○	○	○	△	×	○	×	○	○	×	○	○
磷酸铵	△	○	△	○	○	○	○	△	×	○	△	○	○	×	○	○
硝酸铵	○	×	△	○	○	○	○	○	×	△	×	△	△	×	△	○
硝酸盐(钠、钾、钙)	○	△	△	△	△	△	○	○	○	△	△	△	△	△	△	○
石灰氮	×	△	×	×	×	×	×	○	○	×	○	△	△	○	×	○
过磷酸钙	△	○	△	△	○	○	△	△	×	○	×	△	△	×	○	○
钙镁磷肥	×	○	×	×	×	△	×	△	○	×	○	△	△	○	○	○
磷矿粉	×	○	△	△	○	○	△	△	△	△	△	○	△	×	○	○
氯化钾、硫酸钾	△	○	△	○	○	○	△	△	△	△	△	△	○	△	○	○
石灰、草木灰	×	×	×	×	×	×	×	△	○	×	○	×	△	○	×	○
粪尿肥	△	△	×	○	○	○	△	△	×	○	○	○	○	×	○	○
厩肥、堆肥	○	○	○	○	○	○	○	○	○	○	○	○	○	○	○	○

注：○表示可混，△表示随混随用，×表示不可混。作物栽培学总论，曹卫星，2006.

(四)水分管理技术

水分是作物生长发育不可缺少的因素，同时又是调节生态环境的重要因素。在作物生产过程中，根据作物不同生育阶段的生长特点及其对水分的需求规律，通过合理水分管理促控作物生长，协调群体与个体、地上与地下、营养生长与生殖生长之间的关系，实现作物的高产优质与水分利用效率的同步提高。

1. 作物需水规律

不同作物对水分的需求不同。可以根据作物对水分的反应将作物分为耐旱作物、耐涝作物、水田作物、水生作物不同类型，也有人划分为旱生作物、中生作物和湿生作物等不同类型。一般旱生作物需水量少于中生作物，中生作物的需水量少于湿生作物，C4 作物的需水量少于 C3 作物。同一作物不同品种的需水量差异也很明显，抗旱品种的需水量少于不抗旱品种；相同产量水平下，水分生产效率高的品种需水量少于水分生产效率低的品种。

作物一生中对水分的需要量大体上是生育前期和后期需水较少，中期因生长旺盛，需水较多。以棉花为例，据测定其日平均耗水量(m^3/hm^2)因生育时期而异，播种至现蕾 16.2，蕾期

28.2，开花结铃期72.15，吐絮期26.7。夏玉米从大喇叭口期到灌浆初期耗水量占到总耗水量的近50%，仅抽雄到灌浆初期半个月左右的时间，耗水量就达到全生育期总耗水量的近30%。

作物全生育期内需水量最大，但是对缺水不敏感的时期称为作物最大需水期。作物最大需水期并非一定就是作物的需水临界期，例如，冬小麦的需水临界期是拔节-孕穗期而灌浆期则是它的最大需水期，此时如果发生干旱缺水也会在一定程度上造成减产。

对作物进行科学合理灌溉，首先要了解作物的需水规律及不同生长阶段的需水特点，在考虑气候条件和土壤供水的情况下，通过合理科学补水灌溉，用最少的灌水量获得最大的效益。作物需水临界期缺水对产量的影响非常大，在水分临界期通过适量灌溉可对作物生长发育和产量进行有效调节，在实施节水农业生产时，尽量将有限的水资源放在临界期使用。生产上经常采用的对玉米等作物的“蹲苗”，在大喇叭口期补水灌水的措施就是利用这一原理在非需水关键期调控水分、在需水关键期补水，以达到节水增产的效果。

2. 作物灌溉技术

农田灌溉借助工程设施，从地上水源或地下水源取水，通过渠道或管道输送到田间补给土壤水分或浇灌农作物。它是通过人工供水补充天然降水的不足，满足作物对水分的需求，实现高产、稳产。在制定作物灌溉制度后，采用什么样的灌溉技术，对实现产量和水分利用效率的协同提高非常重要。

农田灌溉就是人为地保持作物正常生长发育所需的土壤含水量的一种技术。从字面上解释，“灌”是人为的浇注，“溉”是将水扩散。灌溉是人为补充作物正常生育期所需水量与该期降水量的差值，满足作物生理需水和生态需水，实现高产优质的重要栽培手段。

目前生产上采用的灌溉技术有地上灌溉和地下灌溉。地上灌溉根据灌水方式不同又分为地面灌溉、喷灌、滴灌等，地下灌溉多采用的渗灌方式。我国传统的灌溉方式以地面灌溉为主，喷灌、滴灌、渗灌需要有专门的灌溉设施。

(五)灾害控制技术

作物生产是一个开放的系统，在开放系统中生长的作物不可避免地要受到来自外界环境、生物、气候条件等的影响，当对作物的生长发育产生不利影响时，将在一定程度上影响到产量和品质。灾害是指由于某种不可控制或未能预料的破坏性因素的作用，使作物赖以生存的环境产生突发性或累积性的破坏或恶化，并超越作物群体的容忍限度而引起产量降低、品质变劣等造成损失的现象和过程。灾害是自然因素、人为因素或者两者兼有的原因给作物造成的灾难与祸害。灾害是一个相对的概念，根据灾害造成的后果严重程度可划分为不同的等级。

1. 病虫害防控

世界粮农组织统计，世界各国每年各类农作物因病虫危害导致的产量损失占总产量的20%～30%。在我国，危害农作物的有害生物达千种以上，其危害也是相当大的。作物病害是病原生物侵染作物所引起的作物不正常状态。常见的病害症状有变色、坏死、萎蔫、腐烂和畸形等。昆虫与作物的关系也是寄生关系。植食性昆虫取食作物，会对作物的生长和繁殖造成一定的影响，如减产甚至绝收等。

2. 杂草防控

我国是世界上农田杂草危害比较严重的国家之一，杂草与农作物争光、争水、争肥，阻碍作物的生长，降低作物的产量，影响作物的品质，增加生产费用和劳动力，同时还是许多病虫害的中间媒介和寄主，诱发病虫害的发生和蔓延。建立高效的农田杂草综合防控技术体系，提高作物产量品质，是现代农业研究的重要内容。

3. 气象灾害防控

光、热、水、气等气象要素既是农业生物生活的必需因子，为作物生产提供能量和物质来源，又是构成农业生物生存发展的基本环境条件。但是，气象要素的数量或强度在一定范围内才能满足农业生物的需求，不能满足农业生物生长发育和农业生产活动的正常进行时就成为一种胁迫因素，当严重到能造成显著的危害和经济损失时称为气象灾害。我国农业受灾损失的70%～80%都是由气象灾害引起的。

(1)涝渍害　当土壤由于排水不畅或者地下水位上升，造成作物根系活动层中土壤水分饱和，或田地上积水，使土层中的水、肥、气、热关系失调，生态环境恶化，作物生长受到抑制，严重时导致作物死亡失收。根据土壤水分含量高低及地面积水状况，把水分过多对作物造成的危害分为渍害和涝害。由土壤水分长时间处于饱和状态对作物形成的危害叫渍害。在降雨量多、降雨时间长，排水不良，地下水补给来源大，或灌水量过大、蓄水不当，造成水量下渗，地下水位上升的情况下，常常出现渍害。当地面上产生积水，淹没部分或全部作物所造成的伤害被称作涝害。涝害可能在各个地区普遍发生，只要在发生暴雨或者雨量连续集中的情况下，都有可能淹没农田，出现暂时或较为持久的涝渍现象。农作物受涝渍影响造成减产或是绝收称为涝灾。涝渍害是我国重要的气象灾害之一。

作物发生涝渍害后应当尽快排除田面积水和土壤的滞水，同时采取各种栽培措施，促进作物生长，减轻涝渍危害。不同作物种类和同一作物种类不同生育阶段抗涝渍能力不同，通过安排合理的种植制度和抗性强的作物和品种，也可减轻或避免涝渍危害。

(2)冷害　冷害是指连续几天气温低于某种作物生育期中某一阶段的下限温度而使作物遭致减产的危害，也是农业生产上主要气象灾害之一。例如，在北方地区，7—8月份的日平均气温骤然降到20℃以下时，作物就会遭受冷害。

(3)冻害　作物生长发育需要最适宜的温度，过高过低均对作物不利。冻害指植物在零度以下的强烈低温下受到的伤害，主要发生在越冬期间。我国冻害要比世界同纬度地区更严重，导致越冬作物和多年生喜温作物分布北界明显偏低。冬小麦冻害最严重地区是华北、黄土高原和新疆北部，其次是黄淮平原和新疆南部。油菜以华北南部和黄淮平原最为严重。从冻害发生的时间可以分为初冬冻害、严冬冻害和早春冻害三类。

(4)高温热害　高温热害是由于气温超过作物生长发育的上限温度对作物造成的危害，特别是在作物开花和结实这段时期产生的高温热害最为严重。

4. 倒伏防控

倒伏是由外界因素引发的植株茎秆从自然直立状态到永久错位的现象。作物倒伏后打乱了叶片在空间的正常分布秩序，破坏了植物的群体结构，使叶片的光合效率锐减，产量大减甚至造成绝产。倒伏主要划分为茎倒和根倒。茎倒是指基部茎节的弯曲或折断，主要是在表层土壤紧实的情况下，由暴风雨引起，也可能由病虫害引发。根倒是直立茎秆由根茎的倾斜而产生的歪倒，在地表湿润、土壤疏松的情况下易于发生。倒伏是作物生产中普遍存在的问题，已成为高产稳产优质的重要限制因素之一。

(六)化学调控技术

化学调控技术指利用植物生长调节剂从内部直接、主动改变作物的生长发育过程，以达到培育健壮个体、塑造合理群体的目标，可以显著改变作物对环境的适应性及对资源的利用能力。

20 世纪 60 年代以前，植物生长调节剂的应用多局限于果树、蔬菜等园艺作物，而且大多只着眼于个别器官的直接效应，如插枝生根、防止脱落、促进结实、打破休眠等。1960 年，英国应用矮壮素(CCC)防止小麦倒伏获得成功，这是第一项真正应用于大田作物的化控技术，此后从英国迅速推广到欧洲、北美洲、澳洲和我国。在理论方面，作物栽培学家 20 世纪 60 年代以后将群体生理生态作为作物栽培的理论基础，开始从群体结构的水平上来研究个体形态建成及产量的形成。在这样的背景下，“作物化学调控技术”即在群体水平上以单位面积产量为目标的“植物生长调节剂应用技术”逐步建立，从而有效地利用植物生长调节剂为作物增产服务。

经过数十年的发展，作物化学调控技术形成了 3 种应用模式，即“对症应用”、“系统化控”和“化控栽培工程”。“对症应用”的目标是利用调节剂应急和短期解决由作物遗传上的不足和环境限制共同导致的疑难问题，如徒长、倒伏、晚熟等。“对症应用”模式基本不改变作物整体栽培措施的格局，只需在适宜的时期应用一定剂量的调节剂即可。“系统化控”是从种子萌发开始数次(不限于一次或两次)应用调节剂，对作物各器官生长发育进行“定向诱导”和有目标的系统化学调控，在全生育期促进作物与环境、个体与群体、营养生长与生殖生长、根系与地上部、植株外部形态与内部生理功能的协调统一。“化控栽培工程”的核心内容是在应用“系统化控”的前提下，主动变革种植密度、水肥管理等常规栽培措施，实现“系统化控”对植株自身和栽培措施对植株生育环境的双重调控，使作物生产越来越接近于有目标设计并可控制生产流程的“工业”工程，也使作物和环境的协调高度统一，遗传资源和自然资源得以充分利用。

(七)作物特殊栽培技术

1. 数字栽培技术

数字栽培技术是随着数字化技术和作物栽培技术的发展而出现的一个新兴学科领域。近年来，数字栽培技术取得了快速发展，并成功地应用于生产实践。

(1)数字栽培技术的概念　现代信息技术的发展使人类社会步入数字化时代，给人类社会和经济发展带来了广泛而深远的影响。与此同时，随着现代作物栽培科学理论与技术的快速发展和逐步成熟，信息科学与作物栽培科学的交叉渗透催生了数字栽培这一新兴的高技术领域，对于作物栽培的定量化、数字化、科学化、工程化具有重要推动作用。

当前，随着作物栽培学与新兴学科领域的交叉与融合，作物栽培管理不断向着精确化、智能化、数字化的方向迈进。因此将数字化信息技术应用于作物栽培学，对作物栽培学所涉及的对象和过程进行数字化表达、设计、控制和管理，是数字农业理论与知识在作物栽培学上的拓展和深化，也是当今作物栽培学发展的前沿领域和必然趋势。

数字栽培技术是研究作物栽培学中栽培方案设计、生长动态监测、幼苗管理调控、产量品质预测及农情信息服务的数字化关键技术及相应的应用平台和系统，从而对作物栽培管理过程的信息流实现全面的数字化表达和整合。

(2)数字栽培技术体系　数字栽培的技术体系是为作物栽培学中涉及的对象和过程进行全面的数字化表达、设计、控制和管理提供方法和技术支持，主要包括以卫星遥感、地理信息系统和全球定位系统为核心的空间信息处理技术以及数据库、人工智能、模拟模型、网络技术等电子信息处理技术。数字栽培的支持技术一般包括数据库技术、空间信息技术、遥感监测技术、系统模拟技术、决策支持技术、数字农务技术等。因其技术内涵和表现形式的不同，也可称为信息栽培、定量栽培、精确栽培等。虽然数字栽培技术目前尚处于起步阶段，但其体系一般由理论基础、关键技术和应用系统这三方面组成。

数字栽培的理论基础广泛涉及到信息科学、计算机科学、地球科学、系统科学、管理科学、生态学、土壤学、农学等多个学科领域，但其主要学术思想是将数字化信息系统原理与信息管理技术等创造性地应用于作物栽培学的研究和管理。

数字栽培的技术体系包括栽培方案的数字化设计、生长动态的数字化监测、实时苗情的数字化调控、产量品质的数字化预测及农情信息的数字化服务等五个主要方面，主要表现为以卫星遥感、地理信息系统和全球定位系统为核心的现代空间信息技术，以及包括以数据库、系统模拟、人工智能、决策支持技术和网络化技术等为代表的现代信息管理技术。

数字栽培的应用系统以数字栽培的关键技术为基础，通过建立不同的技术平台及软硬件系统，实现作物生长监测预测、方案设计及管理决策的数字化和科学化。目前较为成功的应用系统包括基于知识模型的作物栽培管理决策系统，基于遥感的作物生长动态监测系统、基于模拟模型的作物生长及产品预测系统、基于数据库的作物生产信息管理系统、基于 GIS 的农情空间信息管理系统、基于关键技术集成的数字农作管理系统等。

2. 节水栽培技术

我国水资源紧缺，同时农业用水浪费现象十分严重。目前灌溉水的利用系数只有 0.4～0.6，有一半以上的水分是在输水、配水和田间灌水过程中被浪费掉，水分生产率不足 1 kg/m^3，还不到发达国家水分生产率的一半。因此，发展节水农业，采用行之有效的农业节水技术，对提高我国农作物产量，达到节水增产、优质高效的目标有极为重要的意义。

(1)节水农业与节水灌溉　节水可分为狭义和广义两种。狭义的节水是指为达到减少水资源消耗量的目的所采取的各种措施，也有人称之为“真实节水”。广义的节水是以提高水的利用效率和生产效率为核心，用尽可能少的水获得更大的产出，为经济社会的可持续发展提供保障所采取的措施。以高效用水为核心的广义节水，有可能减少用水总量，也可能不减。目前被广泛使用的“节水”一词，通常指广义的节水。

节水农业是充分合理利用各种可用水源，采取水利、农艺、管理等技术措施，使区域内有限水资源总体利用率最高、效益最佳的农业。节水农业技术不是一种单一技术，而是包含多种技术措施的一套技术体系，主要有农业水资源合理开发利用技术、节水灌溉工程技术、农艺节水技术和节水管理技术。

(2)节水栽培技术　利用作物本身需水特性和对水分胁迫的适应和补偿机制，在生长发育的关键时期补充灌溉，通过采用综合栽培措施提高自然降水和土壤水分的利用效率，发挥栽培技术措施对水分不足引起的不利影响的补偿替代作用，最大限度地实现高产和高水分生产效率的统一。节水栽培技术包括农田蓄水保墒技术、培肥地力及水肥耦合技术、适水适作技术、抗旱品种选育技术、化学制剂保水技术等。

3. 作物清洁栽培

(1)作物清洁的概念　农业清洁生产是指在农业生产的全过程中，通过技术、管理与监控体系的调控，避免或减少各种污染，生产出安全卫生合格的农产品(食品)，达到环境健康和农产品安全的目的。农业清洁生产包括清洁的生态环境、清洁的生产过程和清洁的产出。

作物清洁栽培是农业清洁生产的一个重要方面，是指在作物生产过程中（整地、播种、育苗、抚育、收获的全过程），采用清洁的生产程序、技术与管理，生产和使用对环境温和的绿色农用品（如绿色肥料、绿色农药、绿色地膜等），尽量少用或不用化学农用品，改善作物生产技术，减少作物生产过程中污染物的产生，减少生产和服务过程对环境和人类的风险性，确保农产品具有科学的营养价值及无毒、无害。

农业清洁生产的目标是把污染预防的综合环境保护策略持续应用于种植业生产过程、产品设计和服务中，通过资源综合利用、节能降耗和开源节流等措施，实现农用资源的合理利用，延缓资源的枯竭，实现农业可持续发展；同时减少农业生产与加工利用过程中污染的产生、迁移、转化与排放，提高农产品在生产过程和消费过程中与环境的相容程度，降低整个农业生产活动给人类和环境带来的风险。

(2)清洁栽培技术体系　作物清洁栽培技术不是只指某一项单一技术，而是一个技术群集，包括环境技术体系、生产技术体系及质量标准技术体系，其中以品种、化肥、农药、农膜为主的栽培技术体系为重点，关键技术包括耕地净化技术、种子高抗化与合理使用技术、农业废弃物资源再利用技术、合理肥料投入与施用技术、病虫草害生物防治与低残留农药应用技术、节水栽培技术、质量检测技术等。

第三节　粮食作物

粮食作物：以收获成熟果实为目的，经去壳、碾磨等加工程序而成为人类基本食粮的一类作物。主要分为：谷类作物、薯类作物和豆类作物。粮食作物包括小麦、水稻、玉米、燕麦、黑麦、大麦、谷子、高粱和青稞等，其中三种作物（小麦、水稻和玉米）占世界上食物的一半以上。粮食作物是人类主要的食物来源。

一、水稻

水稻既是高产作物，同时亦是具有高营养价值的粮食作物。其碳水化合物含量占75%～79%、蛋白质约为6.5%～15%（少数品种最高15%，大部分品种蛋白质含量为6.5%～9%）、脂肪0.2%～2%、粗纤维0.2%～1%、灰分0.4%～1.5%。与其他粮食作物相比，稻米表现出粗纤维少、淀粉粒小、营养成分的可消化率和吸收率高及易于消化等特点，特别适于人体的需要。

此外，水稻作物适应性较强，一般而言，只要有水的地方就可以种植水稻。在酸性土壤、轻盐碱土壤、沙土、黏土、排水不良的低洼沼泽地，甚至其他作物不太适应的土壤均可栽培水稻或以水稻为先锋作物。种植水稻是利用和改造低洼易涝地、盐碱地、砂薄地并增加粮食产量的重要途径。

基于水稻的生长特点和营养特性，当前全球约50%以上人口以稻米为口粮。在中国，水稻种植面积约占粮食作物播种面积的1/3，水稻产量占粮食总产量的40%以上，全国60%的人口食用稻米。可以预见，随着人口的增长和稻米品质的改良，世界大米消费量将会进一步增加。

(一)水稻生产概况

据联合国粮农组织(FAO)2007 年统计数据表明,世界水稻种植面积为 1.57×10^8 hm^2,稻谷单产 4150kg/hm^2,总产 6.52×10^8 t。世界各大洲都有水稻栽培,其中亚洲水稻种植面积占世界总种植面积的 89.4%,美洲占 4.2%,非洲占 5.98%,而欧洲与大洋洲仅各占 0.5%以下(表 4-5)。

表 4-5 2007 年世界水稻生产统计

地区	面积/10^3 hm^2	比例/%	总产/10^3 t	比例/%	单产/($t\cdot hm^{-2}$)
亚洲	140 301	89.39	591 720	90.79	4.22
美洲	6 632	4.23	32 857	5.04	4.95
非洲	9 386	5.98	23 483	3.60	2.50
世界	156 953	—	651 743	—	4.15

注:数据来源于联合国粮农组织 FAOSTAT 网站.

世界十大水稻生产国中,除巴西在南美洲外,其余均属亚洲(表 4-6)。中国稻米总产是世界之最。印度是世界上种植水稻面积最大的国家,因其单产较低,故总产不及中国,位居世界第 2 位。从单产水平讲,日本位列世界之首,每公顷生产稻米量为 6 530 kg,其次是中国和越南。

表 4-6 世界十大水稻生产国(2007)

国别	总产/10^6 t	收获面积/10^6 hm^2	单产/($t\cdot hm^{-2}$)
中国	187.04	29.50	6.34
印度	141.13	44.00	3.21
印度尼西亚	57.05	12.17	4.69
孟加拉	43.51	11.20	3.88
越南	35.57	7.31	4.87
缅甸	32.61	8.20	3.98
泰国	27.88	10.37	2.69
菲律宾	16.00	4.25	3.76
巴西	11.08	2.90	3.82
日本	10.97	1.68	6.53

注:数据来源于联合国粮农组织 FAOSTAT 网站.

近年来,世界水稻种植面积基本稳定,世界种稻面积由 1975 年的 1.43×10^8 hm^2 增加到 2007 年的 1.57×10^8 hm^2,年增长幅度不足 0.3%。但单产提高幅度大,在 1975—2007 年间,单产由每公顷 1.70 t 增加到 4.15 t,年增幅约为 1.8%。2007 年,我国水稻种植面积稳定在 29.5×10^6 hm^2,平均每公顷稻谷产量由 50 年前不足 2 000 kg 增加到 2007 年的 6 340 kg。

由此可见,世界大米的生产与消费主要集中在亚洲,这也是其贸易量远低于小麦和玉米的原因所在,但不可忽视的是,稻米贸易量增长幅度较快。目前主要稻米出口国为泰国、印度、美国、越南等;而主要进口国则为印度尼西亚、日本等。由于粮食压力等历史原因,中国水稻过去生产以追求高产为目标，忽视了对稻米品质的改良和提高，导致稻米出口量小于进口量。随着人民生活水平改善及对优质稻米需求量日益增加，我国稻米的优质化和专用化已受到重视。这明显提高了我国稻米在国际市场的竞争力并有望大幅提高我国水稻的出口量。

(二)水稻主要栽培模式

栽培稻种在植物分类学上属禾本科稻属(*Oryza*)植物，可把栽培稻分为普通栽培稻(*Oryzasativa*)和非洲栽培稻(*Oryza glaberrima*)2种。普通栽培稻占栽培稻面积的99%以上，遍布于各大洲；非洲栽培约占栽培稻面积的1%，主要分布在西非地区，非洲栽培稻丰产性差，耐瘠性强，因此种植面积很少。因此，后续谈论水稻种植模式和技术主要针对普通栽培稻而言。

关于普通栽培稻的起源中心，通过多方面的研究考证，倾向于认为其位于缅甸北部、老挝以及中国云南省和印度阿萨姆一带的“东南亚山地”。因此，我国稻作历史悠久。水稻传统种植方式为淹水层条件下进行移栽、淹水层条件下进行生长发育。根系通过形成大量通气组织与外界环境建立气流通道，空气(氧气)经叶片气孔进入、经木质部输送至根系，从根系通气组织释放至根区维持好氧微生物的需求，同时满足根系自身对氧气的需求。加之长期建立水层有利于维持水稻冠层内微生态系统的平衡，因此，传统水稻种植模式被认为较其他所有陆生作物的生态环境稳定，并有利于高产获取。

但是在漫长的稻作过程中，水稻种植模式随稻作科学发展和自然生态环境的改变有不同程度变化。除传统淹灌栽培外，稻作栽培模式还包括水稻强化栽培体系、干湿交替灌溉栽培模式、覆盖湿润栽培体系及“有氧稻”栽培。各栽培模式均存在明显差异。但不论哪种栽培模式，水稻在移栽前(秧苗期)的种植和管理模式基本相似，主要包括整地和育秧环节，差异主要在于移栽后大田水肥管理。

1. 整地是确保水稻能正常种植的前提保障

整地有利于控制杂草，促进营养循环，给水稻提供柔软的基质和舒适的表土层。整地时间一般在移栽前3～4周(可以和育秧环节同步进行)。一般来说，整地规程包括如下步骤：①稻田起埂以防止水分径流，稻埂规格50 cm厚、30 cm高。②起埂后，灌水形成2～3 cm水层并浸泡3～7 d，以便土壤变软，适合翻耕。③浸泡后，利用旋耕机浅翻10～20 cm深，尽量把杂草埋在20 cm土层下或把杂草置于土表。④初次旋耕后再次灌水至2～3 cm水层，浸泡10～14 d后进行二次耕地，旨在打碎大土块。⑤二次旋耕作业完成后进行平地操作，使稻田土平整。最终，稻田的地块达到田平整，土壤膨软，土肥相融，无杂草残茬，无大土块等标准，有利于插秧和插秧后早生快发，为高产水稻的实现打基础。见图4-1。

2. 俗话说“苗好一半产”，可见培育壮苗对夺取高产的重要意义

壮苗培养是育秧过程中的重点目标。育好秧苗，提高秧苗素质是水稻成功种植的前提条件。育秧和耕平整地可以同时进行，育秧包括如下环节：

(1)种子处理　水稻播种前除需要进行晒种和精选种子外，还必须将种子浸泡于水溶液或带有杀菌的消毒液中，这一过程称为浸种和消毒。浸种的目的是为了让种子迅速并充分吸收水分，以便于种子萌发；而消毒则是为了杀死稻种所带的一些病菌，以避免带菌种子在大田侵染和传播。浸种与消毒同时进行，完成后稻种用清水洗干净，然后进入催芽环节。

(2)种子催芽　稻谷催芽是人为创造种子发芽所需要的最适宜环境(温度、水分和空气)，使得稻种快速、整齐、均匀地发出壮芽。快速标准指3 d，即3 d内完成催芽；整齐是指确保稻

(A) 稻田多次(2次)旋耕过程示意图

(B) 稻田平整地和开沟起埂过程示意图

图 4-1 整地

注:国际水稻研究中心(International Rice Research Institute)

种发芽率达 90%以上;均匀指所有催芽的稻种根和芽均整齐一致;“壮”要求幼芽粗壮,根芽比适当(芽相当于半粒谷长,根相当于谷长),颜色鲜白。

在催芽过程对温度的控制要求可归纳为 3 个阶段。第一阶段为高温破胸,即将浸种和消毒后的稻种在 50～55℃温水中预热 5～10 min 后密封,维持密封带内温度处于 35～38℃间,高温破胸的目的在于增加胚的呼吸强度,缩小种胚活动强度之间的差异,使破胸露白迅速,使破胸整齐,温度偏低则破胸不齐。杂交稻种催芽温度不宜过高,以 30℃为宜。对大部分品种来说,大约 24 h 基本可完成该阶段。第二阶段为适温齐根芽,即在相对较低的温度下待稻种根和芽器官整齐生长。因为破胸后种谷呼吸强度大,温度会快速升高至 40℃以上,如不及时采取有效措施降低温度,高温会灼伤根芽,产生“烧芽”现象。此时则要求通气降温,可考虑经常翻堆散热并结合淋25℃温水的方式保持谷堆温度在25℃左右。第三阶段为摊晾炼芽，指在自然环境中(而非前两个控制环境)摊晾发芽的稻种。当谷芽和根达到播种要求长度时，意味着催芽环节结束。但为了使谷芽能适应播种后的自然环境，催好的谷芽，一般要求置于室内摊放一段时间后播种。

(3)育秧苗床制作　水稻的育秧方式包括水层育秧、湿润育秧、地膜保温育秧、旱育秧、两段育秧及软盘育秧。就当前水稻主流育秧方式来看，湿润育秧是应用最广的一种育秧方式。因此，本书中育秧环节均以湿润育秧为例。

育秧苗田宜选择排水和灌水方便且向阳背风之地，地块要求满足土质松软、杂草少和肥力较高等特点。同时，秧田需要施足底肥，应注意有机肥和磷钾肥的配合施用。整地需达到平整、细碎匀和的目的，后经1～3 d沉实期再开沟作厢。秧床规格一般要求床(厢)宽1.3～1.5 m，厢与厢之间形成留排水沟，沟宽25～30 cm，沟深15 cm。厢面要求平整、无杂草及残茬外露。

(4)播种　播种时注意落谷均匀，播后需轻轻踏谷使种子陷入表层泥浆中。如气温较低或提前育秧，可以通过地膜(薄膜)覆盖于苗床上起到保温育秧作用，避免低温对秧苗造成不利影响(如地膜保温育秧)。

(5)播种后秧苗床管理　根据苗期水稻需水需肥规律进行水肥调控，对于覆膜育秧方式，需注意膜内温度控制，以免高温烧苗，确保形成壮秧。壮秧的标准有形态特征和生理特性两方面。形态特征包括：叶宽苗健、扁蒲白根、生长整齐、适当秧龄等；生理特性包括：光合能力强、碳氮比(C/N)适中、束缚水含量相对较高、移栽后发根力和抗逆性强等。

3. 壮秧苗长至3叶期后，则可以从秧苗床移栽至整好地的稻田

一般来说，3叶期内带土移栽的秧苗称为小苗移栽；3.0～4.5叶内移栽的秧苗称为中苗移栽；4.5～6.5叶移栽的秧苗称为大苗移栽；而6.5～9.0叶内移栽的秧苗称为多蘖壮秧移栽。移栽后稻田进行合理的水肥管理，其中因水肥管理制度不同，可以包括如下栽培模式，如传统的淹灌栽培模式、水稻强化栽培体系、干湿交替灌溉栽培模式、覆盖湿润栽培体系及"有氧稻"栽培等。

(1)传统淹灌栽培模式　指水稻整个生育期内在稻田中生长在淹水条件下，从移栽起20 mm水层逐渐至开花期形成50～100 mm水层的水分管理方式。在生育期内，随着生育期推进，水层高度逐渐增高，特别在开花期，形成5～10 cm水层，主要是通过高水层调节水稻冠层温湿度，以避免冠层高温风险对水稻器官(如花器官)的伤害。此外，因一直有水层存在，土壤中氧容量较小，根区中氮素主要以铵态氮形式存在。因此，对于传统淹灌水稻而言，土壤中的无机氮主要以铵态氮为主。土壤中少量好氧微生物和根系呼吸消耗的氧气来源主要是通过根系通气组织供给，氧气通过地上部叶气孔进入，经木质部运输至根系通气组织释放出氧气供给微生物和根系好氧需求。

(2)水稻强化栽培体系　水稻强化栽培体系于20世纪80年代诞生于非洲马达加斯加岛，至20世纪90年代初该技术引入其他国家，并由此逐步发展成为成熟的节水栽培体系。该体系的技术要点概括为5点：①移栽苗苗龄幼龄化。②种植密度小。③每穴移栽一株幼苗。④适宜的水分管理。⑤频繁除去田间杂草。具体表现为当幼苗苗龄为7～15 d时进行移栽，株行距不得低于25 cm×25 cm，且在营养生长阶段进行旱地管理，及时除草松土，保证根层通气，到生殖生长阶段进行淹灌管理，促进水稻开花灌浆结实，该项技术明显表现出节水和高产性，但同时也暴露出农事操作的严格性和烦琐性。

(3)干湿交替灌溉　干湿交替灌溉(间歇灌溉)指水稻在稻田生长季内周期性经历水层-旱地-水层的水分管理制度。当根区土壤含水量低于饱和含水量的80%～85%(或－25～－30 kPa)时应及时补充灌溉至浅水层(约2 cm)。因干湿交替灌溉生育期内多次处于非淹灌条件下,提高了根区溶氧能力,促进根系发育,产量水平较传统淹灌处理有不同程度的增加。

(4)覆盖湿润栽培　指整个生育期内田间以不出现水层为准则(饱和含水量以下),根据水稻需水规律在生育期内多次补充灌溉,并通过覆草、覆秸秆或覆膜处理以达到节水目的。覆草栽培能提高根区有机质含量,使根区微生物活跃度和水稻氮代谢能力增强,同时叶片光合生产能力提高,籽粒充实期淀粉合成关键酶活性均增加。覆膜栽培提升土壤温度,土温增高能提高微生物分解有机质能力、加快根系形态特征的构建和提高根系吸收能力。在冷凉区域,覆膜栽培因其具有增温效应,较覆草更有利于水稻生长发育,而在非冷凉区,覆膜增温(特别在生殖生长阶段)易使水稻遭受高温胁迫伤害并导致产量显著降低(降幅为17.5%)。一般来说,覆盖栽培系统灌溉临界值设定为－25～－30 kPa较为适宜,即当15～20 cm土层(根区)土壤水势降低到－25～－30 kPa时候进行补充灌溉,在不显著降低甚至增加产量的同时,水/氮资源利用效率显著高于传统淹灌处理。由于根区一直处于非淹灌栽培条件下,土壤中氮肥主要以硝态氮为主。因此,覆盖湿润栽培使用无机氮形式主要是硝态氮。

(5)"有氧稻"栽培　指整个生育期内田间以不出现水层为准则(饱和含水量以下),根据水稻需水规律在生育期内多次补充灌溉,或关键物候期灌透水。由于显著减少了水分渗漏量和蒸发量,该节水栽培技术表现出较高的节水空间。"有氧稻"分蘖期、拔节孕穗期、抽穗开花期及乳熟期的适宜灌水下限分别为饱和含水量的70%、85%、80%和70%,各生育期灌溉下限低于该阈值,将会导致产量大幅降低。基于一系列研究结果,认定饱和含水量的80%作为"有氧稻"的补充灌溉临界下限值,且每次补充灌溉至饱和含水量状态。总体而言,该栽培模式产量均会受到影响,在缺水灌溉区域可考虑采用该种植模式进行生产。土层中氮素形态和使用形式与覆盖湿润栽培相同。

(三)未来水稻绿色高效生产方向

移栽水稻种植过程烦琐,包括多次浸泡稻田并耕地、整地和平地,育秧、移栽及后续田间管理。需要大量人力投入,成本高、劳动强度大、作业效率低,在经济发达地区由于劳动力紧张还延误插秧季节,严重制约了水稻生产的可持续发展。随着我国经济的快速发展,农村劳动力向二、三产业转移步伐加快以及从事稻作生产的劳动力老龄化现象日趋明显,很多地方农业劳动力短缺问题已经显现。水稻生产迫切需要省工、省力、高产、高效的种植技术。直播水稻因其减少育秧和移栽环节,表现出较高的生产力。通过机械化育秧和机械栽插措施也是缓解当前水稻生产作业率低的有效途径。此外,为了减缓环境因农业污染所致的较大承载压力和资源紧缺压力,提质增效或节水省肥栽培条件下获得高产优质的种植模式是未来水稻生产的核心。

1. 直播水稻是未来水稻生产的发展趋势

水稻直播技术是指直接将稻种播于本田而省去育秧和移栽环节,表现出较高的省时、省力和高效生产特性。这为未来水稻绿色高效生产提供可靠借鉴。根据土壤水分状况以及播种前后的灌溉方法,可将直播稻分为旱直播、湿直播和水直播3种类型;按播种方式又可分为撒直播、点直播和条直播3种类型;按播种动力可分为手工直播和机械直播等。水稻直播已被亚、欧、美、澳等各大洲的许多国家和地区采用,而且在日、韩、印度及东南亚一些国家直播稻的面积亦呈扩大趋势。近年来，农业结构的调整、化学除草剂的广泛应用及农业机械化程度的提高，促使我国水稻直播栽培得到一定的发展。

(1)旱直播水稻包括撒播方式、点播方式及开行条播方式播种。撒播方式的旱直播水稻技术要点为：把干种子(无须浸种和催芽)撒播于常规旋耕或免耕旱地土壤中。稻田整地也不必在泥浆土状态下耕地、整地和平地，即像常规耕整旱地一样进行耕整，目的之一是控制稻田杂草。耕整好稻田后，种子人工(飞机)撒播于土壤表层，然后对土壤轻微压实，并将种子埋在0～3 cm深处。如果是免耕撒播的话，首先稻田充分灌溉，使土壤保持湿润状态，以利于杂草生长。待杂草长出后(约灌溉后2周)，使用农药草甘膦或百草枯消除杂草。然后经催芽的种子撒于土壤中，种子无需覆土。视土壤墒情确定是否需要补浇出苗水。

点播方式的旱直播水稻技术要点为：耕地、整地和平地与撒播方式相同，后将干种子按一定的株行距点播，每穴播种5～6个籽粒。这种播种方式能有效识别杂草稻。播种深度1～3 cm。

开行条播方式的旱直播水稻技术要点为：耕地、整地和平地与撒播方式相同。利用种子条播机把干种子条播于行内，行间距离为20 cm。播种深度为2～3 cm。播种后轻微灌溉一次。

(2)湿润直播水稻包括撒播和条播方式播种。撒播方式播种的湿润直播水稻技术要点为：像移栽水稻整地一样耕、整、平地(需多次浸泡、旋耕、整地和平地)。播种前排干稻田中水层，人工把催芽后的种子(24 h浸湿吸水，然后24 h的高温催芽)撒播稻田中，或人工(机械)将悬浮泥巴覆盖于种子，形成0.5～1 cm的播种深度。

条播方式播种的湿润直播水稻技术要点为：像移栽水稻整地一样耕、整、平地。播种前排干稻田中水层，条播机械按照18～20 cm行距将催芽后的种子(24 h浸湿吸水，然后24 h的高温催芽)开行条播于稻田中，播深为0.5～1 cm。

(3)水层直播主要在美国常见。在旱地条件下旋耕、耙地和平地，然后淹水形成10 cm深的水层。将催芽种子(24 h浸湿吸水，然后24 h的高温催芽)飞机撒播于水田地。

2. 未来水稻在机械化作用下实现规模化和集约化生产

水稻是我国重要的粮食作物之一，主要表现出种植面积大、单产和总产高等特点。因此，水稻生产不仅关系我国粮食安全，还与农业增效和农民增收密切相连。近年来，随着我国农村产业结构、劳动力结构、农村经济发展以及农业资源利用不断调整与优化，机械化规模种植已势在必行。加快发展水稻生产机械化，不但可减轻劳动强度、节省劳动力，同时对降低生产成本、改进作业质量及抵御自然灾害等方面均具有重要意义。目前，水稻机械化栽培在日本和韩国等国应用面积较大。我国于1953年开始试验，至今在江苏省、黑龙江省、浙江省、吉林省、江西省以及福建省等地应用并展现出广阔的前景。

水稻机械化生产主要体现在机械化育秧和机械栽插两方面。其中，水稻机械化育秧技术是国家重点推广的农业技术之一。机械化育秧可确保水稻良种的推广，确保标准化统一管理，秧苗质量佳，有利于实现大面积平衡增产，同时能有效降低水稻生产成本，最终提高水稻种植效益。当前，国内外主流推广全程机械化育秧，该育秧技术可确保全程机械化操作，规模化育秧管理，对于培育壮秧和提高劳动生产力具有重要作用。全程机械化育秧技术播前种子准备与传统育秧方式一致，均需经过选种、晒种、脱芒、发芽试验、浸种和消毒等环节。而差异主要在于对于营养土的选择、准备及软盘准备和管理(图4-2)。

营养土选择：选用菜园土或耕作熟化的旱地土(不宜在草地及当季喷施过除草剂的麦田取土)。

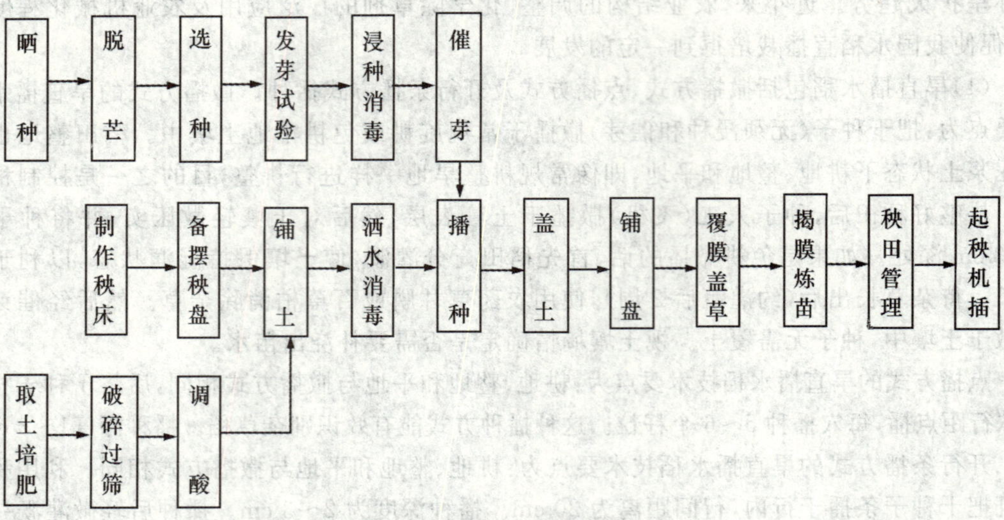

图 4-2　水稻机械化软盘育秧流程图

注:安徽地方标准“沿淮地区中粳稻全程机械化技术规程”

营养土培肥:2 月上旬在取土田块上每亩施人畜粪或腐熟灰杂肥 2 000 kg,以及复合肥 25 kg(NPK:15-15-15),连续旋耕 2～3 次后取表层熟化土壤,粉碎过筛,粒径 2～4 mm,土壤含水量为 15%左右。每亩大田备营养土 60 L,同时在营养土过筛后每 100 kg 细土拌 1 kg 壮秧剂。

营养土加工:营养土捣碎过筛,细土团粒径不大于 5 mm,其中 2～4 mm 土粒大于 60%。

营养土消毒:用 65%敌克松与水配制成 1∶1 000～1∶1 500 的药液,对床土进行喷洒消毒,以床土湿透为宜。

营养土调酸:维持营养土 pH 5.5～5.7 间,可根据实际情况增施硫黄粉降低 pH。

秧床选址:选择排灌分开,运秧方便,便于操作管理的田块作育秧基地,按秧大田比例1∶60留足秧田。

秧床制作:在播种前 10～15 d,每亩苗床施用复合肥 30～35 kg(NPK:15-15-15),将苗床翻耕、碎土、耙平。秧板按畦面宽 1.30 m、沟宽 0.3 m、沟深 0.15 m 制作,秧板做好后使板面达到“沉实、平整、无残茬、不弯曲”的要求。此外,秧板上铺一层与畦面宽度相同的切根网。

秧盘准备:选用带孔塑料盘,规格:长 61.8 cm×宽 31.5 cm×高 2.5 cm,每盘 448 孔,孔径 1.6 cm,每亩大田按 40 张备足。

薄膜准备:农膜的技术要求符合 GB4455 的规定。

播种、盖土:选用种子质量符合 GB4404.1 的稻谷,大田用种量常规粳稻 3.0 kg/亩、杂交粳稻 1.5 kg/亩。盘钵内营养底土厚度稳定在 2/3 孔深,盖表土厚度不超过盘面,以不见芽谷为宜,常规粳稻每孔播种 4～6 粒、杂交粳稻每孔播种 2～3 粒。

铺盘:铺盘时两盘并列对放,之间紧密无空隙,盘底紧贴苗床。

覆膜:盖农膜,四周封严封实。封膜后加盖一层薄稻草(预防晴天中午高温灼伤幼苗),遮阳降温,确保膜内温度控制在 30～35℃,封膜盖草后灌一次透水,保证秧盘土壤湿润至出齐苗。

炼苗:播后 3～4 d,齐苗后晴天在傍晚,阴雨天在上午 8～9 时揭膜。

秧田管理：1～3叶期晴天早晨叶尖露水少要及时补水；3叶期后秧苗发生卷叶于当天傍晚补水；4叶期后注意控水，以促盘根；移栽前1 d适度浇好起秧水。2叶期每百张秧盘可用15%多效唑粉剂4 g，兑水均匀喷施。

水稻机械化插秧技术被视为继品种和栽培技术后进一步提高水稻劳动生产率的技术革命。机械化插秧主要分为机械抛秧、机械插秧和机械摆秧技术3种类型。

机械抛秧主要运用旋转式锥盘抛秧机和旋转式曲面盘抛秧机把带重土秧苗抛撒在稻田中，因其抛植入土浅和伤秧率低，水稻生长发育表现出返青快、分蘖早、发根力强、根系浅、层根分布多等特点。但是机械抛秧秧苗很难确保秧苗在田间分布均匀一致，这不利于对光温气资源的合理利用，特别在水稻生长发育后期，群体内部通风透光性差异性明显，造成株体之间差异较大；加之抛秧时受天气影响较大，使得机械抛秧技术在推广中存在不小阻力。

而机械插秧因除具有秧苗分蘖早、分蘖多的特点外，还可确保水稻株行距均匀一致，可按照高产田块要求进行株行距布局，这确保了水稻群体内部良好的通风和透光性，显著增加单位面积产量，同时提高水稻生产效率高等。但机械插秧在我国水稻机插规模小、水平低、推广缓慢，究其原因主要为机插作业成本投入多(高)、利用率低，政府对其投入和扶持力度不足，加之我国当前水稻种植规模化程度低，制约了机械作业的效率发挥。

抛秧机械存在无序性和天气条件的制约，而插秧机械本身成本较高，且还需配套的播种机械设备投入很大。为解决这些问题，集前两者优点同时去除不利之处的机械摆秧技术应运而生。机械摆秧技术秧以钵体苗水稻育秧技术为前提条件，通过独特的机构将钵体苗按预定的行距和株距栽入大田中，解决了抛秧机种植的无序性，同时也降低了成本。但目前我国摆机还存在生产率较低，使用成本偏高，一些机构有待优化等问题。但总体而言，机械摆秧技术对于推动机械栽插具有积极作用。

3. 未来水稻生产走生态环境友好型种植方式

稻米在为世界约一半人口提供能量的同时消耗大量水资源，其耗水量为其他谷类作物的2～3倍，仅在亚洲，水稻耗水量占总淡水资源消耗量的45%。淡水资源亏缺已成为农业生产面临的一大难题。一方面，人畜饮用水和非农业(工业和城镇建设)用水量不断增加；另一方面，部分淡水资源在工业化和城镇化进程中被严重污染，致使农业可用水量及比例呈现逐年降低趋势。预测到2050年，亚洲部分区域农业用水占有比将由当前的65%下降至50%，这势必会威胁到水稻的生产。如何在有限的淡水资源下生产出更多的稻米是水稻生产面临的主要矛盾之一。

自绿色革命以来，由于高产品种不断涌现、灌溉技术和肥料管理体系等理论知识不断完善以及农药对病虫草害的有效控制，水稻单产呈快速增高势头。但近年来，单产提升很大程度上依赖于化肥，特别是氮肥的大量施用。随着氮肥大量投入，一方面稻田氮肥利用效率下降，且高氮投入会带来一系列生态环境问题如水体富营养化日趋严重、氧化亚氮(N_2O)温室气体排放量增加以及饮用水硝酸盐含量超标($>10\ mg \cdot L^{-1}$)等；另一方面，高氮投入下品质和产量较适量氮投入并未提升。因此，提质(产量和品质)增效(水分和氮素利用效率)的水稻生产模式是未来水稻可持续发展的重要途径。由此可见，水稻生产当前面临的矛盾是如何在减少资源(水分和氮素)投入条件下产出更多优质稻米。节水省氮栽培模式下获得高产优质稻米是未来水稻生产走可持续发展道路的重要保障，其中，发挥水稻节水栽培模式与氮素两因素互促效应，对于同步提升产量品质和水氮资源利用效率具有积极作用。即在节水省氮栽培条件下，仍旧可以获得高产优质水稻。

二、小麦

小麦(wheat)是世界上栽培最古老，分布最广的作物之一，也是种植面积最大、总产量最多、贸易量最大的作物。世界上小麦种植面积约占谷类作物的1/3，全世界有40%以上的人口以小麦为主粮，而且小麦籽粒含水量较低，耐贮藏和运输，是世界主要的商品粮之一。小麦籽粒的营养价值较高，含有多种适于人体吸收的氨基酸，籽粒的蛋白质含量一般可达11%～14%，最高可达18%～20%；小麦籽粒淀粉中所含的麦谷蛋白和醇溶蛋白，水解后可以洗出面筋，加工性能好，能制作出各种各样的食品。因此，小麦也是重要的食品工业原料。籽粒加工后的副产品麦麸含有蛋白质、糖类、维生素等，是发展畜牧业的精饲料。麦秆可编织手工艺品，也可作为造纸、造肥的原料。

(一)中国小麦概述

我国栽培小麦历史悠久，远在新石器时代就有种植。据考古发现，河南陕县东关庙底沟原始社会遗址的麦类印痕，距今约7 000年。1955年在安徽亳州市发掘到西周时期炭化麦粒。目前，小麦是我国主要粮食作物，种植面积仅次于水稻和玉米。小麦在中国分布很广，南至海南岛，北到漠河，西起新疆，东抵沿海诸岛均有栽培，尤其在北方地区是食用最广的细粮作物。新中国成立以来，我国小麦生产发展很快，全国小麦生产取得显著成绩。总的来说，小麦生产的基本情况是面积相对稳定，单产和总产量持续增长，但发展过程有起伏。

目前我国小麦生产中存在的主要问题是单产较低，品质较差，各地发展不平衡；小麦生产稳定性差，受市场经济和气候条件影响大；另外，小麦生产成本高，经济效益低。因此，根据我国自然气候特点和社会经济条件，稳定小麦种植面积，增加小麦生产的投入，主攻单产，改良、提高品质，增加总产量，加强中低产田开发和低产田改造，建立高产优质高效技术体系，是我国小麦生产发展的主要途径。

(二)中国小麦的分区

我国小麦主要产区集中在北纬20°～41°的地区，其中豫、鲁、冀、黑、皖、甘、新、苏、陕、川、晋、蒙、鄂栽培最多，占全国小麦面积4/5以上，总产量占全国总产量近90%，尤以河南省和山东省栽培面积最大。1987年，中国农科院根据各地域的气候特点、耕作栽培制度、品种类型分布、播种和成熟期早晚及病虫害情况等，并尽可能地考虑到行政区划的完整，将我国小麦种植区划分为3个主区、10个亚区和29个副区。大致以年极端最低气温24℃为界，高于此限可种植冬小麦，低于此限只能种植春小麦。

1. 春(播)麦区

春麦区主要分布在长城以北，岷山、大雪山以西，其最冷月(1月)平均气温及年极端最低气温分别为－10℃左右及－30℃上下，秋播小麦均不能安全越冬，故种植春小麦，种植制度以一年一熟为主。

(1)东北春(播)麦区　该区在中国各春麦区中面积最大，总产最高，但单产较低。包括黑龙江、吉林两省全部，辽宁省除大连、营口两市和锦州市个别县以外的大部，内蒙古东北部的呼伦贝尔、兴安和哲里木三个盟以及赤峰市。

(2)北部春(播)麦区　该区自然条件差、土地贫瘠、管理粗放，平均单产全国最低。包括大兴安岭以西，长城以北，西至内蒙古的鄂尔多斯市和巴彦淖尔盟。

(3)西北春(播)麦区　小麦为该区的主要粮食作物，在春麦区中单产最高。包括甘肃、宁夏和内蒙古、青海、新疆的一小部分。

2. 冬(秋播)麦区

冬麦区是中国小麦产区的重要组成部分，面积大、产量高，主要分布在长城以南、岷山以西、大雪山以东。

(1)北部冬(秋播)麦区　该区地势复杂、冬季严寒少雨、春季干旱多风，以杂粮为主，小麦单产较低。包括河北的长城以南、山西的中部和东南、陕西北部、宁夏和辽宁南部、甘肃陇东及北京、天津。种植制度以两年三熟为主，旱薄地为一年一熟，小麦使用冬性或强冬性品种。

(2)黄淮冬(秋播)麦区　该区生态条件最适宜小麦生长，是中国小麦主产区，面积最大、产量最高。包括山东省全部、河南大部、河北中南部、江苏北部、安徽北部、陕西关中、山西南部、甘肃天水等地。种植制度以一年两熟为主，旱地实行两年三熟，小麦生产使用冬性、半冬性和春性品种。

(3)长江中下游冬(秋播)麦区　该区自然条件优越，比较适宜小麦生长，但其水田面积约占耕地面积的74%，以种植水稻为主。包括浙江、江西及上海全部，河南信阳及江苏、安徽、湖北、湖南的部分地区。种植制度为一年两熟或一年三熟，小麦使用半冬性和春性品种。

(4)西南冬(秋播)麦区　该区地形复杂，以山地为主，冬季气候温和，日照不足。包括贵州全部、四川和云南大部、陕西南部、甘肃东南及湖南和湖北。该区以种植水稻为主，一年两熟或三熟，小麦多使用春性品种。

(5)华南冬(晚秋播)麦区　该区地形复杂，多为山地丘陵，小麦面积小，产量低而不稳。包括福建、广东、广西和台湾全部以及云南的一部分。种植制度多为一年三熟，部分地区为稻麦二熟或二年三熟，小麦多使用春性品种。

3. 冬春麦兼播区

该区地势复杂，气候多变，差异极大。雨量较少但雪水丰富，冬小麦一般可安全越冬，干旱发生较少。

(1)新疆冬春(播)麦区　该区包括南疆和北疆，自然条件具有明显差异，种植制度以一年一熟为主，小麦类型繁多，包括春性、半冬性及冬性品种。北疆温度偏低，雨量稍多，以春小麦为主，但耕作管理粗放，地力不足，常年发生春旱、冻害及后期干热风危害。南疆气温稍高，为中国最干旱地区，以冬小麦为主。

(2)青藏春冬(播)麦区　该区气温偏低、无霜期短，热量严重不足，有的地区全年霜冻，降水量分布不均，一年一熟。该区包括西藏全部，青海大部，四川、甘肃西南等地。

(三)小麦的生物学特性

1. 小麦的一生及生育时期

小麦属于禾本科(Gramineae)小麦属(*Triticum* L.)植物。小麦的一生是指从种子萌发到产生新种子的过程，或称(全)生育期。生产上，通常以播种至收获的天数表示其长短。小麦生育期长短，因各地纬度、海拔高度、品种特性和气候等生态条件的不同而有很大差异。冬小麦多为 230～280 d 或以上，春小麦多为 100～120 d 或以下。

小麦从种子播种出苗到新种子成熟的一生，要经过一系列外部形态特征和内部生理特性上的变化，随着不同时期植株内部的生理变化，其外部穗、茎、叶、蘖和籽粒也逐渐形成和发育。在生产上，为便于栽培管理，根据器官形成顺序和便于掌握的明显特征，把小麦整个生育期划分为若干个生育时期，这些生育时期包括：播种期、出苗期、三叶期、分蘖期、起身期（生理拔节）、拔节期（农艺拔节）、孕穗期、抽穗期、开花期和成熟期。在冬小麦有明显越冬的地区还包括越冬期和返青期。

2. 小麦的阶段发育

小麦从种子萌发到成熟的生活周期内，必须经过几个阶段的循序渐进的质变过程，才能开始进行生殖生长，完成生活周期。这种阶段性质变发育过程称为小麦的阶段发育。每个发育阶段需要一定的综合外界条件，如温度、光照、水分、养分等，而其中有一两个因素起主导作用。在小麦一生中，已经研究得比较清楚的有春化阶段和光照阶段。

(1)春化阶段（感温阶段） 萌动种子胚的生长点或幼苗的生长点，只要有适宜的综合外界条件，就能开始并通过春化阶段发育。在春化阶段所需要的综合外界条件中，适宜的温度条件起主导作用。根据不同品种通过春化阶段对温度要求的高低和时间的长短不同，可将小麦划分为以下几种类型：

①春性品种，北方春播品种在 5～20℃，秋播地区品种在 0～12℃的条件下，经过 5～15 d 可完成春化阶段的发育。未经春化处理的种子在春天播种能正常抽穗结实。

②半冬性品种，在 0～7℃的条件下，经过 15～35 d，即可通过春化阶段。未春化处理的种子春播，不能抽穗或延迟抽穗，抽穗极不整齐。

③冬性品种，对温度要求极为敏感，在 3℃条件下，经过 30 d 以上才能完成春化阶段发育。未经春化处理的种子春播，不能抽穗结实。

(2)光照阶段（感光阶段） 小麦在完成春化阶段后，在适宜条件下就进入光照阶段。这一阶段对光照时间反应特别敏感。小麦是长日照作物，一些小麦品种如果每日只给 8h 的光照，则不能抽穗结实，给以较长时间光照，则抽穗期提前。根据小麦对光照长短的反应，可分为 3 种类型：

①反应迟钝型，每日 8～12 h 的光照条件下，经 16 d 以上就能顺利通过光照阶段而抽穗，不因日照长短而有明显差异。这类小麦多属于原产低纬度的春性小麦品种。

②反应中等型，每日 8 h 的光照条件下不能通过光照阶段，但在 12 h 的光照条件下，经 24 d 以上可以通过光照阶段。一般半冬性类型的小麦品种属于此类。

③反应敏感型，每日 8～12 h 的光照条件下，不能通过光照阶段，每日 12 h 以上，经过30～40 d 才能通过光照阶段，正常抽穗。冬性品种一般属于此类。

以上对春化阶段和光照阶段类型的划分，主要依据 20 世纪 50 年代至 70 年代对全国范围内的品种研究得到的结果，这种划分方法在目前生产中仍然是适用的。随着世界范围内品种的交流，使小麦品种的遗传基因不断丰富，生态类型日趋多样化，小麦感温感光性与幼穗分化的关系也呈多种类型。20 世纪 80 年代以来，研究表明小麦品种的感温特性是一个由强春性到强冬性连续分布的序列，类型的划分仅是对小麦品种感温特性系列的人为界定；我国小麦品种对低温春化的反应存在6个等级系列，即强春性、春性、冬春性、冬性、强冬性、超强冬性；对日长反应存在5个等级系列，即长光敏感型、长光弱敏感型、长短光不敏感型、短光弱敏感型、短光敏感型。同时，温度和光照对小麦发育过程的影响存在着互作效应。

3. 小麦的器官特点

(1)种子　小麦籽粒的果皮和种皮紧密相连，不易分开，植物学上称之为颖果，在农业生产上称为种子。小麦种子的粒形多种多样，有棱形、卵圆形、圆筒形、椭圆形和近椭圆形等。籽粒颜色有红、黄白、浅黄、金黄等。生产上通常分为红皮和白皮两种。小麦隆起的一面称背面，有凹陷的一面称腹面，腹面有腹沟，腹沟深浅因品种而不同，常用作籽粒饱满度的指标。腹沟两侧叫颊，颊一般为圆形隆起状态。籽粒的顶端有短而坚硬的茸毛，称为冠毛。小麦种子由胚、胚乳和皮层三部分构成(图4-3，图4-4)。

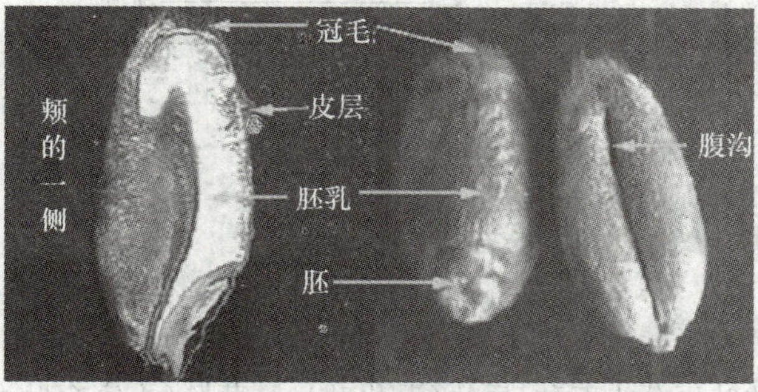

图4-3　小麦的种子

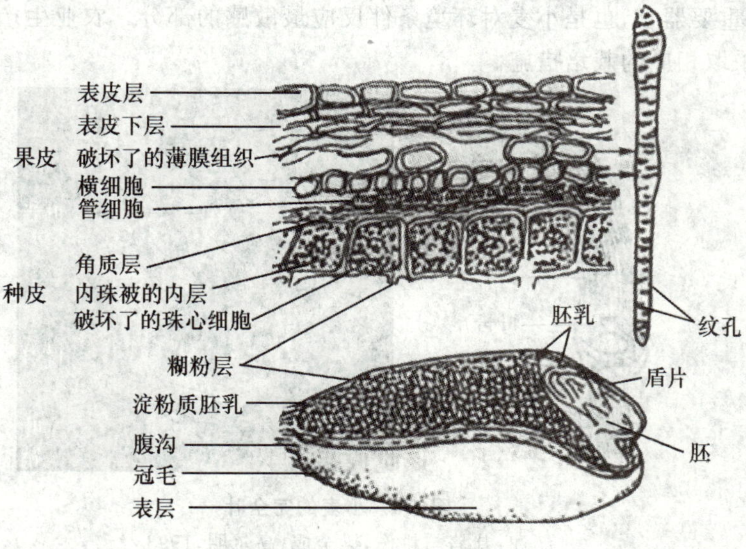

图4-4　小麦的颖果及其果皮的纵切

注：敖立万，湖北小麦，2002

(2)根系　小麦的根系属须根系，由初生根(种子根、胚根)和次生根(节根、不定根)组成(图4-5)。小麦根系不但从土壤中吸收水分和矿物质元素，供给植株生长，还能合成重要的有机物质，对地上部分的生长发育有重要的影响。壮苗先壮根，发根早、扎根深、分布广、根系活力强是小麦获得高产的基础。

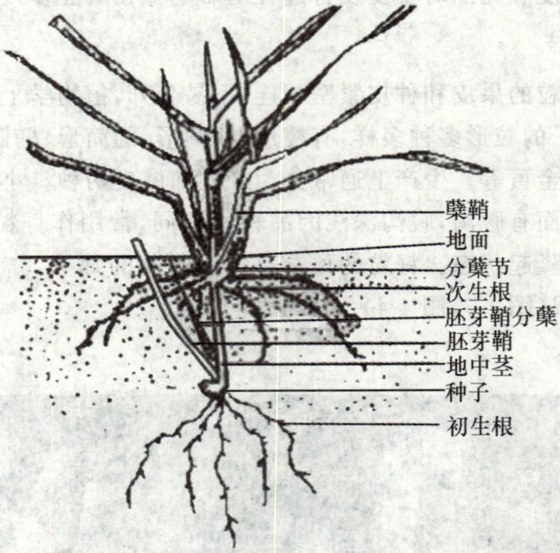

图 4-5 小麦的根

注：作物栽培学，王荣栋，尹经章，2005

(3)叶片 小麦的叶可分为五种：盾片（退化叶）、胚芽鞘（不完全叶）、分蘖鞘（不完全叶）、颖壳（变态叶）和完全叶（由叶片、叶鞘、叶耳、叶舌等部分组成）（图 4-6）。叶是小麦进行光合、呼吸、蒸腾的重要器官，也是小麦对环境条件反应最敏感的部分。农业生产上，经常根据叶的长势和长相采取相应的栽培措施。

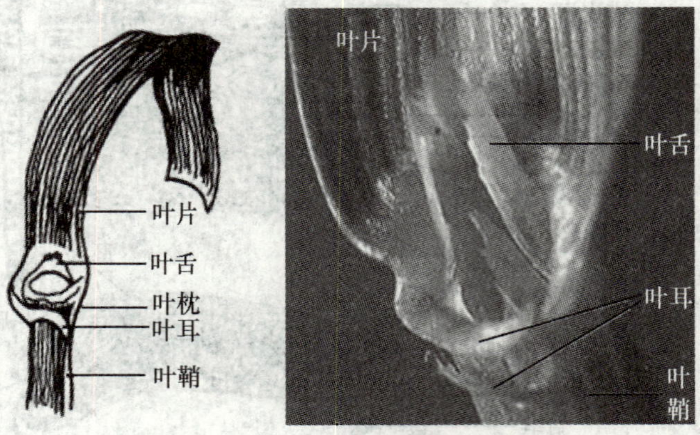

图 4-6 小麦的完全叶

注：栽培与耕作，梁金成，高尔明，1993

①叶片 叶片狭长，具有明显的平行脉，中脉突起于背面，其他叶脉在腹面隆起；第一叶的顶端呈钝形，其他叶片的顶端尖锐，在同一茎上的叶片，一般自下而上渐次增长，但旗叶较其下一叶（倒二叶）为短，叶面积亦略小。叶片是小麦光合、呼吸和蒸腾作用的主要器官。

②叶鞘 小麦的叶鞘光滑无毛，一般呈绿色抱茎。位于节间部分的叶鞘两边重叠而不愈

合，叶鞘基部封闭愈合在一起。叶鞘的功能是加强茎秆强度，保护居间分生组织不受损伤；也能进行光合作用和贮藏碳水化合物。

③叶舌　在叶片和叶鞘的连接处有一薄膜状的突出物称为叶舌。叶舌的内侧表皮直接与叶鞘表皮相连接。叶舌的主要功能是防止水分、病菌和昆虫侵入叶鞘。

④叶耳　在叶片和叶鞘相接处的两侧各有一膜状的耳状突起，称为叶耳。叶耳的颜色可作为识别品种的标志。

(4)分蘖　分蘖是小麦重要生物学特性之一，单位面积分蘖的多少和长势的强弱，表明个体发育健壮程度和群体发展的好坏。分蘖节：麦苗基部若干密集在一起的节、节间和腋芽形成分蘖节，其上着生分蘖、次生根和近根叶。分蘖节是养分的贮藏器官，可溶性糖含量高，因此具有较强的抗寒能力。在寒冷地区，只要分蘖节不被冻死，气温回升时麦苗仍可恢复生长。分蘖节是物质分配和运输的枢纽，它通过维管束群，使根系与地上部形成一个整体。分蘖节是活跃的分生组织，呼吸作用强，需要充足的养分、水分和空气，因此，它一般都位于接近地表的土层里。生产上，播种深度应适宜(以 5 cm 为宜)，如过深，地中茎上举分蘖节至地表时需消耗大量营养物质，导致分蘖数量减少，过浅则分蘖节裸露于地表，易遭受冻害。

(5)茎秆　小麦的茎秆由节和节间组成(图 4-7)，具有支持、输导、光合和贮藏作用。小麦茎按位置和形态可分为地上、地下两部分。地下部分的节间一般不伸长，构成分蘖节。地上部分的节间伸长，一般为 4～6 个节间，多数为 5 个节间。小麦茎是直立的圆柱体，在拔节后才明显可见，表面光滑或粗糙，富有弹性。茎的横隔着生叶的部分叫节，节与节之间的部分叫节间。节上着生叶片，节间大部或全部被叶鞘包围。小麦茎秆的抗倒伏力主要取决于茎秆的高度、茎秆厚壁组织的发育状况、秆壁厚度、维管束数量多少及面积大小、基部组织木质化的速度与程度、茎秆粗细、节间长短、髓腔大小、茎秆韧性等。

(6)麦穗　麦穗为复穗状花序，由穗轴和小穗组成(图 4-8)。穗轴曲折状，由短短的楔状节片组成。每个节片基部狭而顶部宽，外侧凸出，内侧凹平或扁平，节片两侧边缘着生长短、疏密不同的茸毛。穗轴每一节片上端着生 1 枚小穗，小穗互生排列于穗轴上。顶端小穗着生在穗轴顶端，其正面与侧生小穗成直角。小穗由小穗轴、2 片护颖和 3～9 朵小花组成，但通常仅

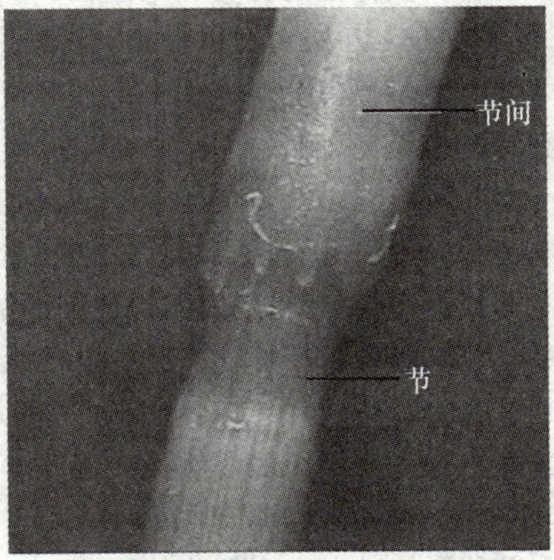

图 4-7　小麦的茎秆

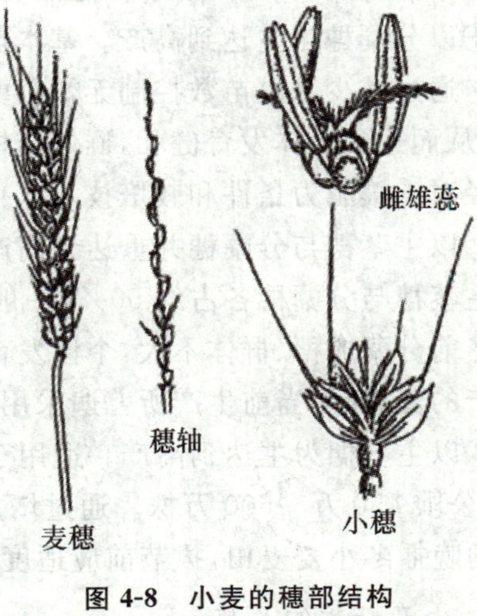

图 4-8　小麦的穗部结构

注：敖立万，湖北小麦，2002

2～3 朵结实。小花由外稃、内稃、3 个雄蕊、1 个雌蕊和 2 枚鳞片组成。芒是外稃的延伸物，着生在外稃顶端，其颜色与外稃颜色相同或不同。

(四)小麦的产量和品质

1. 小麦的产量

一般情况下，小麦积累的总干物质中有机物质占 90%～95%，矿物质占 5%～10%。在环境和栽培技术相似的条件下，小麦的收获指数大致稳定为 0.35～0.50。小麦单位面积上的产量由单位面积穗数、每穗粒数和粒重构成，产量构成因素之间呈负相关。相同的产量可以通过不同的产量构成因素组合来实现，如可以通过较多的穗数和较少的穗粒数来达到；可以通过较少的穗数和较多的穗粒数来达到；可以通过多粒、轻粒来实现；也可以通过少粒、重粒来实现。只有在三因素相互协调的情况下，才能获得小麦高产。建立合理的群体结构，是协调发展穗数、粒数、粒重，到达高产的根本途径。

2. 建立合理的群体结构

小麦合理的群体结构是指根据当地自然条件、生产条件、品种特性和栽培技术，使麦田的群体大小、分布、长相和动态有利于群体与个体的协调发展，改善光合性能，从而能有效地利用光能和地力，争取穗足、粒多、粒饱，达到高产、优质、高效的目的。

(1)小麦高产群体的调控程序

①根据品种特性、当地生态条件和土壤肥力、播期、产量指标和适宜的穗数指标，确定合理的基本苗数。

②在合理的基本苗数基础上，调控冬前期和拔节期单位面积总茎数达到计划指标。

③在实现上述茎蘖数的基础上，控制无效分蘖发生，减少无效光合产物消耗，最高总茎数不超过预期穗数的 2～2.5 倍。

④控制最大叶面积指数在 6～7，并于孕穗期封行。

⑤开花后控制叶面积指数的下降速度。

(2)建立合理群体结构的途径　合理的群体结构因自然条件、耕作制度、品种特性和栽培技术的不同而不同。归纳起来，建立合理的群体结构创高产，大体上可分为 3 条途径：

①以分蘖穗为主达到高产。基本苗少(每公顷 120 万～180 万株)，群体较小，分蘖成穗率较高。通过减少基本苗数控制无效分蘖，以防止群体过大；通过提高分蘖成穗率保证单位面积穗数，从而达到个体发育健壮，群体结构合理，穗足穗大，粒多粒饱，倒伏威胁小。但是，应用这一途径对土壤肥力条件和栽培技术水平要求较高。

②以主茎穗与分蘖穗并重达到高产。每公顷基本苗 195 万～300 万株，群体中等，在总穗数中主茎穗与分蘖穗各占约 50%，一般选用分蘖力中等或偏上、穗型较大、秆壮抗倒的品种，利用冬前分蘖成穗、群体不大，个体发育较好，以争取较大的穗粒重而增产。这一途径适于达到中产的麦田，为当前生产所普遍采用。

③以主茎穗为主达到高产。适用于晚播冬小麦或春小麦分蘖期短的自然条件。基本苗较多，每公顷 450 万～600 万株。通过增加苗数弥补单株分蘖不足，以争取足够穗数，采用这一途径的晚播冬小麦麦田，拔节前应适度控制无效分蘖，避免群体过大带来倒伏的风险。

3. 小麦籽粒的品质

(1)概念与指标　由于人们对小麦(主要是面粉)的使用目的不同，对品质的要求各异。因此，实践中需要采用多指标体系来反映品质的内涵。通常所指的小麦品质，主要包括营养品质和加工品质。此外，还有食用品质和商品品质等。

营养品质：主要指籽粒中的蛋白质、糖类、脂肪、矿物质等各种营养成分对人营养需要的适合性和满足程度，包括营养成分的多少，各种营养成分是否全面和平衡。小麦的营养品质主要指蛋白质含量及其氨基酸组成的平衡程度。普通小麦籽粒蛋白质含量为6.9％～22％，大多为12％～16％。籽粒蛋白质由20多种基本氨基酸组成，其中赖氨酸、苏氨酸和异亮氨酸含量较低。籽粒中淀粉占57％～67％，同时还富含B族维生素，但维生素A含量很少。

加工品质：①一次加工品质。即磨粉品质，指籽粒在碾磨为面粉的过程中，品质对磨粉工艺所提出的要求的适应性和满足程度。常用籽粒容重、硬度、出粉率、灰分、面粉白度作为主要指标。

②二次加工品质。即食品加工品质，指将面粉加工成面食品时，各类面食品在加工工艺和成品质量上对小麦品种的籽粒和面粉质量提出的不同要求，以及对这些要求的适应性和满足程度。主要以面粉的吸水率、面筋含量、面筋质量、面团特性和稳定时间等为主要指标，以此决定其为强筋粉、中筋粉或弱筋粉。

(2)专用小麦及其分类　专用小麦是指专门用以制作某类或某种食品（如面包、面条、馒头、饺子、糕点、饼干等），或专门用作某种特定用途的小麦。

国家质量技术监督局于1999年批准颁布了中国优质专用小麦的国家标准。其中，强筋和弱筋小麦的品质指标（GB/T17892—1999和GB/T17893—1999）如表4-7所示。

表4-7　中国优质专用小麦品质的国家标准

项目		强筋小麦		弱筋小麦
		一等	二等	
籽粒	容重/$(g\cdot L^{-1})$	≥700		750
	水分/％	≤12.5		12.5
	不完善粒/％	≤6		6
	杂质总量/％	≤1		1
	矿物质	≤0.5		0.5
	降落数值(s)	≥300		300
	粗蛋白质含量（干基）/％	≥15	≥14	≤11.5
	色泽、气味	正常		正常
面粉	湿面筋（14％水分基）/％	≥35	≥32	≤22
	面团稳定时间/min	≥10	≥7	≤2.5
	烘焙品质评分值	≥80		

注：作物栽培学，胡立勇，丁艳锋，2008.

目前中国将专用小麦分为以下五类：

①强筋小麦　国标中的一等强筋小麦，适合制作面包、通心粉等。

②准强筋小麦　国标中的二等强筋小麦，适合制作优质面条、（北方）馒头等。

③中筋小麦　中等筋力的小麦，适合制作种类繁多的食品，如面条（挂面、通心面、方便面）、（北方）馒头、饺子、包子、油条等。

④准弱筋小麦　筋力较弱的小麦，适合制作（南方）刀切馒头、发酵饼干及酿造啤酒。

⑤弱筋小麦　国标中的弱筋小麦，适合制作蛋糕、糕点、酥性饼干、酥饼等。

（五）我国小麦科研发展及前景

1. 小麦栽培技术的发展

新中国成立以来，各地农业科研人员在研究小麦生长发育规律与外界条件的关系及其控制调节措施方面做了大量工作。研究了小麦的生长发育及其与环境条件的关系；小麦光合作用产物的合成、运转、分配与积累；器官建成及其同伸关系；小麦产量形成及其与生态条件的关系等。提出了小麦高产群体合理动态结构及群体质量栽培的理论，形成了"小麦叶龄指标促控法"、"小麦精播高产栽培技术"、"小麦叶龄模式"、"小群体壮个体高积累"、"小麦高产多途径理论及其配套技术"、"小麦氮肥后移技术"等研究成果，丰富和发展了小麦栽培的理论和技术，促进了我国小麦生产的发展。在重视单项性增产关键措施研究的同时，各地相继开展了综合性栽培技术体系（又称栽培模式）的研究。它是根据地区生态条件，主体小麦品种产量形成规律以及单项措施间的互作效应，研究和推广不同生态区小麦生产过程的配套技术。

在小麦生产中新技术的开发应用也取得了初步成效，如测土配方施肥、节水灌溉、生长调节物质及除草剂使用、免耕等轻简栽培技术等。随着现代科学技术的进步及其在农业上的应用，遥感诊断栽培、精确设计栽培等现代化、定量化、信息化的栽培技术获得了快速发展。如研制了基于反射光谱的作物生长监测诊断仪，创立了系统化和广适性的作物栽培管理知识模型及系统。

目前，我国小麦生产发展的方向是稳定面积、提高单产、改善品质、增加总产、提高效益。进一步挖掘品种增产潜力实现小麦单产新突破，充分利用光热资源提高周年作物产量，产量、品质、资源利用效率和生态环境协同改善，精确适度简化高产高效栽培的原理与技术是目前及今后我国小麦栽培学研究的重点。

2. 小麦育种技术的发展

1950年以来，我国小麦育种大致经历了抗病稳产、矮化高产和高产优质并进三个阶段，以第一阶段时间最长。小麦对各种病虫害及环境胁迫的抗耐性育种，都分别有不同程度的进展，其中抗锈育种国内外都普遍取得了显著成效。由于广泛地开展抗源的鉴定、筛选和创新，针对不同锈病及其病菌生理小种的变化动向，相应地及时选育和推广了一批又一批的抗锈品种，使我国和其他许多国家及地区的小麦锈病先后基本上得到了控制，从而保证小麦产量的相对稳定。

近代国内外小麦育种最突出的进展是通过矮化育种显著地提高育成品种的增产潜力。其中来源于日本的两个矮源——赤小麦（具有矮秆基因 *Rhts* 和 *Rht*9）和农林10号（具有矮秆基因 *Rht*- 和 *Rhtz*）的广泛利用起了很大的作用。意大利较早地利用赤小麦育成一系列的矮秆品种，不但成为其本国小麦育种的骨干材料，而且在世界许多国家都得到广泛的利用。这些品种引进我国后，在直接和间接利用上都发挥了巨大的作用。

近代国内外小麦育种的进展还表现在育成品种的高产性兼具较广的适应性。在我国，碧蚂1号的种植面积曾达 6×10^6 hm^2 以上（9 000多万亩），创造了我国小麦品种种植面积最大的记录，后继品种泰山1号也推广到了 3.73×10^6 hm^2 以上（5 600多万亩）；在我国南方，扬麦5号的推广面积已达 10^6 hm^2（1 500万亩），创造了长江中下游地区小麦品种种植面积最大的记录。这些产量高而适应性广的品种，都是遗传基础丰富的、来源不同的、发育特性有差异的亲本间杂交及复合杂交而育成的。

育种的途径、方法和技术方面也在迅速发展且成效显著。自20世纪70年代以后，由于细胞生物学与分子生物学技术不断推陈出新，小麦基因分析研究得到迅速的发展。小麦遗传图谱的建立以及图谱所涉及的性状已从形态、生长发育、对病虫害抗性和环境胁迫的耐性扩展到各种蛋白质和酶以及核酸的分子标记，转基因技术的不断完善和转基因植株的培育以及分子标记辅助选择在小麦育种中的广泛利用等为小麦育种的发展增添了新的活力，是小麦研究和发展新的增长点。在我国，小麦花培技术在世界处于领先地位，通过花培所育成的品种已大面积推广；通过诱变所育成的小麦品种数目及其种植总面积居于世界的前列；在利用山羊草细胞质诱导新的不育类型选育杂种小麦以及小麦光(温)敏不育性的研究上，也取得令人瞩目的进展。另外，在组织培养技术(包括胚拯救技术)、产生单倍体和双单倍体育种技术、外源基因的导入技术(包括远缘杂交与染色体工程)、原生质体融合与体细胞杂种培育、基因工程与转基因植株的培育等方面的研究和应用，也取得长足的进展。

今后我国小麦育种面临更严峻的挑战，从国内外研究动向看，有三个方面值得关注和研究：一是相关基础研究，加强品种高产潜力研究、进一步挖掘单产潜力；二是日益严峻的气候变化对小麦品种的适应性提出新的要求，应重视抗逆性较强的品种研究，利用分子生物学技术与常规育种相结合，创造优异育种元件和选育突破性的新品种；三是进一步推动分子标记辅助选择、转基因、双单倍体和远源杂交等技术的实用化研究，实现育种技术革新。

三、玉米

(一)玉米起源与分布

玉米属一年生草本作物，又称玉蜀黍，俗称苞谷、棒子、玉茭等，是重要的粮食和饲料作物。玉米原产拉丁美洲，1492年哥伦布发现新大陆后，把玉米带到西班牙，以后又由西班牙传遍世界。

玉米植株高大，叶片宽大，雌雄花同株异位，雄花序长在植株的顶部，雌花序(穗)着生在中上部叶腋间，为异花授粉作物。玉米原产于墨西哥或中美洲，栽培历史估计已有4 500～5 000年，但其起源和进化过程仍无定论。1954年在现今墨西哥城下60～70 m处的岩芯中(判断为25 000—80 000年前的地层)发现了花粉化石，有人认为可能是玉米花粉，由此推断现代玉米的祖先是野生玉米，但此说未被广泛承认。1964年R. S. 麦克尼什在墨西哥南部特瓦坎山谷史前人类居住过的洞穴，发现了一些保存完好的野生玉米穗轴，据判断为公元前5000年有稃爆粒种玉米的残存物，现代的栽培种系由此进化而成，或是由类蜀黍与其他禾本科植物杂交而形成。1492年哥伦布发现美洲后，于1494年将玉米带回西班牙，逐渐传至世界各地。玉米引入中国栽培的历史仅有400多年。

中国关于玉米的记载，最初见于明代嘉靖三十四年(1555)的《巩县志》。首先作出详细叙述的则是成书于嘉靖三十九年(1560)的《平凉府志》："番麦，一曰西天麦，苗叶如蜀秫而肥短，末有穗如稻而非实，实如塔，如桐子大，生节间，花垂红绒在塔末，长五六寸，三月种，八月收。"据描述的形态可知番麦就是玉米。李时珍《本草纲目》中也有"玉蜀黍种出西土，种者亦罕"的记载，说明当时玉米栽培还不普遍。

玉米传入中国后，就由华南、西南、西北向国内各地传播。因为是新引入的作物，每在一地推广，当地便给它取一名称，因而玉米的异称甚多。除称番麦、西天麦、玉蜀黍外，还有包谷、六谷、腰芦等名称。据18世纪初纂修的《盛京通志》记载，当时辽沈平原也已有种植。刚引进栽培时，除山区外一般都用作副食品。由于玉米的适应性较强，易于栽培管理，且春玉米的成熟期早于其他春播作物，未全成熟前又可煮食，有利于解决粮食青黄不接的问题，因而很快成为山区农民的主粮。18世纪中叶以后，由于商品经济发展，经济作物栽培面积不断扩大，加以全国人口大幅度增加，北方地区又限于水源，粮食生产渐难满足需要，玉米栽培发展到平原地区。到20世纪30年代，玉米在全国作物栽培总面积中已占9.6%，在粮食作物中产量仅次于稻、麦、粟，居于第4位；50年代起，玉米栽培有更大发展，播种面积远远超过了粟而跃居第3位。目前，玉米已成为我国第1大粮食和饲料作物。

玉米分布于北纬58°至南纬40°之间的温带、亚热带和热带地区，既能在低于海平面的里海平原生长，又能在海拔3 500 m左右的安第斯山一带种植。

中国是一年四季都有玉米生长的国家。北起黑龙江省的讷河，南到海南省都有玉米种植。栽培玉米的主要产区是从东北到华北再斜向西南的狭长地带。全国玉米可分为6个种植区：北方春播玉米区、黄淮海平原夏播玉米区、西南山地玉米区、南方丘陵玉米区、西北灌溉玉米区、青藏高原玉米区。

20世纪70年代以来，世界上以玉米为原料的综合利用工业迅速发展，其中最主要的工业产品是玉米淀粉、玉米高果糖浆、玉米油以及玉米配合饲料等。中国生产的玉米主要用作饲料，占总产的70%以上，还有一部分作为食用粮，约占总产的12%，用于工业加工的约占13%，以玉米为原料的综合加工利用潜力很大。

(二)栽培管理

在栽培技术方面，清代《三农纪》中说玉米“宜植山土”，并介绍点播、除草、间苗等经验。《洵阳县志》中说山区种玉米，“既种惟需雨以俟其长，别无雍培”，反映了当时栽培玉米不施肥料和粗放的管理措施。直到18世纪后期以至19世纪末，随着玉米栽培面积的继续扩大，栽培技术才逐渐向精耕细作的方向发展。在清代《救荒简易书》中，已讲到不同土宜施不同粪肥、不同作物的宜忌和茬口等。在长期的生产实践中，各地农民还分别选育了不少适应各地区栽植的地方品种。仅据陕西《紫阳县志》所记，19世纪中叶，该县常种的玉米就有“象牙白”、“野鸡啄”等多种。在东南各省的丘陵、山区，玉米逐渐分化为春播、夏播和秋播3种类型。此外，在田间管理、防治虫害等各方面也有进步。到20世纪，随着现代农业科学技术的应用，玉米栽培又进入了新的发展阶段。

1. 中国各个玉米产区因气候和土壤条件的差异而形成不同的种植制度

东北、华北北部及西北部分地区，气温低，无霜期短，为一年一熟的春玉米区，华北平原地区以一年二熟的夏玉米为主。西南和南方丘陵山区地形复杂，在高寒山区以玉米为主。广西东部和海南岛冬季可种植冬玉米。栽培方式有单作、与豆类或薯类间作和麦垄套种等，而以玉米与大豆间作较为普遍。

2. 适时早播可延长生长期

充分利用光热资源，避免秋霜冷害，对玉米增产十分重要。在春玉米地区，土壤表层5～10cm的地温稳定在10～12℃时即可播种，过早则易导致种子霉烂。在华北平原地区，夏玉米尽早播种除可提高产量外，还可避免因晚播遇雨季而发生芽涝。一般土壤肥沃、水分充足，采用株型紧凑的杂交种时，种植密度可稍大；土壤瘠薄、水肥条件较差，采用株型疏散的杂交种时，则宜适当稀植。春播时，高秆杂交种的适宜密度为每亩2500～3000株，中秆杂交种为每亩3000～3500株。夏播玉米和矮秆杂交种因株形较小，播种密度可稍高。春玉米当幼苗长出3～4片叶时进行间苗，5～6片叶时定苗。夏玉米幼苗生长快，3～4片叶时即可一次定苗。

3. 玉米生长需氮、钾较多，需磷较少

但土壤中磷含量低于10 mg/kg时，施磷有显著增产效果。缺锌时生长受到抑制，施锌后即可恢复。重施有机肥，配合磷肥和少量氮素化肥作底肥有利于增产。追肥应根据土壤肥力和玉米不同发育时期的需肥特点进行。一般玉米抽雄期吸收氮、磷、钾三要素累计为50%～60%，灌浆期为62%～65%，蜡熟期为99%～100%。春玉米在孕穗期吸收的氮、磷量分别约为总吸收量的34%和46%，抽穗开花期约为65%和53%；夏玉米则在孕穗期即已分别达86%和73%。春玉米生长时间长，一般宜轻施拔节肥，重施穗肥；夏玉米生长发育较快，宜适当重施拔节肥，轻施穗肥。

4. 玉米苗期需水较少

拔节孕穗期因营养生长旺盛和雌、雄穗分化需较多水分。抽穗前干旱，会使雌、雄穗抽出的时间相隔过长，影响授粉结实。此时田间持水量以70%～80%为宜，占总需水量的23%～30%。抽穗开花期需求量多，如遇干旱高温，则不育花粉增加，花丝和花粉寿命缩短，造成缺粒秃顶。此时田间持水量以80%为宜，占总需水量的14%～28%。灌浆成熟期是产量形成的主要时期，需较多水分，田间持水量以75%为宜。玉米整个生长期间每亩需水250～270 m^3，但玉米并不耐涝，田间持水量大于80%时，应及时排水。

5. 苗期一般中耕2～3次

拔节孕穗期进行中耕除草和浅培土。抽雄时隔行去掉雄穗，有利于雌穗发育。当果穗苞叶变黄、籽粒变硬、基部黑色层形成时，即可收获。

6. 玉米常见病害

玉米病害有30多种，危害性较大的有大斑病、小斑病、丝黑穗病、青枯病、病毒病和茎腐病等，可以通过抗病育种、加强田间管理等措施预防。主要害虫有玉米螟、地老虎、蝼蛄、红蜘蛛、高粱条螟和黏虫等，一般用杀虫剂防治。

(三)用途和加工

玉米用途较为广泛，籽粒不仅可作为粮食，还是多种轻工业产品的原料。茎、叶、穗和籽粒也是畜牧业不可缺少的优质饲料。

(1)玉米籽粒中含有70%～75%的淀粉，10%左右的蛋白质，4%～5%的脂肪，2%左右的多种维生素。黄玉米还含有胡萝卜素，在人体内可转化为维生素A。每百克玉米热量为1 527 J，热量和脂肪的含量均比大米和小麦面粉高。一般玉米籽粒蛋白质中赖氨酸和色氨酸的含量不足，但通过育种可提高赖氨酸含量。玉米胚含油量达36%～41%，亚油酸的含量较高，可为优质食用油并可制人造奶油。玉米籽粒供食用和饲用，可烧煮、磨粉或制膨化食品。饲用时的营养价值和消化率均高于大麦、燕麦和高粱。蜡熟期收割的茎叶和果穗，柔嫩多汁，营养丰富，粗纤维少，是奶牛的良好青储饲料。

(2)以玉米为原料制成的加工产品有500种以上。玉米淀粉既可直接作为食用，还可深加工成各种糖类，如葡萄糖、高果糖浆以及酒精、醋酸、丙酮、丁醇等多种化工产品。玉米淀粉还可用于纺织、造纸、医药、酿酒等工业。用玉米淀粉制成的糖浆无色、透明、果糖含量高，味似蜂蜜，甜度胜过蔗糖，可制高级糖果、糕点、面包、果酱及各种饮料。此外，穗轴可提取糠醛，秆可造纸及做隔音板等，果穗苞叶还可用于编织工艺品。

(3)特殊类型的玉米有各种不同用途，如甜玉米和超甜玉米的青嫩果穗可鲜食，或冷冻储存，或加工制成罐头食品；糯玉米除作鲜食外，常用于制糕点或酿酒；爆裂玉米可加工为玉米爆花食品。

(4)特用玉米简介：特用玉米又称为专用玉米，就是具有特殊性状和特殊用途的玉米。特用玉米是近代玉米科技进步的产物，比普通玉米具有更高的经济价值，主要作为食品、医药、饲料、组织及化学工业的原料。

特用玉米根据其市场用途可分为：以加工利用为目的的，主要有优质蛋白玉米，高油玉米，高淀粉玉米、爆裂玉米、笋玉米等；以鲜食为主的，又称为果蔬玉米，如甜玉米、糯玉米等；以饲用为主的，如优质蛋白玉米、青饲玉米等。

①优质蛋白玉米　优质蛋白玉米又称为高赖氨酸玉米，是普通玉米通过遗传改良，籽粒中赖氨酸含量提高 70%以上的玉米。高赖氨酸玉米主要有软质胚乳型、半硬质胚乳型和硬质胚乳型，目前高赖氨酸玉米育种正向半硬质胚乳型和硬质胚乳型发展，如中单 9409、中单 3850，新玉 6、鲁玉 204、云优 167 和黔单 11 号等品种，其产量相当于或略低于普通玉米对照种。

②高油玉米　普通玉米的籽粒含油量一般在 4%～5%，而籽粒含油量比普通玉米平均高 50%以上的粒用玉米称为高油玉米，如农大 1 号、高油 115 等。含油量在 10%以上的高油玉米正在示范中，不久将进入生产。高油玉米的油分 85%左右集中在种胚，因而高油玉米的胚较大。高油玉米是优质的饲料玉米，因其种胚大，其脂肪含量高，饲料能量高，蛋白质和赖氨酸含量也较高。

③爆裂玉米　爆裂玉米是一种专门用来制作爆玉米花食用的特用玉米。爆裂玉米果穗和籽粒均较普通玉米小，结构紧实，坚硬透明，遇高温有较大的膨爆性。爆裂玉米按粒行分为米粒形和珍珠形，多为黄色或白色，也有红色、紫色、棕色，甚至花斑色。爆裂玉米的蛋白质、氨基酸、磷、铁、钙及维生素的含量都相当丰富，能提供等量牛肉所含蛋白质的 67%、铁质的 110%和钙质的 100%。

④甜玉米　甜玉米是甜质型玉米的简称，因其籽粒在乳熟期含糖量高而得名。它的用途和食用方法类似于蔬菜，可蒸熟后直接食用，故又可称为蔬菜玉米。因它又可加工制成各种风味的罐头、加工食品、冷冻食品，又被称为罐头玉米。生产上应用的甜玉米主要有普通甜玉米、超甜玉米和加强甜玉米 3 种类型。甜玉米籽粒在乳熟期含有较多的糖分，含糖量达到 10%～20%，为普通玉米的 2～8 倍，水溶性多糖为普通玉米的 2.5～10 倍，蛋白质含量在 30%以上，还富含多种维生素和 18 种氨基酸，鲜嫩多汁，故又称为水果玉米。

⑤糯玉米　糯玉米是玉米的一个类型，其籽粒不透明，无光泽，外观呈蜡质状而又称为蜡质玉米。糯玉米籽粒中淀粉均为支链淀粉，煮熟后黏软，富于黏性，故又俗称为黏玉米或糯质玉米。糯玉米籽粒黏软清香，皮薄无渣，内容物多，富有黏糯性，比甜玉米含有更丰富的营养物质和更好的适口性，且易消化吸收，极具开发潜力。近年来，各地先后选育出一批优质糯玉米杂交种，其产量和品质都有较大提高。

⑥笋玉米　笋玉米又称为娃娃玉米，在玉米生产上以采收幼嫩果穗为目的。玉米幼嫩果

穗形似竹笋，状如手指。笋玉米果穗上有串串珍珠状的小花，晶莹美观，故又称珍珠笋。笋玉米含有丰富营养物质，是一种低热量、高纤维、无胆固醇、具有保健作用的特种蔬菜。笋玉米的笋形有宝塔形、柱形、纺锤形和锥形。生产应用上以多笋的宝塔形或柱形为好，有的还利用笋用玉米的多穗和双穗性，在保留上位穗收甜玉米或生产籽粒的同时收下位穗作玉米笋。

⑦青饲玉米　青饲玉米也叫做青贮玉米，是指收割乳熟初期至蜡熟期的整株玉米，或在蜡熟期先采摘果穗，然后再把青绿茎叶的植株割下，经切碎加工和储藏发酵，调制成饲料饲喂家畜，以显著提高玉米的饲用品质和饲用价值。其生产和利用有别于主要收获籽粒的玉米。青饲玉米具有较高的营养价值和单位面积产量，同时还可以生产鲜穗和采收玉米笋。根据植株特征和生物学特性，青饲玉米可分为单秆和分枝两种类型，近年引进的墨西哥玉米就是典型的分枝型青饲玉米。

⑧高支链淀粉玉米　玉米是高淀粉、高能量作物，所含淀粉有支链淀粉和直链淀粉。高支链淀粉玉米主要是指糯玉米，支链淀粉含量较高。高直链淀粉玉米是指玉米淀粉中直链淀粉含量在50%以上的玉米品种，而普通玉米的直链淀粉含量仅为27%左右。直链淀粉的用途很广，也发展到30多个领域，如纺织、石油钻井、可降解塑料等。我国已培育出高淀粉特用玉米京科15号等。

(5)特用玉米栽培技术　特用玉米，特别是以鲜食为主的专用玉米的特殊用途决定了其在栽培技术上的特殊要求。

①精细整地　因大部分特用玉米(甜、糯、爆裂等)的籽粒秕瘦，营养不足，幼芽顶土能力差，苗瘦弱，要选择土质肥沃、不板结、保水保肥性能好的地块，精细整地，做到土壤疏松、平整、无坷垃，土壤墒情均匀、良好。结合整地施优质有机肥30 000～45 000 kg/hm^2，并配合施用适量磷肥、钾肥和氮肥。

②品种隔离　特用玉米(尤以鲜食为主的特用玉米)其性状多由隐性基因控制，种植时需要与其他玉米隔离，以尽量减少其他玉米花粉的干扰，否则将失去或弱化其原有特性，影响品质，降低或失去商品价值。生产上隔离距离应在100 m以上，或利用山岗、树林等自然隔离和利用时间差进行时间隔离。

③适时播种　根据种植类型、品种特性、自然条件及市场需求和加工需要，确定不同的播种时间和采取相应的种植形式。一是根据市场行情确定播期，可春播或夏播，春播要在地温稳定超过10℃左右播种。二是采用地膜覆盖或育苗移栽形式，可提早上市，取得较好经济效益。另外，为使新鲜玉米果穗均衡上市，可采用分期播种。应精选种子，应用种子包衣技术等，因其种子瘦秕，发芽顶土能力差，要适当浅播，少覆土。

④合理密植　以鲜食和青饲为主的特用玉米，一般在乳熟期采收，应根据其品种特性，比普通玉米适当增加密度。

⑤田间管理　鲜食特用玉米幼苗长势弱，应在保全苗上下功夫。苗期应尽早追肥，促苗早发，加强开花授粉和籽粒灌浆期的肥水管理。尽早去除杂株和分蘖。采用人工辅助授粉，减少秃尖，提高商品质量。

⑥防治病虫害　特用玉米，因其籽粒和植株营养成分高、品质好，极易招致玉米螟，金龟子和蚜虫等害虫危害，且玉米果穗受害后，严重影响其商品质量和市场价格。因此，对病虫害要尽早防治，以防为主。为防止食物中毒鲜食特用玉米在授粉后采用生物和生物农药防治，尽量不用或少用化学农药，更不能使用残留期长的剧毒农药。

⑦适时收获　特用玉米的收获，应根据不同的需要和市场需求适时采收，以保证其最佳品质和适口性，获取最高经济效益。

第四节　经济作物

经济作物又称技术作物、工业原料作物，指具有某种特定经济用途的农作物。广义的经济作物还包括蔬菜、瓜果、花卉、果品等园艺作物。经济作物通常具有地域性强、经济价值高、技术要求高、商品率高等特点，对自然条件要求较严格，宜集中进行专门化生产。

一、棉花

(一)棉花生产概况

1. 国内外棉花生产概况

棉花是世界性经济作物，分布在32°S到47°N之间，遍及亚、非、美、欧及大洋洲。据国际棉花咨询委员会1998年统计，全世界有150多个国家植棉，主要集中在亚洲和美洲，亚洲棉花面积和总产分别占全球的62%和64%；美洲棉花面积和总产量分别占26%和24%。世界棉花种植面积近10年平均为$3\,316.7\times10^4\ hm^2$，总产量平均为$1\,889.4\times10^4$ t，印度、中国、美国、巴基斯坦、乌兹别克斯坦、巴西、埃及7大产棉国棉花种植总面积和总产量分别占世界平均总面积和总产量的74.7%和75.2%。近10年世界平均单产568 kg/hm^2，单产最高的国家是以色列和澳大利亚，分别为1 656 kg/hm^2和1 520 kg/hm^2。2000年中国棉花单产为1 093 kg/hm^2，高于世界平均水平。

我国的棉花总产、面积和单产水平呈现先升后降的趋势。1949年全国植棉面积$277\times10^4\ hm^2$，总产44.4×10^4 t。1950—1969年20年间全国棉花总产提高到150×10^4 t水平，1970—1979年10年时间提高到200×10^4 t，但资源总量供小于求，靠进口保持国内平衡。1980—1989年棉花总产提高到400×10^4 t水平，其中1984年创历史最高纪录，达625.8×10^4 t，实现原棉自给有余，开始大量出口，一跃成为净出口国。20世纪90年代进一步提高总产，1990—1996年达到450×10^4 t。近年棉花面积下降较多，2000年为$404.1\times10^4\ hm^2$，总产441.7×10^4 t。

2. 棉花的分布及区划

我国宜棉区域广阔，棉区范围大致在北纬14°～47°，根据我国宜棉区域的不同生态条件和棉花生产特点，将全国棉区由南向北、自东向西依次划分为五大棉区，即华南棉区、长江流域棉区、黄河流域棉区、北部特早熟棉区和西北内陆棉区。通常将前2个称为南方棉区，后3个称为北方棉区。我国棉田面积主要集中在黄河流域、长江流域和西北内陆三个棉区。

(1)黄河流域棉区　包括江苏和安徽淮河以北地区、河南中北部、山东、河北、陕西关中、山西南部、北京、天津、甘肃南部。该区属暖温带半湿润季风气候区，棉花生长期间(4—10月)平均温度19～22℃，≥15℃积温3 500～4 000℃，无霜期180～230 d，年降水量500～800 mm，年日照时数2 200～2 900 h。春秋日照充足，水热条件适中，有利于棉花生长和吐絮。降雨集中在7—8月，常有春季初夏连旱，播前需重视贮水灌溉。秋季降温较快不利于秋桃成熟和纤维发育。土壤以壤质的潮土为主，海河平原地势低，滨海地带盐碱地较多，大多数土壤适于植棉。

(2)长江流域棉区　包括四川、湖北、湖南、江西、上海、浙江、陕西汉中、河南西南部、江苏和安徽淮河以南地区、福建和贵州北部。该区属亚热带湿润气候区，热量条件较好，4—10月份平均温度21～24℃，≥15℃积温4 000～5 500℃，无霜期220～300 d，年降水800～1 200 mm，年日照时数1 200～2 400 h，春季和秋季多阴雨，常有伏旱。土壤在平原地区以潮土和水稻土为主，肥力较好；丘陵棉田多为酸性的红壤、黄棕壤，肥力较差；沿海有大片盐碱土。该区域棉田种植集约化和规范化程度较高，产量潜力大。

(3)西北内陆棉区　包括新疆及甘肃的河西走廊地区。该区属中温带和暖温带大陆性干旱气候区，年降水量不足200 mm，全靠灌溉植棉，日照充足，年日照时数高达2 700～3 300 h，≥15℃积温2 500～4 900℃，昼夜温差大，有利于高产优质，土壤以灰漠土和棕漠土为主，均有不同程度的盐渍化，并呈强碱性反应，肥力较低。该区划分为三个亚区，即东疆亚区、南疆亚区和河西走廊-北疆亚区。按热量条件，吐鲁番盆地(≥10℃积温4 000～4 500℃)适于种植中熟海岛棉，南疆(≥10℃积温4 000℃以上)适于种植中早熟陆地棉和发展一部分中早熟海岛棉，北疆(≥10℃积温3 450～3 600℃)适于种植短季陆地棉。

(4)北部特早熟棉区　包括辽宁、晋中和冀北、陕北、陇东部分地区。该区地处中温带和暖温带交接地带。年降水量400～800 mm，日照时数2 400～2 900 h，≥15℃积温2 600～3 100℃，无霜期165～180 d。春季干旱多风，夏季雨量较集中，秋季气温下降迅速，易遭早霜冷害。适宜种植早熟品种。

(5)华南棉区　包括广东、广西、海南岛、台湾、云南五省的大部，福建、贵州的南部及四川的西昌地区。该区属北热带和南亚热带湿润气候。年降水量1 600～2 000 mm，日照时数1 400～2 600 h，≥15℃积温5 500～9 200℃，无霜期300 d至全年无霜。棉花生长季节高温高湿，病虫害严重，不利于棉花产量和品质的提高。目前只有零星种植。

3. 棉花的地位与作用

棉花是我国重要的经济作物，是关系国计民生的重要物资。其经济价值主要体现在以下几个方面：

(1)棉纤维是纺织工业的重要原料。棉纺织品吸湿性强、透气性好、保暖性能好、着色稳定、手感柔软、穿着舒适。棉纤维不能为化学纤维所代替。

(2)棉子仁含丰富油脂和蛋白质，剥绒棉子含油18%～20%，棉子仁含油35%～46%；棉子仁中蛋白质含量30%～35%。脱毒棉子饼是良好饲料。

(3)棉短绒由短纤维和断纤维组成，用于生产棉毯、生产蜡纸和铜版纸高级纸张、硝酸纤维素、黏胶纤维和醋酸纤维。棉子壳是生产食用菌培养基，经加工可生产出糠醛、酒精等产品。

(二)棉花的生物学特性及其类型

1. 棉花的生物学特性

棉花在植物分类学上属被子植物，锦葵目，锦葵科，棉族，棉属。棉属植物多为一年生亚灌木、多年生灌木或小乔木。棉花具有自身的生长及发育特性。

(1)棉花的生育特性　棉花具有：①无限生长习性，株型具有可塑性；在生长发育过程中，只要环境条件适宜，植株就可以不断生长，生长期也能不断延长。棉株的大小、群体的长势、长相等，都受环境条件和栽培措施的影响而发生变化。②适应性广，再生力强，结铃具自动调节能力。③喜温好光性。棉花是喜温作物，其生长的最适温度25～30℃。完成生长期需要一定的积温。播种到吐絮需≥10℃活动积温，早熟陆地棉品种为2 900～3 100℃，中早熟陆地棉品种为3 200～3 400℃。棉花还具有好光性，其产量潜力及纤维品质优劣与当地的太阳辐射强度、全年日照时数及日照百分率密切相关。④营养生长与生殖生长并进时间长。从花芽分化到停止生长，是棉花的营养生长与生殖生长并进阶段，约占整个生育期的4/5。在长根、茎、叶的同时，不断分化花原基、现蕾、开花、结铃。因此，棉花营养生长与生殖生长的矛盾不易协调，徒长和早衰现象较普遍。

(2)棉花的生长发育　棉花的生长发育经历苗期、蕾期、花铃期和吐絮期四个阶段。在此过程中，要进行一系列的营养生长和生殖生长等生理活动。

①棉子的萌发和出苗　棉花为双子叶植物，棉子在适宜条件下吸水膨胀，贮藏物质分解。当胚根伸长，从胚珠珠孔伸出时，称为萌动；当胚根长达种子长度一半时称为发芽。发芽后，胚根向下生长形成主根，胚轴伸长把子叶和胚芽推出地面。子叶脱壳出土并展开称为出苗。幼苗出土过程中胚轴弯曲，且子叶肥大，顶土出苗能力弱，因此，对播种前的整地质量要求较高。种子的萌发出苗所需的条件包括水分、温度及氧气。种子在吸收干种子风干重60%以上水分才能萌发。萌发出苗最适宜的土壤水分为70%～80%。种子萌发最低温度10.5～12℃，最适20～30℃，最高40℃。出苗所需最低温度比萌发要高。氧气对种子的萌发影响也较大，棉籽含有较多的脂肪和蛋白质，这类物质氧化分解和利用时需消耗较多氧气。在氧气不足时，呼吸作用减弱，能量供应减少，影响萌发；严重不足时，只进行无氧呼吸，产生酒精，抑制萌发，甚至毒害种胚，导致烂种缺苗。

②根系的建成和生长　棉花属于直根系，在土壤中呈网状倒圆锥形，由主根、侧根、支根(小根)、毛根(小支根)和根毛组成。主根入土达2 m以下，侧根横向扩展达0.6～1 m，根系网络主次分明。根据棉花各生育阶段根系生长速度和活动机能变化特点，可将根系的建成划分为4个阶段。a.根系发展期，从种子萌发到现蕾。萌发后，胚根迅速伸入土内发育成主根。以根系生长为中心，主根下扎速度明显快于地上部株高的增长。b.根系生长盛期，现蕾至开花。主根每天伸长2.5 cm，开花前深达100～170 cm，侧根横向扩展50 cm，大量根系仍分布于10～40 cm土层。c.根系吸收高峰期，开花后进入吸收高峰期。主、侧根生长减慢，后期生长基本停止，入土深40～80 cm，大量根系分布于10～40 cm土层，横向扩展40～70 cm。次级小侧根和根毛大量滋生，根系网已基本建成，棉株地上部生长旺盛，形成吸收矿质养分和水分高峰期。d.根系活动机能衰退期，进入吐絮期。耕作层活动根数量大为减少，吸收能力明显下降。若棉株中、下部结铃较少，根系得到较多的有机营养，吸收功能不能正常减退，则会导致地上部贪青晚熟。相反，若棉株中、下部坐桃较多，中后期管理不善，根系活动机能衰退过快，则会引起早衰。

③茎、枝的形成与生长　主要包括主茎顶芽与腋芽的分化与主茎与分枝的生长。主茎由胚芽发育而来。胚芽分生组织经过增殖、分化和生长逐渐形成主茎，并在主茎节上产生叶和腋芽，再由腋芽发育形成叶枝和果枝。所有叶叶腋有一个腋芽。主茎真叶叶腋腋芽称一级腋芽，一级腋芽分化出的叶腋里的腋芽称为二级腋芽。通常主茎子叶节和基部1～3节一级腋芽潜伏不发育，受特殊刺激(如主茎顶芽被危害时)可发育成叶枝，其上3～5节发育形成叶枝，而在中、上部各节大多发育成果枝；二级腋芽在下部各节多半潜伏，在中、上部各节一般长成赘芽，但在生态、营养条件优越情况下，也可发育为亚果(无果节，铃柄直接着生于叶腋当中)或亚果

枝(具2个以上果节的次级果枝)。主茎苗期生长慢,蕾期生长较快,盛蕾期明显加快,初花期达生长高峰期,盛花后逐渐减慢,吐絮后生长渐趋停止。主茎生长速度是衡量棉花生育的简单易测指标。在田间诊断中,主茎生长速度一般以株高日增长量表示。黄河流域高产田各生育阶段适宜株高日增长量指标是:苗期0.3~0.5 cm;蕾期1~1.5 cm;初花期2~2.5 cm,超过3 cm则为徒长,不足2 cm为生长不良。盛花期保持在1~1.5 cm,打顶前降至0.5~1.0 cm。棉花主茎的生长实际上是主茎上部新生节间的伸长,同时伸长的节间有4~5个,并处于有规则的不同生长阶段,主茎顶端1、2、3、4、5节间分别处于始伸、伸长、迅速伸长、缓慢伸长和基本固定等5个生长状态。叶枝的生长同主茎相似,为顶芽单轴式生长。因叶枝多着生于植株下部,发生较早,若肥水充足,叶枝的日增长量也可能超过主茎。果枝为合轴分枝,每5~7 d增加一个果节,每个果节从开始伸长到停止大多经历18~24 d,下部果枝的节间较上部果枝的节间伸长期短。同一果枝常有3~4个果节同时伸长,一般果枝的第一节间最长,其余节间依次缩短。

④叶的生长与发育 棉叶有子叶、先出叶和真叶三种。子叶肾形,是棉苗长出三片真叶前棉株的主要光合器官和棉子萌发出苗所需养分的主要来源。先出叶亦称前叶,是所有腋芽分化的第一片叶,为不完全叶,叶小,多为披针形或长椭圆形,枝条生出不久即自行脱落。真叶为完全叶,主茎第一真叶全缘,面积小,出生慢,第二真叶略现缺刻,第三真叶以后具明显的掌状裂片。棉花出叶具有一定的间隔期。间隔期长短主要受温度制约,同时亦受肥水和内部营养状况影响。叶枝上叶的出生速度与主茎叶类似,果枝上真叶的出生一般为主茎叶间隔期的2倍以上。子叶展平后3~6 d为叶面积迅速扩展期,功能期持续30 d。真叶展平后4~7 d达叶面积扩展高峰期;15 d达最大面积80%以上,基本定型;30 d后停止生长。真叶展平后第20~42 d为叶片光合的高效期,光合产物大量输出,以后光合能力下降,展平后第70~90 d凋落。棉花单株叶面积由子叶面积、主茎叶面积和果枝叶面积构成。幼苗期,子叶面积占较大比重。随着主茎叶龄的增长,转为以主茎叶为叶面积的主体;开花后,果枝叶面积开始超过主茎叶。主茎叶的叶面积以现蕾至初花增长最快,盛花期达叶面积高峰期;果枝叶的叶面积则以盛蕾至盛铃期增长最快,初絮期达到高峰。

棉花的生殖生长与棉花的产量和品质有更为密切的关系。棉花的生殖生长包括花芽分化、现蕾、开花、授粉与受精、棉铃和棉子及棉纤维的发育。根据展叶数与叶基的同伸关系,棉苗在2~3真叶期开始分化形成果枝芽。

⑤棉花的花芽分化 按花器官的结构,由外向内的顺序向心分化,可分为6个时期:a. 花原基伸长期。当果枝芽的叶原基分化裂片时,分生组织开始伸长,似圆柱状。b. 苞叶原基分化期。花原基伸长后不久,先后分化出3个苞片原基。c. 花萼原基分化期。将苞片剖开,在球体四周出现环状突起,为花萼原基。d. 花瓣分化期。在中央凹陷的下部显露出5个突起,为花瓣原基。e. 雄蕊分化期。在花原基顶端,分化出5枚裂片,各裂片内侧,成对着生小突起。f. 雌蕊分化期(心皮分化期)。在花原基中央分化出3~5枚心皮原基,此时幼蕾大小已近3 mm。整个分化过程需15~20 d。

⑥开花、授粉与受精 棉花的花是两性完全花,除花梗外,每朵花还包括苞片、花萼、花冠、雄蕊和雌蕊。棉株现蕾后,经过25~30 d,花器各部分发育成熟,即行开花。通常开花前一天的下午,花冠急剧生长,露出苞叶顶部,翌日上午7~9时开放。温度高时开花稍早,温度低时则稍迟。花冠在开花当日下午由乳白色变成浅红色,第二天变成红色凋萎状,第三天花瓣凋萎与雄蕊管、花柱、柱头一起脱落。花冠变色,主要由花瓣细胞液中花青素的形成和积累所致,温

度低时不易变色或时间推迟。开花时，花冠张开，花药开裂并散出花粉，开始授粉。柱头授粉后，花粉在 1 h 内生出花粉管。花粉管伸长到达子房约需 8 h。整个受精过程在开花后 24～48 h 完成。棉花的花粉粒散出后，24 h 内萌发力较强，其后逐渐降低，柱头的生活力可维持 2 d。但温度过高（>35℃）或过低（<20℃），空气湿度过小或过大，都会影响花粉在柱头上萌发和受精。开花盛期遇高湿、高温或高温干燥天气，会影响授粉和受精而造成大量蕾铃脱落。

⑦棉铃和棉子的发育　棉铃由受精后的子房发育而成，俗称棉桃，属蒴果。棉铃自开花至吐絮所需时间称为铃期。陆地棉品种的铃期一般为 50～60 d。根据棉铃的生长发育特点，将棉铃发育过程划分为以下 3 个阶段：a. 体积增大期。此期持续 20～30 d。开花后 8～10 d，棉铃直径达 20 cm 以上的棉铃称为成铃，在此之前称为幼铃。陆地棉在子房受精后的 20 d 内体积增长最快，20 d 以后体积增长速度减慢，到 30 d 左右体积基本达到最大。b. 棉铃充实期。这一时期持续 25～35 d，占铃期的 50%。棉铃外形长成后，转入内部充实阶段，此时棉子体积、纤维长度不再增长，而棉子和纤维的干物质积累急剧增加。充实期结束后，棉子干重、含油率、纤维细胞壁厚度已不再增加。c. 脱水成熟期。棉铃发育经 50～60 d，开始成熟。成熟期从铃壳出现裂缝（称线裂）开始到铃壳翻转吐出棉絮为止，经历 5～7 d，遇低温时需 10 d 以上，甚至不能完全开裂而形成僵瓣。吐絮时含水量陡降至 15%左右。棉子由受精的胚珠发育而成，为无胚乳种子。胚珠受精后，其内外珠被发育成棉子壳，胚囊内的受精卵发育成具有折叠子叶的胚，即棉仁。棉子发育过程与棉铃发育相对应，胚珠受精后开始膨大，开花后 20～30 d 体积达最大，此时胚乳细胞充满胚囊。受精卵在开花后的 4～5 d 开始分裂，经 15～20 d，子叶、胚芽、胚轴和胚根已清晰可见，这时的棉子已具有发芽能力。以后幼胚逐渐长大，并迅速增加干重，直到成熟，同期胚乳中营养物质逐渐被胚吸收利用，变为薄膜包在胚外，而胚发育充满种壳内部。

⑧棉纤维的发育　棉纤维是棉子种皮的胚珠外珠被表皮细胞形成的单细胞。纤维发育过程中，细胞处于停止分裂的状态，形成单细胞性质的成熟棉纤维，从而在结构、细度和强度等方面有着良好的一致性，具有理想的纺纱、染色性能。一根成熟的棉纤维，从外形上看，大体可分为基部、中部和尖部。成熟纤维的横断面，多是椭圆形或圆形，由许多同心圆组成，可分为初生壁、次生壁和中腔三部分。初生壁为纤维细胞的原生细胞壁，由果胶和纤维素组成。外部是蜡质、果胶质、脂肪和树脂组成很薄的角质层。次生壁为棉纤维的主体部分，几乎全由纤维素组成，呈轮纹状层次，称为纤维日轮。次生壁的厚度与纤维强度相关。成熟纤维的次生壁厚，中腔小，纤维强度大。纤维最里层为中腔，是细胞壁停止增厚时留下的腔室。

棉纤维的发育主要有三个时期：a. 纤维伸长期。此期大致与棉铃的体积增大期相吻合。从开花起，经 20～30 d 纤维伸长接近最大长度。因该阶段以纤维伸长为主，故称为纤维伸长期。纤维伸长速度在开花后 5～20 d 最快，以后伸长速度逐渐变慢。这一时期是决定纤维长度的关键时期。如遇到干旱，会使纤维长度伸长不足。b. 纤维加厚期。这个时期细胞壁加厚最快，历时 25～35 d。开花 5～10 d 后，在初生壁内一层一层向心积淀纤维素，使细胞壁一天天加厚，中腔逐渐变小。纤维素的积淀受温度和光照影响很大，20～30℃时，光照充足，随温度升高积淀加快；20℃以下，淀积受到影响；15℃以下淀积停止。c. 纤维捻曲期（脱水成熟期）。此期大致相当于从裂铃到充分吐絮，历时 5 d 左右。即随棉铃开裂，纤维失水，中腔内残留的原生质逐渐干涸，使棉纤维收缩成扁管状。一般成熟良好的纤维，纤维次生壁较厚，中腔较小，捻曲也较多；成熟差的纤维，中腔较大，纤维次生壁较薄，纤维捻曲也较少；极不成熟的纤维，细胞壁很薄，几乎无捻曲；过成熟纤维，由于中腔过小，捻曲也少。捻曲多的纤维，在纺纱时纤维间的抱合力大，纺纱强度大。在此期遇雨不利于形成捻曲，易造成僵瓣，影响纤维品质。

2. 棉花的类型

根据 Fryxell(1992)的分类，棉属分为 4 个亚属、50 个种。其中栽培种有 4 个，即草棉、中棉、陆地棉和海岛棉。陆地棉原产于中美洲墨西哥及加勒比海地区。海岛棉原产于南美洲、中美洲等地。当前世界上栽培的棉花 98%以上是陆地棉和海岛棉，二者均为四倍体。草棉原产于非洲南部，是非洲大陆栽培和传播比较早的棉种，又称为非洲棉。亚洲棉原产于印度大陆，由于它在亚洲最早栽培和传播，故称为亚洲棉。二者均为二倍体。

四大棉花栽培种的特征差异如下：

(1)株高

海岛棉：高大，1.5～3 m。

陆地棉：株高 1～2 m。

中　棉：株高 0.8～1.5 m。

草　棉：0.5～1 m。

(2)叶片

海岛棉：大，色浓绿，缺刻深，大于 1/2，缺口基部有重叠。

陆地棉：较大，色油绿，缺刻浅，小于 1/2。

中　棉：较小，叶色深，缺刻深，大于 1/2，中裂呈矛头形。

草　棉：较小，叶色浅，中裂呈短矛头状。缺刻浅，小于 1/2。

(3)花

海岛棉：大，淡黄色，花瓣内侧基部有红斑，苞齿长，长宽基本相等，苞叶基部分离，有蜜腺。

陆地棉：大，乳白色，苞叶长大于宽，苞叶基部分离，有蜜腺。

中　棉：较小，黄色，有红斑，苞叶基部联合。

草　棉：较小，白色或黄色，有的有红斑。

(4)棉铃

海岛棉：中等，表面油腺明显。光子或端毛子，纤维细长。

陆地棉：大，表面光滑，油腺不明显，毛子，纤维较长。

中　棉：小，表面油腺明显。光子或端毛子，纤维粗短。

草　棉：小，表面光滑，铃肩明显。毛子或光子，纤维短而粗。

(三)棉花优良品种的选育

1. 棉花的优良品种选育方法

棉花的优良品种选育主要有引种、系统选育法、杂交选育法和杂种品种的选育等方法。

(1)引种　引种指从国内外引进品种直接在生产上应用，是获得生产上迫切需要的新品种的迅速有效的途径。引种能否成功取决于引种地区生态条件的适应，首先必须注意引种地区间气候条件的相似性。美国植棉带与我国长江、黄河流域棉区的自然条件比较近似，一般引种比较容易成功；原产美国密西西比州的岱字棉、斯字棉、德字棉等，引入我国长江、黄河流域棉区种植；原产美国北部棉区北卡罗莱纳州的金字棉，引入我国东北特早熟棉区种植，都获得较好结果。其次，引种必须注意品种生育类型在不同棉区的适应性。如斯字棉 4 号、斯字棉 2B、岱字棉 15 等品种，属中熟、中铃类型，植株较松散，铃中等大，结铃性和纤维品质等性状较好，适应性广，适合于我国长江、黄河流域的自然和生产条件。而早熟紧凑型如布蓝柯 3363、邓恩 119 等，以及晚熟大铃型如珂字棉 4104、爱字棉 SJ-1、佩马斯特 111A，在我国棉区条件下增产潜力不大，一般不宜栽培。

(2)系统选育法　在现有推广种植的品种群体中，选择优良的变异个体(单株)或单铃，培育成新品种的方法，称为系统育种法。自然群体的遗传变异是系统育种法进行选择的基础，其遗传变异的来源主要包括天然异交、基因突变、剩余变异及潜伏纯合基因在不同生态条件下显现等。剩余变异的原因在于棉花是常异花授粉作物，即使经过多代自交，品种在遗传上的纯合仍然是相对的，自交后代群体中残留的杂合基因所引起的变异。

(3)杂交育种法　杂交育种法是棉花优良品种选育的主要方法。选择合适亲本，通过杂交，使控制亲本双方优良性状的基因在 F_1 群体中结合为杂合型，在 F_1 自交形成的 F_2 分离群体中，选择符合育种目标的个体，再在以后世代中连续选择和鉴定，培育纯合而合乎要求的理想品种的方法。亲本的选配至关重要，要遵循以下原则：①父母本性状互补。②选用不同生态类型的亲本配组。③以具有较多优良性状的亲本作父本。④亲本之一的性状应符合育种目标。⑤用一般配合力高的亲本配组。亲本间杂交方式有多种，主要有单交、复交、回交、杂种品系间互交等。采取什么方法及如何进行杂种后代处理和选择是能否高效地选育出优良品种的关键。选择方法通常采用系谱法和混合法两种。系谱法，在杂种一代以选留组合为主，并去除假杂种。自杂种第一次分离世代(单交二代，复交一代)开始选株，分别种成株行，以后各世代都先选优良株行，在优良株行中选择单株，直到株行不再分离、整齐一致时，选优良株行进行产量比较试验。缺点是连续单株选择，过分强调系统的一致性，也不利于有利基因的累积。混合法，在杂种分离世代，按组合混合种植，不进行选择，到 F5 以后，估计杂种后代基本纯合后，再进行单株选择。棉花的主要经济性状如产量、结铃数、铃重等，多数是受多基因控制的数量性状，早期遗传率较低，易受环境条件影响，早期选择可靠性低，由于选株相对较少，很可能使不少优良基因型丢失。混合法可以克服系谱法的这些缺点。分离世代按组合混合种植的群体应尽可能大，以防有利基因丢失，而能在以后得以积累和重组。缺点是主要应用于多基因控制的数量性状(性状遗传率低)，工作量大，育种周期长。

(4)杂种品种选育　即棉花杂种优势的利用。棉花种间、品种间或品系间的杂种一代常有不同程度的优势，将这些组合的综合优势表现优于当地最好的推广品种，即可用于生产。目前应用的棉花杂种种子生产方法主要有以下几种：①人工去雄。这是目前世界上最常用的杂种棉种子生产方法。组合筛选的周期短，应变能力强，更新快，但是去雄过程费工费时，增加了杂种的生产成本。棉花去雄一般在开花前 12～18 h 进行，授粉在开花当天完成。该项技术主要用于生产少量的试验用种，劳动力资源丰富的地区可以大规模生产杂交种。此法培训简单，主要的技术环节为“宽行稀植，半膜覆盖，集中成铃，徒手去雄，小瓶授粉，全株制种”。用这一制种技术体系可有效提高制种产量和制种效率，保证制种质量。每个制种工日可生产杂种 1 kg 左右，杂种种子(光子)100～120 kg/亩。②二系法。利用核不育基因控制的雄性不育系制种。四川省选育的洞 A 核雄性不育系的不育性就是受一对隐性核基因控制的，表现整株不育，不育性稳定。以正常的可育姊妹株与其杂交，杂种一代将分离出不育株与可育株各半。用不育株作不育系，可育株保持系，则可一系两用，不需要再选育保持系。因此这种制种方法称为二系法或一系两用法。③三系法。利用雄性不育系、保持系和恢复系“三系”配套方法制种。其他还有指示性状的应用、化学去雄等方法。

2. 棉花的良种繁育

棉花良种繁育——“三圃制”原种生产技术。“三圃制”主要包括株行圃、株系圃和原种圃。工作内容如下：

(1)单株选择　选择单株是原种生产的基础，单株选择要在原种圃、株系圃当选的单株中选取，或在纯度高的大田同时选取。单株选择的要求：①典型性。首先从品种的典型性入手，选择株型、叶型、铃型等主要特征、特性符合原品种的单株。②丰产性和品质。在典型性的基础上考察丰产性。感官鉴定结铃和吐絮、绒长、色泽等状况，注意纤维强力。③病虫害。有检疫性病虫害的单株不得当选。单株选择的时间：第一次在结铃盛期着重观察叶型、株型、铃型等形态特征并做好标记；第二次在吐絮后收花前，着重观察结铃和吐絮情况。抗病品种要选抗病单株，并且进行剖秆鉴定。经过复选，分株采收。单株选择的数量：根据下一年株行圃面积而定，每亩株行约需 80～100 个单株，田间选择时，每亩株行一般要选 200 个以上，以便考种再淘汰。当选单株，每株统一收中部正常吐絮铃 5 个以上，一株一袋，晒干贮存供室内考种。

(2)株行圃　将上一年当选的单株种子分行种于株行圃，根据种子量多少，行长一般为5～10 m，顺序排列。留苗密度比大田稍稀。每隔 9 个株行设一对照行，每区段的行长、行数要一致，区段间要留出观察道 0.8～1 m，四周种本品种的原种 4～6 行作保护行。苗期主要观察记载棉株的整齐度、生长势、抗病性等，缺苗 20%(经移补后)以上者初步淘汰；花铃期着重观察各株行的典型性和一致性；吐絮期根据结铃性、生长势、吐絮的集中程度，着重鉴定其丰产性、早熟性等。在棉株的不同发育时期，结合进行对病虫害的观察，重点检查棉株是否有枯萎病、黄萎病以及棉株的感染程度。最后根据田间观察和纯度鉴定，进行选择淘汰。

(3)株系圃　将上一年当选的株行种子，分别种植于株系圃。每株系播种的面积，根据种子量而定。株系圃密度稍低于大田。因株系圃面积较大，为避免土壤差异，每系抽出部分种子另设株系鉴定圃，株系鉴定圃为 2～4 行区，行长 10 m，相间排列比较，每隔 4 株系设一对照区，以本品种原种为对照。田间观察、取样、测产及考种均在鉴定圃内进行，并结合观察株系圃。田间观察、鉴定项目和方法同株系圃。决选时要根据记载、测产和考种资料进行综合评定。一系中杂株率达 0.5%则全系淘汰。如杂株率在 0.5%以内，其他性状符合要求，拔除杂株后可以入选。

(4)原种圃　当选株系的种子，混合种植于原种圃。种植密度可以比一般大田略低，采取青苗移栽或定穴点播，以扩大繁殖系数。在花铃期和吐絮期进行 2 次观察鉴定。要调查田间纯度，严格拔出杂株，以霜前籽棉留种，此即为原种。以当年和上一年原种为材料，以大田生产用种(原种第三、第四代)为对照，进行比较试验(方法与品种生产试验相同)，通过原种生产力测定来鉴定原种质量水平。

(四)棉花的耕作及栽培技术

1. 棉花的耕作制度

棉花的耕作制度主要指棉花的种植制度和农田土壤管理制度。种植制度主要有麦后种植(麦后直播和麦后移栽)、立体种植——棉花与花生间作和西瓜套作棉花、春季育苗移栽和直播(露地直播和覆膜直播)等。

不同区域棉田耕作制度各不相同，黄河流域棉区经历了从以一熟种植为主，实行冬季休闲与棉花轮作制，到主要实行粮粮两熟与粮棉两熟轮作制的发展过程，而一熟棉区仍实行冬季休闲与棉花轮作制。近几年多实行棉花在冬春季节套(间)作蔬菜和瓜果类，在海河低平原和滨海地区正在发展冬小麦牧草与棉花套作的新模式。黄土高原亚区棉麦两熟也有一定发展，受生产条件和水热资源的制约，种植面积不稳定。长江流域棉区棉田种植集约化和规范化程度较高，产量潜力大。也经历了从开始的棉田一熟改革为两熟种植，形成麦棉、油(菜)棉和(蚕)豆棉套作两熟种植制度，复种指数达 167%；到后来又形成麦—菜—棉，油—菜—棉和豆—菜—棉一年三熟、四熟的间套作种植模式；最后又在研究示范粮—饲—棉一年三熟种植的新模式，这对提高棉田综合效益，缓解粮饲棉争地矛盾，稳定高产地区棉田面积起到积极作用。

2. 棉花的栽培技术

棉花的栽培方式通常有直播和育苗移栽两种。育苗移栽又分为露地和地膜覆盖两种方法。棉花的栽培技术主要包括全苗壮苗技术和综合管理技术。播种环节也是力争全苗壮苗的关键。

(1)种子精选和处理　剔除小子、瘪子、嫩子、破子、虫蛀子、杂子等不良种子；晒种有促进种子后熟，提高发芽率和发芽势的作用，特别是对成熟度较差的种子效果更好；晒种还可杀死附着在种子表面的病菌，降低棉苗发病率。一般在播种前抢晴天晒 3～4 d，每天晒 5～6 h。硫酸脱绒使种子在高温及硫酸吸水腐蚀的双重作用下，消除其外部的病菌，控制棉枯、黄萎病的传播。脱绒后的棉子光滑，有利于种子精选，提高种子发芽率，便于机械精量播种，节约用种量和间、定苗用工，扩大良种繁殖系数；而且由于光子吸水快，故能提早出苗。药剂处理和种衣剂的应用均可杀死种子所带病菌和种子周围土壤的病菌。

(2)直播栽培技术　直播棉花播种出苗期栽培管理的主攻方向是：一播全苗，并争取早苗、齐苗、匀苗、壮苗。播种期：一般在日平均气温稳定在 14℃(5 cm 深的土温在 15～16℃)时即可开始播种；在易受霜害的北方棉区，最早播期只能在终霜期之前 10 d 左右播种，终霜过后出苗。播种量：应根据发芽率的高低、种子的大小、留苗密度、土壤、气候、病虫害等情况决定。一般亩播种粒数不少于留苗数的 8～10 倍。条播要求每米内有棉子 45～60 粒，每亩播精选种子 5～6 kg(毛子)；点播的用种 2.5 kg 左右，每穴播 5～6 粒。播种方式：目前棉花播种方式有条播和点播。机械条播或定量点播机播种(每穴 3～4 粒)能将开沟、下种、覆土、镇压等多项作业一次完成。但要求播种量误差不超过 5%，无漏播、重播现象，播种深度一致，误差不超过 1 cm，行距一致，播行正直。播种和覆土深度：播种深浅要根据土质和墒情而定。北方棉区春季少雨多风，浅播的棉子易干，故播种和覆土以稍厚为宜，沙土 3～4 cm，黏土以 3 cm 为宜。播后管理：①查苗补种，播后苗前及时检查，发现漏播，烂种现象应立即催芽补种。②清沟排渍，抗旱浇水播后要清理积水的地方，降低地下水位，确保棉田无明涝暗渍。遇雨土壤板结，要及时破壳，助苗出土。如遇春旱，则应连续抗旱，直到齐苗为止。

(3)地膜覆盖栽培技术　地膜覆盖的作用主要有以下几个方面：①保温增温。地膜覆盖能增强对太阳辐射能的吸收，降低热量损失，起到保温增温的作用。一般情况下，5～10 cm 土层(4—5 月)提高地温 2～4℃。②保墒、提墒作用。塑膜隔断了土壤水分与大气交流的通道，使水分在膜内循环，从而起到保墒作用。由于覆盖后加大了土壤上、下层梯度的差异，使土壤水分上移，具有提墒作用。③保护土壤结构。地膜覆盖后表土不受雨水冲击和灌水淹浸，能保持根区土层的疏松状态，防止土壤板结，降低容重，增加孔隙度。④有利于土壤微生物的繁殖和养分的分解，加速无效养分转化为有效养分。⑤土壤表层二氧化碳较高。塑膜阻碍了土壤中二氧化碳向大气中扩散，使其在土壤中累积量增加。地膜覆盖棉花的生育特点：根系分布浅，吸收能力强；生长发育加快；叶面积增长迅速；产量结构合理。

地膜覆盖棉花栽培技术要点：地膜覆盖要选择土层深厚，肥力中等以上，地势平坦的田块。同时要增施基肥，一般基肥施用量占总量的45%左右；土壤偏沙的棉田，基肥以占总量的30%左右为宜。地膜覆膜方式有先播种后覆盖和先覆盖后播种之分，二者各有利弊。地膜覆盖棉田播种期较露地棉提早5～7 d。黄河流域棉区的播种适期，原则上是终霜前播种，终霜后出苗；一般在4月中旬播种，播种至出苗约需6～8 d，出苗后可避过终霜冻害。地膜覆盖棉花的田间管理：①及时破膜放苗。若采用先播种后覆盖的方式，当棉苗出土达60%～70%，且大部分棉苗子叶转绿时，要及时在膜上打孔放苗。膜孔直径以3～4 cm为宜，直径过大会散墒降温。②水肥运筹。地膜覆盖虽有保墒和提墒作用，但棉花开花后，蒸腾作用旺盛，耗水较露地棉多，所以遇旱要及时灌溉。蕾期土壤田间持水量低于55%时，一般每亩灌水20～30 m^3；花铃期土壤田间持水量低于60%时，每亩灌水30～40 m^3。地膜棉前期生长快，开花结铃早，后期易早衰。因此，需肥早、需量大。要求施足基肥，重施花铃肥。在中等肥力棉田，每亩施纯氮15 kg左右，其中1/3作基肥或种肥，注意配合适当的磷钾肥，2/3于花铃期追施。③调控株型。地膜棉花在盛蕾初花期生长较旺。应视苗情进行2～3次化学调控，第1次在现蕾期(主前后(主茎叶15片左右)50～100 mg/kg，第3次在打顶后100～150 mg/kg，其喷液量以喷到整株叶片叶面全湿但不滴水为准。④揭膜。一般棉区于盛蕾或初花前后揭膜为好。因盛蕾或初花前后，地膜覆盖的增温效应逐步消失，同时此时揭膜也便于及时进行施肥、中耕培土等田间管理。

(4)棉田综合管理技术　棉田管理的中心任务是：苗期壮苗早发，蕾期稳长增蕾，花铃期增蕾保铃，吐絮期早熟不早衰。以下主要介绍4000株左右密度的中熟陆地棉，实现亩产皮棉75～100 kg的管理措施。

①苗期的综合管理　苗期壮苗早发的长势是，株高日增0.3～0.5 cm，4 d左右长1片真叶，功能叶宽表现为“叶片数×(1.2～1.3)cm”的数量关系递增，6月上、中旬现蕾。长相是：根系发达，植株墩实稳健、顶叶平齐，宽略大于高；茎粗节密，茎色红绿各半；叶色油绿、叶片平展，顶部叶位次序为4、3、2、1；现蕾时株高15～20 cm，真叶6～9片，叶面积系数在0.5以下。苗期栽培技术要点：a. 补苗、间苗、定苗。在齐苗后进行第1次间苗，以叶不搭叶为度。1～2片真叶时进行第2次间苗，苗距以定苗株距的一半为宜。3～4片真叶时可定苗。间定苗要做到及时、留匀、留壮，拔除病苗、虫苗、弱苗和杂苗。b. 中耕除草，及时灭茬。苗期中耕要求“早、勤、细”。中耕深度以1.5 cm左右为宜，株旁浅、行间稍深。如遇连阴雨，不能中耕除草时，可仅拔除杂草，防止苗荒。c. 排涝防渍，保墒抗旱。在苗期多雨的棉区，常出现明涝暗渍，影响棉苗生育，且易发生病害和烂根死苗。必须做好清沟排渍工作。同时若出现春旱应及时灌溉，松土保墒。d. 防治病虫害。棉花苗期病害主要有炭疽病、立枯病、褐斑病、疫病，此外，还有红腐病、茎枯病、角斑病。苗病的防治方法，应采取清沟排渍、勤中耕、早施苗肥等农业措施，增强棉苗抵抗力并配合药剂防治。苗期主要害虫是蚜虫、蓟马、红蜘蛛、地老虎、蜗牛等，以药剂防治为主。

②蕾期的综合管理　蕾期主要注重棉株的营养生长和生殖生长的协调。高产长相是：根系深广吸收旺，株型紧凑发棵稳，茎秆粗壮、节密，红茎比例60%～70%；顶芽肥大不下凹，果

枝向四周平伸，节间分布匀称；顶部叶位次序为 4、3、2、1，叶片大小适中；蕾多蕾壮脱落少。长势应该是株高日增 1～1.5 cm，盛蕾初花期可达 2.5 cm，每 2.5—3 d 出生一个果枝，小暑节开花，株高 50～60 cm，果枝 10 个左右。蕾期栽培技术要点：主攻方向是促进营养生与生殖生长协调发展，在搭好丰产架子的基础上，实现稳长增蕾，为夺取高产奠定良好的基础。a. 中耕、除草、培土。蕾期中耕能促进根系下扎，分布广，有利发棵稳长。结合进行清沟培土，以提高地温，减轻病害，有利防涝防倒。b. 及时去叶枝。通常在雨水多，肥力高的棉田应及时去叶枝。c. 清沟排水，灌水抗旱。蕾期遇雨，注意清沟排水，蕾期遇干旱应及时灌水抗旱。土壤肥沃，长势好的棉田，可以不灌或推迟灌水。d. 适时适量喷施生长调节剂。营养生长较旺盛的棉田，需要使用延缓型生长调节剂。e. 防治病虫害。蕾期主要害虫有蚜虫、红蜘蛛、红铃虫、棉铃虫、蓟马、盲椿象、玉米螟、金钢钻等。蕾期病害以枯萎病为主，应及时防治。对枯、黄萎病要拔除病株烧毁，并进行土壤处理。

③花铃期的综合管理　花铃期高产棉株的长相要求是，株型紧凑、茎秆下部粗壮，向上渐细，节间较短，果枝健壮横着长，叶片大小适中，初花期叶色退淡，盛花期后叶色又转深，花蕾肥大脱落少，红茎比例为 70％～80％，盛花后接近 90％，大暑节以后带大桃封行，棉田地面能见到直射光斑。长势要求：稳长 7 月，嫩过 8 月，初花期主茎日增量为 2～2.5 cm，不超过 3 cm，盛花期为 1.5 cm 左右，打顶后最终株高 100～110 cm，叶面积系数初花期应平稳上升至 2～2.5 cm，盛花期达到 3.5 cm 左右。花铃期栽培技术要点是以促为主，促控结合，争结"三桃"，增加铃重，早熟不早衰，防止烂铃。使个体和群体，营养生长和生殖生长相互协调。a. 重施花铃肥。b. 抗旱排涝。伏、秋干旱易导致蕾铃大量脱落和棉株早衰。因此伏旱、秋旱期间及早灌水抗旱，是棉花高产的关键措施。抗旱时间要看天、看地、看苗灵活掌握。c. 摘心整枝。黄河流域棉区在 7 月中旬打顶为宜。水肥充足、赘芽丛生的棉田应及时抹净赘芽，以减少养分消耗和改善棉田通风透光条件，多结铃少脱落。d. 化学调节。生长正常的棉田，于打顶 5～7 d 后，每亩用缩节胺 3 g 左右配成 80～100 mg/kg 溶液喷施上部果枝，抑制晚蕾生长和果枝伸长，有利上部成铃，增加铃重。e. 中耕松土、盖草。f. 防治病虫害。花铃期危害最大的主要是棉铃虫和红铃虫，抓住这两种虫害的防治，就可兼治其他害虫。g. 防止烂铃。烂铃是受红腐病、炭疽病、黑果病、铃疫病等病菌侵害引起，多雨和田间荫蔽潮湿是诱发条件。

④吐絮期的综合管理　高产棉株吐絮期长势长相要求是顶部果枝平伸，果枝长度 20～30 cm，现蕾 3～4 个，蕾大且成铃率高，吐絮时上部主茎叶呈绿色，下部主茎叶较淡，田间通风透光，棉铃吐絮畅。吐絮期栽培技术要点：要求养根保叶，促伏桃增铃重增衣分，争取多结早秋桃。同时要控制营养生长和无效花蕾，做到不贪青晚熟，使养分集中供给有效蕾铃。a. 防涝抗旱。吐絮期如遇秋雨较多，要及时清沟排渍，降低田间湿度，防止贪青晚熟，减少烂铃。b. 防止虫害。吐絮期主要害虫有棉铃虫、红铃虫、金钢钻、叶跳虫等。后期喷药治虫必须坚持到 9 月下旬。c. 整枝和推株并垄。吐絮前后对枝叶繁茂的棉田，将主茎下部大叶和无效果枝剪去。抹去赘芽，摘去无效花蕾，以减轻株间荫蔽和养分消耗，促使秋桃发育，提高纤维品质。长势过旺棉田，当棉株顶部结住棉铃时，可隔行推株并垄，增加棉株下部光照，降低棉田湿度，防止烂铃。d. 化学催熟。对贪青晚熟的棉田，喷施 40％的乙烯利 100～150 g，加水 50 kg，浓度为 800～1 000 mg/kg 液，能使铃期缩短 8～15 d，提早成熟吐絮。

二、油菜

(一)油菜生产概况

1. 国内外油菜生产概况

油菜(*Brassica campestris*L.)为十字花科芸薹属植物,在世界各地广为种植。油菜的栽培种主要分为甘蓝型、芥菜型和白菜型。据2010年统计,全世界油菜种植面积为3.8亿亩,单产55.5 kg。油菜总产量422亿kg(4 200万t左右)。世界上栽培油菜面积大产量多的国家除我国外有印度、加拿大、法国和德国。近年来由于工业发展的需要以及对食用油和饲料用油菜粕等的需要大大增加,欧洲的主要国家如法国、德国的产量成倍增长,印度则大致保持原有水平不变。加拿大虽种植油菜的时间较短但发展速度惊人,现在油菜种植面积和总产量仅次于中国位于世界第二。从单位面积产量和种植面积看,以2010年为例,较高的国家是德国,亩产240 kg,面积1 800万亩;其次为法国亩产190 kg,面积1 700万亩。世界油菜平均单产55.5 kg,欧洲平均单产190 kg以上,尤其是德国,平均单产高达240 kg;单产最低的是印度,亩产仅70 kg左右。

而我国油菜种植已有数千年历史,油菜单产和品质都不及欧洲、北美洲、大洋洲等国。我国油菜生产有悠久的历史,在世界上占有极其重要的地位。目前中国油菜总产量占中国油料作物产量50%以上,属于大发展阶段。中国栽培油菜主要集中在长江流域但近年来不仅主产区有较大幅度增加,而且在五岭以南、长城以北发展也很快,过去种植油菜较少的广东、广西等省区也在利用当地气候特点积极改造冬水田,大力发展冬油菜。与此同时长城以北扩种春油菜也获成功。我国油菜品质改良取得明显成效。目前常规优质油菜品种主要有:中双3号、中双4号、中双5号、中油5号、中油119、青油14号、华双2号、华双3号等;双低杂交种主要有:华杂3号、华杂4号、中油杂1号、蜀杂1号、蜀杂4号、蜀杂6号等优质油菜比普通油菜品质显著提高。

2. 油菜分布及区划

我国油菜分布很广,几乎遍及全国各地区。按油菜生长期不同大体上可分为春油菜(4月底种植9月底收获)和冬油菜(9月底种植5月底收获)两个大区,就面积和总产量而言,以冬油菜区为主,其面积和产量均占90%以上,主要集中于长江流域。春油菜集中于东北和西北地区,以内蒙古海拉尔地区最为集中。

(1)我国冬油菜大区即上述春油菜大区分界线以南和以东的广大地区,占全国油菜总面积的70%以上。按其特点再划分为华北、关中、长江中下游四川盆地云贵高原和华南沿海等五个区。①华北、关中区。该区北界春油菜分界线包括甘肃省东南角陕西秦岭以北,山西省西南部,河北省长城以南地区,安徽、江苏的淮河以北和山东、河南等地区。该区气候较春油菜区为暖和,一月平均气温为－3℃左右,为了抗冻防旱,油菜多提早在八、九月播种,生长期长。②长江中下游区。该区在华北、关中区以南,包括湖北省宜昌以东、湖南拱江、广西桂林以北、福建南平以北的广大地区,为我国冬油菜主要产区。该区气候属暖温带,作物生长季节长。由于该区范围大,长江中游与下游气候条件有所不同。中游属大陆性气候影响较大。下游受海洋性气候影响较大。③四川盆地区。该区油菜分布主要集中在四川盆地、陕西汉中盆地以及周围低山区,包括湖北宜昌、湖南沅陵以西、四川雅安以东、贵州赤水以北地区,为我国冬油菜主要产区之一。该区四周群山环绕，除部分平原外丘陵地区较多。该区气候特点是温暖潮湿，冬季气温较长江中下游同纬度为高，四川一月份平均气温在3～6℃之间，川东南偏高。汉中地区亦只在－1℃左右。④云贵高原区。该区北界为四川盆地，南界包括云南和贵州两省大部分（贵州西北角和南部除外）和广西桂林以北、湖南西部和四川西南部西昌专区等地区，为我国冬油菜主要产区之一。该区属高原地区气候，因纬度较低，一月平均气温多在5℃以上。冬季凉害极少，且多晴朗干旱为其共同特点。但云南和四川西南部因受印度洋海洋性气候影响，夏秋多雨、冬春干旱、冬春干湿明显，且冬、春风速大，加大蒸发，油菜生长季节待入冬以后至次春，干旱愈趋严重，加强灌溉非常重要；但昼夜温差大日照时数多为有利条件。⑤华南沿海区。该区两界为云贵高原的东界，北界为长江中下游区的南界，东以台湾省国境线为界，南至海南岛，包括广西桂林以南、田林以东部分以及广东省、台湾省、福建的福州以南部分地区。该区油菜种植面积不大。该区位于我国南部的亚热带、热带，气候温暖潮湿，气温高，雨量多，霜雪少，生长季节长，为我国油菜最温暖产区。

(2)春油菜区又分为三个亚区。①青藏高原亚区。包括青海和西藏、甘肃甘南和祁连山、沿山冷凉区、四川阿坝和甘孜等地。该区海拔高气候寒冷，是我国春油菜重要产区。②蒙新内陆亚区。包括内蒙古、新疆和宁夏甘肃中部和河西走廊、山西雁北及河北长城以北。该区大部夏季温度较高但干旱少雨。油菜春播和夏播均有。品种以芥菜型油菜为主亦有其他类型油菜。③东北平原亚区。包括东北三省。该区油菜栽培时间短，冬寒夏热。生产中多为早熟白菜型和甘蓝型品种，实行春、夏栽培。

3. 油菜的地位与作用

油菜是重要的食用油作物和工业原料。菜籽油含有丰富的脂肪酸和多种维生素，营养丰富，易于消化，是良好的食用植物油。它有利胆功能，有促进碱的嗜脂作用。菜籽油在食用工业上也占有一定地位，特别是近些年来，一些国家通过选育无芥酸和低芥酸油菜品种用以制造人造奶油，不含胆固醇，价格低廉，很受欢迎。菜籽油也是一种重要的工业原料，在冶金机械、橡胶化工、油漆、纺织、制皂和医药上都广有用途。榨油后的菜籽饼含有丰富的粗蛋白质、粗脂肪、氨基酸和氮、磷、钾等营养元素，是很好的有机肥料。菜籽饼粕经过去毒处理后，是猪的优良精饲料。菜籽饼去毒过程中产生的废液，可生产农用核苷酸和医用肌酸。油菜的茎秆和果壳含有粗蛋白质3.14%，粗脂肪0.45%和少量糖类，经过粉碎也是牲畜的好饲料。

(二)油菜的生物学特性及其类型

1. 油菜的生物学特性

油菜具有低温反应特性，根据对低温的感应性不同，将油菜品种的感温性特点划分为冬性、半冬性和春性三大类型。

①冬性型　对低温要求严格，通过春化阶段约需0～5℃的低温15～45 d，多为晚熟或中晚熟品种。

②半冬性型　对低温的要求不很严格，感应性介于冬性型和春性型之间。目前上海郊区种植的品种都属这一类型。

③春性型　这类油菜10℃左右的温度下经15d通过春化阶段。一般为极早熟、早熟及部分早中熟品种。

油菜的生长发育一般要经历发芽出苗期、苗期、蕾薹期、开花期和角果发育成熟期几个阶段。

①发芽出苗期　油菜种子发芽最适温度为25℃，低于3℃或高于37℃都不利于发芽。日均温度16～20℃时3～5 d可出苗。发芽以土壤水分为田间持水量的60%～70%较为适宜，种子需吸水达自身干重的60%左右。油菜发芽需氧量较高，当种子胚根、胚芽突破种皮后，每克鲜重的氧消耗量为1 000 μL/h左右，发芽初期土壤偏酸性较好。油菜种子吸水膨大后，胚根先突破种皮幼根深入表土2 cm左右时，根尖生长出许多白色根毛。胚根向上伸长，幼茎直立于地面，两片子叶张开，由淡黄转绿称为出苗。

②苗期　甘蓝型中熟品种苗期(出苗至现蕾)约为120 d左右，约占全生育期的一半，生育期长的品种可达130～140 d。一般从出苗至开始花芽分化为苗前期，开始花芽分化至现蕾为苗后期。苗前期主要生长根系、缩茎段、叶片等营养器官，为营养生长期。苗后期营养生长仍占绝对优势，主根膨大并开始进行花芽分化。苗期适宜温度为10～20℃，高温下生长分化快。苗期遇短期0℃以下低温不致受冻，但若持续时间长则易受冻害。土壤水分以田间持水量的70%以上为宜，否则叶片分化生长慢；若遇冻害和严重缺水，可导致叶片发皱和红叶现象。

③蕾薹期　甘蓝型中熟品种蕾薹期(现蕾至初花)30 d左右，一般在2月中旬至3月中旬，是油菜一生中生长最快的时期。此期营养生长和生殖生长并进，但仍以营养生长为主，表现在主茎伸长、增粗，叶片面积迅速增大。在蕾薹后期，一次分枝出现，根系继续扩大活力增加。生殖生长则由弱转强，花蕾发育长大，花芽数迅速增加，至始花期达最大值。蕾薹期是搭好丰产架子的关键时期，要求达到春发、稳长、枝多、薹壮的目标。冬油菜一般初春后气温5℃以上时现蕾，10℃以上时迅速抽薹。温度过高则主茎伸长太快，易出现茎薹纤细中空和弯曲现象；温度低于0℃，则易裂薹和死蕾。此期土壤湿度达到田间持水量的80%左右，有利于主茎伸长。

④开花期　开花期(始花至终花)一般25～30 d。开花期主茎叶片长齐，叶片数达最多，叶面积达最大。至盛花期，根、茎、叶生长则基本停止，生殖生长转入主导地位并逐渐占绝对优势。表现在花序不断伸长，边开花边结角果，因而此期为决定角果数和每果粒数的重要时期。开花期需要12～20℃的温度，最适温度为14～18℃，气温在10℃以下开花数量显著减少；5℃以下不开花，并易导致花器脱落产生分段结果现象。温度高于30℃时，虽可开花却结实不良。开花期适宜的相对湿度为70%～80%，低于60%或高于94%，都不利于开花，降雨会显著影响开花结实。成熟花粉由昆虫或风力传播，黏附在柱头上进行授粉。白菜型油菜属典型的异花授粉，异交率在75%～85%或以上；芥菜型和甘蓝型油菜属常异交授粉作物，一般异交率在10%～30%。花粉落在柱头上45 min左右，可发芽生出花粉管，沿花柱逐渐伸向子房，18～24 h完成受精过程。开花后，雌蕊受精能力一般可保持5～7 d，但以开花后1～3 d的生活力最旺盛。

⑤角果发育成熟期　角果发育成熟期(终花至成熟)一般30 d左右。此期叶片逐渐衰亡，光合器官逐渐被角果取代。这一时期是决定粒数、粒重的时期。角果及种子形成适宜的温度为20℃，低温则成熟慢，日均温在15℃以下，则中晚熟品种不能正常成熟；过高温度则易造成逼熟现象，种子千粒重不高，含油量降低。昼夜温差大和日照充足，有利于提高产量和含油量。土壤水分以田间持水量的70%以上为宜，田间渍水或过于干燥，易造成早衰产量和含油率降低。

(1)油菜的根　油菜是直根系，由主根、侧根和根毛组成。直播油菜的根系主根分布较深一般在耕作层的30～50 cm深耕或干旱时可达100～300 cm以上。油菜幼苗在第1片真叶出现时，幼根两侧开始长出侧根。以后随着植株长大主根不断伸长，侧根数也不断增加，从侧根又长出很多支根和细根。出苗至越冬期，根系垂直生长快于水平方向生长称为扎根期。返青至盛花是扩根期，盛花至成熟期是根系衰老期。扩根期根系生长加快，尤其是抽薹期生长最快；开花期是根重的最高期，单株根重达 5.10 g。

（2）茎和分枝　油菜的茎属直立茎。茎上有 30 个左右节间，茎秆强韧，老茎木质化强。主茎长 100～200 cm。茎色有绿、微紫或深紫色表面被有蜡粉。油菜出苗时，下胚轴伸长形成幼茎，到第 1 片真叶展开时，幼茎才基本停止伸长，以后幼茎不断长粗直至开花期为止。在栽培上，常将子叶节以下的整个幼茎称为根颈。而植物学上，把根和幼茎连接处的一小段幼茎称为根颈。随着幼苗的生长根颈不断增粗直到开花时为止。根颈在增粗的过程中，在四、五叶时皮层破裂，在根颈下部紧靠根部的组织里开始向外产生不定根，使根系扩大。根颈也是油菜冬季贮藏养分的器官。一般壮苗根颈粗短根系发达；弱苗根颈细长根系发育不良。甘蓝型油菜的主茎可划分成 3 个茎段。①缩茎段。在主茎基部节短而密集节上着生长柄叶。②伸长茎段。在主茎中部节间由下而上逐渐增长，棱形渐显著，节上着生短柄叶。③薹茎段。在主茎的上部节间自下而上逐渐缩短，棱形更为显著，节上着生无柄叶。油菜在现蕾时和现蕾后主茎节间伸长称为抽薹。主茎高达 10 cm 时进入抽薹期。到主花序停止伸长后植株高度才最后定型。油菜茎的生长可分为 3 个时期。①伸长期。从始薹到始花的 20～30 d 茎秆迅速伸长增粗，每天伸长 3 cm 左右，最快可达 5～6 cm。前期茎伸长慢后期快。开花后茎基本停止伸长但花序轴仍继续伸长。②充实期。始花后茎秆贮藏物质不断积累，组织充实，干重迅速增加。③物质分解转运期。角果发育成熟期间茎枝、花轴内的贮藏物质分解转运供种子发育充实的需要。

油菜叶腋的腋芽在条件适宜时可长成一次分枝、二次分枝、三次分枝等多次分枝。油菜的分枝性很强，通常主茎下部的腋芽在越冬前极少能形成分枝或成为无效分枝。中部腋芽在越冬期形成，大多数能长成分枝，其中部分是有效分枝。上部腋芽在春后形成一般均能长成有效分枝。根据一次分枝的多少及在主茎上的分布不同，油菜可分为三种分枝株型。①下生分枝型。缩茎段腋芽比较发达，分枝延长速度比主茎快或者与主茎相近，分枝部位低，下部分枝较多，株形呈丛生状或筒状。②上生分枝型。缩茎段和伸长茎段的腋芽不能正常发育，分枝部位高，薹茎段分枝多，植株下部无分枝或极少，全株一次分枝数较少，主花序发达，株型呈扫帚型。③中生分枝型。分枝习性介于上述两类型之间，分枝部位适中，一次分枝数较多，主花序发达，株形呈纺锤形。大多数品种属此类型。

（3）油菜的叶　油菜出苗时有 2 片肾形的子叶，出苗后 3～5 d 出现第 1 片真叶。真叶为不完全叶，有椭圆形、卵圆形、琴形、花叶形和披针形等。在正常秋播条件下，主茎的真叶数，甘蓝型晚熟品种一般为 35～40 片，中熟品种 25～30 片，早熟品种 15～20 片。主茎叶片数与单株分枝数和产量有密切关系。在花芽开始分化前争取多分化主茎叶片数则分枝数也较多。甘蓝型油菜主茎上的叶片根据叶型可划分成 3 组：长柄叶、短柄叶和无柄叶。长柄叶在感温阶段出生，当出现短柄叶时则已通过感温阶段。正常播种条件下，在进入严寒的越冬期时均抽生长柄叶，能安全越冬。3 组叶片各有不同的功能。长柄叶的主要功能期在苗期，它的直接作用是影响根和根颈的生长，同时对茎、分枝、花序、角果和种子也有间接作用。短柄叶是油菜一生中主茎叶面积最大的一组叶片，它的活力开始于越冬期至盛花期结束，主要功能期在蕾薹期。短柄叶对主茎、分枝、角果、种子影响很大，对根及根颈也有一定作用。短柄叶是一组上下兼顾的功能叶，要春发稳长，主要是促进和调控这组叶片的良好生长。无柄叶叶面积较小，功能期主要在初花后。无柄叶的光合产物只运输到茎、分枝和角果，对种籽粒重有一定影响。分枝上的无柄叶主要对本分枝有一定影响，尤其对小分枝影响较大。

（4）开花与受精　油菜为总状花序，着生于主茎顶端的为主花序，着生于分枝顶端的为分枝花，每个花序轴上着生许多单花。花由苞叶、花萼、花冠、雌蕊和雄蕊组成。花冠淡黄或鲜黄，4片花瓣呈十字形。花萼4片，6枚雄蕊四长两短称四强雄蕊。雌蕊一枚4个，蜜腺位于4个长雄蕊的外侧和2个短雄蕊内侧。油菜的花芽分化可分为7个时期：即花蕾原基形成期、花萼原基形成期、花办与雌雄蕊原基形成期、胚珠花粉母细胞形成期、花粉母细胞减数分裂期、花粉粒第一收缩期及第一恢复期、花粉粒第二收缩期及第二恢复期。油菜通常在年前已开始花芽分化。花芽分化顺序是主花序、一次分枝、二次分枝。不同部位一次分枝的分化顺序是：自下而上、第9～14节和顶部倒2～3个腋芽首先开始分化，以此两个中心同时向上向下依次推进。花芽分化速度，苗期慢，现蕾抽薹后加快。从始花到盛花达最高峰，以后花器脱落数目迅速减少。一株上的花蕾只有50%左右可以结角。一般在现蕾以前分化的花芽是有效花蕾，后期分化的花芽多为无效花蕾。因此冬前形成壮苗对促进前期多分化花蕾十分重要。

油菜全株以主花序最早开花，然后是一次分枝、二次分枝等。一般由上部的一次分枝向下部的一次分枝依次开始开花，一个花序由下向上依次开花，一朵花则在头一天下午花萼顶端露出黄色花冠，第二天上午8～10时花瓣全部平展。开花后3 d左右，花瓣即凋萎脱落。全田有25%以上植株的主茎花序开始开花时为始花期；全田有75%以上植株花序开花时为盛花期；全田有75%的花序完全谢花时为终花期。中熟甘蓝型品种一般3月中下旬始花4月上中旬终花。

油菜主要靠昆虫传粉，风力也有一定传粉作用。油菜花粉附着在柱头上45 min后即可发芽生出花粉管。随后花粉管伸入花柱中，经18～24h完成双受精过程。但由于油菜有一定的异花授粉率，所以不同品种或与其他十字花科作物相邻种植时，容易“串花”导致生物学混杂。

(5)果实与种子油菜的果实是圆筒形的长角果。果身由果瓣组成。果瓣有两种，一种是2片狭长似船形的壳状果瓣，背面具有明显脉纹；另一种是2片窄而细、似线状的线状果瓣。在线状果瓣内侧为侧膜胎座着生胚珠。两片果瓣间有假隔膜相连。在角果成熟时相连部分产生离层，失水干燥后，果瓣收缩则沿壳状果瓣相连部分产生离层使角果裂开。油菜全田角果表面积接近群体最大叶面积。由于终花期以后叶片都已枯萎脱落，后期主要靠绿色角果皮进行光合作用，所以果皮对粒重有很大的影响。角果着生在植株上部处于田间的冠层，并呈螺旋形分布容易接受阳光。据国内外报道，角果皮对种子产量的贡献可达70%左右。后期防止植株早衰，提高角果的光合效能，对增加产量有着重要意义。角果的光合产物一般就近输送到贮藏器官种子中。甘蓝型中熟品种一般在花芽开始分化后45 d左右进入胚珠分化期，胚珠大约在花芽萼片合拢后不久至花蕾长度达0.5 mm之前的一段不长的时间内形成。每角果胚珠数一般20～40个。植株上不同部位角果的胚珠数不同。迟分化的花芽其胚珠数比早分化的多。

一个角果最终发育形成10～30粒的种子。种子一般呈球型或近球型长度2 mm左右。千粒重为2～4 g。种皮色泽有黑、暗褐、红褐、淡褐、淡黄、金黄、黄等。黄籽平均含油量比非黄籽(黑籽或紫红籽)高1.54%～4.26%。油菜籽主要由种皮、胚与胚乳遗迹组成。种皮又称子壳胚又称籽仁。种子大部分为胚的子叶所充满。种皮占种子重量的12%～20%，由表皮、亚表皮、栅栏组织、色素层组成。胚包括胚根、胚茎、胚芽和两片肥大的子叶均由薄壁细胞组成。子叶纵向折叠紧包幼胚的其他部分而成球状。胚乳是包围在胚周围的一层薄膜细胞较大。子叶薄壁细胞的细胞质内含有丰富的颗粒状的油滴和糊粉粒。

种子发育过程可分为3个阶段：①细胞增殖阶段。受精后合子开始分裂开花后第9天已明显形成一个细胞增殖的球体。②种胚发育阶段。开花后第12天细胞球体已开始变长有子叶和胚根的分化略呈三角形。15 d 后子叶分化明显胚根增长。③种胚充实阶段。当子叶和胚根发育明显时不再纵向伸长，子叶转向下方弯曲，逐渐包围胚根略呈球形。此后随种胚的发育种子逐渐充实饱满，胚乳逐渐消失。到开花后第 33 天子叶和胚根紧密相连，种子内部几乎全被种胚占据。

2. 油菜的类型

就油菜的起源来说，一般认为油菜有两大起源中心。一是亚洲以中国和印度为主的芸薹、芥菜型、黑芥的起源中心，一是欧洲以甘蓝、芸薹、黑芥和甘蓝型油菜的起源中心。按其植物学特征、遗传亲缘关系和农艺性状，油菜可以分为白菜型、芥菜型和甘蓝型三大类。

(三)油菜的优良品种选育

1. 油菜的优良品种选育方法

油菜优良品种选育主要有引种、系统选育法、杂交选育法和杂种品种的选育等方法。

(1)引种　引种是油菜育种的一个重要途径。油菜是一种适应性较广的作物，通过引种鉴定可在短期内评选出适合当地生产需要的优良品种。近几年来，我国油菜引种出现了可喜局面，油菜南迁北移、向山区和高海拔地区发展。根据各地经验，品种的适应性是引种时必须认真研究的主要问题。而引进品种生育期的适应性又是引种时必须首先考虑的因素。我国现有的三大类型油菜中除少数品种外，一般甘蓝型的适应性较强，其次为白菜型，芥菜型介乎二者之间。同一类型中品种差异也较大。不同油菜品种通过一定的生育阶段还要求一定数量的积温，积温不够生育期也相应延长。凡原产冬、春较温暖地区、低纬度地区以及春油菜产区的品种，引种到冬、春较寒冷地区时，一般表现为抗寒力弱，早抽薹早开花，严重感染病害。冬春寒冷地区和高纬度地区的品种引种到冬春温暖或低纬度地区，油菜生育后期常因气温过高不能正常受精，胚胎角果和种子发育不良产量和含油量也显著降低。因此，引种时必须着重研究引种地区与原产地油菜不同生育阶段温度的差异，温度相近，油菜的生长发育就正常，引种的成效就大。

油菜引种成功与否还与日照、降雨量、土壤等也有一定关系。品种本身适应性的强弱也影响引种的成败。适应性强的品种即使引种地区的自然气候条件与原产地不完全相同也能获得较高的产量。综上所述，各地在引种时首先必须进行品种适应性鉴定试验，从中选择适应性强、产量高的品种推广利用。品种的适应性鉴定的主要方法和步骤如下：①品种观察。一般用以观察鉴定的品种可以多一些，每品种小区不设重复。通过观察鉴定从中选留若干个生育期适于栽培制度要求并表现高产稳产的品种作进一步试验。②品种比较。将上年品种观察试验中选留的品种扩大小区面积设置 2～3 个重复进行产量比较。③多点试验。将品种比较试验中表现优良的品种在本地区内选几个有代表性的队布置多点试验继续进行产量比较和区域性测定并结合生产示范在隔离区繁殖种子。凡经多点比较和生产鉴定均表现优异的品种即可在生产上大面积推广利用。

(2)系统选育法　这是油菜育种中一种多快好省的育种途径方法，简便、见效较快。油菜是异花授粉率较高的作物，容易与其他油菜品种和十字花科作物串花杂交。据统计其自然异交率白菜型油菜为 80%以上，甘蓝型和芥菜型为 10%左右。由于存在着较高的自然异交率和其他各种因素的影响，油菜品种经常出现多种变异。除退化变劣的以外，也能出现一些比原品种表现更为优良的变异个体。系统选种就是根据育种目标要求，从中选拔优良的变异个体，经过一定程序的选择和培育，育成比原品种或比现有推广品种显著增产的新品种。我国各地运用这一方法选育了不少油菜新品种。

油菜系统选育法因各类型油菜的繁殖特点不同而有所区别。甘蓝型和芥菜型油菜由于自然异交率较低，长期适应一定程度的自花授粉，一般采用单株选择法进行选育效果好，有利于积累优良性状和提高性状的相对一致性。但在甘蓝型油菜中，因品种来源不同也有一定差异。自然异交率高的作物连续单株选择效果一般较差。实践证明我国目前选育和推广的甘蓝型油菜连续5次单株选择的品系，虽然性状整齐一致，但生长势弱，增产不显著。而两次单株选择的品系，性状的一致性虽然不及前者，但生长势强增产幅度较大。因此，我国目前甘蓝型油菜的选育方法应以单株选择与单株混合选择相结合为好，即在1～2次单株选择后，再以群体中主要优良的类型为对象进行混合选，则待主要性状基本稳定一致后，即可进行产量鉴定。白菜型油菜属于典型的异花授粉作物，在选择方法上以集团选择为好。若以单株选择法选育，其后代由于生理异质性贫乏会导致生活力降低，达不到预期的育种效果。

(3)杂交选育法　杂交选育法是利用两个或两个以上遗传性不同的品种开花期进行杂交使其性细胞相互结合而产生杂种的方法。有性杂交比系统选种更有利于改良和提高现有品种的性状，获得具有新的遗传型品种。杂交选育法是我国油菜育种中应用较广泛的一种重要育种途径，其中主要的有品种间杂交和种间杂交。实践证明品种间杂交一般容易交配杂种后代的性状，也较容易稳定。只要亲本选配得当，在短期内就能获得预期效果。种间杂交由于杂种后代的分离时间较长，因而选育过程也相应延长，但种间杂交能出现具有多种优良性状的杂种后代，甚至出现一些超亲本的新类型。

(4)杂种品种的选育　从60年代末到70年代，中国许多油菜研究单位开展了油菜杂种优势利用的研究，并取得具有国际先进水平的成果。与其他大田作物相比，油菜杂种优势利用有其特点：①杂种优势强，增产效果显著。②杂种制种技术易于掌握，制种产量高而稳定。由于油菜花期长(约30 d)，花龄长(3～5 d)，花器外露，有利于父、母本花期相遇和传粉结实；也由于油菜是无限花序，分枝性强，可通过分期播种或摘薹等措施，有效地调整父、母本花期。因此，一般制种地每公顷产杂种都在600～750 kg。③繁殖系数高，种子成本低。1 hm^2制种地按生产750 kg计算，能供200 hm^2(直播)至500 hm^2(育苗移栽)大田用种，每公顷大田种子成本约45元(移栽)至120元(直播)。因此，推广杂交油菜，投资少，效益大，有广阔的应用前景。由于这些原因，各国学者都十分重视利用油菜杂种优势的研究。

油菜利用杂种优势选育杂种品种的主要途径和方法通常有以下几种：

①利用细胞质雄性不育(cms)三系杂种品种　目前国内外在生产上利用的油菜杂种中，主要是细胞质雄性不育三系杂种。生产上应用的油菜细胞质雄性不育类型主要有：波里马细胞质不育系(Polcms)、陕2A细胞质不育系(陕2Acms)、萝卜细胞质雄性不育系(Ogucms)和MSL细胞质雄性不育系(可能是核不育系)。其中波里马细胞质不育系的应用较广泛。如华杂系列杂种品种均利用该不育系育成。

②利用细胞核雄性不育(GMS)杂种品种　目前国内外利用的油菜核不育系主要有：两对隐性基因控制、两对显性基因互作控制和隐性上位基因控制的三种细胞核雄性不育类型。油研系列杂种品种均利用该具有两对隐性基因控制的细胞核雄性不育系育成。

③自交不亲和(SI)系杂种品种　十字花科植物都具有自交不亲和性的特性。利用油菜的自交不亲和性，各国先后育成一些甘蓝型油菜自交不亲和杂种品种，如油研3号等。

④利用化学杀雄选育杂种品种　化学杀雄杂交种是用“杀雄1号”(甲基砷酸锌)作为杀雄剂,在现蕾期喷于母本行内,浓度为0.03%,杀雄效果近80%。化学杀雄育成的杂交种如湘杂油1号等。

2. 油菜的良种繁育

油菜是一种异花授粉率较高的作物,在无隔离保纯的自然情况下,由于蜜蜂、其他昆虫和风力的传播,容易与其他油菜品种以及萝卜,白菜等十字花科蔬菜作物串花杂交,造成生物学混杂,使种性退化。加之油菜种子细小圆滑,在播种,收获、脱粒,贮藏和运输过程中,很容易造成人为的机械混杂。此外,栽培管理不好,受病虫害和其他不利自然条件的影响,也会使良种种性变坏,降低产量和品质。这是油菜良种比其他作物良种易于混杂退化的重要原因。因此,加强油菜作物的良种繁育工作具有更为重要的意义。为了保持和提高油菜良种的种性,充分发挥良种的持续增产作用,必须相应地建立有一定隔离条件的良种繁育基地,形成一套良种繁育的体制和制度,才能持续有效地促进油菜的增产。

防止和克服油菜良种混杂退化的途径和方法如下:

(1)建立原种繁育基地,坚持年年繁育和生产原种制度。原种是通过一定良种繁育方法所产生的原种当代,原种要具有原品种的典型一致性,且种子质量高。因此,建立原种繁育基地,这是不断保持和提高良种种性的根本措施。

(2)建立留种田,进行混合选择。这是在良种推广过程中,防止和克服良种混杂退化从而提高良种种性的一项有效措施。特别是在原种繁育基地和原种繁育制度尚未建立健全的地区,可在有一定隔离条件的地方年年设立留种田,进行选择,供下年大田生产用种。留种地的面积应为下年大田播种面积的0.5%~1%,才能保证繁育第二年所需的生产种子。

(3)严格实行隔离繁育,加强培育管理。由于油菜极易受昆虫和风力传粉造成生物学混杂。为确保原种繁育质量,上述良种和留种田的繁育都必须在有隔离条件的地区进行繁育,以防混杂,也便于集中培育管理。隔离的设备除小面积可用纱罩或网室进行隔离外,种子数量较大的可利用自然地势,地形条件进行隔离繁育。至于隔离区间距离的远近,根据现有十字花科蔬菜植物繁育的经验,在缺乏自然地形和地势的平原地区,品种间的空间隔离距离要有1 km左右。在自然隔离条件比较优越的山区,丘陵,防护林带等地区,空间隔离距离以300~500 m为宜。

(四)油菜的耕作及栽培技术

1. 油菜的耕作制度

不同区域由于其自然和气候的差异,油菜的耕作制度各不相同。冬油菜种植地区亦因各地的自然、气候不同,其冬油菜栽培制度呈现出多样化。根据各地将油菜与粮、棉作物配茬种植的方式及其轮换关系,可将我国冬油菜栽培制度归纳为下述几种主要类型:①水稻、油菜两熟制。水稻油菜两熟制又包括一季中稻—油菜和一季晚稻—油菜两种形式。前者在油菜新发展产区的苏北、淮北、河南等地仍然是主要形式。②双季稻,油菜三熟制。随着水田改制的发展,在长江流域和华南各省的双季稻产区,双季稻油菜栽培制度已成为三熟制的重要形式。许多地区在不断提高水田三熟油菜产量的同时,也有力地促进了水稻产量的持续增长,达到了三季三高产,粮、油双丰收。③一水一旱三熟制。各地水、旱情况不同,一水一旱油菜三熟制,又分为早水(水稻)、晚旱(旱作物)、油菜三熟和早旱(旱作物)、晚水(水稻)、油菜三熟两种类型。

以上的一水一旱诸种栽培形式中，以插入一季大豆的形式为好。这种形式，在双季稻集中产区安排一定的比例，对于调节水肥、劳力，培养地力，促进粮、油全面持续增产具有一定作用。旱地油菜两熟制归纳起来，目前主要有棉花、油菜和粮食、油菜两种类型。

我国的春油菜主要分布于青海、甘肃、新疆、内蒙古、西藏、宁夏、辽宁、山东等地。河北、吉林、黑龙江以及山西、陕西的北部也有栽培。栽培制度按油菜的生长期和熟制的不同可归纳为一年一熟制和一年两熟制两种。前者以青海、甘肃、内蒙古和新疆最为集中，河北北部、长城以北地区和山西中部、北部和东南部、陕西北部、宁夏北部、中部、四川西北部和黑龙江等地均有。绝大部分地区均以青稞、春小麦为主，油菜多与青稞或春小麦轮作，且为新垦荒地的先锋作物。后者目前已在生产上广泛应用的主要有以下几种类型和形式：①油菜茬复种复栽粮食或其他油料作物两熟。这种栽培制度的复种指数高，且便于田间管理和机械作业，只要栽培管理搞好，两茬都能高产。其主要的栽培形式有：油菜茬复种复栽玉米、谷子、高粱或马铃薯等粮食作物；油菜茬复种大豆；油菜茬复种油用向日葵或胡麻（亚麻）。②麦茬复种油菜两熟。这种两熟类型，在我国西北各省普遍，栽培历史长。主要是利用冬小麦或早熟春小麦茬复种小油菜。此外，北方还有油菜与粮食作物间、套作一年两熟的多种形式。

除此以外，各地还在长期生产实践中，根据当地自然气候特点和作物的生长发育特性，充分利用季节、地力、气候等有利的自然条件，争取在有限的生长季节内多种多收，提高单位面积产量而创造出来的栽培制度，如油菜与粮食作物复种轮作、套作和混作等。

2. 油菜的栽培技术

油菜的栽培方式包括直播和育苗移栽两种方式。后一种方式对于土壤条件和苗床的要求更高。具体的环节不外乎有以下几个方面：

(1)整地

①苗床地整地　选用土地平整肥沃，背风向阳，排灌方便的旱地，旱茬地，半沙半黏地作苗床，前作为花生、芝麻或早黄豆地比较理想。油菜种子小，耕整要求达到“平、细、实、净、融”：即厢面平整，土层细碎并适当紧实、无残茬杂草、土肥融合。地势较低或土质黏重，必须作成高床（厢），厢面宽 1.3～1.7 m，沟宽 0.27～0.33 m，沟深 0.15～0.25 m，便于排水。

②直播地整地　整地质量是实现全苗、齐苗、壮苗的关键。前茬收割后，趁土壤湿润进行翻耕，以免表土板结。翻耕后充分曝晒，疏松土壤。在土壤干湿适宜时进行耕耙保墒。要求达到土细土碎，厢面平整无大土块，不留大孔隙，土粒均匀疏松，干湿适度。如前茬收获较晚，应抢时抢墒整地。厢宽一般为 1.5～3 m，厢沟宽 0.3 m，深 0.2 m，做到“四沟”配套，沟沟相通。

③稻田整地　水稻收获前适时排水晒田，收获后抓住晴天及时耕翻坑土晒垡，切忌湿耕。研究表明，水稻田干耕比湿耕的土温、土壤有效养分及土壤孔隙度都有提高，并能降低土壤容重和湿度，减少大僵块的形成。耕翻后的土壤应耖细整平，开沟作畦。在土壤黏重、地势低、排水困难的田块，宜采用深沟窄畦。畦宽 1.65～2.0 m，沟深 35 cm。

(2)适时播种

①确定适宜播期　应综合考虑气候、种植制度、品种、病虫害等因素。播种期一般在旬平均气温 20℃左右为宜，秋季气温下降早，降温快的地区和高寒山区应适当早播，秋雨多和秋旱严重的地区，应抓住时机及时播种。还要根据茬口情况安排适宜的播种期，同时考虑移栽油菜的苗龄及移栽期，与前作顺利连接，避免形成老化苗，高脚苗。春性强的品种应适当晚播，冬性和半冬性品种适当早播，营养期增长，有利于发挥品种的潜力争取高产。长江流域一般甘蓝型

迟熟品种宜早播(9 月上旬),中早熟品种可略迟播(9 月下旬),早熟品种可在 10 月上中旬播种。

②种子处理　种子在播种前要进行晒种、选种、消毒。晒种 1～2 d,每天晒 3～4 h。然后利用风力或筛将大小粒、菌核、空粒、秕粒、杂物等分开。

③播种技术　为了播种均匀,可将种子分厢定量,拌适量细土或草木灰撒播,或用 1.5 kg 细沙或炒熟的商品油菜籽拌匀,来回撒播、高抛远撒、确保落籽出苗均匀。播种深度 0.5～2.0 cm。播后每公顷用 3 750～4 500 kg 人粪尿兑水稀释泼浇,或每公顷用火土灰、土杂肥 7 500 kg,以及 1 500 kg 稻草覆盖,以利于保温保湿。

(3)育苗移栽　育苗移栽培育壮苗的标准是指苗龄足够,器官发达,功能旺盛,生活力强,有利于形成高产群体的油菜苗。各地对油菜壮苗形态特征的描述归纳起来有如下标准:株型矮健紧凑,茎节密集不伸长;根茎粗短,无高脚苗,弯脚苗;叶片数多,叶大而厚,叶色正常,叶柄粗短;根系发达,主根粗壮;无病虫害。对壮苗的要求可简述为:绿叶 6～7 片,苗高 20～23 cm,根颈粗 6～7 mm。具体的栽培技术如下:

①苗床准备　结合整地应施足底肥,以有机肥为主,也应注意氮、磷、钾配合。可每公顷施人土杂肥 30 000～37 500 kg,加过磷酸钙 300～450 kg,草木灰 1 500～2 250 kg,硼砂 7.5 kg,肥力不足的可加施尿素 22.5 kg 撒施于苗床表面。

②播量足　苗床应留足,苗床与大田比例一般为 1:(4～5)。一般甘蓝型油菜每公顷播种量 7.5～10.5 kg,杂交品种为 6.0～9.0 kg,白菜型可适当增加播量,芥菜型则反之。

③苗床管理　应做到两早两勤:即早间苗定苗。齐苗后第一次间苗,做到苗不挤苗。一片真叶时第二次间苗,苗距约为 3～6.5 cm,做到叶不搭叶。三片真叶时定苗,苗距 8～9 cm。应去小留大、去病留健、去弱留强、去杂留纯。早追肥除草。油菜出苗时即处于“离乳期”,5 叶以前需要较多的养分,因而追肥要早,多在定苗期施第一次追肥;5 叶期后不施或少施。移栽前 6～7 d 施一次“起身肥”。结合施肥注意除草。勤浇水排水。长江中下游播种后常有干旱发生,要及时抗旱保苗。雨多土湿则应及时清沟排水。勤防治病虫。苗期主要害虫有蚜虫、菜青虫、跳甲虫等,以蚜虫危害最重,除直接危害油菜外,还传播病毒病,可用 2.5%敌杀死 300 倍液防治。苗期病害有猝倒病,病毒病,霜霉病,白锈病等,在秋雨多的年份猝倒病危害严重,可用波尔多液防治。

④适时移栽　一般以旬平均气温 13～15℃移栽为好,长江中下游在 10 月中下旬为宜。有明显越冬期的地区,移栽至冬前应有 40～50 d 的有效生长期,以利于形成壮苗越冬。移栽前一天应将苗床用水浇湿,取苗时要多带土,少伤根。最好边取苗,边移栽,边施定根肥。栽后浇足定根水。

(4)直播　直播要做好以下工作:

①做好播前准备　播前如果土壤干燥,要沟灌一次跑马水,待畦面土壤湿润后,排干水马上播种。农民习惯以“田土不陷脚”为适宜直播的标准。若田间墒情好,可随时施肥耕耙、整好沟厢后撒种,然后径直耙一遍即可。若田间墒情差,可施肥整地后,打上封闭除草剂待播。

②提高播种质量　争取一播全苗,油菜直播栽培成败的关键是保证足苗、匀苗和壮苗。一般 9 月播种温度较高,如水分不足不易出苗,或易遭鸟害,播量宜在 0.3 kg 左右。10 月 15 日前播种每亩用种量 0.2 kg,10 月 15 日以后播种每亩用种量 0.25 kg。播后浅覆盖并注意灌水。

③确保适宜密度　3 叶 1 心期间苗,5 叶期定苗。定苗数量根据地力确定。

④科学施肥　促进冬壮春发基肥一般在开沟前施下。苗肥在2～3片真叶和5～6片真叶时分次施用，亩施尿素5～7.5 kg。

⑤病虫草害防治　直播油菜草害严重，又很难进行中耕除草，因此，必须选用对121的化学除草剂进行播前、播后化学除草，控制草害。

(5)油菜的施肥技术　肥料的施用应根据种植油菜想要达到的目标产量及土壤肥力状况确定营养元素的施用量。

翻耕整地应施足以农家肥、有机肥为主的基(底)肥。基肥也可施在移栽穴内作“随根肥”，尤其是双季稻前作，移栽前来不及翻耕的田地，将基肥穴施更为有利。移栽油菜一般施肥量占总量的30％～40％，高产田可增至50％。一般每公顷施复合肥375～450 kg。每公顷基肥用量参考配方为：碳酸氢铵300～375 kg，过磷酸钙225～375 kg，草木灰2 250 kg或硫酸钾75～150 kg，以及硼砂7.5 kg拌和厩肥、土杂肥施下。直播油菜大田生活周期要长一些，基肥施用量可占总施肥量的40％～60％。

油菜的追肥施用，要根据其生长发育特性及需肥规律科学地进行，具体做到以下几点：

①早施增施苗肥　油菜苗期长，吸肥量大，必须重视苗肥的施用。一般在直播定苗后或移栽成活后及时施第一次苗肥，如底肥少，长势差则半月后再酌情追施一次。第一次施肥可每公顷用人粪尿3 750 kg加尿素约75 kg，兑水15 000～22 500 kg施下。在12月中旬至1月中旬，油菜必须重施一次腊肥，这次施肥具有保冬壮，促春发的作用。腊肥以迟效性农家肥为主，配合一定数量的草木灰和过磷酸钙施用，生长过旺的幼苗，腊肥可少施或适当推迟施用，一般每公顷施猪牛栏粪15 000～22 500 kg。若基肥中磷、硼肥不足，苗肥应注意施磷和喷施硼肥。

②稳施薹肥　薹肥的施用应看苗而定，若叶色淡黄或发红，甚至全株带紫色，茎细弱则应早施，重施；反之应少施。通常在1月下旬至2月中旬施用。采用秋发高产栽培或播期较晚的直播油菜品种，薹肥用量约为每公顷施105～150 kg尿素，并根据苗情在现蕾后或薹高12～18 cm时酌量施下。稳施薹肥可实现春发稳长，争取薹壮枝多，角果多，产量高。为防止“花而不实”，在蕾薹期每公顷施用高效速溶硼肥1 500 g加水450 kg均匀喷施。

③巧施花肥，补施粒肥　对春发不足，植株个体与群体均较少，到花期叶片未能封行，叶色淡绿或发黄的油菜地，应用人畜尿水加尿素追施花肥。否则可只对少数生长较差的植株补施。花肥一般在开花前后或初花期施用，用量为每公顷45～75 kg尿素或硫酸铵105～225 kg。初花期用尿素1.0％，磷酸二氢钾0.3％～0.5％，硼砂0.2％～0.3％溶液喷施作粒肥，是补救和控制油菜生长发育的有效方法，不仅增角、增粒、增重，还可以提高含油量。

(6)收获和储存　油菜的适宜收获时期因品种、种植密度、空气湿度和栽培条件而异。一般终花后30 d左右，当全株2/3的角果呈黄绿色，主花序基部角果转为枇杷黄色，种皮黑褐色时，为适宜收获期，即“八成黄，十成收”。收获后，植株中的营养仍继续向角果运送，即为后熟。堆垛方法第一层角果向上，上部各层角果向内，顶上加防雨层，避免雨水渗入发生霉烂。堆垛4～5 d，抢晴天散堆摊晒、脱粒。脱粒要求“四净”，即打净、扬净、筛净、扫净，籽粒水分控制在9％以下；晒干扬净后及时装包入库。

三、大豆

(一)大豆生产的重要意义

大豆籽粒含有20％左右的脂肪，是世界上主要的植物油来源作物之一，其总产量占世界油料作物总产量的35%，居八大油料作物之首。豆油的质量好，含有大量的不饱和脂肪酸，不含胆固醇，食用豆油有防止因胆固醇升高而引起的心血管疾病的功效，近年来大豆的油用量大幅增长。大豆籽粒营养丰富，蛋白质含量40%左右，比小麦、稻米和玉米高2～4倍，特别是人体必需的8种氨基酸含量较高，被称为完全蛋白。榨油后的豆粕是养殖业不可缺少的主要蛋白饲料来源。大豆籽粒的碳水化合物含量为30%左右，主要成分是乳糖、蔗糖和少量粗纤维，淀粉含量较少，是糖尿病患者的良好食物。此外，大豆籽粒中的维生素及钙、磷和铁等矿质元素含量均十分丰富。

大豆的籽粒、植株及榨油后的豆饼都是优质饲料，每100 g植株干物质含蛋白质12 g、脂肪4.08 g；豆饼蛋白质的可消化率较玉米和高粱高26%～28%；青刈大豆更是优质高产的青饲料和青贮饲料。

大豆是重要的食品工业原料，可制成多种营养丰富的副食品，国外大豆蛋白质食品逾万种。大豆也是重要的工业原料，可制作油漆、油墨、胶合剂、塑料、人造羊毛、人造纤维、脂肪酸、胶合板、胶卷和甘油等500余种民用、医药和工业产品。

此外，大豆是养地作物，其根瘤菌能固定空气中游离氮素，减少化肥的用量，维持地力，把用地和养地结合起来，在间套复种轮作中占有重要地位。

(二)大豆的起源

大豆[*Glycine max*(L.)Merr.]起源于我国。我国商代甲骨文中已有大豆。汉代司马迁(公元前145—前93年)在其编撰的《史记》中即提及轩辕黄帝时"艺五种"(黍、稷、菽、麦、稻)，菽就是大豆。成书于春秋时代的《诗经》中有"中原有菽，庶民采之""五月烹葵及菽"等描述。在考古发掘中也发现了古代的大豆。1959年山西省侯马县发掘出多颗大豆粒，经^{14}C测定，距今已有2 300年，系战国时代的遗物。

我国各地均发现有大豆野生种，其为一年生攀缘性植物，茎长可达3～4 m，无限结荚习性，荚小而狭长，粒小，百粒重1～3 g。籽粒蛋白质含量较高，脂肪含量较栽培大豆低。短日性强，对不良环境具有较强的抵抗能力。栽培种大豆是经过长期的自然选择和人工选择，形成了适于各种生态条件和符合人类需要的品种类型。栽培种的脂肪含量为12%～24%；蛋白质含量为32%～44%，个别的高于50%；百粒重10～40 g。栽培大豆起源于野生大豆。我国野生大豆种类最多、分布最广。野生大豆与栽培大豆杂交结实率很高，证明两者亲缘是相当近的。

栽培大豆究竟起源于我国何地呢？对此，学者们有不同的看法。吕世霖(1963)指出，古代劳动人民的生产活动是形成栽培大豆的关键，并提出栽培大豆起源于我国的几个地区。王金陵等(1973)也认为，大豆在我国的起源中心不止一个，是多源的。徐豹等(1986)比较研究了野生大豆和栽培大豆对昼夜变温和光周期的反应，证实35°N的野生大豆与栽培大豆之间的差别最小；品质化学分析结果也表明，我国34°～35°N地带野生大豆与栽培大豆的蛋白质含量最为接近；种子蛋白质的电泳分析又证明，胰蛋白酶抑制剂T_i^a等位基因的频率，栽培大豆为100%，而野生大豆中只有来源于32°～37°N者才是100%与栽培大豆相同。基于以上三点，他们认定大豆应起源于黄河流域。

(三)大豆的类型

1. 按大豆的结荚习性分类

(1)无限结荚习性大豆　无限结荚习性的大豆植株，主茎和分枝顶端在开花后仍继续生长，营养生长和生殖生长并进的时间较长，开花顺序是由下向上，顶端只长出 1～2 个荚，这类大豆植株较高，侧枝发达，豆荚均匀地分布在各分枝上，主茎虽有豆荚但不集中，荚以中部分枝最多，向上逐渐减少。

(2)有限结荚习性大豆　有限结荚习性大豆在接近成株高度前不久，于茎的中上部开始开花，然后向上、向下逐节开花，花期集中。以后在主茎顶端出现一个大花簇，茎即停止生长，因此植株较矮，主茎粗，节间短，豆荚多集中在主茎上，在肥地不易倒伏，叶片较肥。

(3)亚有限结荚习性大豆　这种结荚习性介于以上两种习性之间而偏于无限习性。亚有限结荚习性大豆植株较高大，主茎较发达，分枝性较差，开花顺序由下而上，主茎结荚较多。具这种结荚习性的大豆，在肥水充足和密植时，表现出无限习性的特征，而在肥水适宜、稀植时表现出近似有限习性的特征。

2. 按播种区生态类型分类

(1)春大豆型　这种类型包括北方春大豆型、黄淮春大豆型、长江春大豆型和南方春大豆型。其短日性弱，北方春大豆型和长江春大豆型极早熟品种和部分早熟品种，在较长甚至不断光照条件下仍能开花。

(2)夏大豆型　夏大豆型又分黄淮夏大豆型和南方夏大豆型，短日性较强，在 16 h 日长下即不能开花。

(3)秋大豆型　秋大豆型短日性极强，在 14 h 日长下即不能开花。

(4)冬大豆型　冬大豆型短日性较弱，分布在我国北回归线以南地区，以两广南部为主，11 月秋熟作物收后播种，翌年 3～4 月收获。

3. 按生长习性分类

(1)直立型　直立型大豆植株生长健壮，茎秆直立向上，栽培品种大多属于直立型。

(2)半直立型　半直立型大豆植株生长较健壮，茎秆上部略呈波状弯曲。

(3)半蔓生型　半蔓生型大豆植株生长较弱，茎秆细长，出现轻度爬蔓和缠绕。

(4)蔓生型　蔓生型大豆植株生长弱，茎枝细长爬蔓，呈强度缠绕，匍匐地面。

(四)大豆产量和品质的形成

1. 大豆的产量构成

大豆的籽粒产量是由单位面积株数、每株荚数、每荚粒数和粒重构成。以上 4 个产量构成要素中任何一个因素发生变化都会引起产量的变化，理想的产量构成模式是 4 个因素同时增长。然而同一个品种中，将荚多、每荚粒数多、大粒等优点结合在一起，是比较困难的，即使有这样的品种，也只有在适宜密度的情况下才能获得高产。

对于同一个大豆品种来说，单位面积株数在一定肥力和栽培条件下有其适宜的幅度，伸缩性不大。每荚粒数在遗传上是比较稳定的，百粒重又受籽粒形体大小的限制，因此每株荚数是变异较大的因素。国内外不少研究证实，单株荚数与产量呈显著正相关。培育强健主茎、增加主茎节数，是获得高产的有效途径。

2. 大豆的品质形成及其影响因素

大豆种子的蛋白质、油分含量以及种皮色、脐色、光泽与利用要求及商品价值有关。大豆籽粒中蛋白质含量十分丰富，在大豆开花后 10～30 d，氨基酸增加最快。花后最初的 15～22 d

内，由正在发育着的子叶所合成的蛋白质是代谢蛋白。在22 d前后，开始是脂肪和蛋白质同时积累，后来转入蛋白质积累为主。后期蛋白质的增长量占成熟种子蛋白质含量的一半以上。大豆籽粒含油量在开花后45 d以前，随种子成长而增加，其中又以开花后30 d左右增长最快，开花后45 d(乳熟期)达到高峰，以后略有下降。结荚鼓粒期是提高种子含油量的重要时期，籽粒形成后7 d又是提高种子干重和油分绝对含量的关键时期。

大豆籽粒油分与蛋白质含量之和约为60%，这两种物质在形成过程中呈负相关关系。油分和蛋白质的形成都需要现成的光合产物——糖。凡环境条件利于蛋白质的形成，籽粒蛋白质含量即增加；反之，环境条件利于油分形成，则油分含量增加。

影响大豆品质的生态因素很多，概括起来有这样的规律性：土壤水分适中，天气晴朗，阳光充足，气温在21～23℃，对油分形成和积累有利，但蛋白质含量较低；反之，土壤干旱，高温闷热，或阴雨多湿或气温较低等条件，对蛋白质形成和积累有利，但油分含量不高。大豆的优质栽培可根据用途而定，除选用适宜品种外，还应努力创造一个适宜油分或蛋白质合成积累的环境条件。

四、烟草

1. 烟叶产量的形成

烟草种植的产品是调制出来的烟叶，因此烟草产量构成因素是单位面积上株数、单株叶数和单叶重。由于受到遗传特性、生长习性和品质标准等因素的制约，烟草产量构成三因素的可变幅度较小。例如烤烟，如果减少单位面积株数，就得增加单株叶数或单叶重以获得产量，而单株有效叶数受品种遗传特性制约，少叶型品种较大幅度增加有效叶数是困难的；单叶重增加过多，烤后烟叶身份过厚，颜色偏深，化学成分不协调，质量将降低；如果增加单位面积上株数，烟株个体与群体矛盾加剧，或者烟叶生长发育不好，叶小而薄，单叶重量轻，影响烟叶质量；或者因叶面积指数过大，田间郁蔽，通风透光条件变差，造成底烘，下部甚至中部烟叶不能正常成熟烘烤，产量和质量将受影响。

2. 烟草品质概念

烟草质量是一个综合概念。优质的烟叶具有完美的外观特征、优质的内在品质(香气、劲头、吃味、刺激性等)、良好的物理性状、协调的化学成分、无毒无害相对安全的特点。随着现代科技的发展和人们生活水平的提高，质量概念具有典型的地域性、时间性和空间性。自“吸烟和健康问题”成为世人关注的问题以来，对烟叶质量提出了新的要求，烟叶的安全性和质量的“可用性”越来越被人们重视，对烟叶的外观质量、内在质量、物理性状和化学成分的要求也有不同程度的变化，这也要求烟叶生产及时调整生产技术，生产更好的烟叶以满足消费者的需求。

五、麻类

(一)麻类生产的重要意义

苎麻是重要的纺织原料和出口物资。苎麻和涤纶、维纶、粘胶、棉、毛、丝混纺交织，优缺点互补，别具风格。苎麻织品具有挺括、凉爽、舒适的特点。它是理想的夏季衣料和春秋面料。它强度大，伸长度小，适于制造各种缝线、卷尺、橡胶胎的内衬、电线包皮、传动皮带、水龙带、航海用具、飞机翼布、降落伞拉线、矿井用绳索、军用绳索和麻线、帆布制品、油布和帐篷等。

(二)麻类的起源

苎麻原产于我国,在4 000年以前的父系氏族公社时代,现浙江省吴兴县钱山漾良渚文化居民,就已利用苎麻织成平纹细麻布和制粗细不同的绳索。东南亚各国,苎麻栽培的历史也比较悠久。

亚麻为亚麻科(Linaceae)亚麻属(*Linum*),一年生草本植物,原产于小亚细亚到地中海沿岸一带。早在5 000年前的石器时代,瑞士湖栖民族和古代埃及人就已经栽培亚麻,利用它的纤维织成布料。我国亚麻直到1925年后才开始较大规模栽培。

大麻是我国最古老的作物之一,栽培历史达4700多年。大麻的原产地可能是喜马拉雅山谷。

黄麻和红麻由于用途相似,各种统计资料中常将两种麻合计统计,称为黄红麻。黄麻属于椴树科(Tiliaceae)黄麻属(*Corchorus*)。这个属包括40多个种,其中具有栽培价值的是长果种黄麻(*Corchorus olitorius* L.)和圆果种黄麻(*Corchorus capslaris* L.)。黄麻起源于非洲、印度、中国华南地区。红麻原产于非洲,19世纪初才引入种植。

龙舌兰麻大多原产于中美洲墨西哥等地。我国普通剑麻于20世纪初由国外引进到台湾试种。后由台湾传到大陆沿海种植。H. 11648[以假菠萝麻和蓝剑麻(*Agave amaniensis* Jrel. et Howell)为亲本杂交,再与蓝剑麻回交培育而成]于20世纪60年代初期由东非引进我国。

(三)麻类的类型

麻类作物的种类多,全世界可利用的韧皮纤维植物和叶纤维植物有几百种,但作为经济作物大量栽培的,只有几十种。按照纤维主要着生部位,可分为韧皮纤维作物和叶纤维作物。前者为双子叶植物,利用其茎的韧皮纤维,纤维质地柔软,商业上称为软质纤维;后者为单子叶植物,利用其叶片或叶鞘的维管束纤维,纤维质地粗硬,商业上称为硬质纤维。

1. 韧皮纤维作物

韧皮纤维作物被利用的纤维主要着生在茎的韧皮部内,根据纤维主要来源于初生分生组织还是次生分生组织,又可分为初生纤维作物和次生纤维作物。实际上,每种韧皮纤维作物都具有初生纤维和次生纤维,只是相对量的多少不同而已。

(1)初生纤维作物 苎麻[*Boehmeria nivea* (L.) Gaud.]所利用的纤维几乎全部是初生纤维,亚麻(*Linum usitatissimuum* L.)、罗布麻[可制取纤维的主要有小花种 *Apcopynum lancifolium* Rus. 和大花种 *Apcopynum hendsonii* (Hook F.) Woodson 两个种]的纤维也主要来源于初生分生组织。

(2)次生纤维作物 黄麻(*Corchorus* L. sp.)、红麻(*Hibiscus cannabinus* L.)、青麻(又名苘麻 *Abutilon avizennae* Gaertner)、大麻(*Cannabis sativa* L.)的纤维主要来源于次分生分生组织。

2. 叶纤维作物

我国主要的叶纤维作物为龙舌兰麻,其为龙舌兰科(Agaveceae)所有植物的总称。

(1)叶片纤维作物 我国主要栽培的龙舌兰麻有:H. 11648(俗称剑麻),普通剑麻(*Agave sisalana* Perr.)、亚洲马盖麻(*Agave cantale* Roxb.),番麻(*Agave americana* L.)、假菠萝麻

(*Agave angustifolia* Hew.)、灰叶剑麻(*Agave fourcroydes* Lemaine.)等。

(2)叶鞘纤维作物　最重要的叶鞘纤维作物为芭蕉科芭蕉属的蕉麻(*Musa textilis* Ness),也称为马尼拉麻。其纤维品质超过其他所有的叶纤维作物。

六、薯类

(一)薯类生产的重要意义

薯类作物具有高产、稳产的特性,它的适应性广,抗逆力强,抗风、耐旱、耐瘠,遇到严重干旱时生长暂时受到抑制,但干旱解除后仍可恢复生长,这是禾谷类作物所不及的。

薯类作物都是粮饲兼用作物,除食用外,又是营养价值高、应用很普遍的重要饲料。它们的共同点是薯块富含淀粉,所以又都是重要的酿造和食品工业原料。甘薯的薯块中约含淀粉20%、糖分3%、蛋白质2.3%、脂肪0.2%,还含有钙、磷、铁等无机盐类,丰富的胡萝卜素及维生素C、维生素B_1、维生素B_2等。甘薯块根中的β-胡萝卜素、黏液蛋白和脱氢去雄酮等具有提高人体免疫力、预防结肠癌等功效。甘薯是用途广泛的工业原料作物和重要的能源作物。利用甘薯生产的主要产品是淀粉和酒精。甘薯多种产品广泛用于化工、医药、食品、纺织、染料等工业部门;酒精可作为替代能源应用于国民经济的各个行业。马铃薯可以加工成薯片、薯条、全粉等,是宜粮、宜菜、宜饲和宜做工业原料的粮食作物。薯蓣还是一味中药。凉薯块根洁白、脆嫩、多汁,营养丰富,可生食,也可熟食,还可从种子和茎叶中提取杀虫剂。魔芋具有特殊的食用价值,除本身丰富的营养成分外,还能做药治疗多种疾病。目前,国外从魔芋提取葡甘露糖而生产的保健药品和食品,深受欢迎。

(二)薯类的起源

甘薯(*Ipomoea batatas* Lam.)属旋花科,甘薯属,甘薯种,又称白薯、红薯、山芋、地瓜等,原产于美洲的中部或南美洲的西北部的热带地区。马铃薯是茄科(Solanaceae)茄属(*Solanum*)的草本植物。生产应用的品种都属于茄属结块茎的种(*Solamum tuberosum* L.)。南美洲秘鲁及沿安第斯山麓智利海岸以及玻利维亚等地区都是马铃薯的故乡。两种薯类作物16世纪传入亚洲与非洲。16世纪末(明朝万历年间)传入我国,最初在福建、广东栽培,后向浙江、山东、河南等地逐渐传播开来。

(三)薯类的类型

薯类品种类型繁多,按用途归类可分为淀粉用型、食用及食品加工用型和饲用型三大类型。按栽培季节,甘薯分为春薯、夏薯、秋薯和冬薯等类型。

(四)薯类产量和品质的形成

甘薯块根从植物形态组织解剖来看,最初和一般双子叶植物的幼根相似,后来由于形成层细胞不断分裂,产生大量薄壁细胞,并积累养分,发展成肥大的块根。

茎叶生长旺盛健壮,块根产量高。前期茎叶早发,结薯早,块根膨大快,春、夏薯分别在栽后约60 d、46 d,叶面积指数达到2.5～3.0;中期茎叶生长旺盛健壮,叶面积指数平稳上升,一般为4.0～4.5,而且维持时间较长,块根膨大快;后期叶色稍有转淡,但不早衰,块根迅速膨大,收获时叶面积指数为2.5～3.0。

环境条件影响甘薯产量和品质的形成,甘薯喜温暖而对低温反应敏感,在15～30℃时,温度越高生长越快,较大的日夜温差有利于块根膨大。甘薯是耐旱作物,整体系数在300～500,

低于一般旱田作物。甘薯对土壤要求不严格，耐贫瘠，但以土层深厚疏松，排水良好，含有机质较多，具有一定肥力的壤土或沙壤土为宜。甘薯喜光，充足的光照有利于块根膨大，每天受光12.5～13 h，比较适宜块根膨大。

第五节　饲料作物

经过人工培育栽培的，不是以生产籽实为主，而是以收获茎叶等植物营养体为主，满足牲畜的生活和生产需要，且是无毒的植物，均可称为饲料作物。通称饲料作物的还有在栽培管理上与种植作物同等之意。饲料作物主要有：①禾谷类饲料作物。主要为禾谷类粮食作物，如燕麦、大麦、黑麦、玉米、粟、高粱等。②豆类饲料作物。豆类作物的籽实富含蛋白质，秸秆也是很好的饲料，如大豆、秣食豆、黑豆、豌豆、蚕豆，还有小豆类等。③瓜类饲料作物。如饲用南瓜、佛手瓜等。④块根、块茎类饲料作物。块根类主要有甘薯、木薯。块茎类主要有马铃薯、菊芋、蕉藕。直根类主要有胡萝卜、甜菜、芜菁甘蓝等。⑤叶菜类饲料作物。这类饲料种类很多，其特点是茎叶特别发达，如千穗谷、根达菜(牛皮菜)、苦荬菜、饲用甘蓝、白菜、蕹菜(空心菜)、芥菜等。⑥水生饲料作物。种类甚多，主要为生长在水里或潮湿地的植物，能提供牲畜丰富青绿多汁饲料，如水浮莲、水葫芦、水花生、满江红、细绿萍、水竹叶、水芹菜、雨久花等。

饲料作物的主要特点是早期发力弱，对生长有一定条件要求，其生物利用率和营养价值高。据美国威廉统计，以生产籽实为主，其经济收获量不过15%；以收获植物营养体为主，其利用率可达75%以上。生产实践证明，美国皇后苜蓿种植一年，可利用8～10年，每年收获3～4茬，每亩的生物产量可达8～10 t，干物质产量2～2.5 t。鲁梅克斯每亩的生物产量10～15 t，墨西哥玉米每亩的生物产量为10～14 t，串叶松香草每亩的生物产量8～10 t，黑麦草每亩的生物产量3～4 t。饲料作物不仅生物产量高，而且营养全面，含有多种动物需要的营养物质，适口性好，易被吸收利用，如苜蓿富含各种营养成分。据测定，1 kg优质苜蓿草粉相当于0.5 kg精饲料的营养价值，其中必需氨基酸含量比玉米高，特别是赖氨酸含量比玉米高5～7倍。每公顷苜蓿可产粗蛋白质1 500～3 000 kg，相当于18.75～37.5 t玉米所含的蛋白质。同时，苜蓿含有8种牲畜需要的维生素，如每千克青干草中含有胡萝卜素50～160 mg、核黄素8～15 mg、维生素E 150 mg、维生素B 55～60 mg、维生素K 150～200 mg，苜蓿还有15种对家畜生长有益的微量元素。苜蓿鲜草的粗蛋白质消化率：孕蕾期为71%，分枝期为76%，第一茬干草为80.6%。用苜蓿饲喂畜禽，可使动物日粮中营养更加平衡，大幅度提高动物的生产性能。不难看出，饲料作物是畜牧业不可缺少的优质饲草饲料，是畜牧业发展的物质基础。另外，有的牧草不仅可以作为优质饲草饲料，还同时兼有草坪草的功能，起到防沙固土、美化环境等作用，如三叶草等。

一、苜蓿

苜蓿(*Medicago satire* L.)属多年生豆科牧草，已有2 000多年的栽培历史，以“牧草之王”著称。

(一)苜蓿生产概况

1. 国内外苜蓿生产概况

在世界苜蓿产业化进程中,美国、俄罗斯一直处于领先地位,加拿大、法国紧随其后。美国和加拿大也是世界苜蓿种子的两大生产国,美国年产种子 5.22 万 t,总产值 2.185 万美元,不仅满足本国的需要,还大量出口;加拿大年产苜蓿种子 9 000 t,其中 1/3 出口。苜蓿草粉世界总产量已达 2 000 万 t,以俄罗斯最多,年产 700 万 t,其次是美国和法国,年产量均为 200 万 t。苜蓿产品主要出口国为美国和加拿大。1990 年美国出口苜蓿产品 131.1 万 t,1992 年为 153.8 万 t,加拿大的出口量分别为 58.8 万 t 和 78.4 万 t。比较而言,美国在草捆出口上占优势,加拿大在脱水产品上略胜一筹。目前,亚洲已成为世界上最大的苜蓿产品进口市场,其产品约 70%来自美国,20%来自加拿大,其余的主要来自新西兰和澳大利亚。

我国苜蓿种植地区以西北、华北、东北为主,20 世纪 80 年代末期统计种植面积 133 万 hm^2,其中西北地区 104.5 万 hm^2。全国以甘肃省种植面积最大,为 37.3 万 hm^2,陕西、新疆、内蒙古和宁夏种植面积都在 14 万 hm^2以上。我国苜蓿干草平均生产水平为 3 750 kg/hm^2,全国年产苜蓿干物质 500 万 t 左右,尚未满足国内畜牧业发展需求。我国生产的苜蓿草产品主要为草捆和草粉,据统计,苜蓿草产品总量为 76.9 万 t,出口仅 3.78 万 t。我国苜蓿种子生产以陕西、甘肃、宁夏、青海和内蒙古为主,分散经营,单产水平 201～900 kg/hm^2,年生产种子不足 10 万 t。和畜牧业发达国家相比,我国苜蓿产业建设仍处于较低水平。

2. 苜蓿的地位与作用

苜蓿在农牧业生产中起着重要作用,它是家畜的主要优良饲草,无论是青、干草还是青贮,都具有品质优良、适口性好的特点。它也是农作物的良好前茬,可以提高后茬作物的产量和品质。它亦是水土保持植物和蜜源植物,也可以作为蔬菜、食品加以利用。随着商品经济的发展及对外贸易的推进,苜蓿产品如干草、草块、草粉等逐渐被人们所重视,并作为商品直接出售。苜蓿常用的饲草功用主要有以下几种:

①青饲和放牧　苜蓿含有丰富的蛋白质、矿物质及维生素等营养物质,其营养价值为各类牧草之首。家畜、家禽多以青草饲喂,青草对家畜体重、奶牛泌乳、家禽产蛋都有明显效果。青刈苜蓿不仅产量高,质量优良,还可以源源不断的提供青饲料。养鸡利用苜蓿地放牧时,可使青年鸡生长健壮、增重加快。牛羊在苜蓿地放牧时,比在禾本科牧草地放牧日增重提高 1 倍以上。但牛羊大量青饲或放牧时,采食过量易引起臌胀病,应注意控制适当的采食量,为避免牛羊发生臌胀病,可在苜蓿与禾本科牧草的混播地放牧。在饲喂或饮水时加入少量普乐散,也可避免臌胀病的发生。

②制作干草　干草在畜牧生产中具有十分重要作用。加工成干草、干草块,干草粉,颗粒料等,便于贮存运输。除作家畜的饲草外,还可作为畜禽配合饲料的原料。华北地区苜蓿开花期在 5 月份,正值干燥少雨时期,此时收割,晾晒 1～3d 后即可贮藏,成为上等的优质干草。山西、陕西、甘肃等地群众晒制苜蓿干草时,采取先在晒场上铺一层麦秸,上面再铺鲜苜蓿,然后用石磙碾压,使压出的汁液被麦秸吸收,压扁的苜蓿则容易干燥,待干后混合堆垛,混合饲喂,此法损失养分少,干草质量好,也便于保存。

③青贮　青贮是保持牧草营养成分的一种良好方法,青贮料也是适口性极好的饲料。由于苜蓿含蛋白质多,含糖少,在发酵过程中容易引起腐败,因此,青贮时往往需要增加糖类,常

用的方法是与禾本科草混贮。如混贮牧草中含20%以上的禾草，便可制成较好的青贮料。在苜蓿中加20%～30%的压碎玉米粒及30%左右的干甜菜渣，效果更好。还有在苜蓿青贮中加入少量酸类物质可以防止腐败，常用的有机酸是甲酸。半干青贮含水分少，在青贮过程中不易腐败，制成的半干青贮料具有干草及青贮二者的优点，因此苜蓿青贮时也常采用这种方法。

(二)苜蓿的生物学特性及其类型

1. 苜蓿的生物学特性

苜蓿喜温暖半干燥气候，耐寒性较强，种子5～6℃可发芽，12～20℃萌发快，幼苗能耐受－6～－7℃的低温，生长最适宜温度为15～21℃。苜蓿主根粗壮，根系特别强大，入土达3～6 cm，抗旱能力很强，宜栽培在年降水量300～800 mm的地区。生长期间忌积水，连续水淹24～48 h即大量死亡。年降水量超过1 000 mm的地方不适宜苜蓿的栽培。苜蓿喜光，日照充足才能生长良好。喜中性或微碱性土壤，pH以6～8为宜。

苜蓿根系发达，主根入土深，在疏松深厚的土壤中，可达3～4 m，侧根较少。60%～70%的根系分布于0～30 cm土层。根部共生根瘤菌，常结有较多的根瘤。由根颈处生长新芽和分枝，一般有25～40个分枝，多者达100个以上。株高100～150 cm。茎直立或斜上，光滑，菱形，较柔软，粗2～4 mm。水分温度适宜时，分枝有数十条，开花后期能有第2、第3次新枝生长，适时收割，能刺激分枝生长。三出羽状复叶，小叶长圆形，顶端的一片稍大，小叶先端略凹，为一针状物。苜蓿的花蓝色或紫色，异花授粉，虫媒为主。为总状花序簇生，每簇有小花20～30朵，蝶形花有短柄，雄蕊10枚，1离9合，组成联合雄蕊管，有弹性；雌蕊1个。荚果螺旋形，盘旋2～4叠，表面光滑，有不甚明显的脉纹，幼嫩时淡绿色，成熟后呈黑褐色，不开裂，每荚含种子2～9粒。种子肾形，黄色或淡黄褐色，表面有光泽，陈旧种子色暗；千粒重1.5～2.3 g，每千克有30～50万粒。种子有硬实现象，经处理才能发芽。

苜蓿开花的顺序与花序形成的顺序趋于一致，一个花序上的开花顺序由上而下，一个花序开花持续的时间，随气候和品种而异，一般2～6d，开始以后第2、3天为最盛期。一朵小花开花时间能持续2～5 d。一个花序开花的持续时间与小花的数目成正比。苜蓿晴天开花多而阴天少，或者不开。晴天5～17时内都有开花，但9～12时开花最多，13时以后开花明显减少。苜蓿开花最适宜温度为20～27℃，相对湿度为53%～75%。苜蓿的柱头与花粉活力在田间条件下可持续2～5 d。花粉在20%～40%的相对湿度下可保持更久。在适宜的条件下，授粉后7～9 h，花粉发芽伸入到子房开始受精过程。授粉后5 d就能够出现螺旋形荚果。

2. 苜蓿的类型

苜蓿属种类很多，全世界共有65种，多数为草本，少数为小灌木。有25种可作为饲料和绿肥。我国分布的苜蓿有12种，3个变种，6个变型。

12个种包括：紫花苜蓿（*Medicago sativa* L.）、黄花苜蓿（*M. falcata* L.）、金花菜（南苜蓿、多形苜蓿）（*M. polymorpha* L.）、小苜蓿[*M. minima*（L.）Grufb.]、天蓝苜蓿（*M. lupulina* L.）、矩镰荚苜蓿（*M. archiducis-nicolai* Sirj.）、多变苜蓿（*M. varia Martvn.*）、圆盘荚苜蓿[*M. orbicularis*（L.）Bart.]、毛荚苜蓿（*M. pubescens* Sirj.）、花苜蓿（*M. ruthenica* L.）、阔荚苜蓿[*M. platycarpa*（L.）Trautv.]、辽西苜蓿（*M. vassilczenkoi* Worosh）。3个变种为：卷果苜蓿（*M. faleata* L. var. *revoluta* Sumn.）、草原苜蓿[*M. fatcata* var. *romanica*（Prod.）D. F. Cui]、秦岭苜蓿（*M. sativa* L. var. *integrifoliola* C. W. Chang）。6个变型为：扭果苜蓿

[*M. varia* Martyn. f. *schischknii* (Sumn.)]、大花苜蓿[*M. varia* Martyn. f. *ambigua* (Trautv.) D. F. Cui.]、座垫苜蓿[*M. varia* Martyn. f. *rivularis*(Vass.) D. F. Cui.]、密序苜蓿[*M. varia* Martyn. f. *agropyretorum* (Vass.) D. F. Cui.]、伊犁苜蓿[*M. varia* Martyn. f. *subdicycla*(Trautv.)D. F. Cui.]、天山苜蓿[*M. varia* Marryn. f. *tjianschanica*(Vass.) D. F. Cui.]。其中除紫花苜蓿外,大多数为野生类型。苜蓿的野生类型与紫花苜蓿相比,具有更广泛的适应性。用黄花苜蓿作为杂交亲本,可以扩大苜蓿的适应范围。

(三)苜蓿的优良品种选育

1. 苜蓿的优良品种选育方法

目前苜蓿育种主要目标有以下几方面:高产、优质、抗逆性(抗旱、抗寒及耐盐性)、抗病虫等。

苜蓿是多年生异花授粉植物,其自交(包括人工控制自交)又受许多因素的阻碍,苜蓿又是同源四倍体,与二倍体植物相比,在育种方法和后代选择上有其特点,故苜蓿育种常采用以下方法:

(1)混合选择法　苜蓿的许多地方品种,在开放传粉的情况下,是一个异质杂合体。对于这样的品种,采用混合选择法来改良某些性状是有良好效果的。按照育种目标所要求的标准,在群体中选择符合标准的个体,进一步混合脱粒即成为一个混合体。被选的混合种子,在第二年与当地优良品种进行比较试验,如果比对照品种优越,就可以推广使用。混合选择也可以采用无性繁殖法选择优良单株,效果更显著。混合选择的作用,是把群体中显优良性状的基因累积起来,同时清除一些不良的基因。混合群体虽然是由选择的单株构成的,但仍是一个具有广泛基因基础的群体。它可以减少近亲繁殖的有害作用。因此,混合选择对一些简单的遗传性状是有明显效果的。通过自然选择和人工选择的结合,可以创造出能适应当地生态条件和经济性状好的农艺类型。但是混合选择对提高产量和其他数量性状效果不大。

(2)轮回选择法　轮回选择是大部分异花授粉植物共同使用的选种方法。苜蓿的轮回选择是一种改良的多次混合选择。其选择在隔离区内进行,其选择程序如下:

第一年在隔离区内,种植 1 000 株以上的同一品种或杂种植株的群体,要求点播以供选择。第二年在开花之前,根据选种要求的表型特征,选择符合标准的单株,清除不良个体,令其自由开放传粉。待种子成熟后,分别收获和脱粒、编号、装袋。隔离区中的当选植株继续保留。第三、四年对上年当选的植株进行产量比较试验,选择配合力高的植株,淘汰配合力低的个体。比较试验最少连续观察两年。第五年根据两年的产量变化情况,就可以在隔离区内,保留高配合力的植株,清除配合力低的植株。第六年让植株在隔离区内相互授粉。待种子成熟后混合收种。这样收集的种子就可以用于生产,算作一个轮回。

轮回选择一般需六年完成一个周期,以后每一个轮回都是在前一个轮回的基础上进行。经过 3～4 个轮回,就可以收到很好效果。轮回选择能够较快地选育出优良的杂合群体,而且能够继续进行选择,逐步提高所要求的性状。它与混合选择的不同之点是,既注意表型选择,也对各个单株的配合力进行选择。连续几个轮回,就可以使各方面的优良基因集中于选择群体内,并在选择中淘汰不良基因,同时避免近亲繁殖,增加重组机会。它在提高苜蓿赖氨酸的含量、抗病性和改进其特殊配合力等方面,都有良好的效果。

(3)多元杂交法　多元杂交法是适用于具有营养繁殖能力的多年生牧草的改良方法,需要在隔离区内进行杂交选择，具体步骤如下：

第一年种植5 000～10 000株原始材料，稀植点播以供选择。第二年在上年单株区中选择500株左右建立无性繁殖系。每株扦插20株即可。第三年对无性繁殖系进行评选，选出60～100株无性繁殖系。挖去其他植株，保留无性系在隔离条件下开放传粉。当年按无性系分别收获和脱粒，供下年进行配合力试验。当年中选的无性繁殖系继续保留。第四年对各无性系后代种子进行产量比较试验。第五、六年继续试验被评选的优良无性繁殖系、淘汰配合力低的无性系。第七年从无性繁殖系区中清除配合力差的无性系，让当选的无性系开放授粉。在种子成熟后混合收获脱粒。这一年得到的混合种子，经过品种比较试验，如果能当选，就可繁殖推广使用。

多元杂交法，既对苜蓿的表型进行了选择，同时也测定了每个无性系的一般配合力，是改良苜蓿比较好的方法。多元杂交法是轮回选择法的改进，后者是以单株个体继续进行，试验的种子数量有限，前者当表型选择之后改用无性繁殖法，扩大了当选植株的种子数量，增加了试验的准确性，两者选择的年限相近。

(4)综合品种　综合品种是由一些中选的自交系，或中选的无性系，或中选的优良单株组成的群体。综合品种在开放传粉后，能增加群体中基因重组的机会，因而产量比开放授粉的一般品种大有改进。苜蓿是多倍体，群体的后代分离不明显。综合品种中以4～12个自交系和无性繁殖系组成其产量比较稳定。综合品种的产量变化，与组成综合品种的自交系和无性繁殖系的特殊配合力以及异交性、自交系和自交分离的情况等有关。

苜蓿综合品种组成的形式较多，有的如玉米那样，由中选的几个自交系种子等量混合而成，由于苜蓿选育自交系困难，因此由自交系组成综合品种目前还有许多困难。当前运用最多的是由无性繁殖系组成的综合种，这在一些国家几乎已成为苜蓿育种的标准方法。另外，也可以由中选的优良单株混合组成综合种，如通过混合选择、集团选择等育种方式来进行，也是行之有效的方法。

2. 苜蓿的良种繁育

苜蓿良种繁育的生产技术，在有些农艺环节上与牧草生产有所不同。优良的苜蓿种子是获得高产优质牧草的物质基础，是扩大苜蓿栽培面积的前提，是发展农区养畜、优化产业结构和实行粮草棉轮作与培肥地力的源头材料。因此，苜蓿种子的生产与良种繁育，对于发展生态持续农业具有重要的现实意义。现对苜蓿良种繁育途径叙述如下：

(1)苜蓿原种的有性选育　苜蓿是异花授粉作物，在原种选育和繁殖过程中，需采取当选株种子分半隔离、株系相比、劣汰优选和被选者混合繁殖的方法进行。

先按苜蓿的选种目标，从大田或杂交群体中选出符合要求的单株。一般1株苜蓿结籽1 200～1 600粒，将其一分为二，打上同一标签。其中一半600～800粒存入库房，另一半600～800粒种成株行圃。第二年，在各株行圃之间相互进行比较，选出符合要求的株系。第三年从库存的种子中，挑选出被选上的单株的种子，混合起来进行繁殖，建成原种田，在不同物候期按标准进行去杂决选。

(2)苜蓿原种的无性选育　在掌握优良苜蓿品种的主要特征的基础上，确定选株的标准，标准要明确、具体、便于掌握。例如，选择新疆大叶苜蓿，其标准是叶片要特别大，株型直立，返青生长快，植株高大、健壮、无病等。如果是品种选优复壮，应在老龄苜蓿地中选优株，因为老龄苜蓿单株是经过多年自然选择留存的遗传性稳定、抗逆性强、长势好的种株。返青期对种株挂牌标记，现蕾或花期再按标准决选1次。

(3)移栽定植原种株系田　苜蓿是多年生作物，原种田保持年限长，所以选地时除考虑设置100～200 m的隔离区外，还要考虑不影响轮作倒茬。移栽定植时期应在插条成活后苗高20 cm以上时进行。定植时应尽量带土移栽，随栽随浇水。定植行穴距为70 cm或80 cm，每穴1～2苗。定植后浇水1次，以后每隔2～3 d浇1次水，浇水后应及时中耕松土保墒，防除杂草。待其正常生长后穴施复合肥料，促进幼苗生长。在大多数荚果2/3变黄褐色时，即可收获。若植株长势好，株行间又通风透光，野蜂传粉多，则可适当延长收获期，以增加种子产量，但最迟应在秋霜前25～30 d收获脱粒。

(4)原种保纯繁殖　不论是有性或无性选育的原种，都要进行保纯繁殖。原种的播种和原种一代种子生产的农艺过程，基本上与苜蓿大田的生产相同。对有些不同的方面简述如下：①设置隔离区。苜蓿是异花授粉作物，原种田与其他苜蓿品种区之间必须设置200～400 m远的隔离区，确保种质纯度。②土地选择。原种繁殖田，前茬以小麦、玉米和各种禾本科牧草为好。不允许在种过苜蓿、胡麻的地上繁殖原种。③施肥。原种苜蓿既收种子，又收牧草，要求肥料较多。施用足够的牛羊粪拌磷肥作基肥。幼苗生长40～50 d后，结合灌第一水每公顷施尿素150 kg。在现苗期，每公顷喷洒浓度为0.02%的硼酸20 kg，可显著增加种子产量。④播种与密度。原种繁殖与其他苜蓿良种繁殖一样，必须要稀植，条播的行距70～80 cm，每公顷下种量200～250 g。穴播的行距60 cm，穴距20～30 cm。最好用浦菜或小麦伴种遮阴。⑤中耕除草。原种田密度小，空白面积大，苜蓿苗期长，生长缓慢，很容易被杂草感染。因此，要勤中耕，勤除草。⑥灌水。原种苜蓿在全生育期内至少灌水3～4次，尤其在开花授粉期水不可少。否则，会严重影响种子产量。⑦种子的收割期。苜蓿种子的收获期是以品种不同的生育期和荚果色泽的变化来决定的。一般植株下部的荚果变成黑色，中部的变成褐色，上部的变成黄色时就可以收割。就品种而言，早熟种105 d，中熟种110 d，晚熟种120 d成熟收割。

(四)苜蓿的栽培技术

苜蓿为多年生作物，田间管理以防病治虫和肥水管理为主。对于直播栽培的种植方式，一般有以下几个环节：

1. 整地

苜蓿种子细小，幼苗较弱，早期生长缓慢，整地宜精细，要做到深耕细耙，上松下实，以利出苗。有灌溉条件的地方，播种前应先灌水以保证出苗整齐，无灌溉条件的，整地后应先镇压以利保墒。在贫瘠土壤上需施入适量厩肥或磷肥作底肥以利于根瘤形成。

2. 播种

苜蓿一年四季均可播种，以春播或夏播为佳。春播苜蓿根部发育健全，有利于安全越冬，当年还可收割1～2次。纯净而发芽率高的种子每公顷需种22.5～37.5 kg，其播种方法以净种为宜，条播为佳，行距以20～30 cm为好。播种深度湿润土壤为1.5～2.0 cm，干旱时为2～3 cm，播后应进行镇压以利出苗。播种前晒种2～3 d或短期高温处理(50～60℃，15～60 min)，可提高发芽率。

3. 田间管理

苜蓿苗期生长缓慢，要防杂草危害。干旱季节和刈割后浇水对提高产量效果非常明显，冬灌能提高地温，有利于苜蓿的越冬。排出积水可使土壤通气状况改善，微生物活动增强，土壤温度提高，冻害减轻。返青前或刈割后必须追肥。若发生病虫害，可根据具体情况选用敌百虫、波尔多液、多菌灵等进行防治。

4. 收获

苜蓿最适宜的收获时期是第 1 朵花出现至 1/10 花蕾开花，根颈上又长出大量新芽阶段。此时苜蓿营养物质丰富，产量高，根部养分已积蓄到一个相当高的水平，并且再生良好。在蕾前或现蕾时收割蛋白质含量高，饲用价值高，但产量低，且减少根部养分的积贮，降低生机，甚至引起死亡；若收割过迟，草质粗老，饲用价值低。收割时期还应根据具体情况而定，青饲的宜早，晒制干草的可在 10%植株开花时刈割；作猪禽饲料可较作牛羊饲料早收割。最后一次收割应在霜前 30 d 左右进行，以便在上冻前使植株恢复到一定高度，苜蓿留茬高度一般以 4～5 cm 为宜。

二、黑麦草

黑麦草为禾本科、黑麦草属。一年生或多年生草本植物。可作牧草和绿肥利用。

(一)黑麦草生产概况

1. 国内外黑麦草生产概况

黑麦草作为人工栽培的饲料植物已有几百年的历史。它具有分蘖力强、生长快、产量高、品质好等优点。目前世界上许多国家都十分重视黑麦草的生产。特别是一些畜牧业发达的国家栽培更为广泛。一年生黑麦草原产地为地中海沿岸，而多年生黑麦草分布于欧洲南部、非洲北部及亚洲西南部，现广泛分布于世界各地的温带地区，如英国、意大利、法国、新西兰、澳大利亚、美国、日本等国。在英国，黑麦草人工栽培草地面积高达 670 万 hm^2。

我国从 20 世纪 30 年代开始研究多花黑麦草，特别是改革开放以来，四川、江苏、浙江、江西、贵州、云南、广东、广西和福建等省(区)较系统地研究多花黑麦草品种选育。多年生黑麦草和一年生黑麦草在我国南北方均有栽培种植。近年来，随着农业结构的调整和畜牧业的快速发展，牧草及饲料的需求量日益增加，牧草种植面积也逐年扩大。尽管如此，饲料还是严重不足，并威胁着我国食品安全，而且从发展趋势来看，饲料的缺口还将越来越大。位于三峡库区腹心地带的重庆万州区具有种草养畜的得天独厚条件，由于地方优良牧草较少、品种单一，已有牧草品种抗性差，产量低，品质差，极大地限制了当地畜牧业的发展，急需种植高产优质的适生黑麦草品种。优质黑麦草不仅要有较高的生产性能，还需要较优的品质和综合性状。在生产实践中，牧草的生物学特性往往成为人们进行生产的理论基础，只有对所种植牧草的生物学特性进行系统研究和总体评价，才能科学地进行生产，保证牧草高产、稳产和优质。

2. 黑麦草的地位与作用

黑麦草不仅为各种家畜所喜食，被广泛用作乳牛、肉牛和羊的干草及放牧利用的重要牧草资源，也是养鱼的好饲料。同时在绿肥生产、土壤改良、水土保持、庭院绿化等方面也有一定的地位。其作为牧草的主要方式有以下几个：

(1)放牧利用　黑麦草生长快、分蘖多、能耐牧，是优质的放牧用牧草，也是禾本科牧草中可消化物质产量最高的牧草之一。还常以单播或与多种牧草作物如紫云英、白三叶、红三叶、苕子等混播。牛、羊、马尤喜欢其混播草地，不仅增膘长肉快，产奶多，还能节省精料。

(2)青刈舍饲　黑麦草营养价值高，富含蛋白质、矿物质和维生素，其中干草粗蛋白含量高达25%以上，且叶多质嫩，适口性好，可直接喂养牛、羊、马、兔、鹿、猪、鹅、鸵鸟、鱼等。

(3)青贮　黑麦草青贮，可解决供求上出现的季节不平衡和地域不平衡问题，同时也可解决盛产期雨季不宜调制干草的困难，并获得较青刈玉米品质更为优良的青贮料。发酵良好的青贮黑麦草，具有浓厚的醇甜水果香味，是最佳的冬季饲料。

(4)调制干草和干草粉　黑麦草属于细茎草类，干燥失水快，可调制成优良的绿色干草和干草粉。也可制成草粉、草块、草饼等，供冬春喂饲，或作商品饲料，或与精料混配利用。

(二)黑麦草的生物学特性及类型

1.黑麦草的生物学特性

黑麦草属多年生草本植物。须根系发达，但入土不深，分布在0～20 cm土层内。丛生，分蘖力强，单株栽培分蘖数50～100个。茎直立，高60～80 cm。叶片细长，叶表光滑无毛具有光泽，叶色深绿，叶脉清晰明显，叶在芽中呈折叠状，叶舌膜质不明显，叶耳小，叶鞘光滑浅红色。黑麦草为穗状花序，穗长15～25 cm，少数可达33 cm。多年生黑麦草每穗有12～24个小穗，多花黑麦草每穗有20～34个小穗。小穗互生于主轴两侧，扁平，除花序顶端的1个小穗外，其余小穗仅具1枚颖片，近轴面的颖片缺失。多年生黑麦草每小穗含6～9朵小花，多花黑麦草每小穗含7～15朵小花，穗轴中部的小穗含小花数较多。小花外稃较长，多年生黑麦草短芒或无芒，多花黑麦草长芒。种子长5 mm左右，暗褐色，扁平无芒，千粒重1.5～2 g。

黑麦草的抽穗需要11～20 d，抽穗速度与环境和水分有关，干旱时抽穗慢，反之则快。多年生黑麦草抽穗较少且不整齐，多花黑麦草抽穗较多、整齐。就1个小穗而言，一般是靠近穗轴的小花先开，以后则交替开放。就整个花序而言，通常是中上部的小穗先开花，以后逐渐向顶部和基部发展。阴雨天开花少而迟。正常发育的花序，其花期一般为12～14 d。在一天中，开花时间为上午7:30—10:30。开花时，花丝和花药伸出稃外。遇到风雨，花丝易被折断，影响授粉。

黑麦草适于湿润而冬季温和的气候，不耐严寒，也不耐高热，在炎热的夏季生长很慢而差，有时甚至死亡。最适宜的生长气温15～25℃。在东北、内蒙古等地区不能越冬或越冬不稳定，在淮河以南夏季高温地区大都不能越夏。多年生黑麦草在适宜的条件下，可以生长二年以上，但在我国只能做越年生牧草利用。年雨量在500～1500 mm的地方均可生长。喜肥沃、湿润、排水良好的壤土或粘壤土，在轻盐碱土、石灰性土壤和微酸性土壤上也能生长。在于旱瘠薄的沙土上生长较差，不耐渍。由于生长快，分蘖多，单株稀植的情况下，单株分蘖一般有100个以上，最高可达数百个。

2.黑麦草的类型

黑麦草属(*Lolium* L.)全世界有20种，分为多年生、两年生和一年生3类。如多年生黑麦草、多花黑麦草、硬黑麦草、毒麦、远穗黑麦草、波斯黑麦草、那利黑麦草和锥形黑麦草等。前3种为异花授粉植物，其余均为自花授粉植物。而经济价值最高、栽培最广泛的只有2种，即多年生黑麦草和多花黑麦草。

①多年生黑麦草　又称宿根黑麦草、牧场黑麦草、英吉利黑麦草、英格兰黑麦草。原产南欧、北非及亚洲西南。为多年生丛生型禾草。株高70～100 cm，有时可达1 m以上，茎秆光滑直立丛生，质地柔软。叶片深绿色，叶背光滑，有明显的脊，叶在芽中呈折叠状。叶鞘光滑，叶

耳细小，叶舌膜质，短而不明显。穗状花序，小穗含花 6～11 枚。小穗无柄，互生于主轴两侧，扁平，一侧嵌于主轴之弯槽中。无外颖，内颖比小穗短。无芒。内稃与外稃等长。种子扁平，千粒重 1.5～2.0 g。

②多花黑麦草　又称意大利黑麦草、一年生黑麦草、多次刈割黑麦草。意大利早有栽培。在植物学性状上，与多年生黑麦草相似，区别之处在于：多花黑麦草比多年生黑麦草的植株较粗大，叶较阔而长，叶在芽中成卷曲状，叶耳大而明显，小穗花数多，有芒。

(三)黑麦草的优良品种选育

黑麦草经过几十年的遗传改良，其产量、适口性和消化率等已不再是育种的主要目标。目前重点要解决的是耐热、抗寒、抗病虫等问题。所以其稳产性显得更为重要。黑麦草的育种方法主要有选择育种、杂交育种和倍性育种等。

(1)选择育种　多年生黑麦草和多花黑麦草是较严格的异花授粉植物，因而群体在开放传粉的情况下是一个异质杂合群体。对于这样的群体，采用混合选择法来改良某些性状，往往会取得良好的效果。在具体实践中，需根据育种目标的要求来确定选择方法。单株选择法、改良混合选择法和轮回选择法均可采用。在创造新品种方面，常采用单株选择法。符合育种目标的优良单株在隔离区内连续进行几代繁殖和选择，可选育出优良的品种。

在群体改良方面，常采用轮回选择法。具体做法是，在隔离区内种植杂合植株的群体，次年对其进行评价，选择配合力好的优良亲本构成基本群体。再经过 2～3 个周期的天然杂交与选择，不断选出配合力高的植株，最后一年待种子成熟后混合收获，构成一个轮回。在轮回选择中，可采用表型轮回选择法，也可采用半同胞家系轮回选择法。一般而言，采用表型轮回选择法要选择合适的对照，而半同胞家系轮回选择可直接评价小区的产量与持续性。

我国已在引种国外黑麦草品种方面做了许多工作，国外的品种在我国不同的生态条件下往往会产生一些优良的变异植株。因此，国外引入品种可作为选择育种的重要资源。

(2)杂交育种　黑麦草品种间、多年生黑麦草与多花黑麦草之间的杂交比较容易进行，且 F_1 杂种可育。国外的许多黑麦草品种是通过杂交育种育成的。由于多年生黑麦草和多花黑麦草的天然异交率很高，杂交育种需要做好品种和种间的隔离工作。黑麦草为杂合植株，在 F_2 代中性状分离严重。加强杂种后代的选择、诱导四倍体等为稳定杂种优良性状的有效方法。

有关黑麦草属内异花授粉种与白花授粉种间的杂交工作在国外已广泛开展，并已获得可育的 F_1 杂种，具有良好的育种应用前景。

属间杂交是改善黑麦草某些抗逆性的有效手段。由于黑麦草属与羊茅属有较近的亲缘关系，因而可充分利用这一特点广泛开展两属间的远缘杂交工作。在国外，有关两属间杂交获得羊茅黑麦草复合种群的报道很多。其中，黑麦草属的异花授粉物种与羊茅属 *Bovinae* 组的杂交最为成功。多年生黑麦草、多花黑麦草与苇状羊茅(*Festuca arundinacea*)间的杂种以及多年生黑麦草、多花黑麦草与大羊茅(*Festuca gigantea*)间的杂种，均表现出完全的雄性可育；雌性的可育性虽较低，但它们基本上可与亲本回交。然而，有些种的远缘杂交则不太成功。例如，黑麦草与紫羊茅(*Festuca rubra*)等几种羊茅属植物的杂交，其杂种 F_1 代完全不育。因此，在远缘杂交时有必要配置较多的杂交组合，探讨其杂交的可交配性和杂种的可育性。

(3)倍性育种　二倍体黑麦草经秋水仙素处理较易加倍得到同源四倍体。四倍体黑麦草较二倍体黑麦草茎叶大，鲜草产量高，蛋白质含量高。因此，黑麦草的多倍体育种在国外广为开展。从遗传角度来看，同源四倍体可以遮盖二倍体不能完全遮盖的不利隐性基因的影响。

假如不利的等位基因以较低的频率、较多的位点在二倍体群体中出现，那么就有望在相应的四倍体群体中降低其自交衰退的程度，并减少特殊配合力的变异。其次，四倍体的遗传可减少后代性状的分离，容易使不同种群间杂交后代的性状趋于稳定。

此外，属间杂交后诱发异源多倍体，还可稳定目标性状的遗传，培育出优良的黑麦草新品种。例如，经过多年生黑麦草与草地羊茅（*Festwa pratensis* Huds.，$2n=28$）杂种的倍性育种，成功地获得了稳定的双二倍体，育成 Prior 新品种，不仅在英国表现高产，而且由于具有较强的抗寒性，在加拿大的生长表现也很好。为了稳定多年生黑麦草与多花黑麦草的杂种，人们也采用了倍性育种的方法，从而减少了在种子繁殖期间的分离现象。

然而，在黑麦草的倍性育种中，其同源四倍体也表现出一些不足之处。与二倍体相比，茎叶的生长速度、分蘖密度、干物质含量及抗寒性等都有所降低。尽管如此，倍性育种仍不失为黑麦草育种的有效方法之一。

（四）黑麦草的栽培技术

黑麦草有多年生、两年生和一年生之分，对于多年生和两年生黑麦草来说，田间管理以防病治虫和加强肥水管理为主。而对于一年生黑麦草的直播栽培方式，一般有以下几个环节：

（1）整地和基肥　黑麦草种子细小，需肥较多，要有良好的整地和充足的肥料。每公顷施厩肥 15 000～30 000 kg 作基肥，施肥后翻地，耕深应在 20 cm 以上，并细致耙、压，达到地平土碎，以备播种。

（2）播种　宜秋播，多在 8 月下旬至 10 月初播种，也可在 3 月中旬春播、条播。行距 15～30 cm，播深 1.5～2 cm，播种量为 225～337.5 kg/hm²。与三叶草等豆科牧草混播可提高其产量和品质，但应以黑麦草为主。

（3）灌溉与施肥　黑麦草为速生牧草，再生力强，每次刈割或放牧利用后，应追施氮肥。据试验，在施氮量 0～336 kg/hm²情况下，每追施 1 kg 氮素，可增加干物质 24.2～28.6 kg，粗蛋白质 4 kg。黑麦草在分蘖、拔节和抽穗阶段，需水分较多，适时灌溉，可显著提高其产量和品质。因不抗热，夏季炎热期间，灌排水可降低土壤温度，有利越夏。

（4）刈割与利用　黑麦草鲜草产量可达 75 000kg/hm²，水肥条件较好时可达 150 000 kg/hm²。于抽穗期青刈饲喂牛羊，整喂或切短喂均可；猪、兔、禽和鱼用，则在拔节至孕穗期间刈割，粉碎或打浆喂给。黑麦草再生草大多自残茬长出，刈割时留茬不应低于 5 cm，齐地刈割对再生不利。在开花前后刈割，就地摊成薄层晾晒，晒到含水量 15%～17%时，即可运回，贮藏备用，也可调制成青贮料。

（5）采种　黑麦草春播，当年只能完成分蘖期，只有少量结实。秋播者，冬前即有较多分蘖，翌年夏季正常开花结实。黑麦草可以利用第一茬留种，也可利用再生草留种，以刈割 1～2 次留种为宜。种子成熟不齐，且易落粒，应选晴天早晨，在基叶变黄、70%的植株穗头变黄时，轻轻割下，捆成小捆或平铺地面，晒干脱粒。一般每公顷可产种子 750～1 050 kg。

三、苏丹草

（一）苏丹草生产概况

1. 国内外苏丹草生产概况

苏丹草系高粱属禾本科牧草，全世界约 30 种。原产于北非苏丹高原地区。在非洲东北，尼罗河流域上游，埃及境内有野生苏丹草分布。由非洲北部传入美国、巴西、阿根廷和印度，1915 年传入澳大利亚，1914 年原苏联首先在叶卡捷林诺夫斯克试验站进行试验，1921—1922 年开始大面积种植。现在欧洲、北美洲和亚洲大陆均有栽培。

从 20 世纪 50 年代苏丹草引入我国以来，在北方地区作为夏季青饲草及冬季青贮草的栽培面积不断扩大，内蒙古及西北地区种植面积目前已达万余公顷，并已成为我国苏丹草的主要种子生产基地，年产种子达 2.0×10^5 kg；在南方地区，苏丹草是夏季家畜及草食鱼类的优质饲料之一。因其栽培管理简便粗放，种植区域已经覆盖了我国淡水草食鱼类产区。20 世纪 80 年代以来，对发展我国长江中下游 11 省区的淡水养鱼起了重要作用。随着我国农村产业结构的调整，苏丹草的种植面积将呈现逐年上升的趋势。

2. 苏丹草的地位与作用

苏丹草是一种非常重要的饲料作物，它对畜牧业乃至渔业的发展起到了至关重要的作用。苏丹草具有饲草产量高、耐刈割、营养价值高、适口性好、耐贫瘠、抗逆性强、适应范围广等优点。

作为夏季利用的青饲料饲用价值很高，饲喂奶牛可维持高额产奶量，也可饲喂其他家畜。苏丹草的茎叶比玉米，高粱柔软，易于晒制干草。苏丹草再生力强，第一茬适于刈割鲜喂或晒制干草，第二茬以后，再生草进行放牧。苏丹草的茎叶产量高，含糖量丰富，可与高粱杂交，杂交后植株高大，鲜草产量高。在旱作区栽培，用来调制青贮饲料，饲用价值超过玉米青贮料。苏丹草抗旱能力强，能很好地适应气候温暖干旱地区的自然条件。分蘖期长，分蘖数量多，生长迅速，再生能力好，一年可刈割二次至三次。产量高而稳定，草质好、营养丰富，其蛋白质含量居一年生禾本科牧草之首。用于调制干草，青贮、青饲或放牧，马、牛、羊都喜采食，也是养鱼的好饲料。

(二)苏丹草的生物学特性

1. 苏丹草的生物学特性

苏丹草性喜温暖，不耐寒。温度条件是决定其区域分布和产量水平的主要因素。种子发芽最低温度为 8～10℃，最适温度为 20～30℃。在温度 12～13℃时几乎停止生长。在条件适宜下，播后 4～5 d 即可萌发，7～8 d 全苗，苗期时低温很敏感，当气温下降至 2～3℃时即遭受冻害。生育期 100～120 d，从播种至出苗 11～12 d，至抽穗 70～91 d，至成熟 100～120 d。生育期要求积温 2 200～3 000℃。生长随气温的增高和日照时数的增多而加快。苗期生长缓慢，一昼夜不超过 0.6～0.7 cm，分蘖期稍快，拔节后开始变快，孕穗到抽穗期最快，一昼夜可生长 5～10 cm，开花后又变慢，主要在夜间和清晨生长。苏丹草为短日照作物。

苏丹草进入分蘖期后，在整个生育期间能不断形成分蘖，一般出苗后 1 个月可产生 5 个侧枝，抽穗初期为 8 个，开花期可达 13～175 个，当营养面积大、水肥充足时，其分蘖能力显著增加，高时可达 100 个以上。苏丹草生长初期根系生长迅速，当地上部分高 20 cm，根系入土深即达 50 cm，但根系充分发育在开花期以后，如果开花后的根长为 100%时，那么分蘖初期为 53%，抽穗期为 16%，根系入土深度可达 2.5～3 m，在 0～53 cm 土层内；根系占 1/3，其余的分布于 50 cm 土层以下，不同深度土层内的养分和水分是它具有较高抗旱和高产性能的重要原因。

苏丹草出苗 80～90 d 后开始开花，首先是圆锥花序顶端最上边 2～3 朵花完全开放。然后逐渐向下，最后开放的是穗轴基部枝梗下边的花。开花后的4～5 d，雄性花也开始，其开花顺序与两性花相同，这时整个圆锥花序开花最多，有时可达300朵，每个圆锥花序开花期7～8 d，个别长达10 d以上，但由于苏丹草分蘖多，整个植株开花延续很长时间，有时直达到霜降为止。

苏丹草小花开放多在清晨和温暖的夜间，以早晨3～5时开花最盛，日出后还有个别花开放。每朵小花开放过程持续1.5～2 h。苏丹草开花所需温度不低于13.6～14℃，相对湿度不低于55%～60%，最大量开花是在气温20℃，相对湿度不低于80%～90%时。大雨天小花不开放，露水大时也妨碍小花的开放，温度愈低，小花开放愈晚。

苏丹草为异花授粉植物。种子成熟极不一致，往往在同一圆锥花序下面小花还在开放，而最上部的小穗已处于乳熟期。气温对其结实性有很大影响，当气温在0℃以下时。未授粉的小花被冻死，而处于乳熟期的种子发芽率降低，后熟期延长。

苏丹草具有良好的再生性，这是构成其多刈性和丰产性的重要原因。刈割后再生枝条可由分蘖节、基部第一茎节以及生长点未被破坏的枝条等三个部位产生，但占全部再生枝条的80%以上由分蘖节形成，其余是由茎基部第一茎节处形成的。在温暖地区可获得2～3次再生草。苏丹草的刈割高度与再生能力有直接关系，一般留茬高度以7～8 cm为宜，留茬过低影响再生。

苏丹草对土壤要求不严，只要排水畅通，在沙壤土、重黏土、弱酸性和轻度盐渍土上(可溶性氯化钠在0.2%～0.3%)均可种植，而以肥沃的黑钙土、暗栗钙土上生长最好。在过于湿润、排水不良或过酸、过碱的土壤上生长不良。

(三)苏丹草的优良品种选育

1. 自然变异选择育种

自然变异选择育种，是利用苏丹草栽培品种群体中的变异株，进行一次至几次单株选择育成新品种的方法。选择育种与杂交育种相比，方法简便，是选育新品种的重要手段之一。由于苏丹草为常异花授粉植物，加上自然界突变的发生和育成品种在不同生态环境条件下表现出某些优异性状，使苏丹草的推广品种中比其他自交作物有更多的变异。这些变异为育种提供了丰富的选择基础。选择育种的本质是利用变异，进行单株选择，分系比较，从中选出优良的纯系品种。在选育方法上可因具体情况而定。在材料较少时可采用一穗传方法，即在苏丹草生长周期中，对苏丹草进行细致的田间观察，选取优良的单株分别收获其成熟种子，建立株系；再根据分离情况或继续单株选择，或收获穗子混合脱粒，形成新品系；然后与当地的推广品种比较。如果新品系比对照表现优越且稳定，即可进行繁殖推广。在材料较多时可以采取五圃制法，即建立原始材料圃、选育圃、鉴定圃、预试圃和品种比较试验圃，展开选择育种工作。

苏丹草选择育种需要注意以下几点：①育种目标要明确，对材料要熟悉。②开始收集材料时群体应尽可能大些，并应更多地重视从当地种植的优良地方品种或育成品种中选择变异株。③选育后期可将农艺性状一致的株系混合，以提高品种的适应性并缩短育种年限。④对于优异的材料可以不受程序限制越圃提升，加速育种进程。

2. 种间杂交育种

苏丹草杂交育种目前大多集中在高粱与苏丹草的种间杂交上。高粱和苏丹草的染色体数均是$2n=20$，两者杂交不存在遗传障碍，且高粱与苏丹草杂种优势非常明显。高粱具有耐旱、耐涝、耐盐碱的能力，适应性很强。苏丹草耐旱力强，再生性好，茎柔叶多，饲草品质优于青刈玉米和高粱。高粱与苏丹草杂交种可将双亲的高产因子和优质性状较完善地结合在一起。F_1代在生长状况、株高、叶长、叶宽、单株鲜重、分蘖等产量性状方面均高于双亲平均值，甚至高于或接近于高亲；单位面积产量显著高于苏丹草，营养品质与苏丹草相近，适口性甚至优于苏丹草。

苏丹草与高粱的杂交育种，需要选育高粱胞质型不育系作为不育系，苏丹草自交系作为恢复系。例如，江苏省农业科学院利用高粱胞质型不育系 2098A 和保持系 2098B，在隔离区用保持系 2098B 对不育系 2098A 扩繁，扩繁后的 2098A 作为制种不育系（母本）。苏丹草自交系 2098 在田间扩繁并经抗叶斑病筛选后作为恢复系，培育出苏丹草与高粱的抗叶斑病杂交后代。

3. 诱变育种

诱变育种是利用理化因素诱发变异，再通过选择育种育成新品种的方法。此种方法在农作物上应用较多。苏丹草诱变育种主要是应用 γ 射线，部分也开始应用快中子和慢中子（即热中子）作为诱变剂。由于射线处理所产生的突变体大部分是不理想的，而使研究工作者期望应用化学诱变剂（如 NMU，即 N—亚硝基—N—甲基脲烷）。诱变处理中，在一定的照射剂量范围内，突变率与照射剂量呈正相关，但照射的损伤效应也相应提高。

（四）苏丹草的栽培技术

1. 整地

苏丹草是喜肥作物，只有在高肥条件下才能获得高产。通常在翻耕前以有机肥作基肥，每亩施 0.75 万～1 万 kg 农家肥，或 50 kg 碳铵，以保证高产。结合耕地翻入土中，耕深不少于 25 cm。翻耕后整细、整平田面。苏丹草根系发达，应充分整地，创造疏松的耕层环境。一般深耕 20～22 cm，并及时耙压。种植前要施足底肥，对红壤、黄壤和盐渍化土壤更应增施磷肥。

2. 播种

当表土 10 cm 处地温达 10～12℃时开始播种，也可采取分期播种，每期相隔 20～25 d，最后一期应在重霜前 60～90 d。一般采用条播，行距为 30 cm，每亩用种量 2～3 kg，22.5 万株/hm^2（最大密度），9 万株/hm^2（最小密度）。播种深度 2～3 cm，播后要填压。苏丹草可与一年生豆类作物混播。

3. 田间管理

苏丹草出苗后应及时中耕除草，一般苗高 10～15 cm 时开始中耕除草一次，15 d 后视情况再除草一次，将杂草消灭在封垄前。苏丹草生长十分迅速，种后一个月产量可达 1 350 kg 左右，一般杂草竞争不过苏丹草，之后便不用锄草，田间管理十分简单。此外，除播种前放足底肥外，在分蘖、拔节、孕穗期以及每次收刈后，均应及时结合灌溉或淋水进行追肥一次。

4. 收获

苏丹草在抽穗期刈割，干物质和营养价值最好。收割高度以第二节上部（约离地面10 cm）为宜，太低会影响再生。每次收获后应浇水施肥（无浇水条件的，可在雨后施肥），才能获得高产，一般亩产 3 000～10 000kg。

第六节　园艺作物

一、园艺作物概念

园艺作物泛指进行集约栽培、具有较高经济价值的果树、蔬菜、各种观赏植物、茶、香料及药用植物等。

二、园艺作物分类

通常的园艺植物分类方法有植物学分类和园艺学分类两种。

1. 植物学分类

指按门、纲、目、科、属、种和变种进行分类。全世界果树大约有 60 科，2 800 多种，主要栽培的有近 70 种；蔬菜约有 30 多科，200 余种，我国普遍栽培的有 40～50 种；观赏植物远多于果树和蔬菜的种类。

2. 园艺学分类

根据园艺植物的生物学性状和栽培技术特点进行分类。园艺植物按其实用价值分为果树、蔬菜和观赏植物三大类，广义地还包括药用和芳香植物类。根据园艺学分类法，将果树、蔬菜和观赏植物三大类园艺植物分类如下。

(一)果树的分类

1. 落叶果树

(1)仁果类　苹果、梨、木瓜等。

(2)核果类　桃、梅、李、杏等。

(3)坚果类　核桃、山核桃、栗、榛、银杏、扁桃等。

(4)浆果类　无花果、石榴、葡萄、猕猴桃、草莓等。

(5)柿枣类　柿、枣、酸枣等。

2. 常绿果树

(1)柑果类　柑橘、甜橙、酸橙、柠檬、柚、葡萄柚、金柑、枳等。

(2)浆果类　杨桃、莲雾、番木瓜、番石榴、枇杷等。

(3)荔枝类　荔枝、龙眼等。

(4)核果类　橄榄、油橄榄、杨梅、油梨等。

(5)坚果类　腰果、椰子、槟榔、香榧、榴莲等。

(6)荚果类　酸豆、角豆树、四棱豆等。

(7)聚复果类　树菠萝、番荔枝、刺番荔枝等。

(8)草木类　香蕉、菠萝等。

(9)藤木类　西番莲、南胡颓子等。

(二)蔬菜的分类

1. 根菜类

包括萝卜、胡萝卜、芜菁、辣根、牛蒡等。

2. 白菜类

包括白菜、芥菜、甘蓝等。

3. 茄果类

包括番茄、茄子、辣椒等。

4. 瓜类

包括黄瓜、西瓜、南瓜、西葫芦、甜瓜、冬瓜、丝瓜、佛手瓜、苦瓜等。

5. 豆类

包括菜豆、豇豆、毛豆、扁豆、豌豆、蚕豆等。

6. 葱蒜类

包括洋葱、大葱、大蒜、韭菜等。

7. 薯芋类

包括马铃薯、姜、芋、山药等。

8. 绿叶蔬菜类

包括芹菜、莴苣、菠菜、苋菜、蕹菜等。

9. 水生蔬菜类

包括莲藕、茭白、慈姑、荸荠、菱、水芹菜等。

10. 多年生蔬菜类

包括竹笋、金针菜、芦笋、百合、香椿等。

11. 食用菌类

包括蘑菇、草菇、香菇、木耳、银耳等。

(三)观赏植物的分类

1. 露地花卉

(1)一年生花卉　凤仙花、鸡冠花、一串红、千日红等。

(2)二年生花卉　雏菊、三色堇、金鱼草、虞美人、石竹、紫罗兰等。

(3)宿根花卉　菊花、芍药、蜀葵、萱草、铃兰等。

(4)球根花卉　小苍兰、水仙、郁金香、美人蕉、大丽花、花毛茛等。

(5)水生花卉　荷花、睡莲、凤眼莲等。

2. 温室花卉

(1)一二年生花卉　瓜叶菊、蒲色花、彩叶草、香豌豆等。

(2)宿根花卉　报春花、铁线蕨、非洲菊、君子兰等。

(3)球根花卉　仙客来、朱顶红、马蹄莲、大岩桐等。

(4)多浆植物　仙人掌、昙花、蟹爪兰、景天、龟甲球等。

(5)兰科植物　春兰、惠兰、建兰、墨兰、石斛、兜兰等。

(6)凤梨科植物　水塔花、筒凤梨等。

(7)棕榈科植物　蒲葵、棕竹、椰子等。

(8)水生花卉　王莲、热带睡莲等。

(9)温室花木　一品红、山茶、米兰、三角花、玉兰等。

3. 木本花卉

(1)常绿乔木　桂花、广玉兰等。

(2)落叶乔木　梅花、白玉兰等。

(3)常绿灌木　金丝桃、夹竹桃等。

(4)落叶灌木　腊梅、牡丹、月季等。

(5)藤本植物　紫藤、凌霄等。

4. 观赏树木

(1)常绿乔木　香樟、棕榈、柳杉、雪松、刺柏等。

(2)落叶乔木　乌桕、梧桐、槭树、悬铃木等。

(3)常绿灌木　南天竹、大叶黄杨等。

(4)落叶灌木　山麻秆等。

(5)藤本植物　薜荔、常青藤等。

5. 草坪植物

(1)暖地型草坪草　结缕草、狗牙根、画眉草、地毯草、假俭草、钝叶草等。

(2)寒地型草坪草　六月禾、早熟禾、羊茅、黑麦草、雀麦、碱茅、冰草等。

三、园艺作物基本概况

1. 园艺作物的品种改良和繁殖方法

园艺作物品种改良的途径可分为园艺作物种质资源收集、引种、选种和育种四种。园艺作物种质资源收集就是收集蕴藏在局部地区还未很好利用的种质资源。园艺作物引种就是将一种园艺作物从现有分布、栽培区域迁移到其他未分布、栽培区域。园艺作物的选种是利用群体中自然变异,将符合要求的优良植株筛选出来,经品种比较而获得新品种的育种途径。园艺作物的育种就是指通过育种技术培育新品种的方法,包括有性杂交、理化诱变,及生物技术育种。

园艺作物的繁殖方法可以分为有性繁殖和无性繁殖两大类。有性繁殖,又称实生繁殖。无性繁殖又称营养繁殖,是利用植物体营养器官,通过嫁接、扦插、压条、分株和组织培养等方法,培育成新的植株,大部分果树和木本花卉采用无性繁殖法。

(1)种子繁殖　种子繁殖是利用雌雄授粉而结成种子来繁殖后代。种子繁殖具有繁殖系数大、种子体积小,采收、运输、储藏方便,播种简单,实生苗根系发达,生长旺盛,对环境适应能力强等优点。大部分蔬菜、一二年生花卉及地被植物常用种子繁殖方式。

(2)嫁接繁殖　嫁接就是将一种植物的枝或芽(接穗)等组织,接到另一种植物(砧木)上,使之愈合形成一个新的植株的方法。嫁接能保持接穗品种特性、提早结果或使树体加快生长、扩大接穗品种适应性、加速品种更新。

嫁接按其所取的材料的不同可分为芽接、枝接和根接三大类。芽接是用一个单芽作为接穗，因削取芽片的方法和砧木处理的不同，又有丁字形芽接、方块芽接、套芽接、槽型芽接和嵌芽接等方法的变化，常在春、夏、秋季进行。枝接是利用一段枝条作为接穗，按操作方法不同，又有切接、劈接、腹接、插皮接、合接、靠接和舌接等不同的嫁接形式，主要在春季进行。根接是利用根段作为砧木，嫁接方法与枝接相似，根接时间一般在春季。

(3)扦插繁殖　扦插是将植物部分营养器官扦插于基质中，使其生根、抽枝成为一株完整的新植株的繁殖方法。依其利用的营养器官的不同，扦插繁殖可分为硬枝扦插，如葡萄；绿枝扦插如柑橘；根插，如枣、核桃；叶插，如虎皮兰属、秋海棠属等。

(4)压条繁殖　压条繁殖就是将连着母体的枝条压埋土中或包埋在生根介质中，待不定根产生后切离母体，形成一株完整的新植株。压条繁殖成活可靠，繁殖方式简单，需要设备少，但操作费工，繁殖系数低，不能大规模采用。荔枝、桂花、玉兰、夹竹桃等常用压条方法繁殖。压条方法有直立压条、曲枝压条、高压条等方法。

(5)分株和分球繁殖　分株繁殖是利用母株的根蘖、匍匐茎、根状茎秆、吸芽生根后切离母体培育成独立新植株的一种无性繁殖方法，草莓、香蕉中普遍采用。成活率高，但繁殖系数低，不能适应现代大面积栽培需要。草莓、狗牙根等可利用匍匐茎与走茎繁殖；石榴、山楂等可利用蘖枝繁殖；芦荟、景天可利用吸牙繁殖。

分球繁殖是依据母球自然分球习性进行分栽的繁殖方法。水仙、郁金香、百合和大蒜等用鳞茎繁殖，唐菖蒲、慈姑和荸荠等用球茎繁殖，马铃薯和菊芋、山药、秋海棠用块茎繁殖，莲、美人蕉和香蒲等用根茎繁殖，大丽花等用块根繁殖。

(6)组织培养繁殖　组织培养是利用植物体的器官、组织、细胞或原生质体，在无菌条件下，进行离体培养，使其增殖、生长、发育，形成完整的植株。园艺植物近年来应用这一技术进行优良品种的快速繁殖，实现了工厂化育苗。

组织培养法具有繁殖系数高，繁殖世代短，不受季节和环境条件限制等优点。目前，植物快速繁殖中应用最广泛的是茎尖培养和茎段培养，如兰花可利用茎尖组织培养进行大规模繁殖。

2. 园艺作物的栽培技术

园艺作物种类繁多，其栽培技术也千差万别，但一般园艺作物的栽培技术也有不少共同点。

(1)整形修剪　整形修剪是通过修剪使栽培的果树形成早果、丰产、稳产的树体结构，使观赏树木形成具有艺术欣赏价值的姿态。整形是对树体进行人工修造，形成一定形式的树冠骨架。修剪是整形的具体操作，修剪的目的在于平衡生殖生长与营养生长的关系，改善作物生长条件，以达到果树连年丰产与观赏植物保持观赏价值的目的。

整形修剪具有调控树体结构，增强景观效果、调节生长与结实，衰老与更新的关系、调节养分和水分的运转与分配、改善通风透光、适应不同的环境，减少病虫害等作用。

(2)控制开花的技术　利用控制开花技术，可提高园艺植物的产量和品质及其观赏价值。控制花芽量可提高果树产量与品质。采用矮化砧木，运用摘心、拉枝、环状剥皮等缓势修剪技术，加强肥水条件，特别是磷、钾肥的施用，可利于果树花芽形成；而疏花疏果，喷施 PP333、B9 和乙烯利等植物生长延缓剂可抑制新梢生长，促进花芽形成。

花卉的花期控制主要有温控法、光控法、水控法、修剪法、药控法等方法。温控法是利用温室,冷库等进行花期调控,如菊花,缩短光照时间,进行暗处理,可以提前开花。光控法是调节光周期,控制光照来控制开花,如一品红、蟹爪兰等短日照花卉,若要提前开花,就必须进行遮光,进行短日照处理。部分木本植物在遇到恶劣的环境时,为了延续后代的需要,会在很短时间内,完成开花结果的整个繁衍后代的过程。利用木本花卉的此种特性,采取控制水分的措施,可达到提前开花的目的。如三角梅,在肥、光、土、温均适合生殖生长的前提下,停止浇水,直至叶片蔫萎脱落,再少量地浇水,保持 20 d 左右,即可孕无叶之蕾,开出满树的花。修剪法是用摘心,修剪,摘蕾,剥芽,摘叶,环剥等措施,调节植物生长速度。如一串红,天竺葵等都可以在花后进行修剪,可重新抽枝发叶,开花。药控法是应用植物生长调节剂控制花卉生长的一种有效方法。目前常用药剂有赤霉素,乙烯利,矮壮素,多效唑,缩节胺和细胞分裂素等。

(3)园艺设施的应用　利用设施栽培园艺作物,是现代园艺业的一个重要发展方面。园艺设施是指人工建造的用于栽培园艺作物的各种设备,如温室、塑料大棚、温床、冷床、地膜等。

(4)盆栽和盆景　用盆钵等容器栽培花、草、树木称为盆栽,主要用于庭园布置和室内陈设。

盆景是以植物、山石、土、水等为材料,经过艺术创作和园艺栽培,在盆中典型、集中地塑造大自然的优美景色。盆景源于中国,一般有树桩盆景和山水盆景两大类,是由景、盆、几(架)三个要素组成的。

第七节　作物品种及种子工程

一、种质资源及品种

种质资源又称遗传资源,是指所有用于品种改良或具有某种有遗传价值特性的原始材料的总称。如古老的地方品种、新培育的推广品种、重要的遗传材料以及野生近缘植物,都属于种质资源的范围。

品种是人类在一定生态条件和经济条件下,根据人类的需要所选育的某种作物的某种群体。作物品种是育种的产物。

二、作物育种方法

(一)引种

广义的引种,是指把外地或国外的新作物、新品种或品系,以及研究用的遗传材料引入当地。狭义的引种是指生产性引种,即引入能供生产上推广栽培的优良品种。

引种具有简便易行、见效快的优点。引种能否成功,决定于引种地区与原产地区的生态条件差异程度,差异越小引种越容易成功。引种时需要考虑的生态条件包括:气温、日照、纬度、海拔、土壤、植被、降水分布及栽培技术水平等,其中气温和日照长度是决定性的因素,而纬度和海拔则与气温和日照长度密切相关。

(二)选择育种

选择育种是指对现有品种群体中出现的自然变异进行鉴定、选择并通过品系比较试验、区域试验和生产试验培育农作物新品种的育种途径。

作物品种自然变异的原因有:①自然异交引起基因重组;②自然变异;③新育成品种群体中的变异。

(三)杂交育种

杂交育种是不同品种间杂交获得杂种,继而在杂种后代进行选择以育成符合生产要求的新品种的方法。

杂交可以使生物的遗传物质从一个群体转移到另一群体,是增加生物变异性的一个重要方法。不同类型的亲本进行杂交可以获得性状的重新组合,杂交后代中可能出现双亲优良性状的组合及超亲代的优良性状,也可能出现双亲的劣势性状组合,或双亲所没有的劣势性状。杂交育种是当前作物育种中最常用和最有效的育种方法。正确选择亲本并予以合理组配是杂交育种成败的关键,选择亲本的原则首先要尽可能选用综合性状好,优点多,缺点少,优缺点或优良性状能互补的亲本,同时也要注意选用生态类型差异较大、亲缘关系较远的亲本杂交。

(四)杂种优势利用

杂种优势是生物界的一种普遍现象,一般是指杂种在生长势、生活力、抗逆性、繁殖力、适应性、产量、品质等方面优于亲本的现象。

杂种优势表现的特点:

①普遍性 几乎所有生物都存在杂种优势。

②复杂多样性 因组合、性状、环境条件不同而呈现复杂多样性。

③杂种优势强弱与亲本性状差异及纯度密切相关。双亲亲缘关系、生态类型、地理距离和性状上差异较大的,往往表现出较强的杂种优势。反之则较弱。

④F_2及以后世代杂种优势衰退。

(五)诱变育种

诱变育种,利用物理、化学等因素,诱发生物体产生突变,从中选择,培育成动植物和微生物的新品种。提高诱变效率,迅速鉴定和筛选突变体以及探索定向诱变的途径,是诱变育种需要解决的主要问题。

(六)作物生物技术育种

作物生物技术育种的主要内容涉及作物细胞组织水平、染色体水平和基因水平上遗传基础的改造改良,即细胞工程、染色体工程、基因工程。

1. 花药培养和组织培养

花药培养是用植物组织培养技术,把发育到一定阶段的花药,通过无菌操作技术,接种在人工培养基上,以改变花药内花粉粒的发育程序,诱导其分化,并连续进行有丝分裂,形成细胞团,进而形成一团无分化的薄壁组织——愈伤组织,或分化成胚状体,随后使愈伤组织分化成完整的植株。花药培养可以加速育种材料的纯合,提高选择效果,缩短育种年限,节省人力物力。中国已先后培育出水稻、小麦、油菜、烟草等作物的花药培养品种。

植物组织培养又叫离体培养,指从植物体分离出符合需要的组织、器官、细胞或原生质体等,通过无菌操作,在人工控制条件下进行培养以获得再生的完整植株或生产具有经济价值的其他产品的技术。

2. 原生质体培养和融合

植物原生质体就是除去全部细胞壁的细胞，或是为质膜所包围的“裸露细胞”。原生质体具有细胞全能性，在合适的离体培养条件下具有繁殖、分化、再生完整植株的能力。

原生质体培养是对离体植物的原生质体进行培养，形成完整植株的培养技术。原生质体融合是指通过人为的方法，使遗传性状不同的两个细胞的原生质体进行融合，借以获得兼有双亲遗传性状的稳定重组子的过程。如小麦与一年生黑麦草体细胞杂种再生植株，以及烟草体细胞杂种再生植株等。

3. 远缘杂交和染色体工程

远缘杂交一般是指在分类学上物种(species)以上分类单位的个体之间交配，可以把不同种、属的特征、特性结合起来，突破种属界限，扩大遗传变异，从而创造新的变异类型或新物种。一定程度上打破了物种间的界限，促进了不同物种的基因渐渗和交流，从而把不同生物类型所具有的独特的性状、特征结合于一个共同的杂种个体中，创造出新品种。

染色体工程是指按设计有计划削减、添加和代换同种或异种染色体的方法和技术，也称为染色体操作。染色体工程通过导入不同种、属的染色体组，可以创造新作物、新物种，中国小黑麦的育成就是一个成功的范例。

4. 基因工程

基因工程是选择并导入有用的外源基因，获得性状能够表达的转基因植株，用来改良作物的技术过程。转基因植物内导入的外源基因，主要有品质改进基因如蛋白质、氨基酸基因，抗除草剂、抗虫、抗病、抗逆基因，以及一些生长发育基因。目前在水稻、小麦、玉米、棉花、大豆、油菜、马铃薯、烟草等植物中获得了转基因植株。

三、品种在作物生产中的作用

品种在作物生产上的主要作用有：

1. 提高单位面积产量

在同样的耕作条件下，采用产量潜力高的良种，可达到增产效果，栽培条件越好，良种的增产作用越大。

2. 改进品质

可通过选用优良品种改善作物品质，如双用双低油菜品种降低菜籽油中芥酸和硫苷含量。

3. 保持产量和品质稳定

优良品种稳定性好，对病虫害和不良环境具有较强的抗(耐)性，可减轻或避免产量的损失与品质的变劣。

4. 扩大种植面积

优良品种适应性强，可适应不同的生态区，可扩大种植面积。

5. 其他作用

有利于改革耕作制度、提高复种指数、发展农业机械化和提高劳动生产率。

四、良种繁育与种子产业化

1. 良种繁殖

品种被批准推广后，要进行繁殖，并在繁殖过程中，保持其原有的优良种性，以不断地生产出数量多、质量好、成本低的种子，供大田生产用。这种繁殖、生产良种的过程就叫良种繁殖（育）或种子生产。

一个品种按繁殖阶段的先后、世代的高低所形成的过程，叫种子生产程序。在中国，一般将种子生产程序划分为原原种、原种和良种三个阶段。

原原种是指育种专家育成的遗传性状稳定的品种或亲本的最初一批种子，它是繁育推广良种的基础种子。原种是指用原原种繁殖的1～3代或按原种生产技术规程生产的达到原种质量标准的种子。原种生产是良种繁殖工作及种子生产程序中最基本的环节，是影响整个种子成效的关键。良种有两层含义：一是优良品种；二是优良种子，即优良品种的优良种子，具体地说是指用常规种原种繁殖的种子，其纯度、净度、发芽率、水分四项指标均达到良种质量标准的种子。为了使一个新良种尽快地在生产上发挥作用，必须加速种子的繁殖。常用的措施是提高繁殖系数和采用一年多代繁殖。提高繁殖系数的主要途径是节约单位面积的播种量，同时提高单位面积产量。

2. 种子产业化

种子产业化是一种新的生产经营方式，是以市场为导向，以科技为基础，以效益为中心，以一体化为载体的产业体系，是种子生产、加工、销售、科技各环节有机联系、相互促进、共同发展的一项系统工程。构建产业链各环节协调发展的运行机制和理想模式是种子产业化的关键。

思考题

1. 简述我国种植业发展历程。
2. 为什么说栽培耕作技术对推动我国种植业发展具有重要意义？
3. 如何应对生物因子（病、虫、草）对作物生长产生的危害？
4. 农业生产上有哪些常用土壤耕作技术？
5. 播种时，如何进行播种期和播种量的确定？
6. 作物高产栽培有哪些施肥原则？
7. 如何防控农业生产上的常见灾害？
8. 简述水稻主要栽培模式包括哪几类，及各类栽培特点。
9. 简述全程机械化育秧过程。
10. 水稻未来生产方向为什么要注重与生态环境友好共处？
11. 简述小麦在我国粮食生产中的地位。
12. 什么是优质专用小麦？
13. 简述大豆产量和品质的构成因素。
14. 我国棉花区划共分为几大棉区？简述各大棉区的特点。
15. 简述棉花的类型及特点。
16. 棉花品种选育有哪些主要方法？

17. 简述棉花“三圃制”原种生产各技术环节的工作内容。

18. 如何根据棉花蕾期的生长发育特点进行综合管理?

19. 从调制方法上,如何对烟草进行分类?

20. 简述薯类的产量和品质的形成过程。

21. 简述园艺作物的品种改良和繁殖方法。

22. 简述园艺作物的主要栽培技术。

23. 简述作物育种主要方法。

第五章 世界、地区农业生产概况

世界各国农业发展极不平衡，但也必须遵循经济规律和自然规律。由于各国发展基础差异极大，因而形成了多种多样的农业生产特点。本章主要介绍了世界上农业生产具有代表性的国家和地区，对我国农业发展具有较高的参考价值。

第一节 美国农业

美国国土面积 937 万 km^2，美国的耕地面积约占国土总面积的 20%，为 18 817 万 hm^2，人均接近 0.6 hm^2。2012 年美国的农业人口约占总人口的 2%。美国自然资源丰富，为农业的发展提供了得天独厚的条件。如美国大部分地区雨量充沛而且分布比较均匀，平均年降雨量为 760 mm；土地、草原和森林资源的拥有量均位于世界前列，土质肥沃，海拔 500 m 以下的平原占国土面积的 55%，有利于农业的机械化耕作和规模经营。2012 年，美国的谷物总产量为 3.63 亿 t，人均占有量 1 160 kg。美国拥有巨大的粮食储备，谷物的结转库存占世界第一，近年来大致接近世界库存总量的 1/3。美国的畜牧业和种植业并重，在美国的农业总产值中，2012 年种植业占 52%，畜牧业占 48%，其畜产品在世界上占有巨大的份额。2012 年，美国畜产品销售量为全世界第 1 位，其中牛肉占世界 21%，奶占 18%，蛋占 12%。美国农业的生产方式和生产力水平都处于世界最发达之列，这得益于其得天独厚的农业资源禀赋，更与经历百年的历史演化和市场竞争所形成的农业及相关产业的组织结构和经营机制构成的有竞争力的生产方式密切相关。

一、美国农业发展简史

美国建国时间相对较晚，但经过 200 多年的发展，其农业的生产方式和生产力水平都处于世界最发达之列。美国农业之所以成功，除了其得天独厚的农业资源因素，更与经历百年的历史演化和市场竞争所形成的较完善的农业组织结构、经营机制密切相关。美国独立以后，开始大规模拓展耕地面积，其东北部 13 个州及沿大西洋南部农业经济飞速发展。美国较早开展农业立法，如 1826 年制定了《宅地法》，确定了家庭农场的生产模式。19 世纪，美国农业大力发展农业机械化，以此来提高生产效率，农业现代化飞速发展。同时，大批移民向西拓展，开垦土地建立农场。到了 1860 年，美国农地总面积已达 16 500 万 hm^2，1900 年已增加至33 954 万 hm^2，农业生产规模迅速提高，商品经济蓬勃发展。进入 20 世纪后，两次世界大战对美国本土影响较小，其农业持续发展，但也导致了农业产品过剩，形成农业经济危机。20 世纪 50 年代后，美国基本实现农业的现代化，目前正向生物农业、信息农业等现代农业高级阶段发展。

二、美国农业带分布

美国在其农业市场化的过程中，根据不同的农业生态条件将其农业生产进行区域规划，分成专业化的农业生产带。

(1)东北部乳畜带　主要包括美国东北部五大湖区和新英格兰地区，共计12个州。该地带气温低、土壤贫瘠，降雨较多及均匀，适合牧草生长。由于人口及主要工业区较为集中，因此大力发展乳畜业，是美国牛奶及其乳制品的最重要产地。其他农作物如玉米以及水果、蔬菜也具有一定地位。

(2)中北部玉米带　该生产带位于乳畜带以南，包括俄亥俄、印第安纳、伊利诺斯、衣阿华、密苏里、内布拉斯加以及周围一些地区。这些州地势较为平坦，土壤肥沃，雨量充沛，非常适合玉米生长，是美国传统玉米生产基地。同时，该带也分布一定面积的小麦和大豆。玉米生产主要用于饲料加工，因此也是肉畜饲养区，在美国的畜牧业中具有举足轻重的地位。

(3)南部棉花带　目前美国有14个州种植棉花，主要分布在南部。二战以来，德克萨斯、密西西比河和路易斯安那等州是美国棉花传统种植地区，由于面积扩大，种植范围逐渐西移，加利福尼亚和亚利桑那州已成为棉花主产区。

(4)中北部小麦带　分布在中央大平原的中、北部地区。北部多为春小麦，中部种植冬小麦。该地区地势平坦，土壤肥沃，雨热同期，水源充足，而且冬季冷而长，适合低温长日照作物—小麦的生长。该地区小麦产量约占全国的60%，是美国小麦主产区。

(5)烟草和混合农业带　主要位于玉米带以南、棉花带以北的狭长区域，除了种植烟草外，还有花生、冬小麦、玉米分布，属于混合农业带。

(6)山区放牧带　主要位于西部山区。由于该地区地势起伏较大，土壤贫瘠，缺水，人烟稀少，是美国传统的放牧区。该地区北部因为冬季寒冷而漫长，属于季节性放牧区；南部属于常年放牧区。20世纪50年代以来，该地区大力发展灌溉农业，因此，棉花、牧草、甜菜、水果等其他作物也得以快速发展。

(7)亚热带作物带　主要分布于佛罗里达州及墨西哥沿岸一带，该地区常年高温多雨，主要生产柑橘、蔬菜、甜菜和水稻等作物。

(8)太平洋沿岸综合农业带　该地区主要受太平洋的影响，气候温暖湿润，适宜于各种农作物生长，其北部主要生产小麦、马铃薯及苹果等，南部盛产各类水果、蔬菜和棉花。夏威夷州主要生产甘蔗和菠萝。

美国农业专门化地区的划分充分考虑市场需要，如乳畜带分布在五大湖沿岸和东北部沿海地区，这里有美国最大的工业区，城市密集，人口众多，对乳、肉等产品的需求量较大。美国西部地势较高且少雨适合畜牧业，西南部为地中海气候，东南部和亚热带气候类似所以种植对应的农作物。春小麦和冬小麦的分布是根据纬度决定的，东部地势平坦多雨适合棉花生长。

三、美国农业生产特点

1. 农业生产区域化、专业化程度高

美国根据不同地区的自然条件，完成农业生产的区域化和专业化，形成了一些著名的生产带，如玉米带、小麦带、棉花带等。美国中部和中西部的广大平原地区，主要生产谷物(玉米、小

麦)和发展畜牧业;东部和五大湖区,主要发展集约经营的乳用养畜业、水果和蔬菜园艺生产;北纬35°以南地区,主要种植棉花;西部山区的大草原则为天然牧场,主要饲养肉用牛;加州是亚热带果木区,主要种植蔬菜和水果。这种地区格局的形成是许多农场面对农业生产"过剩"危机激烈竞争的结果。早在1914年,美国农业已经在很大程度上实现了种植专业化,这种格局保持至今。这种区域分工使美国各个地区能充分地发挥各自的比较优势,有利于降低成本,提高生产率,通畅的水陆运输网的建立更进一步促进了区域分工专业化生产,而区域分工和专业化生产也有力地推动了附近地区相关产业的迅速发展。

2. 农业生产机械化、集约化程度高

早在20世纪40年代,美国就领先世界各国最早实现了粮食生产机械化。60年代后期,粮食生产机械化水平大大提高,达到了土地耕翻、整地、播种、田间管理、收获、干燥等全过程机械化的水平;70年代初完成了棉花、甜菜等经济作物从种植到收获各环节的全面机械化。当前依然在种植业、工厂化畜禽饲养、设施农业、农产品加工等方面保持着世界先进水平。目前美国农机的生产、科研部门正在研究推广把卫星通讯、遥感技术、电子计算机等高尖技术应用到拖拉机等农机具上,实现拖拉机等农机的无人驾驶、自动操作、自动监控等,使各种农业机械能更准确、迅速地实现耕地、播种、施肥、除草、除病虫害等作业。生产的机械化辅之以管理的科学化,将农业生产效率大大提高。

美国农业的发展以第二次世界大战为分界线,现代化的特征逐渐表现出来,其主要特点可以概括为三个方面。

一是机械化水平进一步提高。从第二次世界大战以后到20世纪60年代中后期,是各种农业机械数量迅速增加的时期,1945—1965年拖拉机增长103%,谷物联合收割机增长179%,其他种类的机械数量也有大幅度增加。此后,机械数量增长缓慢,渐趋稳定,有些机械数量还有所下降,但是机械质量和性能大大提高。一些高难度作业领域,如马铃薯、甜菜、西红柿及葡萄等的采收都实现了机械化。畜禽饲养实现了自动化和工厂化,目前正向信息农业、精准农业及生物农业等方向发展。

二是实现了以化肥和农药的广泛应用为特征的农业化学化。第二次世界大战以后,20世纪50年代至80年代美国化肥消耗量直线上升,80年代以后,由于在较高的化肥投入水平上单位投入报酬递减和生产化肥品种的有效成分不断提高,化肥使用量呈减少趋势。

三是经营集约化和产业化、生产专业化、服务社会化。20世纪70年代之前,南部的一些烟草和棉花农场还属于劳动力密集型,现在大都成为大规模的机械化农场。目前,美国农场的平均规模已经达到176 hm^2,其中大农场已经达到1 200～1 600 hm^2。机械化技术、资金密集型经营已经成为主要的经营方式。而且,在农业发展过程中,行业分工越来越细,产业化程度越来越高,而且农场规模的扩大也促进了专业化程度的提高。小型农场(年产值在10万美元以下)占83.6%,农业产值只占34.2%;中型农场(年产值10万～50万美元)占14.2%,农业产值占38%;大型农场(年产值在50万美元以上)虽然仅占2.2%,但其农业产值却占27.8%(1993年)。农场的专业化比例已经很高,棉花农场专业化比例为79.6%,蔬菜农场87.3%,大田作物农场81.1%,园艺作物农场98.5%,果树农场96.3%,肉牛农场87.9%,奶牛农场84.2%,家禽农场为96.3%。

3. 农业生产市场化、商品化程度高

美国的农业体系被称为"农工综合企业",在这个体系里就业的人数占全国劳动力的

17%,大大高于农业本身所能吸收的劳动力。美国把在工业部门中先发展而后成熟的管理办法、经验引入农业,形成生产、加工、销售一体化的产业链,实现产业化经营。如在食品的产销系统,就包括农业投入物的供应,农产品的收购和加工、批发、零售以及餐馆等,形成了“从田间到餐桌”的完整体系。

4. 农业政策及法律法规较为完善

美国作为移民国家,只有二百多年的历史,但其农业部在1862年成立的时候就明确定位“农业是制造业和商业的基础”。随着工业的发展,农业在美国经济中的比重逐渐下降,但政府对农业采取了支持和保护的政策,使农业成为美国在世界上最具竞争力的产业。美国农业全面支持政策源于20世纪30年代的罗斯福新政,经过几十年的强化和发展,目前形成了庞大的农业政策体系,内容涵盖资源保护、农业科技发展、农业价格和收入支持、农业信贷、农业税收、农产品对外贸易等方方面面,但农业补贴始终是农业政策核心,在促进美国农业发展、提高美国农业竞争力等方面起着重要作用。美国国会通过了大量有关农业的法律,形成了比较完整的指导农业和农村发展的法律体系。各项农业法律不仅规定了政府对农业政策的基本取向,而且还规定了政府干预经济发展的基本权限,政府行为只能限定在法律规定的范围之内。

据美国农业部首席经济学家办公室官员介绍,美国自1933年颁布农业调整法至今,历经近80年的变迁,已形成以农业法为基础和中心、100多部重要法律相配套的比较完善的农业法律体系。美国政府每5至6年就对相关法案进行更新。在法案的变迁中,政府既充分尊重市场运行机制的支撑作用,尊重农业生产发展的内在规律,又强调政府的功能与作用,使新法案由原来集中的政府对农产品价格和产量的控制逐步转变为对农户的价格补贴,从而保障了美国农业的持续快速发展。

5. 农场化的农业生产组织形式

美国1826年制定了宅地法,奠定了家庭农场的基础。美国农场以家庭农场为主,公司型的农场越来越少。据统计,2007年属于公司性质的农场有96 000个,合作农场为174 000个,而家庭农场则有190万个。到2010年,美国的农场约有220万个,农场占地面积为9.2亿英亩,平均每个农场的面积为418英亩。美国220多万户的农场中,大约有350多万的农业劳动力,其余的是小孩和老人等,每个农场主平均经营400英亩的土地,大约等于2 400亩。每个农场的劳动力平均为1.6个。2010年,美国收入超过100万美元的农场有88%是属于家庭农场,而生产的农产品占全美农产品生产量的79%。

美国的农业以家庭农场为主,约占各类农场总数的87%,合伙农场占10%,公司农场占3%(1987年)。由于许多合伙农场和公司农场也以家庭农场为依托,因此美国的农场几乎都是家庭农场,可以说美国的农业是在农户家庭经营基础上进行的。

6. 农业生产分工明确,社会化程度高

农场主合作社在美国的一体化农业服务体系中占有重要的地位。在家庭经营占绝对优势的美国,为了解决单个农场难以办到的问题,需要非盈利的合作社提供各种服务,降低生产成本。农业合作社提供的服务主要有:

(1)销售和加工服务　这类合作社是沟通农场主和市场的重要渠道,拥有多达几百万的社员,销售总额超过千亿美元。销售的农产品中,最重要的是牛奶,其次是谷物和油子,同时也有水果和蔬菜。这类合作社的业务不仅包括产品的集中、储存到谈判价格、组织拍卖等各个环节，而且进行深加工，生产出可供直接消费的产品，为农场主获取尽量多的利润。

(2)供应服务　这类合作社提供多功能的服务，包括销售石油产品、化肥、农药、饲料、种子、农机及其零配件等等，在全国农业投入物市场中占有相当可观的份额(化肥和石油为44%，农药29%，饲料和种子约16%)；此外，它们还提供种类繁多的科技服务，如土壤测试、防疫、育种、奶牛改良、作物监测直到经济核算和法律咨询。

(3)信贷服务　在农场主所得的贷款中，合作系统占有的份额越来越大。目前农业合作信贷体系提供的贷款已占全部农业贷款的2/5左右，包括季节性经营贷款、弥补周转金不足的中期贷款、用于基本建设的长期贷款和支持出口的贷款等四大类。

(4)农村电力合作社和农村电话合作社。

(5)服务合作社　这是除了上述几类以外专门从事某些服务的合作社，如运输、仓储、烘干、人工授精、灌溉、火灾保险、住房等等。

四、现代生物技术在美国农业生产上的应用

生物技术的高速发展为农业科技革命和农业发展带来了契机。美国是世界农业生物技术发展最早的国家，农业生物技术应用已经进入产业化阶段，各类生物技术和相关产品已经在农业生产的各个方面得到广泛应用，发挥了重要作用，并为农业产业化、现代化注入了巨大的活力。

20世纪90年代以来，美国农业生物技术领域极为活跃，并在应用基础研究及产品开发应用方面卓有成效。应用植物细胞和组织培养技术，改良和培育出一批新的优质、高产农作物新品种。例如，应用花培技术育成了蛋白质含量提高10%、赖氨酸含量提高5%～7%的水稻新品种。在转基因作物领域，已开发出一些高产、优质、抗病虫的作物新品种。例如，孟山都公司成功地把苏云金杆菌的基因转移到棉花、玉米、番茄和马铃薯等作物，组建成抗棉铃虫、玉米螟等十几种作物新品种。这些抗虫新品种可减少使用杀虫剂约60%，还可减轻农民劳动强度。有些基因工程农产品，例如FLAVR SAVR番茄已于1993年正式获准进入市场。应用生物技术开发出的农用诊断检测试剂已形成一定的市场规模；新的检测手段，例如多聚酶链反应技术(PCR)、核酸探针等技术已广泛用于兽医临床诊断及转基因动植物的检测。

五、农业在美国经济中的地位

在“发现”新大陆之前，印第安人的北美大陆经济完全是农业经济。殖民地时期和建国之初，农业仍是美国最主要的经济部门，其产值占国民生产总值的80%～90%或更多。到了工业革命时期，特别是在农业走向现代化的进程中，农业在国民生产总值中的比重加速下降。据统计，1868—1879年美国农、牧、林、渔业所创造的国民收入与工、矿、建筑业大体相等，前者占国民收入总额的20.5%，后者占21%。到1904—1913年，两者相应为17%和26.5%，即前者相当于后者的2/3。从第一次世界大战到第二次世界大战期间，特别是在第二次世界大战之后，美国农业在国民生产总值或国内生产总值中所占的比重于20世纪80年代后期降至2%。农业在整个国民经济中的比重如此之低，也正好说明美国农业的高度发达及其基础地位的加强。

第二节 巴西农业

巴西位于南美洲东部，濒临大西洋，绝大多数地区属于热带地区，南部地区为温带地区。巴西是一个由 26 个州组成的联邦共和国，是南美洲面积最大的国家，是世界第 5 大国。过去近 30 年间，巴西农业和食品加工业发展迅猛，成为世界上名列前茅的农业生产和出口大国。2005 年，农业产值占国内生产总值的 10%；农业劳动力占全国劳动力总量的 20%。

一、巴西农业发展简史

从 16—19 世纪，农业一直是巴西主要产业，在其发展历史中曾根据国际市场变化相继分别生产甘蔗、棉花、橡胶、咖啡等单一作物。第一次世界大战后，巴西工业和其他非农产业开始发展，其经济结构也随之改变。近 40 年来，巴西农业发展迅速，成为世界重要农产品出口国和农业强国之一。巴西的农业总产值约 200 亿美元，1994 年农业人口约 3491 万，其中农业劳动力 1 311 万，占劳动力总数的 22%。如果算上农业的相关产业，就业的劳动力占劳动力总数的 40%，总产值约 1 600 亿美元，约占国内生产总值的 35%。在近 20 年里，农业在国内生产总值中的份额稳定在 10%～11%的水平上。近年巴西的农业增长速度有所下降，年平均增长率稍高于 2%，高于第二产业而低于第三产业的增长率。

巴西粮食生产增长较快，1990 年度产量仅 5 780 万 t，2000 年超过 1 亿 t 达到 1.003 亿 t，2002 年达到历史最高水平，产量为 1.224 亿 t，2005 年尽管受到多种自然灾害的影响，产量仍然达到 1.202 亿 t。15 年间，巴西农业产量翻了一番。在农业产量增长的同时，农业播种面积也有扩大，但增长的幅度并不大，显示巴西农业产量的增长主要依靠科技生产力的提高。1990 年度，巴西农业播种面积为 3 780 万 hm^2，2002 年突破 4 000 万 hm^2，2005 年达到 4 710 万 hm^2，1990 年到 2005 年 15 年间，播种面积增长 24.6%。

二、巴西农业生态条件及农业分布

巴西位于南美洲东部，濒临大西洋。绝大部分地区属于热带气候，南部地区一般为温带气候，其部分地区为亚热带气候。巴西大部分地区年均降雨量在 1 000～3 000 mm 之间。但是东北部地区雨量很少，十年九旱。巴西雨季是 9—12 月，3—8 月为旱季。巴西年均温度多在 22℃以上，日照充足。境内有亚马逊河(世界水量最大)、圣弗朗西斯科河、巴拉那河等，水资源较为丰富。大部分地区地势平坦，平原占全国国土总面积的 2/3，土壤肥沃，耕地面积达 5 500 万 hm^2，仍有 80%耕地资源未被利用，农业发展潜力十分可观，被誉为“21 世纪的世界粮仓”。

根据农业生态条件，巴西农业分为五大区：东南部农业区，包括里约热内卢、圣保罗等 4 个州，主要农作物为咖啡、甘蔗、棉花和花生等，其产值占全国农业总产值的 1/3 以上；南部农业区，包括巴拉那、圣卡塔利那等 3 个州，主要农作物为大豆和谷物，其产量占全国的 9 成以上，谷物占全国的 1/2 以上，同时该地区生产 75%以上的苹果、梨、葡萄和桃等水果；东北农业区包括乌拉尼昂、皮奥伊等 9 个州，盛产可可、橡胶等热带作物，其占全国总量的 7 成以上；北部农业区包括亚马逊河帕拉等 6 个州，主要为森林资源，主要农作物是黄麻、锦葵、腰果等；中西部区分布在格拉斯等 3 个州和首都联邦区，主要为牧区，牧场面积占全国牧场总面积的4成以上。

三、巴西农业生产特点

第一，农业资源利用率较低，增产潜力难以估量。巴西的农业资源得天独厚，土地资源、生物资源、水资源等都十分丰富。巴西仍处在“拓展农业边疆”的发展阶段，耕地面积仍在不断扩大。巴西中西部著名的“稀树草原”占全国土地面积的21%，其中可利用开发的土地约12亿hm^2。近20年来，巴西的耕地面积每年递增1.84%，从3 440万hm^2扩大到现在的4 950万hm^2，但仍只占到国土面积的6%，人均0.3 hm^2(4.7亩)。

第二，农业以出口产品为主，但粮食尚需进口。1993年，巴西的粮食总产量为4300万t，其中小麦220万t，大米1 019万t，粗粮3 065万t，木薯2 170万t。人均谷物占有量为275 kg，常年进口小麦500万～600万t(进口量最高达900万t)，需耗费外汇10亿美元。据报道，巴西1994—1995年度的收成相当好，大米可达1 140万t，玉米3 200万t，大豆可达2 630万t，糖1 200万t，其中玉米和大豆都将创历史纪录。据估计，1995年的大豆出口将高达480万t。政府鼓励生产大豆等出口作物，以赚取更多的外汇，同时也可减少对咖啡、可可等传统出口作物的过分依赖。在1992年的巴西对外贸易中，农、林、渔产品的出口占总出口的29%，进口占13%，农业仍是国家赚取外汇的主要行业之一。

第三，大庄园主农业和小农并存，地区发展极不平衡。巴西的土地占有状况极不均衡，全国的良田大部分掌握在大庄园主手里，其规模大得惊人，最大的可以达到几万、甚至几十万hm^2。他们经营现代化的商业性农场，以生产大豆、甘蔗、咖啡、可可等出口农产品为主。另一方面，占农场总数85%的是自给性小农，以生产木薯、黑豆等为主，劳动生产率和经济收入都很低。此外，巴西还有无地的农民1 200万，他们生活在社会的底层，多半仍处于赤贫状态。

巴西的地区发展也很不均衡。在经济发达的南部、东南部地区，采用现代科学技术和经营管理方法，有大量的资本投入。东北部和中西部地区是巴西的欠发达地区。特别是东北部，虽有不少河流湖泊，但是没有灌溉系统，由于气候干旱，农业基本上“靠天吃饭”，是全国最落后的地区。欠发达地区的小农主要依靠传统的耕作方式，有的甚至刀耕火种，对资源的破坏严重。

第四，以合作社为基础的产业化运作。农业合作社是巴西主要的农业行会组织，其任务是向农户提供农业生产、农产品出口的咨询服务与技术帮助，组织个体生产者联合向国外市场销售农产品等。这些合作社组织以专业性合作社为主，相当于非营利性的民营公司，实行股份制，每个社员拥有一定的股份，但持有额有数量限制。农业合作社注重保护农民的生产自主权，带动了地方特色经济的发展。巴西现有各类合作社5 500多个，涉及农牧业、消费服务、劳动、信贷、卫生、电力、通讯等12个领域。合作社在推动巴西农业产业化、实现供销一体化方面发挥了积极作用，促进了农业生产、农产品加工与销售的规模化经营，形成了良性发展的格局。

四、巴西农业产业结构及存在的问题

近几十年来，巴西经济发展较快，农业在国内生长总值的比重也由20世纪50年代的28.7%下降至1990年的11.2%。与此相应的是农业劳动人口也下降到28%左右。随着农业科技的发展，农作物单产也得到显著提高。从1960年至1990年，小麦单产提高了76%，达到1 100kg/hm^2；稻谷单产提高11.3%，达到1 800kg/hm^2；马铃薯提高了132%，达到13 000 kg/hm^2；棉花提高了31.1%，达到720kg/hm^2；咖啡提高了18.8%，达到1 120kg/hm^2。

目前，巴西咖啡、木薯、香蕉、原糖产量占世界第一位，柑橘、大豆、可可占第二位，玉米、烟叶占第三位。其中大豆是巴西种植业拳头产品，其产量和种植面积皆为种植业第一，大豆及其制品出口总额近100亿美元，为巴西出口第一产品。随着国际市场的需求增长和国内生物柴油的开发，大豆生产显示强劲的发展趋势，在世界大豆市场具有重要地位。巴西粮食生产增长较快，1990年度产量仅5 780万t，2000年超过1亿t达到1.003亿t，2002年达到历史最高水平，产量为1.224亿t，2005年尽管受到多种自然灾害的影响，产量仍然达到1.202亿t。15年间，巴西农业产量翻了一番。在农业产量增长的同时，农业播种面积也有扩大，但增长的幅度并不大，显示巴西农业产量的增长主要依靠科技生产力的提高。1990年，巴西农业播种面积为3 780万 hm^2，2002年突破4 000万 hm^2，2005年达到4 710万 hm^2，1990年到2005年15年间，播种面积增长24.6%。

巴西农业内部结构状况为：种植业占70%，畜牧业占25%，林业和渔业共占5%。上述情况表明，巴西农业虽然发展迅速，但也存在一些问题，如林业和畜牧业比例小，尚有发展的空间。在某些欠发达地区，农业生产较为落后，对资源破坏和浪费严重；粮食生产水平有所提高，但生产较为粗放，其单产水平仍低于世界平均水平。

第三节　荷兰农业

荷兰位于欧洲大陆西部，西、北部濒临北海，东邻德国，南与比利时接壤，西面和北面邻着北海，具有典型的海洋气候特征。荷兰又称“尼德兰”，意为“低洼之国”。国土面积约4.2万 km^2，其中有48%是沙土，西部地区均低于海平面。全国人口1 500多万，农业人口占4.9%，总耕地面积415万 hm^2，并有1/4是人工围海造出来的低洼地，人均土地面积3.28亩，人均耕地面积1.3亩，略高于我国(人均1.2亩)，是一个典型的人多地少国家。但是荷兰是在世界上占有重要地位的农业强国，在世界农产品市场上占有十分重要的地位。

一、荷兰农业发展简史

荷兰是欧洲小国，欧盟成员之一，人口密度大，农业资源贫乏。然而，这样一个小国却创造了当今世界现代农业的奇迹。近二三十年来，其农产品的生产经营一直处于世界领先地位，农产品出口居世界第二位，仅次于美国，有些产品如蔬菜、奶酪、啤酒等产品的出口量居世界第一位。二次世界大战结束时，荷兰的农业尚处于落后的地位，但经过半个世纪的根本改造，昔日的传统小农业已不复存在，代之而来的是用先进科学技术与现代生产经营方式武装起来的高度社会化、集约化、市场化的现代大农业。

二、荷兰农业自然生态特点

荷兰全国土地一半以上低于海平面1 m，最低低于海平面6 m，易受涝灾。荷兰属温带海洋性气候，冬无严寒、夏无酷暑，全国年平均降雨量约834 mm，除了8—9月份降雨较多外，周年分布较为均匀；同时，荷兰地势较为平坦，土壤较为肥沃，适合农作物生长。境内有瓦尔河、马斯河、斯海尔德河等，还有较多运河，航运较为方便。但也有不利因素，如光热条件差，全国年平均气温8.5～10.9℃；7月份平均气温为16.8℃，1月最冷，平均气温为2.2℃。由于荷兰纬度较高(和我国黑龙江最北部相近),全年光照不足,常年日照时间为 1 484 h,影响大田作物的生长。

三、荷兰农业特点

1. 农产品出口率高,典型的外向型农业

荷兰位于欧洲的西北部,位于英、法、德等大国及比利时、瑞典、挪威、丹麦等国之间。英、德等国都是发达的工业化国家,农产品需要大量进口。法国虽然是农业大国,但是荷兰农业却与其有很强的互补性。因此,荷兰为充分利用国内外市场的需求,大力发展农业。荷兰进出口额通常占其国内生产总值的 90%以上,其农业的出口率高居世界第一。其特点是:一是人均创汇率高,按涉农就业人数计算,平均每人创汇超过 48 691 美元,遥遥领先于世界各国;二是单位面积土地的创汇率高,荷兰的农用地每平方米农用地净出口额达 1.5 美元,更使许多国家望尘莫及。

2. 设施农业发达

由于缺乏土地,荷兰投入大量资金建立起世界一流的农业设施。一是高标准的水利和防洪设施。拦海大坝工程把围起来的海域变成了 1 240 km^2 的大淡水湖——艾瑟尔湖,向大自然夺得了 17 350 hm^2 土地。“三角洲工程”的完成,使荷兰高标准防洪大坝和内河堤坝的长度达到了 2 800 km,堪称世界第一;无数交错的排水沟渠保护着农田,使低于海平面 4～6 m 的农田也能获得高产,为世界奇观。二是玻璃温室面积世界最大。全国的玻璃温室面积已经超过 1.1 万 hm^2,占世界温室总面积的 1/4 以上。特别是在西部的威斯兰地区,温室集中连片,设施先进,以“玻璃城”之称驰名于世。

3. 农业生产社会化体系及市场体系完善

荷兰的各项社会化服务成龙配套,形成网络。在各种服务机构中,最主要的是农业合作社,它是农民自发组织起来的民间组织。其基本职能是向农民提供各种服务,对农产品统一存储、统一标准、统一销售。目前,荷兰拥有 11.6 万农户,分别参加到 2 000 个合作社里,按行业划分,这 2 000 个合作社又分别属于 25 个中央合作社,一个农户可加入几个合作社。如供应合作社,负责种子、化肥等生产资料的采购、饲料加工等;拍卖合作社,负责农副产品的定价拍卖;销售合作社专门从事农副产品加工和销售。合作社按职能来设,而不是按行政区来划分。农户入社自愿,退社自由,合作社不以赢利为目的,只收取一定管理费,赢利部分也返还农户。合作社与农民共担风险,结成利益共同体,解决了小生产与大市场衔接问题。合作社所提供的产品在市场占有率很高,花卉占 95%,奶制品占 85%,蔬菜占 75%。完善的社会化服务体系提高了农副产品的商品率和市场率,让农民间接参与国内外市场竞争,把农产品变成商品,同时也提高农业生产中科技含量。

在荷兰,拍卖销售制度已成为农副产品的主要销售方式。即生产者把产品送到拍卖市场,批发商和综合连锁店的经营者在拍卖市场通过竞争,产生价格,产品批发后进入连锁店和零售店,然后再进入消费者手里。拍卖市场拍卖何种产品都有时间限制,如在蔬菜拍卖市场,每天上午 9 时为黄瓜拍卖时间。此时,黄瓜批发商们紧紧盯着拍卖市场前方价格的显示屏,屏幕上不同等级的黄瓜价格由高到低,批发商一旦看准哪个价格,只需将所持卡片插入拍卖市场专门设置中,买卖即成交。

4. 农业生产水平及科技含量高

荷兰高度重视科学技术在农业生产中的应用,依靠科技进步,不断提高农业的产量水平。如该国的蘑菇生产完全是采用工厂化、机械化生产,由电子计算机控制温度和湿度,一年四季均可生产。每个生产周期大约为 3 个星期,每平方米在一个周期内可生产蘑菇 25～27 kg,全国蘑菇的年产量为 10 万 t 以上,居世界第 4 位。为发展室内菊芭生产,荷兰研制出了一套自动化程度很高的机械设备,大大减少了劳动力的使用量,使全国菊芭年产量达到 600 多万 kg,占世界菊芭年产量的 12%,居世界菊芭生产国的第三位。

在粮食生产方面,荷兰由于非常重视选用优良品种和采用科学化、机械化的栽培管理,1994 年全国的小麦平均单产量已达到 599 kg,而同年世界小麦的平均单产仅为 167 kg;玉米已连续 3 年平均亩产达到 1667 kg,而同期世界玉米平均单产仅 250 kg。荷兰农业用地的 2/3 是草场,因此畜牧业极为发达,特别是奶牛饲养业闻名于世,全国每年生产 100 多亿 kg 牛奶,是世界最大的奶制品生产国。

5. 农业科技教育、推广体系完善

荷兰有着相当发达的农业教育、科研和推广系统,农业教育、科研和推广被誉为荷兰农业发展和一体化经营的三个支柱。农业教育由初等、中等、高等和大学四个层次组成。除正规农业教育外,荷兰的农业职业教育和技术培训也很发达,培训系统几乎覆盖了农村的每个角落。教育使荷兰农民具有了很高的素质,能够跟上世界农业科技发展的步伐。荷兰农业研究着重于实际应用,主要是满足生产者、贸易商与加工业的需求和愿望。应用研究由农渔部下属 20 多个研究所进行,其任务是解决将来有可能十分重要的实际问题,包括植物病理学、土壤科学、畜牧学、机械化、销售和加工等学科。实际研究由实验站和实验农场进行,其主要任务是解决实际问题和试验新的发展成果。农业科研和推广为农民提供了雄厚的科技支持,有效地推动了农产品科技含量的提高,科技进步对荷兰农业增长的贡献率已超过了 80%。荷兰的农业推广体系由国家推广系统、农协组织及商贸系统的私有咨询服务系统组成。国家推广系统在整个农业推广体系中起主导作用,统一协调其他各方面力量。国家农业推广服务的内容不但就农场种养结构,尤其是同生态经营有关的问题进行咨询,还推动改善农场管理经营质量,促进研究与应用信息交流,以及向农民宣传、讲解国家政策法规等。政府对农业教育和科研给予了充足的经费支持。

四、荷兰农业生产结构

1. 大田种植业

荷兰农场的平均规模为 16.8 hm^2,其中规模小于 5 hm^2的占 34.1%,规模大于 100 hm^2的占 0.8%。荷兰的谷物作物种植面积呈减少的趋势,粮食需要从邻近国家进口。经营大田作物的农场占用土地约 64 万 hm^2。除了谷类作物之外,还包括马铃薯、洋葱以及甜菜等作物,均为大规模连片种植,单产水平大都在世界前列。

2. 园艺业

园艺业以温室花卉、蔬菜为主,露地生产为辅,占农用地面积 6%,其中玻璃温室面积已经达到 1.1 万 hm^2。温室大约有 40%用于蔬菜生产、35%用于花卉生产、20%用于水果生产,其生产效益可比露地生产高5～6倍。

3. 畜牧业

畜牧业是荷兰最重要的农业部门，牧场的面积要比耕地的面积大。一是普通畜牧业（养牛业、养羊业）：荷兰以高度发达的养牛业而驰名，但是由于欧盟农业政策规定了生产配额，不得不限制生产。荷兰奶牛的饲养方式是，半年里放养，牛日夜自由在牧场上吃草，半年里在畜栏圈养吃青贮饲料和干草。二是集约型畜牧业：专门饲养肉猪和母猪的农场朝更大规模发展。欧盟对养猪养鸡没有限制，但养猪业会造成环境污染，因此受到了一定的控制，而养鸡业发展迅速。

4. 农产品加工业

荷兰农业的突出之点是具有发达的加工业，门类齐全，涉及乳品加工、肉类加工、鱼贝类加工、鸡蛋加工、马铃薯和蔬菜水果加工、油料和谷物加工、酿造和饮料、糖果糕点、焙烤食品、调味品和食品配料、运动食品、快餐食品和小吃等方面。

第四节　以色列农业

以色列是一个既缺水又缺耕地的沙漠小国，气候干旱、地形崎岖、水源短缺、沙漠广布、土壤贫瘠。但以色列依靠科技进步，因地制宜、集约高效利用资源，发展成为一个年出口新鲜农产品和加工食品10多亿美元的国家，成功地走出了一条独具特色的现代农业发展道路。

以色列农业发展速度快，农业内部结构特殊，农业的地域体系颇具特色，农业技术水平在许多方面居于世界前列，科技进步对农业增长的贡献率就已达96%。近年来，联合国FAO及其他国际农业组织纷纷向世界各国推荐其先进的现代农业发展之路。

一、以色列农业简史

以色列是一个国土面积狭小，农地资源少，人口密度大，农业劳动力不足，资源贫乏，温光资源充足但水资源稀缺的国家。人口、自然资源及环境条件对农业发展都极其不利。1948年5月，根据联合国安理会通过的“巴勒斯坦分治决议”，犹太人在巴勒斯坦宣布建立以色列国。建国后的第二天，以色列与阿拉伯国家之间便开始了长时间的战争。以色列的农业是在战争环境中起步的。

建国之初以色列政府就十分重视农业的发展。除了战争外，以色列把国内的工业发展放在相对次要的地位，主要力量放在了开垦荒地和扩大耕地面积上，农业得到迅速发展。主要表现是：耕地与灌溉面积扩大；农产品的出口创汇量增加；农业内部结构与农产品出口结构不断改善。1955年以后，在农业发展的基础上，该国政策开始向工业适度倾斜。工业有了向农业提供各种现代技术手段的能力。农业输水网络建成，农业机械化得到顺利发展。1970年以后，以色列则把农业发展的重点放在各种高科技成果的应用上。程控滴灌技术得到推广，农作物新品种不断开发，土壤不断得到改良。以色列农业的高科技化过程一直延续到今天，以色列农业成为人类利用与驯服自然的一个典范。

二、以色列农业的发展历程

以色列国位于地中海与死海、约旦河之间，北与黎巴嫩接壤，东与叙利亚、约旦为邻。该国西部为地中海沿岸平原，东部边境为约旦河谷地和阿拉伯谷地，中部为黎巴嫩山脉的向南延续，形成山区和高原。以色列的自然条件对农业发展十分不利。以色列国土面积为 1.4×10^4 km^2，大部分土地被沙漠(约60%)和丘陵覆盖；耕地总面积44万 hm^2，约占国土面积的20%，其中水浇地占48%。以色列大部分耕地为风积、冲积性沙质土，平均土层厚度25～35 cm，前者保水能力弱、后者结构粘重。以色列属亚热带地中海式气候，热量充足(月均温10℃以上，部分地区20℃以上)，时空分异明显，年日照时数可达3 200～3 300 h，农业活动可终年进行，但水资源极度匮乏。该国境内无河流，地下水少而深，且多为咸水，蓄水量为 42.36×10^8 m^3 的太巴列湖是唯一最重要的淡水供应地，且湖面低于海平面200 m。水资源全部依赖降雨(400～550 mm)，干旱胁迫严重。土地得不到水分滋润，十分贫瘠，尤其是植物生长旺盛的夏季根本无雨，不能与丰富的温、光资源有机结合成为气候资源优势。

以色列农业现代化建设大致经历了以下三个发展阶段。

第一阶段是建国初期的快速起步阶段。建国初期，以色列仍处于战争环境，经济面临巨大压力，农业生产成了当时经济恢复和发展的支柱。农业开始大起步、大发展，在全国垦荒、兴建定居点，兴建北水南调工程，全力开发和改造沙漠，目标是粮食和农副产品自给自足。以色列从1952年开始引种棉花，10年时间就解决了穿衣问题——棉花单产世界第一，出口创汇仅次于柑橘。

第二阶段是滴灌技术推动下的快速发展阶段。20世纪60年代初，经过全国垦荒，以色列土地开垦趋于饱和，沙漠改造趋缓，农业单产徘徊不前。以色列开始探索科技发展农业的新路子。20世纪60年代中期国家大力扶持滴灌技术，农业革命找到了新的突破口。滴灌技术不受风力和气候影响，对地形、土壤、环境的适应性强，肥料和农药可同时随灌溉水施入根系，不仅节水，而且省肥省药，还可防止次生盐渍化，消除根区有害盐分。滴灌技术的大力推广，使得农产品产量成倍增长，沙漠改造突飞猛进，可耕地持续增加，农业面貌得到根本改观。目前以色列种植业产值90%以上来自于灌溉农业，占耕地44%的旱地农业产值不到10%。

第三阶段是现代管理体系下的结构调整与现代化阶段。20世纪70年代以来以色列开始根据国际市场需要和本国的自然条件进行农业生产结构调整，从以粮食生产为主，逐步转向发展高质量畜牧业、蔬菜、花卉、水果等出口创汇农产品和技术。利用高科技和现代管理手段不断提高农业效益，一系列新技术在农业生产中被广泛运用，极大提高了劳动生产力。同时，衍生出了诸如滴灌、温室、种子、加工、储藏、保鲜以及计算机控制等越来越多的领域和行业，使农业发展成为一个具有高度社会化分工的，独具特色的高投入、高科技、高效益、高产出的现代产业，建成了一整套符合国情的节水灌溉、农业科技和工厂化现代管理体系，走出一条可持续发展的现代化之路。

三、以色列农业的生产特点与组织形式

第一，种植业。以色列的种植业以粮食作物、经济作物、瓜果蔬菜及饲料作物的生产为主。其中粮食作物以小麦的种植为主，其产地主要是土壤较肥沃、灌溉条件较好的沿海平原东部与南部、贝桑谷地、耶兹里勒谷地等区域。饲料作物以大麦、玉米和高粱为主，它们可在无灌溉条

件的旱地种植。经济作物以棉花为主，棉花生产主要分布在灌溉条件较好的贝桑谷地、胡拉谷地、沿海平原等，大部分为优质长绒绵。水果以柑橘为主，播种面积和产量都居首位，其生产主要分布在沿海红沙地、比尔谢收、北部谷地等处。以色列的柑橘以果质优良著称于世，单产水平居世界前茅。蔬菜分布广泛，自给有余。以色列的粮食和饲料均无法自给，需大量进口。棉花、水果和蔬菜大量向欧洲出口，以色列被称为是"欧洲冬季的厨房"。

第二，畜牧业。家禽养殖业是以色列畜牧业中最主要的生产部门。其生产主要集中在海法、特拉维夫等大城市附近的机械化养殖场。乳牛和肉牛的生产主要集中在城市郊区的专门养殖场；养羊业主要分布在中部山区；养鹅生产则在柑橘园内进行，是生态农业的一种具体表现。鹅以橘园中的杂草为食，可以除去杂草，其粪便又为橘树提供有机肥料。

以色列的农业生产公有制占主导地位，其农业生产组织形式主要有两种。基布兹即农业公社，是以色列农业的主体，现在全国共有基布兹300个左右。其成员自愿组成，全部财产集体公有，集体劳动，共同生产，基本上遵循"各尽所能，按需分配"的原则，平均分配劳动成果。基布兹的内部事务管理较为民主，能调动多数成员的积极性。莫沙夫即合作农庄，其成员自立门户，独立生产与消费，但供应、销售、贷款等均具有不同程度的合作性质。莫沙夫的领导机构负责解决生产经营问题，管理成员的经济活动，并提供公共服务。基布兹和莫沙夫根据以色列的国情设计、实施了一套适合农业公有制企业内部管理的方法。实践证明，它有利于农业劳动生产率的提高，有利于充分使用生产资料，也有利于促进农业与工商业的结合。1990年基布兹和莫沙夫的人口占全国的76%、蔬菜瓜果生产占全国的67%，他们的出口花卉生产比例高达92%。且目前，很多基布兹都发展了自己的旅游业和工业，有的甚至发展了电子及其他高科技企业。

基布兹和莫沙夫之所以在以色列能长期存在并且得到发展，与以色列的国情密不可分。犹太人认识到，只有加强彼此间的合作，才能在这块陌生、荒芜、贫瘠且四周充满敌意的土地上生存，而且要有一定的组织作为保证；集体定居点每年都能得到来自西方大国，特别是美国和德国的巨额资金捐助。

四、以色列农业生产的特点

第一，农业自然资源充分利用。以色列农业自然资源短缺，主要限制因素是干旱少水，土壤贫瘠。在土地的利用上，以色列通过开垦荒地，排干沼泽改良土壤属性，在提高土地生产力的基础上扩大耕地面积，有效防止了粗放耕作造成的新垦农地沙漠化。同时，以色列政府有计划、有步骤地建立输水网络。通过将湖水扬高，导入明渠、管道、隧道、蓄水池和一系列加压泵站，经庞大的输水网络向南部输送，从而缓解了水源在季节和地区上的不平衡分布。此外，滴灌、喷灌、咸水处理灌溉、废水利用、人工降雨及荒漠径流等在干旱地区有效利用水资源的办法得到推广和应用。90年代初，以色列耕地中的灌溉面积比例已达到51.2%，并仍在不断扩大中。

第二，农业科技水平和机械化水平高。以色列政府部门、研究机构与合作组织都十分重视农业科技的研究应用，科学技术是以色列农业的基础，该国程控滴灌技术水平居于世界之首，植物遗传、旱作农业以及土壤改良都获得了显著的成就。程控滴灌技术，通过有孔管道直接把水送到作物根部，水利用率可以提高25%，有效防止水分下渗，避免了土壤次生盐渍化和硝态氮的下移，还可以提高对各种土壤的适应性。计算机控制可以根据作物生长情况和外部条件变化，自动调节水量和农药、化肥的施用量。以色列农业机械化水平高，从耕地、施肥、收获、灌溉直至产品分级、包装、储运等均为机械作业，大大地提高了农业劳动生产率。

第三，农产品生产以出口为主。以色列建国之初把实现粮食自给、农副产品自给作为农业发展的目标。犹太人很快认识到该目标并不适合以色列国情，也不符合商品经济的规律。干旱条件下发展的灌溉农业生产粮食以满足自给，投资大、成本高。20 世纪 70 年代以来，根据其国内光热资源充足、水土资源缺乏的特点，集中力量把农业转向发展水果、蔬菜、棉花、花卉等高价值作物，经过一系列加工，大量向国外，特别是向欧洲地区出口，走创汇农业的道路，通过进口低价值的粮食及饲料满足国内生产生活需要。仅 1950—1990 年 40 年间，其农业产品出口值增加了 38.9 倍，从而促进了该国农业整体效益的提高。

以色列农业现代化的发展历程对世界各国都很有启发意义。注重资源配置和环境保护。以色列土地贫瘠、资源匮乏，建国后即陆续制订了有关森林、土地、水、水井、水计量、河溪、规划与建筑等方面的法律法规，把水和土地作为最重要的资源严格计划使用。建立强大的农业科教与推广体系。以色列建有一整套强大的由政府部门（农业部等）、科研机构和农业合作组织（基布茨、莫沙夫）紧密配合的科研、开发与教育、推广服务体系，形成了农业高度发达与集约化的原动力。全国共有 30 多处从事农业科学研究的单位、3500 多个高科技公司，不少大学也设有一些专业性研究单位。此外，高度组织化的农业合作与服务体系对以色列农业的发展起到了重要的支撑作用。以色列农业的高速发展还离不开政府的政策支持与法制保障。建国后，以色列历届政府从政策、财政、信贷等方面采取了一系列倾斜政策与扶持措施，并逐步走向法制化、规范化。

第五节 日本农业

日本人多地少、自然资源贫乏，农业现代化高度发达。二次大战后，日本只花费了 20 多年的时间从废墟中实现了农业现代化。日本的农业现代化既有欧美发达农业的某些特征，又保留着亚洲的一些传统。

一、日本农业简史

从纬度上看日本地处亚热带到寒温带，年平均气温南部为 17℃，北部在 5℃以上，属温暖的海洋性气候，受季风影响雨量充沛，虽常有台风、冷害等自然灾害，但总的来说，气候条件适于农业发展。

日本的土地比较贫瘠，国土总面积为 37.7×10^4 km^2，3/4 的国土为丘陵和山地，耕地面积只有 400×10^4 hm^2、牧场草地面积也只有 60×10^4 hm^2，但森林覆盖率高，达到 67.9%。它的海岸线很长，渔业资源丰富，捕捞技术先进并拥有强大的远洋船队。受这些条件影响，水稻种植及海洋渔业是日本农业中两大举足轻重的部门。

二次大战以前，日本的农业比较落后。明治维新废除了古代领主土地占有制，农民获得了人身自由和买卖、租佃土地的自由，这些是当时促进社会生产发展的因素。但是当时带有浓厚封建性质的地主—佃农制度日益普及和巩固。在这种制度下，土地被分散出租给细小的佃农，佃租率也不断提高，地主不增加投入也能获得高额收入。资源不能得到合理利用，劳动者的积极性被严重压抑，农村中剩余劳力过多，城市非农产业无法大量吸收，农业生产形态和农业生产技术都很落后。

二次大战期间，日本农业受到极大破坏，农业产量不足战前的60%。战后，日本农业高速发展。首先，日本在全国范围实行土地改革，彻底废除了佃农制度，佃农获得了土地，成为自耕农，劳动积极性大幅度提高。其次，生物-化学技术在此期间得到应用(广泛推广高产品种和增加施用化肥等)，农产品获得空前的丰收。第三，战后城市工商业发展迅猛，它在吸纳农村过剩劳力的同时，又向农业投入先进的农机具和其他物资。同时，获得了土地的农民也有不断增加生产投资的强烈愿望。1960 年，日本农业拥有的拖拉机大约为 18 万台，1975 年增加到 392 万台，1995 年约为 500 万台。

二、日本农业的结构与发展水平

二战失败使日本经济受到严重影响。但经过 20 世纪 50 年代、60 年代的经济高速发展，日本经济很快恢复，一跃发展成为仅次于美国的世界第二经济大国。工业的快速发展，吸纳了大批农业剩余劳动力，为农村扩大经营规模、实现农业机械化和促进农业技术进步等创造了有利的条件。日本通过农业政策的调整、相关制度的完善和强化政府对农业生产各方面的支援，逐步克服“人多地少”的天然劣势，创造了农业现代化高速发展的奇迹。表现在机械化水平不断提高，粮食供给能力增强，农民收入水平显著增加。但从大田作物看，其生产规模扩大有限，日本农产品的国际竞争力和自给率仍然存在大幅下降的问题。与其他发达国家一样，日本农业生产在国民经济中的比重不断下降，而农业各部门的现代化水平以及它们与其他产业部门的联系则不断深化。

从农业净产值所占比重的变化来看，1960 年为 10.2%，1980 年为 2.5%，1995 年下降到 2.1%。

从日本农业内部产值结构来看，1955 年农业总产值中稻米占 52.6%，其他粮食作物占 18.4%，蔬菜、水果等占 10%，畜产品占 9.7%，养蚕占 3.1%。1995 年稻米所占比例下降到 28%，畜产品比例则上升到 30.9%，蔬菜水果的比例也有上升。

从农业就业人口占总就业人口的比重来看，1960 年为 26.8%，1980 年为 9.1%，1995 年下降到 4%，目前农业劳力总数约为 450 万人。

在结构变化的过程中，日本农作物的产量在不断提高：到 1995 年，每公顷小麦的产量由 2 610 kg 提高到 3 500 kg，每公顷水稻的产量由 1960 年的 3 983 kg 提高到 5 100 kg，马铃薯的单产由 17 445 kg/hm^2 提高到 27 300 kg/hm^2。

日本农作物产量的提高与生物化学技术、良种、水利等方面的大量投入直接有关。据统计，1950 年日本每公顷化肥施用量(实物量)为 750kg 左右，1990 已高达 3 000 kg；1990 年该国的农田灌溉面积为耕地总面积的 66%，基本上实现了排灌配套；其温室面积达到 28 000 hm^2，是世界园艺设施最发达的国家之一。

当然，农作物产量的提供也离不开先进的农业机械。目前，日本仅 11.025 kW 以上的较大型拖拉机平均每百户就拥有 47 台；联合收割机每百户有 30 台；插秧机每百户有 55 台。这些都是农作物单产水平提高的基本保证，同时又直接促进了劳动生产率的提高。农业劳动生产率指数，1995 年为 410 是 1960 年的 4 倍。

水稻是日本最主要的农作物，从农业生产的地区分布来看，全国各地均有种植，其主要产地为北海道、东北、关东、九州，东北地区稻米产量为全国的1/3。马铃薯主要产地是北海道、长崎；牛和羊的主要饲养地也是北海道、九州、东北；猪主要分布于九州、关东、东北。日本农业的地区专业化水平较高。

战后在农业劳动力和耕地面积大幅度减少的情况下，日本农业总产值从1960年到1990年依然增长了38.5%，为工业和其他产业的现代化提供了保证。但是，由于该国居民消费习惯的改变，食用农产品总的自给率不断下降，除水稻可以基本保证自给外，小麦自给率从39%下降到9%；大麦自给率从107%下降至15%；大豆自给率从28%下降至3%。

三、日本农业的经营形式

日本自土地改革之后就确立了以自耕农为主体的农业经营结构。自耕农的家庭经营，是日本农业中的主要经营形式，此外还有日本农业协同组合、地方公共团体、农业公司等。分别介绍如下：

(一)农户家庭经营形式

日本农户的重要特点是拥有土地面积小。虽然随着工业的高速发展，农户数量逐步减少，但耕地面积也在减少，所以，农户土地面积增加十分有限。且从结构上看，1 hm^2 以下的小农户占比大，1995年仍占到68%左右；而2 hm^2 以上的较大农户比重虽有所提高，但到1995年仍只占9%。这是由于工业和城市建设对土地的需求量很大，造成地价急剧上涨，以致部分农民无钱购买土地，而另一部分农民不愿销售土地，甚至宁愿让土地荒芜，也不出售。尽管大农户在许多农业项目中显示出相当的竞争力，获得国家政策的关照，在畜牧业和设施园艺中的地位日益重要，但发展仍然有限。同时，无论是大小农户都主要使用家庭劳动力，雇工多是临时工，而且因为农户耕地面积不大，农机普及率高，工业中雇工工资比农业高一倍，所以雇工数量日益减少。

(二)农民兼业经营形式

日本农民家庭的收入高于城市家庭，从统计上看，2007年农民家庭平均收入已经是城市工人家庭平均收入的1.3倍。这是因为政府对农业的价格支持和其他许多方面的财政援助，以及农业劳动力不断地向二三产业转移。日本农民家庭收入中兼业收入是主要部分。日本农民就职情况可分为三类：一是专业农户，即农户劳动力的全部劳动时间只从事农业；二是第一兼业农户，即农户劳动力以农为主，兼搞他业；三是第二兼业农户，即农户劳动力以他业为主，以农业为副业。日本农民兼业化经营的情况在战前就存在。20世纪60年代工业高速增长，使兼业农民数量不断增加。到2000年初，日本兼业农户已占到总农户的90%以上。其中第二兼业农户激增，专业农户和第一兼业农户的数量和比重大幅下降。日本有2/3的农民是保留一点土地，只是在企业休息日干农活的工人或职员。

日本农户兼业化现象突出，影响了农业生产的集中，影响了日本适度规模经营的形成。

(三)日本农协的经营形式

日本农协即日本农业协同组合，是在政府的监督和财政支持下，为贯彻国家农业政策、为农民的生产经营提供服务的合作组织。日本农业在土地私有和分散经营的基础之上，之所以能够克服小生产的局限性，取得农业现代化的较大发展，农协做出了巨大贡献。日本农业协同组合对加快日本从传统农业向现代农业的转变起到了决定性作用。

日本农协是按行政区划建的,有全国农协、地方农协和基层农协。每一级农协中有综合性农协和专业性农协两类组织。在生产上,农协向农民传授新技术,提供农机租赁、修理及燃料供应等服务,向农户提供各类价廉质优的农用物资和生活用品。有的农协还拥有自己专业化的农牧场、农产品加工厂和仓库等。在流通领域,农民农产品总额的90%以上是通过农协组织出售的;政府收购稻米的业务也委托农协代办。在农村金融活动上,国家政策性支农贷款的大部分都通过农协金融机构办理,农协金融还承担着农户的会计工作。除经济活动外,日本农村的文化卫生服务也由农业承担,设有医院、托儿所、养老院等。日本农协在农业生产、农村金融、农产品加工、销售、工业品供应以及农民生活等农村经济生活的各个方面发挥着巨大的影响,在保护农民利益方面发挥了举足轻重的作用,形成了一个庞大的垄断组织体系。

我国的农业合作组织发展尚处于初级阶段,大力提高农民的组织化程度、注重发展综合性合作是日本农协对中国发展农业合作组织最重要的启示。同时,中国在发展农业合作组织的过程中要吸取日本的教训,防止出现农协逐渐脱离三农,误入非农化的情况。

(四)其他经营形式

日本农业的其他经营形式包括:共同经营亦称协业经营,即由两户以上的农民以不同的方式合并经营;地方公共团体经营,即某些无利可图但有利公益的生产由公共团体承担的经营;公司经营,即工商金融资本直接投资农牧场的经营。以上经营形式在日本农业中数量有限。

四、日本农业的问题及对策

(一)日本农业的主要问题

第一,耕地资源相对稀缺但农业经营的集中化发展不够。由于地价过高和“兼业经营”的影响,日本农业主要是分散的小规模经营的格局。在这种格局下,由于资源配置不合理,规模效益无法获得。许多人忽视农业生产,耕地的复种指数不断降低(1950年日本耕地的复种指数为154,1990年降至101.1),并出现了土地抛荒的现象。对于一个的土地资源紧缺的国家来说,这是严重的问题。

第二,日本农业受到国际石油市场状况的较大牵制。日本是能源缺乏的国家,日本农业生产严重依靠进口石油。日本现代化农业是用进口石油“浇灌”出来的。20世纪70年代以来,国际市场石油价格几次上扬,使该国农产品成本提高。且由于日本经营规模小,日本高投入的石油农业并未带来高收入,为了保证农民的利益,国家不得不采取价格支持和补贴政策、财政负担沉重。

第三,日本农业生产结构没有根据市场需求的变化及时加以调整。战后日本居民的食品消费发生很大的改变,肉、蛋、奶等畜产品及砂糖、水果等越来越受到欢迎,而日本传统饮食中的大米和鱼消费则逐渐减少。但是,这种变化并未在农业生产中反映出来。日本并未减少稻谷的生产;而畜产品需求的增加,则通过进口饲料发展畜牧业来满足。于是在日本出现了一方面大米过剩,过剩的大米由于成本高而无法进入国际市场,而另一方面小麦、玉米、大豆等严重不足,需要大量进口的不正常情况。

(二)日本政府采取的主要对策

为了缓解上述矛盾,日本政府采取了一系列的措施。

生产措施,对需要扩大的生产部门给予资金和技术上的支持;对调整作物种植结构的部门，比如改稻种麦的农场，提供补贴等。

价格措施，在稳定农产品价格的基础上，促进农产品流通合理化。实施所谓“自主流通米”的办法和政府限量收购大米的办法，使由政府确定的居高不下的大米价格通过市场得到部分调整。为发展工厂化大型畜禽饲料业而决定敞开饲料进口等。

结构措施，用经济引导的方法改变现有农户的分散所有、分散经营，使之由分散向大规模经营转化。为此，政府在技术和资金上扶持骨干农户，并制定相关法律如《农地利用增进法》以促进农地流动和相对集中。

这三个措施的中心是结构措施，它抓住了影响日本农业的根本即如何更有效地利用日本稀缺的耕地资源。但从实践看，农地流动困难依然存在，该措施见效缓慢，主要原因仍在地价过高和政府大米收购价高两方面。

日本农业现代化的目标还包括保障食品安全的供给。日本引进欧美国家的食品安全管理新制度提高食品安全管理的有效性。近年来，我国发生了一系列的食品安全突发事件，我国应该借鉴日本的经验，把农业的范畴扩大到食品，建立既和国际接轨又符合国情的，全方位、多层次、高效率的食品安全法律法规。同时建立食品安全管理的监督和检验机制，保证食品安全透明化，强化人民对于食品安全的信心。

第六节　中国台湾农业

台湾省位于中国大陆的东南，与福建省隔海相望。全省共有大小岛屿近 80 个。土地总面积 35 981 km^2，2/3 为山地，平地不足 1/3。耕地面积 1 337 万亩（1982 年），其中水田约占 56%，旱地约占 44%。人均耕地在 50 年代为 1.5 亩左右，80 年代初为 0.7 亩左右。农业人口 50 年代时占全省总人口比例高达 50%左右，80 年代降为 26.4%。从农业和工业的产值构成看，50 年代农业产值与工业产值之比约为 7:3，到 80 年代，则颠倒过来，约为 3:7。全省地处热带与温带之间，年平均温度 24℃。该省原有的耕作制度和生产工具，与福建、广东省类似，复种指数较高，是中国富饶的农业产区。

一、台湾农业产业结构

台湾农业包括种植业、畜牧业、渔业与林业四大部门。80 年代到 90 年代末，种植业产值比重保持在 41%～47%之间；渔业产值比重从过去的不足 20%上升到 90 年代的 25%左右；畜牧业产值比重持续保持上升趋势，1996 年达到 35.5%的高峰，1997 年猪口蹄疫事件发生后，其产值比重下降，1999 年为 33.2%。林业产值比重一直很小，1995 年之后一直维持在 0.2%左右。台湾农业生产结构由以种植业为主的单一的传统农业，逐渐转变为农林牧渔综合发展的多元化农业与商业性农业。

在整个农业结构发生变化的同时，每一个农业部门内部结构也发生了很大变化。在种植业内部，粮食作物与经济作物比重逐步下降，水果、蔬菜与花卉等园艺作物比重迅速提高；在渔业内部，由沿岸和养殖渔业为主向近海与远洋渔业发展；在畜牧业内部，在养猪、养鸡业迅速发展的同时，乳牛与肉牛业也得到了较快发展，比重逐渐增大。

台湾省在 50 年代进行了土地制度的改革，农业中自耕农已占绝大比重，农业机械和现代栽培技术更多地应用到生产中，经营方法也逐渐改变为节约劳力与资金的集约经营。60 年代以后，为适应市场需要，逐渐形成了某些农产品的专业化生产区，农业生产有了较大发展。1984 年水稻产量为 224.42 万 t，甘蔗为 654.53 万 t，香蕉为 20.33 万 t，菠萝为 12.36 万 t，分别比 1952 年增加 43％、12 倍、90％和 80％。其他农产品有烟叶、茶叶、柑橘、花生等。大豆、小麦和玉米则种植稀少，被列为经济作物。畜牧业在生猪生产上注重品种改良、推广配合饲料及改进饲养技术，从而缩短了饲养期，提高了屠宰重量，而且大部分为“瘦肉型”猪。

台湾省的出口农产品主要有糖、米、香蕉、菠萝、蘑菇、芦笋（罐头）、茶叶和水产品等。50 年代以来，这些产品的出口量增长较快，但在出口总值中所占比重逐步下降；进口农产品以大米、大豆、小麦和面粉、原棉、烟草、牛乳和乳制品、橡胶及其制品、木材等为主，其在进口总值中所占的比重呈上升趋势。

二、台湾农业发展历程

近现代，台湾农业的发展大致经历了“恢复—发展—停滞—转型”四个阶段，也反映了台湾农业的兴衰史。

1945—1952 年，是台湾农业的恢复阶段。台湾农业在日据时期，在所谓“农业台湾、工业日本”的殖民政策下，出现了台湾农业发展的一段“黄金时代”。1951 年，台湾农业生产恢复到战前最高水平。稻米产量达到 148.5 万 t，甘蔗产量为 202.2 万 t。这一时期，农业生产年平均增长率约为 13％，农业劳动生产力年增长率约为 6.3％，每年土地生产力约增长 9.2％。

1953—1968 年，是台湾农业的较快发展时期，被称为台湾农业发展的“第二个黄金时代”。1953 年开始，台湾当局确定了“以农业培养工业，以工业带动农业”的经济发展战略，实行“耕者有其田”的农地改革，极大地激发了农民的生产积极性，进一步促进了农业生产的发展。这一期间，农业生产获得较快发展，农业生产产值从 1953 年的 103.9 亿新台币增至 1968 年的 488.8 亿新台币，增长 3.7 倍；最重要谷物稻米产量从 164.2 万 t 增到 251.8 万 t；农业生产年平均增长 5.5％，土地生产力年平均增长 4.6％。台湾连续实施了四期“四年经济建设计划”，其中，农业发展的主要目标是开发农业资源，增加农业生产，拓展农产品外销，向工业提供廉价的劳动力与原料。农业发展保证了粮食的充分供应，维持较低的物价。农业部分剩余资金、农产品外销取得的外汇及农村劳动力大量流入工商业，同时支撑了非农业部门的迅速发展。1965 年台湾成立第一家观光农园，农民开放其生产场所供游人体验采摘和购买等休闲活动，这一时期休闲农业经营方法简单，完全属于农民的自发性行为。全台共约有 33 家农园，如苗栗县大湖观光草莓园、彰化县田尾公路花园。

1969 年是台湾农业发展的一个分水岭，此后农业由较快发展期逐渐进入停滞阶段。60 年代中期，台湾经济结构开始转型，由以农业为主的经济形态逐步向以工商业为主的经济形态转变，农村劳动力开始大量流入城市与工商业，农业开始走向衰落。农业就业人口比例继续下降（1969 年第一次降至 40％以下），而且农村劳动力的绝对数也于 1970 年开始下降。农作物复种指数下降，耕地废耕现象日趋明显，土地利用走向粗放经营，传统出口农产品因工资成本上涨逐渐失去海外市场。台湾农业生产于 1969 年出现 50 年代中期以来第一次负增长，农村专业农户减少，专业农户数占总农户数的比例从 1970 年的 30.2％降为 1980 年的 8.9％；农民来自农业的收入下降，农家所得来自农业净收入的比重从 48.7％降至 26.4％。

自 60 年代末农业进入停滞阶段后，台湾当局对农业政策进行了重大调整，采取了一系列新的政策措施，注重农业、农村与农民生活的全面发展，但未改变农业与农村发展所面临的困境。80 年代起，台湾当局对农业政策进行了全面调整，农业发展进入转型期。其重要政策措施包括：1980 年修正公布《农业发展条例》；1982 年公布第二阶段农业改革方案与第三期提高农民所得，加强农村建设方案，召开第一次农业会议；1983 年提出“培养农业八万大军”口号；1984 年制订加速基层建设，增进农民福利方案，提出发展“精致农业”构想，并实行稻田转作六年计划方案；1985 年提出加速农业升级重要措施，改善农业结构，提高农民所得方案；1988 年召开第二次农业会议；1990 年更提出“农业零成长”口号及制订农业综合调整方案等。这些方案与措施将农业从量的发展转向质的提高。80 年代以来，农业生产增长速度虽迅速下降，但农业专业化程度有所提高，专业农户比例上升。在耕种农户中，专业农户比例从 1980 年的 9%回升至 1990 年的 12%，1999 年达到 15.6%；在非耕种农户中，专业农户比例从 7.4%上升为 1990 年 27.5%；农民收入中，农业净收入所占比重也开始回升，从 1980 年的 29.6%上升为 1990 年的 35.2%。

三、台湾休闲农业的发展

台湾休闲农业的发展受多种综合因素推动，包括农业内部的阶段性变化、农业科技进步，农业外部的社会、经济环境的变化、居民消费需求的提高以及当局重视等。其中提高收益，促进结构调整和实现产业升级，是推动台湾休闲农业发展的主要动力。农民追求农业收益提高，是推动台湾休闲农业发展的直接原因。台湾休闲农业的萌芽和最初发展完全是农民自发性的行为。1965 年台湾第一个观光农园试营业，其初衷是节省劳力，开放农园供游人采摘，后引起了游客浓厚的兴趣，还获得了增收。于是相继出现了台湾第一家观光草莓园、观光果园、观光花园。提高农产品市场竞争力，是推动台湾休闲农业发展的内在原因。1960 年代后期，台湾农业出现衰退，特别是台湾加入 WTO 后，进口的大米量相当于岛内消费量的 65%，严重打压了本岛粮食价格，使得水稻种植面积急剧下降。在多种原因综合影响下，当局出台了稻田休耕、政策性休牧和休渔政策，促进了农业结构调整和农业功能升级，更加注重发挥现代农业的“优质、安全、休闲、生态”等综合功能。农业科技的进步与创新，是推动台湾休闲农业发展的根本原因。农业科技进步，提高了台湾农业生产水平，增加了台湾农产品的数量，提高了农产品的质量，促进了农业生产结构的改变。农业科技进步还为休闲农业发展提供了先进的技术手段，丰富了顾客的休闲农业体验内容。由于农业资源的多样化和社会需求的复杂化，台湾休闲农业发展呈现出多元化的形态，其产业规模较大，农场经营以中小型为主。休闲农业产业发展迅速，其形态功能多样，经营管理规范，社会化服务水平较高，但区域之间发展不平衡。

台湾休闲农业经营项目主要以教学体验、风味餐饮、乡村旅游和生态体验为主，分别占农场总数的 63.8%、59.0%、56.3%和 51.5%；果园采摘和农作体验也是重要经营项目，分别占 49.8%和 47.8%，依次还有农庄住宿、蔬菜采收、农业展览、民俗技艺体验、林场体验、牧场体验、渔场体验、农村酒庄和市民农园等。台湾休闲农业的收入以门票、餐饮、住宿为最大项，2004 全年 45 亿元新台币营业总收入中住宿收入最高，达 174 933 万新台币、餐饮次之为125 280万新台币、产品销售 107 580 万新台币、门票收入 1910 万新台币，其他 41 300 万新台币。

台湾休闲农业发展成功的基本要诀是突出休闲主题及文化建设。台湾当局十分重视发挥自然、知性、教育、文化和经济的综合功能；十分重视资源的合理利用；十分重视服务水平和经营管理效益的提高；十分重视生态环境和资源的保育，满足健康与养生的人性需求。休闲农业的基本特质是资源的稀少性、不可模仿性和不可取代性，以及强大的市场需求价值性。“享受自然、传承文化、体验健康”是休闲农业发展的核心思想；“绿色旅游”和“体验经济”是休闲农业发展的生命和灵魂。台湾保护农业资源和环境，发展“三生”农业、建设富丽农村，促进生态化发展，是台湾现代农业发展的基本方针，也是台湾休闲农业发展的根本和生命力之所在。

四、台湾农业存在的问题

台湾农业曾经有过相当成功的发展，对整个经济发展贡献甚大。80 年代以后，台湾农业发展则遇到许多新的问题与困难，尽管台湾当局采取许多措施进行改善，但一直未能从根本上解决问题。

一是农地闲置严重，农村劳动力老化，农业经营日趋粗放。依 2000 年的最新普查，超过 50 岁的占农业就业人口的 70%以上。二是农场面积零碎狭小。到 20 世纪 90 年代末，平均每户耕地面积为 1.1 hm^2，每人耕地面积为 0.2 hm^2。这样的结构严重阻碍了农业机械化的推行，大型农业机械使用率偏低，不利于生产力的提高和现代化农业发展。三是生产结构失调，稻米过剩，杂粮严重依赖国际市场。四是农田污染严重。据调查，台湾土壤污染以铜、镍、锌、锰、砷等较为严重。另外，养殖渔业的发展，大量抽取地下水，造成地层下陷，海水倒灌，土壤碱化等。五是农业面临加入世界贸易组织后贸易自由化与市场开放的冲击。

面对农业发展的困局，台湾当局大幅调整农业政策，由过去重视“量”的增加，转向更加注重“质”的提升，将农业发展与农民生活、农村环境相结合，力求打造“生产、生活与生态”的良性循环。一是调整农业生产结构，提高农产品质量。二是推动农业生产自动化、科技化与企业化，提高农业生产力，促进农业升级。三是发展休闲农业与森林、海洋游乐。四是增加农民福利，培养核心农民，五是将部分不具竞争力或污染性的农牧业生产移向海外与祖国大陆。

台湾与大陆血脉相连，分析和总结台湾农业发展的成功经验，对大陆农业产业结构调整、布局、规划制定，相关政策制度安排，农业资源合理配置与利用以及发展乡村休闲产业经济具有重要的指导作用，对社会主义新农村建设具有重要的参考价值和借鉴作用。

思考题

1. 简述美国农业带的分布特点。
2. 简述美国农业生产特点。
3. 简述巴西农业生产特点。
4. 简述以色列农业生产特点。
5. 简述日本农业的经营形式。

参考文献

[1] 庄云．现代生物技术在农业生产中的应用．吉林农业科技学院学报,2006,15(4):9-12.

[2] 沈农夫．21世纪农业发展8种类型．中国果菜,2002,2:10-10.

[3] 翟虎渠．农业概论．北京:高等教育出版社,2006.

[4] 朱道华,赵天福．社会主义农业经济学. 第3版．北京:中国农业出版社,1995.

[5] 中国大百科全书(农业). 北京:中国大百科全书出版社,1990.

[6] 曹贯一．中国农业经济史．北京:中国社会科学出版社,1989.

[7] 李建民．农学概论．北京:中国农业科学技术出版社,1997.

[8] 宋则行．世界经济史．北京:经济科学出版社,1998.

[9] 王景新．现代化进程中的农地制度及其利益格局重构．北京:中国经济出版社,2005.

[10] 张永丽,李修瑾．农业劳动力变动趋势的规模与结构．重庆社会科学,2015,(2):11-19.

[11] 严瑞珍,周志祥,严厚铮．我国的农业生产结构．北京:农业出版社,1986.

[12] 刘洁．中国农业生产经营组织企业化的制度分析．北京:中国农业出版社,2009.

[13] 牛若峰．农业产业化经营发展的观察和评论．农业经济问题,2006,31(3):8-15.

[14] 王冰．中国农业生产组织政策绩效与评价．经济评论,2004,4:63-68.

[15] 邵峰．论农业经营体制创新．农业经济问题,2003,9:59-62.

[16] 王学萍,侯光明,华为．农业企业化的动因分析．理论建设,2004,3:43-47.

[17] 贾小玫．公司化与集约化:中国农业经营组织的创新与发展趋势．当代经济科学,2004,26(3):91-92.

[18] 刘笑萍．农村社区股份合作制制度创新路径分析．农业经济问题,2015,9:13-15.

[19] 向国成．论我国农业组织模式发展的阶段性及当前选择．中国软科学,2002,6:32-36.

[20] 邓勤．用塑造农业经营主体的方式置换农民．领导决策信息,2003,29:26-27.

[21] 罗必良．农地经营规模的效率决定．中国农村观察,2000,5:18-24.

[22] 夏永祥．农业效率与土地经营规模．农业经济问题,2015,23(7):43-47.

[23] 曹阳．多元化组织、市场化网络、组织共生——当代中国农业组织现代化基本模式探析．求索,2010,11:5-7.

[24] 中国共产党第十八届中央委员会第五次全体会议公报．北京:新华网,2015-10-29. http://news. xinhuanet. com/fortune/2015-10/29/c_1116983078. htm.

[25] 官春云．农业概论．北京:中国农业出版社,2007.

[26] 刘江,杜鹰．中国农业生产力布局研究．北京:中国经济出版社,2010.

[27] 骆世明,陈聿华,严斧,等．农业生态学．长沙:湖南科学技术出版社,1998.

[28] 黄璜，陈吉芳，等．农业防灾抗灾救灾应用技术．长沙：湖南科技出版社，1998.
[29] 周立三．中国农业地理．北京：科学出版社，2000.
[30] 李应中．农业区划学．北京：农业科技出版社，1997.
[31] 全国农业区划委员会《中国综合农业区划》编写组．中国综合农业区划．北京：农业出版社，1981.
[32] 全国农业区划委员会《中国自然农业区划》编写组．中国自然区划概要．北京：科学出版社，1984.
[33] 中国科学院《中国中国种植业区划》编写组．中国种植业区划．北京：农业出版社，1984.
[34] 王志学，信乃诠．世界农业和农业科技发展概况．北京：中国农业出版社，2004.
[34] 刘书凯．农业区划．北京：农业出版社，1981.
[35] 陈娆，田淑敏．农业经济管理．北京：高等教育出版社，2005.
[36] 岳琛．中国农业经济史．北京：中国人民大学出版社，1989.
[37] 牛若峰．农业发展——中国农业发展报告．杭州：浙江人民出版社，1999.
[38] 李秉龙，薛兴利．农业经济学．北京：中国农业大学出版社，2003.
[39] 朱道华．农业经济学．北京：中国农业出版社，2001.
[40] 陈万明．农业经济管理．北京：中国农业出版社，2000.
[41] 郭翔宇，等．农业经济管理．北京：中国农业出版社，2004.
[42] 江小容．改革开放以来农村经济发展历程研究(博士论文)．杨凌：西北农林科技大学，2012.
[43] 邓宗兵，封永刚，等．中国粮食生产空间布局变迁的特征分析．经济地理，2013，33(5)：117-123.
[44] 肖卫东，等．中国农业生产地区专业化的特征及变化趋势．经济地理，2013，9：120-127.
[45]《中国农业机械化区划》编写组．中国农业机械化区划．北京：农业出版社，1985.
[46] 吕美巧．我国水稻种植机械化概况及发展方向．湖南农机，2010，2：3-4.
[47] 童国镇．浅析水稻机械化育秧技术．福建农机，2005，3：104-106.
[48] 赵松乔．中国农业(种植业)的历史发展和地理分布．地理研究，1991，10(1)：1-11.
[49] 李二玲，朱纪广，李小建．2008 年中国种植业地理集聚与专业化格局．地理科学进展，2012，31(8)：1063-1070.
[50] 邢路生．我国种植业发展成就分析．种业导刊，2011，2：17-19.
[51] 黄义德．作物栽培学．北京：中国农业大学出版社，2002.
[52] 杨文钰，屠乃美．作物栽培学各论(南方本)．北京：中国农业大学出版社，2011.
[53] 胡立勇，丁艳锋．作物栽培学．北京：高等教育出版社，2008.
[54] 官春云．现代作物栽培学．北京：高等教育出版社，2011.
[55] 胡承霖．安徽麦作学．合肥：安徽科学技术出版社，2009.
[56] 盖钧镒．作物育种学各论．北京：中国农业出版社，2006.
[57] 中国大百科全书普及版编委会．刀耕火种——中国农作物的栽培溯源．北京：中国大百科全书出版社，2013.

[58] 曹敏建．耕作学．北京:中国农业出版社,2010.
[59] 董炳友．作物良种繁育．北京:化学工业出版社,2011.
[60] 杨文钰．农学概论．北京:中国农业出版社,2002.
[61] 郭晓龙,刘艳华．园艺作物栽培．北京:化学工业出版社,2007.
[62] 韩振海．园艺作物种质资源学．北京:中国农业大学出版社,2009.
[63] 高丁石．农作物优良品种培育与良种繁育实用技术．北京:中国农业科学技术出版社,2014.
[64] 张天真．作物育种学总论．北京:中国农业出版社,2003.
[65] 曹卫星．作物栽培学总论．北京:科学出版社,2013.
[66] 刘子凡,黄洁．作物栽培学总论．北京:中国农业科学技术出版社,2007.
[67] 余松烈．作物栽培学．重庆:重庆出版社,2001.
[68] 王璞．农作物概论．北京:中国农业大学出版社,2004.
[69] 杨守仁,郑丕尧．作物栽培学概论．北京:中国农业大学出版社,2000.
[70] 唐湘如．作物栽培学．广州:广东高等教育出版社,2014.
[71] 董钻,沈秀瑛,王伯伦．作物栽培学总论．北京:中国农业出版社,2012.
[72] 中国农业科学院棉花研究所．中国棉花栽培学．上海:上海科学技术出版社,1983.
[73] 李正理．棉花形态学．北京:科学出版社,1979.
[74] 潘家驹．作物遗传学总论．北京:农业出版社,1992.
[75] 黄滋康．中国棉花品种及其系谱．北京:中国农业出版社,1996.
[76] 潘家驹．棉花育种学．北京:中国农业出版社,1998.
[77] 孙晓辉．作物栽培学．成都:四川科学技术出版社,2002.
[78] 马骏麒,等．中国棉作学．北京:中国农业科技出版社,1997.
[79] 韩慧君．气候生态因素对棉花产量与纤维品质的影响．中国农业科学,1991,24(5):23-29.
[80] 刘后利．实用油菜栽培学．上海:上海科学出版社,1987.
[81] 官春云．优质油菜生理生态和现代栽培技术．北京:中国农业出版社,2013.
[82] 王荣栋,尹经章主编．作物栽培学．北京:高等教育出版社,2005.
[83] 中国农业科学院油料作物研究所编．油菜栽培技术．北京:农业出版社,1979.
[84] 赵合句．优质油菜高产栽培与利用．北京:金盾出版社,1994.
[85] 伍昌胜．优质杂交油菜．武汉:湖北科学技术出版社,1995.
[86] 刘后利．油菜的遗传和育种．上海:上海科学技术出版社,1985.
[87] 刘后利．油菜遗传育种学．北京:中国农业大学出版社,2000.
[88] 中国农业科学院油料作物研究所．中国油菜品种志．北京:农业出版社,1988.
[89] 南京农学院．饲料生产学．北京:农业出版社,1980.
[90] 日本草地学会．草地科学实验·调查法．日本畜产技术协会,2004.
[91] 耿华株,孙云越等．饲料作物高产栽培．北京:金盾出版社,1993.
[92] 沈益新等．两个黑麦草种生产性能的比较．南京农业大学学报,1993,16(1):78-83.

[93] 王栋原著．任继周等修订．牧草学各论．新一版．南京:江苏科学技术出版社,1989.
[94] 云锦凤．牧草及饲料作物育种学,北京:中国农业出版社,2001.
[95] 王宗礼,赵昕,等．优质牧草新品种及栽培技术．北京:中国劳动社会保障出版社,2002.
[96] 彭科林,任树言．绿肥．海口:南方出版社,1999.
[97] 张默君,张文淑,周禾．牧草与粗饲料．北京:中国农业大学出版社,1999.
[98] 焦彬．中国绿肥．北京:农业出版社,1986.
[99] 耿华珠,等．中国苜蓿．北京:中国农业出版社,1995.
[100] 王勇,等．我国苜蓿研究现状、存在问题及对策．内蒙古农业科技．2004.
[101] 敖立万．湖北小麦．武汉:湖北科学技术出版社,2002.
[102] 梁金成,高尔明．栽培与耕作．郑州:中原农民出版社,1993.
[103] 中华人民共和国财政部国际司,美国农业发展现状．北京:国际财政广角,2014-07-08,http://www.mof.gov.cn/mofhome/guojisi/pindaoliebiao/cjgj/201407/t20140708_1109872.html.
[104] 中国与美国农业生产方式的比较．北京:搜狐财经网,http://business.sohu.com/
[105] 美国农业生产的主要特点．北京:人民教育出版社,2008-01-29,http://www.pep.com.cn/lsysh/jszx/tbjxzy/7s/7xckzl/200801/t20080129_443311.htm.
[106] 徐更生．美国农业政策．北京:经济管理出版社,2007.
[107] 刘助仁．美国农业生物技术蓬勃发展．财经政法咨询,2006,6:12-16.
[108] 梁素珍．美国农业生物技术应用研究重点及产业化．世界农业,1997,1:35-36.
[109] 陈华山．论农业在发达国家经济中的地位与作用——以美国为例．广东商学院学报,1995,1:48-58.
[110] 朱行．世界农业强国巴西农业概述．海外农业,2009,3:33-35.
[111] 驻里约热内卢总领馆经商室．巴西农业及发展潜力介绍．里约热内卢:2006-07-25,http://ccn.mofcom.gov.cn/spbg/show.php? id＝4267
[112] 岳德荣,王曙明,郭中校,赵国臣,张永锋．巴西农业生产与科研推广体系．农业科技管理,2008,27(5):5-7.
[113] 娄昭,徐忠,张磊．巴西农业发展特点及经验借鉴．世界农业,2011,5:80-82.
[114] 郭天财．荷兰农业现代化的特点．河南农业科技,2002,7:31.
[115] 龙吉泽．荷兰农业发展特点及产业结构．时代农机,2015,5:170.
[116] 李同明．当代世界一流的现代农业产业化经营——荷兰农业发展状况与启示．湖北农学院院报,1997,17(4):292-300.
[117] 滨州市委党校．荷兰高效生态农业建设的经验．中国农业信息,2014,5:38-39.
[118] 王慎强,苗兴信,尚波．荷兰农业发展的思考．农业现代化研究,1997,18(5):317-320.
[119] 邓启明,等．以色列农业现代化的历程、成效及启示．世界经济,社会科学战线,2009,7:74-78.
[120] 厉为民．以色列农业．中国乡村发现,2006.

[121] 宗义湘,等. 日本农业现代化历程及对中国现代农业建设的启示. 农业经济,2011,4:13-15.

[122] 刘国华,李永辉. 论战后日本农户的兼业现象及对中国农业现代化的启示. 农业现代化研究,2010,31(1):47-50.

[123] 林国华. 台湾休闲农业发展模式与经验探讨. 台湾农业探索,2007,4:16-21.

[124] 李建华,林国华. 台湾休闲农业发展及对大陆的启示. 中国农业科技导报,2007,9:89-92.

[125] 地理,普通高中课程标准实验教科书. 北京:人民教育出版社,2004.

[126] 傅廷栋,杨光圣,等. 油菜杂种优势利用研究的历史、现状与展望. 武汉:华中农业大学农学系,1998.

[127] 殷艳,王汉中. 我国油菜生产现状及发展趋势. 农业展望,2011,07(1):43-45.

第二篇

林业部分

第六章 概述

通过对林学、森林及林业的概念的介绍，重点分析我国林业建设的现状、存在问题及其发展趋势，论述全球生态环境问题及其与森林可持续经营的关系，介绍森林可持续发展在社会经济发展和生态环境建设中的战略作用。

第一节 森林可持续经营的战略意义

一、林学、森林与林业

1. 林学

由于所处的时代背景及科学技术水平的不同，人们对林学的理解和认识不尽相同。传统的林业是以木材生产为主的生物质生产产业，林业研究是以营造、抚育森林以及采伐利用森林为主，对森林的生态服务功能及其效益关注得很少。人们把林学理解为是营造、抚育和利用森林的科学，它属于应用科学。然而，随着人们对森林认识的不断加深，特别是自 20 世纪 70 年代以来，全球环境问题出现，使整个社会进入了一个普遍关心生态环境保护的新时代，可持续发展已成为林业建设及林业研究的主线，我们需要明智地利用森林及有关的自然资源，森林经营并非仅仅是为了获取木材和林产品，更重要的是充分发挥森林的综合功能，特别是生态服务功能。可见，林学的主要研究对象是森林，应包括天然林和人工林，甚至还包括不呈森林状态的带状林木及散生树木(如:农田防护林网、四旁绿化等)。因此，林学是研究森林及与森林有关的自然资源，使之可持续经营的学科，是一门涉及生物学、物理学、经营学、社会学和政策学的综合而复杂的科学，包括认识森林、培育森林、经营森林、保护森林和合理利用森林的基本理论和技术体系。森林的培育及其经营管理不仅与生物学相关，而且与环境密切相关;同时，林业建设还受到来自生态、技术、政策等诸多方面的制约。因此，林业工作者只有掌握并能灵活运用林学的基本原理和基本技术，同时结合区域自然、社会条件和特点，进行周密地分析和研究，才能有效地控制和调节森林的形成、生长速度、林分结构、功能效益，实现森林经营可持续发展。

2. 森林

森林是一种植被类型，是以乔木树种为主体，包括灌木、草本植物以及其他生物在内，占据相当大的空间(或面积)，具有一定的结构，密集生长，并能显著影响周围环境的生物群落。具有一定的面积(空间)和结构特征是特定森林环境和林木形质形成的基础。森林是地球陆地生态系统的主体，具有很高的生物生产力和生物量以及丰富的生物多样性。在维持全球碳、氧平衡和遏制气候温暖化方面具有极其重要的作用。

森林是人类文明的摇篮。纵观人类发展历史，国家的兴衰、民族的存亡，无不与森林息息相关，森林兴则文明兴，森林败则文明衰。因此，保护和培育森林，发展林业，是关系民族生存与发展的根本大计。

森林是一种战略性资源，以森林为主要经营对象的林业是国民经济重要的基础产业，为国民经济发展提供了大量的原料和初级产品。森林是巨大的能源库，有丰富的生物能源可开发利用。因此，森林是实现环境与发展相统一的关键和纽带，培育森林、发展林业是可持续发展的保证。在维护区域性气候和保护区域生态环境（如防止水土流失）等方面，森林有着重大的贡献。所以，森林在维系地球生命系统的平衡中具有不可替代的作用。

3. 林业

早在 20 世纪 40 年代，美国著名林学家 Baker BJ 就指出：林业乃是为了持续不断地得到产品和服务而对森林进行的科学经营管理。纵观林业的发展历史，可以清楚地看出，在过去很长的历史时期，林业主要是开发利用原始森林，以取得木材、燃料和其他林产品，很少顾及森林的生态服务功能。随着社会的发展和人类文明的进步，特别是工业革命以后，因工业污染及人们对森林的长期破坏，原始森林资源逐渐被耗竭，致使人类生存环境的可持续发展受到严峻威胁，促进了人们对森林认识的不断提高，传统的林业经营理念受到挑战，人们开始关心森林恢复和森林资源培育，把保护森林和人工林培育纳入林业经营范畴。林业逐渐摆脱了以木材生产经营为主的传统观念。现代林业发展，就是要求和谐地利用森林资源，不损害环境，十分重视森林的生态效益和社会效益，多目标综合经营森林，高效深度利用森林资源，实现林业可持续发展。

自 20 世纪 60 年代以来，随着人口、能源及环境危机的不断加重，特别是在 1992 年于巴西召开的联合国环境与发展大会的推动下，森林问题已成为全球性的资源和环境问题的重点，林业问题已不仅是一个经济问题、生态问题，而且是一个社会问题、国际关系问题。各国政府开始关注森林的合理经营和科学培育，把森林的生态服务效益置于森林的经济效益之上，充分发挥森林的生态服务功能成为培育和经营森林的主要目的。从此，林业的地位和作用发生了重大变化，森林问题越来越受到国际社会的高度关注。我国是世界林业大国之一，又是森林资源十分匮乏的国家，人均占有的森林资源量远远低于世界平均水平；而且我国的生态环境十分脆弱，严重地制约了社会经济的可持续发展，人们已深刻地认识到森林是农业和国土安全的重要屏障，是经济和社会可持续发展的重要基础，是关系到民族生存与发展的根本性问题。林业是生态建设的主体，是一项极其重要的基础产业和公益事业。在实施可持续发展战略的过程中，应当赋予林业应有的重要地位；在生态建设中，应当把林业放在首要位置。可见，我们不能把林业单纯地看作是一项产业或公益事业，而是应该从社会经济可持续发展的高度理解林业、建设林业。

二、全球环境问题与森林可持续经营

（一）全球环境问题

目前，全球环境问题已成为制约各国社会经济可持续发展的主要因素。全球环境问题概括起来主要包括如下方面。

1. 气候变化

自20世纪90年代以来，气候变化日益突出，厄尔尼诺现象频繁发生，造成了巨大经济损失。气候变化，特别是气候变暖可能产生的影响和危害包括海平面上升、影响农业和自然生态系统、加剧洪涝、干旱及其他气象灾害、影响人类健康等。森林是地球陆地生态系统的主体，具有很高的生物生产力和生物量，其碳储量占整个陆地植被碳储量的80%，森林每年的碳固定量约占整个陆地生物碳固定量的2/3。足见，森林在维护全球碳平衡中具有重大的作用。森林与气候之间存在着密切的关系，气候的变化将不可避免地对森林产生一定的影响。反过来，因全球森林生态系统是一个巨大的碳库，受气候变化的影响，它对大气中的CO_2起着源或汇的作用，从而进一步加强或抵消未来气候的变化。因此，未来气候的变化对森林的影响及森林对气候的反馈作用已引起人们极大的关注。

2. 臭氧层破坏

大气平流层中存在着臭氧层，具有非常强烈的吸收紫外线的功能，这使得人类和地球上各种生命能够存在、繁衍和发展。据报道，近20年来南极上空的臭氧层破坏面积已达$2.4\times10^7 km^2$，北半球上空的臭氧层变薄了，欧洲和北美上空的臭氧层平均减少了10%～15%。臭氧层破坏将会引起新的环境问题。

研究表明，有许多树木能帮助净化空气中的臭氧和二氧化氮，作用最明显的是茶树、白桦、落叶松、苏格兰松、桤木以及枫树，效果次之的有苹果、冬青、小无花果、山楂、榛和丁香等。

3. 生物多样性锐减

从恐龙灭绝以来，当前地球上生物多样性减少的速度比历史上任何时期都快。自1600年以来，大约有113种鸟类和83种哺乳动物已经消失。全球66%的陆生脊椎动物已成为濒危种和渐危种；海洋和淡水生态系统中的生物多样性也在不断退化。我国濒危或接近濒危的高等植物多达4 000～5 000种，占我国高等植物总数的近20%。生物多样性不断减少的主要原因包括：大面积森林受到破坏；草地过度放牧；对生物物种的强度捕猎和采集；工业化和城市化的发展破坏了大量天然植被，并造成大面积污染；外来物种的大量侵入；无控制的旅游开发；环境污染及全球变暖。

世界上约有530万种物种，包括25万种植物、4.5万种脊椎动物和500万种非脊椎动物，其中有一半以上在森林中栖息繁衍，森林是地球生命的支撑系统。因此，保护了森林就保护了生物多样性。

4. 土地沙化和荒漠化

荒漠化不仅是一个重要的生态环境问题，也是人类所面临的一个非常严峻的经济和社会持续发展问题。全球荒漠化面积达$3.6\times10^9 hm^2$，约占全球陆地面积的1/4，影响到了110多个国家和地区，涉及全球70%的农用耕地，10亿多人受到沙漠化威胁，其中1.35亿人面临流离失所的危险。荒漠化已成为全世界范围内，造成贫困和移民的最主要的原因之一。荒漠化使全世界每年丧失可耕地1 000多万hm^2，经济损失超过40亿美元。

我国沙漠和沙化土地面积达160.7万km^2，占国土面积的16.7%，其中干旱区沙漠化土地面积87.6万km^2，半干旱区沙漠化土地面积约49.2万km^2。20世纪50年代初至70年代中期，我国沙漠化土地面积年均扩大 1 560 km^2，年均增长率为 1.01%；70 年代中期到 80 年代中期，年均扩大面积 2 100 km^2，年均增长率为 1.47%；目前我国沙漠化土地面积正以每年 2 460 km^2 的速度扩展，而且还有加速扩大的趋势，这对我国的国民经济和社会持续发展构成巨大危害。我国生态破坏的经济损失 2000 年达 7 000 亿元，其中土地沙漠化的经济损失约 4 700 亿元。土地荒漠化是自然因素和人为活动综合作用的结果。自然因素主要是指异常的气候条件，特别是严重的干旱，造成植被退化，风蚀加剧，引起荒漠化。人为因素主要指过度放牧、乱砍滥伐、开垦耕作等，造成植被破坏，地表裸露，加快风蚀或水蚀。荒漠化的主要影响是土地生产力的下降和由此带来的巨大经济损失和一系列社会恶果，在极为严重的情况下，甚至会造成大量生态难民。

我国绝大部分的土地沙漠化是人为因素造成的，森林过度采伐占 32.4%、过度放牧占 29.4%、土地过分使用占 23.3%、水资源利用不当占 6%、沙丘移动占 5.5%、城市、工矿建设占 0.8%。因此，保护和利用好土地，封沙育草造林，实行林、牧、水利等的综合开发治理，将会充分发挥森林（植物）群落效应，有效地遏制土地沙化。

5. *森林植被破坏*

森林是陆地生态系统的主体，在维持全球生态平衡、调节气候、保持水土、减少洪涝等自然灾害方面都有着极其重要的作用，所生产的木材及其他林产品有着广泛的经济用途。从全球来看，森林破坏仍然是许多发展中国家所面临的严重问题，所导致的一系列环境恶果引起了人们的高度关注。森林减少的主要原因包括砍伐林木、开垦林地、采集薪材、大规模放牧、空气污染等。森林的不断减少，将给人类和社会带来很大的危害：增加二氧化碳排放，导致气候异常，物种灭绝和生物多样性减少，加剧水土侵蚀，减少水源涵养，加剧洪涝灾害。近 30 年来，世界森林，特别是热带森林的减少速度明显加快，平均每年减少近 1.0×10^7 hm^2。根据联合国粮农组织（FAO，2010）发布的《全球森林资源评估》，世界森林总面积 40.33 亿 hm^2，其中人工林面积 2.64 亿 hm^2，森林占陆地总面积的 31%，人均森林面积为 0.6 hm^2。尽管人工林面积逐年增加，但 2000—2010 年世界森林面积年均减少 1.3×10^7 hm^2，其中非洲和拉丁美洲及加勒比海地区森林面积的减少最为严重。

6. *水资源危机和海洋资源破坏*

随着全球经济的迅速发展，人类对淡水资源的需求在不断增长，对陆地水域与海洋施加了越来越大的环境压力。淡水短缺、水生资源破坏和陆地水域与海洋污染已成为国际社会当前所关注的重大环境问题。

森林与水的关系非常密切，随着水资源危机的加剧，人们对森林与水的关系更加关注，特别是森林涵养水源的生态功能引起了高度关注。森林通过对降水的截留、吸收和下渗，对降水进行时空再分配，减少无效水，增加有效水；森林能够调节径流，具有减缓洪水的作用；森林对水质具有良好的净化作用；森林还可能影响降水。

世界上的淡水分布不均匀，且需求量日益增长。森林的可持续经营是水资源管理的关键，与流域发展密切联系。流域有了森林就能够向下游工农业提供淡水。森林管理的好坏直接影响水质和流量。

7. *酸雨污染*

酸雨主要源于矿物燃料燃烧和工农业生产所排放于大气的二氧化硫和氮氧化物。酸雨的长距离输送，使酸雨污染发展成为区域环境问题和跨国污染问题。酸雨的危害主要表现在以下几个方面：损害生物和自然生态系统；腐蚀建筑材料及金属结构。

全球已形成三大酸雨区，即北欧酸雨区、北美酸雨区、中国酸雨区。欧洲和北美酸雨区的面积超过 1.0×10^7 km^2，我国酸雨区面积扩大迅速，酸雨面积已占国土面积的 40%。

酸雨大面积危害森林，世界上 1/4 的森林受到不同程度的酸雨侵袭。欧洲和北美一些国家的森林受酸雨危害率高达 30%～50%。我国酸雨区已出现一些严重的森林衰亡现象，在重庆、贵阳、广州、西天目山、柳州等地都出现大面积的林木枯死。我国因酸雨危害经济损失惨重，据分析仅广东省每年因酸雨造成的经济损失就达 40 亿元。

(二)森林可持续经营的战略意义

随着社会需求的发展，全球性的资源与环境问题的日益尖锐，已成为人类社会进入 21 世纪寻求可持续发展所面临的根本性、战略性问题。全球性的生态环境问题，诸如上述的温室效应、生物多样性减少、水土流失、土地荒漠化、气候干旱化、水资源短缺等，都与森林资源的急剧减少有着紧密的关系，并已引起国际社会的普遍关注。森林是自然界最丰富、最稳定的基因库、资源库、能源库和蓄水库，还是最重要的碳贮库和制氧厂，具有调节气候、涵养水源、保持水土、防风固沙、改良土壤、减少污染等多种功能，对维持生态平衡，保护人类生存发展的基本环境起着决定性的和不可替代的作用。早在 1992 年的世界环境与发展大会上，通过了《里约环境与发展宣言》、《保护生物多样性公约》及《森林公约》，认识到森林在世界范围内的环境保护方面占有独一无二的位置，明确了森林是全球生态平衡的核心，推动了森林资源保护与发展。2002 年联合国可持续发展世界首脑会议，把生态建设的主体——林业提高到空前重要的地位，认为在世界最高级会议要解决的问题中，没有任何问题比林业更重要了。第 11 次世界林业大会更明确指出，可持续发展的关键在于森林的可持续经营，要在世界范围内扭转森林继续减少和退化的趋势，实现森林的可持续经营。2013 年召开的联合国森林论坛第十届大会呼吁，将森林产品和服务对国家和地区经济的贡献，以及森林的社会、文化和环境价值对城乡社会的影响，纳入国民经济核算体系及各级政策与规划之中。

可见，保护生态环境，实现可持续发展，已成为全世界紧迫而又艰巨的任务，直接关系到人类的前途和命运。森林是实现环境与发展相统一的关键和纽带。针对这种形势，大多数国家的林业发展都在做出新的选择，进行深刻革新。无论是提供林产品、保持森林生产力的稳定和增长，还是发挥森林的环境服务功能；无论是人工林，还是天然林的经营管理，按照可持续发展的要求，都必须建立和维持一个健康稳定的森林生态系统，使人类的利用和干扰保持在森林生态系统可承受的限度内。

我国是一个森林资源短缺的国家，生态环境十分脆弱，已成为世界上水土流失最严重、自然灾害最频繁的国家之一。全国水土流失面积达 294.91 万 km^2，占国土面积的 30.72%，因水土流失，全国年均损失耕地 6.7 万 hm^2，年土壤流失量达 5.0×10^9 Mg(注：1 Mg＝1×10^6g)，每年农作物受灾面积达$(2.0～4.0)\times10^7$ km^2，因灾减产粮食 2.0×10^7 Mg；造成的经济损失达 2 000 亿元。尽管国家投入了大量的人力和财力进行治理，但全国生态环境恶化趋势至今尚未得到根本扭转，生态环境脆弱和局部恶化，已经成为我国构建社会主义和谐社会的重大障碍，与高速发展的经济不相协调。为此，2001 年国务院批准了实施六大林业重点工程建设，加速实现建设祖国秀美山川的战略目标。2003 年国务院颁布了《关于加快林业发展的决定》，强调加强生态建设，维护生态安全，是 21 世纪人类面临的共同主题，是我国经济社会可持续发展的重要基础。林业是一项重要的公益事业和基础产业，承担着生态建设和林产品供给的重要任务。在贯彻实施可持续发展的战略过程中，要赋予林业重要地位；在生态建设中，更要赋予林业首要的地位；在西部大开发中，则要赋予林业基础地位。

我国林业生态建设的战略目标已从以形成区域防护林体系为目的，向着形成全国的生态防护与国土保安体系，为国家社会、经济的可持续发展创造良好环境基础和物质基础的方向发展。林业生态工程总的发展趋势，是以水土保持、水源涵养、生物多样性保护与恢复等生态环境保护目的为主，兼顾区域农村经济发展，按照不同的自然区域，形成以多年生木本植物为主体的复合生态经济体系，从而促进国民经济向着可持续方向发展。

由此可见，加快林业发展、实现森林可持续经营，是有效防灾减灾，确保国土生态安全的治本之策，是维护国土生态安全、抵御自然灾害的最根本措施，也是经济社会可持续发展的重要保证。

第二节 我国林业的现状及发展趋势

一、现状及存在的问题

在我国五千年的文明发展史中，森林资源逐渐减少，我国由一个森林茂密的国家变成了森林资源贫乏的国家。我国森林资源不断减少的原因是多方面的，主要包括：历史上频繁的战争、历代统治者大兴土木工程、人口增长的压力、近代帝国主义列强的掠夺等。由于长期的破坏，到建国初期，我国森林面积仅 8.28×10^7 hm^2，森林蓄积量 5.8×10^9 m^3，森林覆盖率 8.6％。

新中国成立后，经过 60 多年的建设，我国林业建设取得了辉煌成就。根据第八次森林资源清查，目前我国森林面积达 2.08×10^8 hm^2，是建国初期的 2.5 倍，其中人工林面积 0.69×10^8 hm^2，居世界首位。森林覆盖率由 8.6％提高到 21.63％；活立木蓄积量达 1.64×10^{10} m^3，是建国初期的 2.8 倍，其中森林蓄积量 1.51×10^{10} m^3；森林单位面积蓄积量达到 89.79 m^3/hm^2，蓄积生长量达到 4.23 $m^3/(hm^2\cdot a)$。森林质量得到改善，中龄林和近熟林、阔叶林和针阔混交林比例有所提高，林种结构渐趋合理。林业分类经营改革和由以木材生产为主向以生态建设为主的历史性转变初见成效。非公有制林业快速发展，非公有制森林面积已超过 20％。

建国 60 多年来，我国的林学研究和营林技术水平取得了长足进步。在林木良种选育、防护林工程技术、荒漠化治理技术、生态系统长期定位研究、短周期工业用材林培育与高效利用技术、重大森林病虫害综合防治技术等方面取得了重要突破，极大地推动了林业生产力的提高。林业产业体系建设也取得了巨大成绩。林业生物柴油、生物酒精和生物发电等生物质能源发展已开始进入产业化阶段，木基复合、竹纤维等生物材料已初步实现规模化生产。2014 年全国木材产量为 8 233 万 m^3，人造板产量 2.74 亿 m^3；各类经济林产品产量稳定增长，达到 1.58 亿吨，大径竹材产量为 22.24 亿根。林产品贸易额突破 1.4 千亿美元；全年林业总产值达 5.4 万亿元，自 2001 年以来，林业产业总产值的平均增速达 21.96％。中国林产品生产和贸易跃居世界首位。

然而，建国以来，在长达半个世纪的时间里，人们一直把木材、钢材和水泥称为经济建设的重要“三材”，木材生产成了林业部门的首要任务，林业为国家经济建设做出重大贡献。2013年我国对原生原木直接消耗约5亿 m^3，约占世界工业原木年产量的31%；其中国内供给量约3.5亿 m^3，国外进口量约1.5亿 m^3。中国木材供需总量从2009—2013年平均每年以两位数速度增长，木材产品进出口总额突破1 000亿美元，而且还将继续增长。由于国家建设对木材的长期大量需求，森林资源过度利用，逐渐走到了森林资源枯竭的地步，使林业陷入资源危机和经济危机的双重困境。进入新世纪以来，社会对林业的性质和作用的认识发生了深刻变化，人们改善生态环境的愿望越来越迫切，以及国家综合经济实力显著增强，催生了我国林业由以木材生产为主向以生态建设为主的历史性转变。目前，我国林业仍然面临着严峻的环境和人口压力，从我国国民经济和社会发展对林业新要求的高度来审视林业，可以看到我国林业的现状与社会发展和人民生活对生态需求的迅速增长十分不相称，这是全面建设小康社会中的一个十分薄弱环节。我国林业与世界林业先进水平差距明显，其突出表现在以下几方面。

(1)森林资源总量不足、分布不均、质量不高　我国森林覆盖率为21.63%，远低于世界平均水平的30.8%；人均森林面积仅为世界人均水平的1/4，人均森林蓄积只有世界人均水平的1/7；可见，森林资源总量相对不足、质量不高、分布不均的状况仍未得到根本改变，林业发展还面临着巨大的压力和挑战。此外，我国森林质量较差。森林单位面积蓄积量仅89.79 m^3/hm^2，其中人工林仅为52.76 m^3/hm^2，远低于世界平均水平(108 m^3/hm^2)。

(2)森林经营水平较低　我国森林经营过程中，科技贡献率仅43%，而林业发达国家都在80%左右；造林良种使用率仅50%，林业发达国家都在90%以上。在森林资源增长方式上基本上走的是以外延扩大为主的发展道路，以提高森林质量和效益为中心的森林经营工作一直没有提到重要的议事日程上，使森林经营成为林业生产中最薄弱的环节，问题相当突出。其重要表现在于：

①纯林多　全国现有人工林中，杉木、马尾松、杨树3个优势树种的面积占半数以上，混交林不足20%。由于树种单一，森林结构简单，森林病虫害、森林火灾频繁发生，每年造成的损失巨大。

②密度大　人工林因密度大，间伐不及时，林地生产力低下。全国林分平均蓄积量89.79 m^3/hm^2，其中人工林不足53 m^3/hm^2，与发达国家相距甚远。

③疏林多　全国林分平均郁闭度仅0.54，疏、中郁闭度的林分面积所占比例大，既浪费了林地资源，又难以发挥较高的生态和经济效益。

(3)林业产业发展滞后、林产品供应能力不强　我国森林资源的利用水平不高，低于林业发达国家的水平。我国的林产加工业虽有一定的规模，但布局不合理，没能与资源基地很好地结合起来，没有形成有效的综合开发全面利用的加工体系，且综合加工技术落后。林产品供求矛盾突出，据统计，2013年全国木材消耗总量达5亿 m^3，其中进口原木及木质林产品折合木材1.5亿 m^3，占木材消费总量的30%。近年来我国纸和纸制品消费不断增加，2013年全国纸及纸板产量达1.025亿t，消耗木材约3.48亿 m^3，而且造纸行业的木材需求量以每年平均9%的速度增长。足见，我国木材及其产品的消费还将增加，供需缺口将进一步加大。

(4)林业科技发展滞后、基础设施薄弱　建国以来，我国林业科学技术虽然取得了长足的发展，但总体看来林业科技水平仍然落后，科技成果转化率不足50%，林业科技进步对经济增长的贡献率只有43%，显著低于农业，而世界林业发达国家都在80%左右。这主要与我国现行的林业管理体制和运行机制有关，同时，科技投入不足也是实际问题，致使我国林业科技发展严重滞后。

林业是生态建设的主体，是一项极其重要的基础产业和公益事业。林业的这种属性决定其发展需要稳定的扶持机制，需要国家和政府部门的财政支持。由于长期缺乏强有力的财政扶持以及有效的森林生态效益补偿机制，林业基础设施建设十分薄弱，抵御各种灾害的能力很低。我国每年森林火灾受害面积超过 1.0×10^{6} hm^{2}，病虫害发生面积达 6.6×10^{6} hm^{2}，损失林木生长量达 1.5×10^{7} m^{3}，年经济损失达 20 多亿元。

二、发展趋势

现代林业的一个突出特点是森林生态环境意义的加强，应把森林作为生产资源、环境资源与文化资源而予以科学经营，这是林业本身的属性即可再生性、低能耗性和环境友好性所决定的。

第 11 届世界林业大会上通过的《安塔利亚宣言》强调：各种类型的森林不仅为世界人民提供重要的社会、经济及环境的产品与服务，而且为保障食物供给、净化水源与空气以及保护土壤做出了重大贡献，实现可持续发展的关键就在于森林的可持续经营；要在世界范围内扭转森林继续减少和退化的趋势，并实现森林的可持续经营。世界林业发达国家如德国、芬兰、美国、加拿大、日本等，在经历了很长一个时期的艰苦努力之后，目前已初步进入林业可持续发展阶段。可持续发展成为各国林业发展的方向。

根据《中国可持续发展林业战略研究》报告，新世纪上半叶中国林业发展的总体战略思想是：确立以生态建设为主的林业可持续发展道路；建立以森林植被为主体的国土生态安全体系；建设山川秀美的生态文明社会；大力保护、培育和合理利用森林资源。林业发展的战略指导方针是：严格保护，积极发展，科学经营，持续利用。林业发展总体布局是：按照“生态建设、生态安全、生态文明”的林业发展总体战略思想，优化配置林业生产要素，实现森林资源在空间布局上的均衡、合理配置，形成以“西治、东扩、北休、南用”为重点，保育、发展与科学合理利用相结合的林业发展新格局。林业发展的战略途径是：以工程为载体，以科技为先导，以改革为动力，推动林业跨越式发展，使我国林业从以木材生产为主跨入以生态建设为主的新阶段，最终实现中国林业的可持续发展。

根据国家林业发展中长期规划，我国林业发展的中期目标：到 2020 年，全国森林覆盖率达到 23.4%，全国自然保护区面积 1.61×10^{8} hm^{2}，占国土面积的 16.7%，95%的典型生态系统类型得到有效保护；治理荒漠化土地面积 2.0×10^{7} hm^{2}；全国 70%的城市林木绿化率达到 35%；人工林良种率达到 65%，科技进步贡献率达 50%。全国生态状况整体步入良性循环，西部重点地区的生态状况明显改善，东部地区生态问题基本解决；林业产业实力显著增强，达到国际林业中等发达国家水平。

林业发展的远期目标：到 2050 年，森林覆盖率达到并稳定在 26%以上，全国自然保护区面积 1.728×10^{8} hm^{2}，占国土面积的 18%，典型生态系统类型得到良好保护；适宜治理的荒漠化土地基本得到治理；全国 70%的城市林木绿化率达到 45%；我国人工造林基本实现良种化，科技进步贡献率达 60%以上。基本实现山川秀美，林产品供需矛盾得到缓解，建成比较完备的林业生态体系和比较发达的林业产业体系。

森林的可持续经营必须建立在足够数量、优良质量、分布均匀的森林体系上。基于我国森林资源的现状，在今后一段时期内，提高森林质量，提高森林分布的均匀程度，特别是少林地区的森林数量是林业发展的首要任务。因此，未来我国林业发展趋势主要表现在：

(1)森林资源稳定上升 随着林业重点工程建设(包括天然林保护、退耕还林、“三北”和长江等重点防护林体系建设、京津风沙源治理、野生动植物保护及自然保护区建设、速生丰产用材林基地建设)的不断深入，森林资源总量将不断增加，而且森林分布逐渐趋于合理，少林的西部地区特别是西北地区的林草覆盖率和森林蓄积将稳步提高。

(2)人工林成为木材生产的重点 目前我国木材及其制品的年消耗量已超过 5 亿 m^3，随着天然林资源保护工程的实施和国家保护的重点公益林建设，木材生产将越来越依赖于速生人工林。速生丰产用材林基地建设工程规划面积 1.33×10^7 hm^2，充分利用南方集体林区和沿海热带地区的优越自然条件，通过强化科技支撑，加速用材林、工业原料林和经济林等商品林基地建设，强化森林集约经营管理，缩短资源培育周期，提高森林质量和单位面积产量。大力发展林纸一林板一体化、木材加工、林产化工等林业产业，满足经济建设和社会发展对林产品的多样化需求。人工林特别是速生丰产用材林基地将成为我国未来木材及其林产品的生产中心。

(3)强化森林经营 从我国林业实践来看，森林经营成为林业生产中最薄弱的环节，问题极为突出。要提升森林质量，必须强化森林经营工作，特别是中幼林抚育工作。我国现有人工林 6.9×10^7 hm^2，其中中幼林占 70%，因经营水平落后，林分生产力低下。全国人工林单位面积蓄积仅 52.76 m^3/hm^2，与林业发达国家的林分生产力水平相比相差甚远。据分析，我国人工林的气候—立地生产潜力为 8.6 $m^3/(hm^2\cdot a)$，立地条件较好的人工林可达 12 $m^3/(hm^2\cdot a)$；我国南方林区，国有人工林的平均蓄积为 61.7 m^3/hm^2，而集体人工林因经营粗放，其平均蓄积仅 27.5 m^3/hm^2。可见，我国人工林的生产潜力较大。因此，强化森林经营，实行集约培育，可大大提高人工林的生产力。

(4)城市林业迅速崛起 随着我国国民经济的高速发展，城市化进程不断加快，随之带来的环境问题日益严峻，人们对改善生态环境的愿望日趋强烈，极大地推动了城市森林建设，使城市林业迅速崛起。发展城市森林，使城市与森林完美融合，是维系城市生态系统良性循环、实现可持续发展的根本保证和迫切需要，现代城市生态环境建设的重要内容和主要标志。

(5)林业基础和高新技术研究有所突破 由于我国林学基础研究严重滞后，制约了林业生产的发展。要预期实现上述的林业发展战略目标，必须充分依靠科技进步，加强基础研究和应用基础研究，推动林业向优质、高产、高效的持续方向发展。将在下列重要基础研究和高新技术研究方面，实现重大突破。主要包括：森林生态系统对全球气候变化的响应机制、湿地生态系统保护和恢复机理、森林固碳的减排增汇机制与履约相关基础、人工林结构与功能调控机制、林地生产力退化形成机制与恢复机理、森林重大生物灾害生态调控的关键技术，林木抗逆生理生态机理、优质能源丰产林培育及生物质能源化学基础、木质纤维原料化学和生物转化基础、林木次生维管系统发育的功能基因组学；林木分子育种及体细胞胚胎技术、林业生物质高性能新材料与生物质化学品、林源活性物质提取分离纯化技术、林业生物质能源高能效转化技术、林业信息关键技术、林业高技术关键装备创新等；为实现森林资源可持续发展，建设国土森林生态屏障提供理论依据。

思考题

1. 什么是森林、林业和林学？彼此之间有何区别和联系？
2. 我国林业现状有何特点？存在的主要问题有哪些？
3. 森林可持续经营有何战略意义？
4. 全球生态环境问题主要有哪些方面？

第七章

重要森林树种与森林资源分布

本章首先介绍了重要森林树种，并主要介绍了用材林、经济林、能源林、防护林及城镇绿化树种概念、种类及特点。其次，介绍了森林资源的分布，并着重介绍了影响森林分布的因素、森林与环境的关系、我国森林生态系统类型及分布、全球变化对森林生态系统的影响。最后，从森林生物多样性、森林群落演替角度介绍了森林群落，同时简要介绍了森林生态服务功能的计量与评价。

森林资源是地球上最重要的资源之一，是生物多样化的基础，它不仅能够为生产和生活提供多种宝贵的木材和原材料，能够为人类经济生活提供多种物品，更重要的是森林能够调节气候、保持水土、防止、减轻旱涝、风沙、冰雹等自然灾害；还有净化空气、消除噪声等功能；同时森林还是天然的动植物园，哺育着各种飞禽走兽和生长着多种珍贵林木和药材。森林可以更新，属于再生的自然资源，也是一种无形的环境资源和潜在的“绿色能源”。

第一节　森林的植物组成和特征

一、森林的植物组成

在概述中已就森林的概念做了介绍，从林业生产和最直观的意义上讲，森林中最被人们关注的是森林植物部分。除乔木树种外，森林植物还包括很多其他植物部分。各种植物成分的组成、比例、数量结构等都反映着各种森林的特点和作用。根据森林植物在林分中的层次位置和性质，可将森林植物组成分为以下部分。

1. 林木

林木也称作立木，是指生长在林分中能达到林冠层的乔木树种总称。根据数量特征、经济价值、功能等方面的差异，林木可分为以下几类。

(1)优势树种　是指森林群落中株数最多(或者材积最大或是胸高断面积最大)的乔木树种。它们在极大程度上决定着群落的结构、外貌、生产力、其他植物的种类和数量、动物区系、演替方向和规律以及森林环境特点等。

(2)主要树种　是指人们经营的对象，又称目的树种。一般是具有较大的经济价值，符合人们某种特殊需要的树种。在人工林中，主要树种往往就是优势树种，但在天然林中，主要树种与其他树种相比，不一定数量最多。

(3)次要树种　也称非目的树种。是林分中不符合特定经营目的要求,往往是经济价值低的树种。一般的次生林中次要树种往往生长快、萌芽更新容易。

(4)伴生树种　也称辅佐树种。是指伴随主要树种生长,促使主要树种干材通直,抑制其萌条和侧枝生长,或在防风林带中增加林冠层厚度和紧密度的树种。伴生树种往往是一些比主要树种耐荫的树种。

(5)先锋树种　是指能够首先占据在生态环境恶劣的立地上的树种。在原生裸地和某些迹地上,光照强、温差大、土层薄、水分缺乏,通过先锋树种的改造,生态环境逐渐趋向中生化,为后来的树种生长创造较适宜的生境条件。

林木和孤立木之间通常存在着一系列差异,主要表现为林木的生长环境属于森林环境,表现为空气湿度高、光照相对较弱等,林木的干形一般通直饱满、枝下高较高、结实成熟一般较晚、根系相对不发达、冠幅通常较小。孤立木的生长环境属于非森林环境,表现为空气湿度相对较低、光照相对较强;孤立木的干形一般较弯曲、尖削、枝下高通常较低、结实成熟一般较早、根系发达、冠幅通常较大。

2. 下木

下木指林内的灌木和小乔木的总称。下木高度一般始终不超过成熟林分平均高的一半。下木的数量和种类因地理位置和建群种不同而不同,也因经营措施及其强度的变化而变化。下木在森林中通常具有保护幼树幼苗、减少水土流失的作用,但过多的下木又会对幼树幼苗的生长产生不利影响,在森林经营中应酌情处理。

3. 幼树幼苗

幼树幼苗是指林木和侵入的其他乔木树种的后代。通常把小于1年生(阔叶树、速生树种)或小于2～3年生(针叶树、慢生树种)的称为幼苗;1年生以上(阔叶树、速生树种)或2～3年生以上的(针叶树、慢生树种),未达林分平均高一半者,称为幼树。幼苗幼树在较大程度上决定着森林的发展方向、林分质量和人们应该采取的经营措施。

4. 活地被物

活地被物是林内的草本、苔藓、地衣、真菌以及匍匐状的小灌木等组成的植物层。活地被物在高度层次上居林内最下层。活地被物受地理位置、林分中林木层和下木层的结构状况等的影响和制约。活地被物中,往往存在经济价值较高的植物种类,如人参、三七、绞股蓝、天麻、半夏、鱼腥草等中药材,生产上应因地制宜,开发、保护和科学利用这些植物资源。

5. 层间植物

层间植物也叫层外植物,是林内没有固定层次高度的植物成分,如藤本植物、附生植物、寄生植物和半寄生植物等。在湿热的气候条件下,层间植物往往发达,层间植物往往是湿热气候的标志。

以上五个组成部分通常在发育完整、结构复杂的林分中同时存在。在水热贫乏,土壤贫瘠的生境中往往只存在其中的几个组成部分,但林木是森林所必须具有的组成成分。

二、森林的特征

森林生态系统是森林生物群落与其环境在物质循环和能量流动过程中形成的一种功能系统,以乔木树种为主体,组成结构复杂,生物量高。与其他陆地生态系统相比较,森林生态系统具有如下独特的特点。

1. 结构复杂、生物种类多、林产品丰富

以高低参差不齐的植物为主体所形成的森林群落，具有明显的垂直成层现象，形成了林内各种各样的小生境，孕育了种类繁多的动物、植物和微生物。我国大约 8 000 种的木本植物中，大部分都是森林的组成成分，众多的生物种类产生了数以万计的林产品类型。

2. 体积庞大、寿命长久、对环境的影响力巨大

森林是以高大的乔木为主体的生态系统，在陆地生态系统中森林占有最庞大的垂直空间和水平空间。森林中的树种是多年生的植物，其寿命从数十年到千年以上，与其他生物和生态系统相比，森林具有寿命久、生长周期长的特征。因此，森林在生物圈中扮演着重要的角色，对生物圈中水分循环、碳氧及其他气体的循环、土壤中各种元素的生物地球化学循环等发挥着重要作用。森林的减少，必将影响地球的生物圈及生物圈的环境，从而影响着地球的生态平衡，影响到人类的生存和发展。

3. 森林生态系统的稳定性相对较高

森林生态系统经历了漫长的发展历程，各类生物群落与环境之间协同进化，使生物群落中各种生物成分与其环境相互联系、相互制约，保持着相对平衡的状态。所以，系统对外界干扰的调节和抵抗力强，稳定性高。

4. 森林生态系统物质循环的封闭程度相对较高

自然状态的森林生态系统具有明显的生产力优势，其单位面积生物量为 100～400 Mg/hm^2，相当于农田或草原的 20～100 倍。森林生态系统的光能利用效率较高，热带森林可达 3.5%，生产 1 Mg 干物质的耗水量及养分较少。因此，森林生态系统是一个高效的经济生态系统。

5. 森林资源具有可再生性

森林具有天然更新的能力，只要科学经营，森林资源可以取之不尽、用之不竭。但是，如果经营不善，森林也会同其他不再生资源一样，以枯竭而告终。因此，如何采取有效措施，充分发挥森林的天然更新特性，确保森林资源的可持续利用是林业工作者的重要课题。

第二节　重要森林树种

一、主要用材林树种

第八次全国森林资源清查(2009—2012)表明全国森林面积 2.08 亿 hm^2，人均森林面积仅为世界人均水平的 1/4；森林覆盖率 21.63%，远低于全球 30.8% 的平均水平；人均森林蓄积只有世界人均水平的 1/7。我国仍然是一个缺林少绿、生态脆弱的国家，森林资源与飞速发展的国民经济和文化建设对木材的需求产生了突出矛盾，解决这一矛盾的切实可行的措施是营造用材林。

用材林是以培育和提供木材或竹材为主要目的的森林，是森林采伐、森林加工工业发展的可靠保证和重要的木材、竹材供应基地，是林业中种类多，数量大，分布普遍，材质好，用途广的

主要林种之一。

培育用材林总的目标是速生、丰产和优质。速生是缩短培育规定材种的年限,选用速生树种营造森林具有战略意义,也是全世界的一个共同趋势。法国、意大利、韩国等国家在杨树的造林中取得了丰硕成果,其中意大利仅用林地面积的3%生产了全国工业用材的50%,新西兰仅以全国林地面积的11%生产了全国木材总产量的95%。速生树种在解决木材供需矛盾中作用非常大。我国树种资源丰富,乡土树种很多,引进的速生树种也不少,这些树种少则10年,多则三四十年就能成材;丰产是指提高单位面积上的木材蓄积量和生长,要求树体高大,相对长寿,材积生长的速生期维持时间长,又适于密植,因而能在单位面积林地上获得比较高的产量;优质主要包括对干形(通直度、尖削度)、节疤(数量、大小)及材性(木材物理-力学特性、纤维素含量和特性等)等方面的要求,良好的用材树种因具有良好的形态质量指标,出材率高,采运方便,用途广泛,经济价值高。大部分针叶树种具有较好的性状,这是直到目前为止针叶树种的造林面积仍显著超过阔叶树种的原因。但也有人认为,在木材加工技术高度发达的今天,干形和材性等质量问题可以不予重视,实际这并不符合世界对木材需求的实际情况。大径级高质量的木材用途广、易加工、利用率高,是大量需求的木材,尤其是一些特殊用途的珍贵用材越来越少,供不应求,价格也高很多。因此,在培育中,除了要注意培育大量需求的一般木材,力求速生丰产外,也要把培育珍贵用材列为任务,安排一定比例,以满足国家经济建设要求。

我国重要用材林树种有:针叶树种有落叶松、云杉、冷杉、华山松、柏木、樟子松、油松、红松、马尾松、云南松、黄山松、湿地松、火炬松、杉木、柳杉等;阔叶树有毛白杨、新疆杨、欧美杨、桉树、楸树、榆树、刺槐、泡桐、枫香、香樟、楠木、花梨木、青冈、栲类、火力楠、水曲柳、胡桃楸、黄波罗、栎类、桦木等;竹类中有毛竹等。

二、主要经济林树种

广义经济林是与防护林相对而言,以生产木料或其他林产品直接获得经济效益为主要目的的森林。狭义经济林是指利用树木的果实、种子、树皮、树叶、树汁、树枝、花蕾、嫩芽等等,以生产油料、干鲜果品、工业原料、药材及其他副特产品(包括淀粉、油脂、橡胶、药材、香料、饮料、涂料及果品)为主要经营目的的乔木林和灌木林。

对造林树种的要求可以概括为早实性、丰产性、优质性。早实性是指生长速度快,能很快进入结果期;丰产性是指目的产品单位面积产量高;优质性除了出仁率及含油率以外,主要指油脂的成分及品质。

我国幅员辽阔,气候土质多样,经济林种类繁多资源丰富,已发现的经济林树种达1 000余种。

1. 以利用部位分类

以利用树木果实或种子为目的的木本粮食林(如板栗、枣、柿)、木本油料林(如油茶、核桃、油桐、油橄榄、乌桕等)、果木林(如苹果、梨、柑橘、荔枝等);以利用树木浆液作为工业原料的橡胶林、漆树林等;以利用树皮为目的的栓木林(如栓皮栎、黄蘗等)、纤维林(如构树、三桠等)、药用林(如厚朴、杜仲、金鸡纳霜等);以利用树叶为目的的桑树林、柞树林及茶树林等;以利用树木杈条为目的的采条林(如荆条、桑条、杞柳等)。

2. 用途分类

(1)我国以生产果品为主的经济林　银杏林:材果兼用,以果为主,果供食用,叶可用以提制治疗心血管系统疾病的药物冠心酮。

香榧林:材果兼用,以果为主,果供食用,也可榨取食油。

板栗林:材果兼用,以果为主,果供食用。

枣树林:有红枣、黑枣等。

柿树林:果供食用或加工成柿饼。

核桃林:材果兼用,以果为主,果营养价值高,供食用和药用,核仁含油率高达 80%,油供食用和工业用。

(2)以生产食用油料为主的经济林 油茶林:种仁含油率可达 52%,为食用油上品,并可供工业用。

油橄榄林:取果榨油供食用和工业用。

文冠果林:种仁含油率高达 66%,油供食用和工业用,为中国北方重要油料。

巴旦杏林:核仁含油率可达 61%,油供食用及药用,也可作工业原料,为中国西部干旱地区木本油料。

乌榄林:果加工后供食用,榄肉及榄仁也可榨油供食用或工业用。

油棕林:采种榨油,产品有棕油及棕仁油,均供食用。

椰子林:主要产品椰油,供食用及制皂工业原料。

山桐子林:主要产品为山桐子油,含油率可达 36.3%,其中亚油酸含量高达 66%~81%。可供食用、保健医药业和工业使用。

(3)以生产工业原料为主的经济林 松林:有的专以割取松脂为主,有的原为天然林或人工营造的用材林,在采伐前进行一次或数次采脂,以生产松香和松节油,供工业多方面利用。

油桐林:种子所榨的油称桐油,是最佳的干性油,供油漆工业用。

乌桕林:中国重要木本油料林,种子外被蜡质,加工乌桕(皮油),种仁加工为青油,种子出油率可达 41%,供制皂及油漆工业等多种用途。

白蜡林:主要放养白蜡虫,生产虫白蜡,供防潮、润滑、着光等,供多种工业、医药用途。白蜡树用萌芽更新法营成矮林,可生产白蜡条,供编制农具和家具用。

黄檀林:黄檀属树种多,可放养紫胶虫,生产紫胶。中国产的黄檀属树种中,可建立经济林、放养紫胶虫的除黄檀外,尚有钝叶黄檀、思茅黄檀、南岭黄檀等。

黑荆树林:速生,高产,可提供优质的栲胶原料。树皮含凝缩类单宁高达 50%,供制革工业用或加工制取单宁酚醛胶,供胶合木材及其他多种用途。

橡胶树:为产胶植物中产量高、采割易、栽培面积最广的胶林,所产橡胶是国民经济不可缺少的物资。

漆树林:主产品漆液(生漆),为优质涂料。果实可提取漆蜡,果仁可榨取漆仁油,均供工业原料用。

栓皮栎林:一般为天然林经人工培育,专供剥皮,加工软木,有多种工业用途。栓皮栎亦为用材树种,木材坚硬,果实可取淀粉,壳斗可提单宁,有多方面经济价值。

青檀林:青檀树枝的韧皮纤维为制宣纸的特需原料。

构树林:多属野生,经人工保育成林,可剥皮加工为优质纤维,供制复写纸、蜡纸、绝缘纸、棉纸等,并可与棉纱混纺为人造棉。

棕榈林:主要产品棕皮及其加工品广泛用于工农业生产、交通运输及日常生活各方面。

蒲葵林：主要生产葵叶，用于制成圆扇和织扇并加工成各种工艺扇品。

八角林：果实可作调味香料，也可加工提取茴香油，供食品工业用。

樟树林：大多数种类的枝、叶、树皮、果实、树干都可提取樟脑油、芳樟油、黄樟油、山苍子油等，用途广泛。

花椒林：主产品果实含有芳香油，可作食品调味香料或加工榨取椒油供食用或工业用。

(4)以生产药材为主的经济林　肉桂林：中国广西南部栽培，树皮、枝叶、花果、树根等均可入药，统称“桂品”。其中桂皮是医药上的珍品。

杜仲林：主要产品树皮(杜仲)含有桃叶珊瑚苷，为强壮剂也是降低高血压良药。其果实、树叶、树皮均含有杜仲胶，是一种硬性橡胶，可加工提取供电工及其他工业用。

厚朴林：主要产品树皮(厚朴)含有厚朴酚等成分，为行气、化痰、治喘良药。

枸杞林：果实(枸杞)具有滋肝补肾、生精益气、治虚安神、祛风明目的功效，其根皮(地骨皮)、嫩叶(天精草)均为中医常用药材。

槟榔林：果实加工为榔干和榔玉，可供医药上作为收敛剂和驱虫药物用，其嫩叶在中国台湾省名为“半天笋”，供食用。

3. 其他经济林

以用叶为主要目的的茶树(叶制茶)，桑树(采叶饲桑蚕取丝)，柞树(放养柞蚕，取柞蚕丝)，樟树(放养天蚕，取天蚕丝)等。

以用芽为目的的香椿(萌芽更新，取食嫩芽)等。

以用花为目的的桂花树(花作糖糟)、茉莉(花可用以熏茶)等。

以用果为目的的可可树及咖啡树等。

三、主要能源林树种

能源林，是以生产生物质能源为主要培育目的的林木。以利用林木所含油脂为主，将其转化为生物柴油或其他化工替代产品的能源林称为“油料能源林”；以利用林木木质为主，将其转化为固体、液体、气体燃料或直接发电的能源林称为“木质能源林”。

能源林对树种选择的要求主要有：生长迅速，生物产量高；木材产热高，且有易燃、火旺、烟少、不爆火花、无有毒气体放出的特点；具有萌蘖更新能力，便于实行短轮伐期经营制度；适应性强，具有耐干旱、耐瘠薄、耐盐碱、抗风等特点；能兼得饲草、饲料、小径材、编制材料和发挥防护效益。

能源林对树种的生物产量有更严格的要求，并正在采用集约的良种选育及栽培技术，以满足能源林的高产要求。美国能源部经过10年努力在短轮伐期集约育林项目上取得了丰硕成果，筛选出美国悬铃木、赤杨、黑杨及其他杨树杂种、糖槭、桉树等树种作为能源林的发展树种。加拿大及北欧诸国，主要研究杨树及柳树的能源林培育。巴西则以桉树为能源林主要树种。我国结合区域气候特点及国民经济发展需要，选育如下品种为能源林树种：

南方地区：尾叶桉、赤桉、细叶桉、马占相思、刺栲、木荷、桉树、窿缘桉等。

北方地区：沙棘、紫穗槐、怪柳、沙柳、柳树、蒙古栎、麻栎、白栎等。

华北和西北的半干旱半湿润地区：刺槐、紫穗槐、胡枝子、拧条、沙棘、黄栌等。

干旱沙区及黄土区：梭梭木、沙枣、沙棘、柠条、花棒、蒿柳、沙拐枣、杨柴等。

东南沿海：木麻黄等。

四、主要防护林树种

防护林是为了保持水土、防风固沙、涵养水源、调节气候、减少污染而经营的天然林和人工林。它是以防御自然灾害、维护基础设施、保护生产、改善环境和维持生态平衡等为主要目的的森林群落，是中国林种分类中的一个主要林种。营造防护林必须根据“因地制宜，因需设防”的原则。在中国，根据其防护目的和效能，防护林分为水源涵养林、水土保持林、防风固沙林、农田牧场防护林、护路林、护岸林等。

营造防护林的具体技术要求：宜选择生长稳定、长寿、抗性强的树种，以优良的乡土树种为宜；根据当地条件，营造乔灌木混交型、阴阳树种混交型等类型的混交林；根据防护目的和地貌类型，配置防护林带，水源林和水土保护林配置成片状、带状或块状，构成完整的水土保护林体系；在防护林地区只能进行择伐，清除病腐木，并须及时更新。

对于防护林树种的选择，因其防护对象的不同而不同，这里重点介绍几种典型防护林树种选择的要求。

1. 水土保持林

水土保持林是为防止、减少水土流失而营建的防护林，主要任务是拦截及吸收地表径流、涵养水源、保护土壤颗粒免受侵蚀。对于水土保持林的树种有如下要求：

①适应性强，能适应各种特殊环境，如沟底防护林及护岸林的树种能耐水湿，护坡林的树种要耐干旱瘠薄。

②生长迅速，根系发达，树冠浓密，能形成良好的枯枝落叶层，笼络土壤，减少冲刷，保护地表。

③落叶丰富且易分解，具有土壤改良性能，能提高土壤的保水保肥能力。

适于用做水土保持林的树种有：柠条、山桃、山杏、杜梨、臭椿、柳树、怪柳、沙棘、刺槐、卫矛、旱冬瓜、葛藤、胡秃子、胡枝子、马尾松、云南松、思茅松、柏木、巴山松、云杉、高山松、红杉、车桑子、余甘子等。

2. 固沙林

防风固沙林，是指以降低风速，防止或减缓风蚀，固定沙地，以及保护耕地、果园、经济作物、牧场免受风沙侵袭为主要目的的森林、林木和灌木林。对于固沙林树种有如下要求：

①耐旱性强。枝叶要有旱生型的生理形态结构，如叶退化、气孔凹陷、小枝绿色兼营光合作用，枝被覆针毛、叶及嫩枝角质层增厚等，有明显的深根系或者水平根系。

②抗风蚀及沙埋能力强。径干在沙埋后能发出不定根，自身形成灌丛或者繁衍成片。

③耐瘠薄能力强。在此类树种中，有相当一部分是具有根瘤菌的树种。

适于用做固沙林的树种有：毛条、沙柳、梭梭、沙拐枣、花棒、杨柴、沙棘、踏郎、沙枣等。

3. 农田防护林

农田防护林是指为改善农田小气候和保证农作物丰产、稳产而营造的防护林。由于呈带状，又称农田防护林带，林带相互衔接组成网状，也称农田林网。在林带影响下，其周围一定范围内形成特殊的小气候环境，能降低风速、调节温度、增加大气湿度和土壤湿度、拦截地表径流、调节地下水位。对农田防护林的树种有如下要求：

①抗风力强，在次生盐碱化地区还要有较强的生物排水能力。

②生长迅速，枝叶繁茂。

③深根性树种，侧根伸展幅度小，树冠狭窄，对农作物影响较小。

④寿命长，和农作物没有共同的病虫害。

⑤能生产大量的木材和其他林产品，具有较高的经济价值。

适于用做农田防护林的主要树种有：中东杨、小叶杨、小青杨、落叶松、樟子松、红皮云杉、油松、泡桐、刺槐、水杉、桉树、木麻黄、欧美黑杨、枫杨；辅佐树种：小叶白蜡、沙枣、水曲柳等；灌木树种：紫穗槐、灌木柳、沙棘、白蜡条、桑条、柳等。

五、重要的城镇绿化树种

城镇绿化往往是环境保护林的重要组成部分，树种选择应多样化，兼顾防护、美化和生产多种功能。可在种植对污染物抗性强且能吸收这些污染物的树种的同时兼顾观赏价值。适于城镇绿化的树种有：银杏、梧桐、国槐、刺槐、合欢、元宝槭、悬铃木、栾树、榆、榉树、椴、三角枫、重阳木、毛白杨、香樟、榕树、女贞、桂花、连翘、白玉兰、广玉兰、樱花、海棠、紫叶李、丁香、雪松、油松、白皮松、龙柏、侧柏、圆柏、水杉、柳杉、池杉等等。

第三节　森林资源分布

森林资源是地球生态系统发生发展的产物，也是地球生态系统的重要组成部分，更是人类赖以生存的物质基础。影响和决定森林分布的因素可以被认为是森林空间分布的动力因子，森林植被空间分布正是这些因素在空间上相互作用的结果。

一、影响森林分布的因素

在人类出现以前和人类社会产生的初期，森林植被的空间分布主要是由水热条件决定的。影响森林的自然因素主要包括：气候因子（光因子、温度因子、水分因子和大气因子）、土壤因子（土壤母质、土层厚度、土壤质地、土壤结构、土壤水气条件和土壤温度）、生物因子（动物及微生物）、地形因子（海拔高度、坡度、坡向、坡位）、火因子。

而自从有了人类历史记载，随着人类文明的进展，人类对森林的干扰便成为造成森林植被差异的一个重要因素。由于人类进化、人口增加、社会经济的不断发展，人类向森林索取越来越多，再加之战争和环境污染等因素的破坏，导致了整体上森林数量、种类从多到少的演变过程。国际上通常用人均 GDP 和人口密度来估计森林采伐率，决定森林采伐率的因素除了经济发展和人口增长外，政策的诱导作用、科学技术和管理水平也相当突出。森林采伐率、覆盖率、蓄积量等衡量指标的变化在很大程度上导致了区域森林空间分布的变化。森林空间分布因有人的烙印，并在自然形成的空间分布基础上又进一步形成新的空间分布规律。

从人类文明出现以前和出现以后的森林植被空间分布格局的不同表明：在某一区域某一时期的森林植被与其他区域森林植被差异的形成是由自然、社会和经济等诸多因子中的一种或几种因子共同主导的结果。

二、森林分布特征

森林生态系统因受地理位置、气候、地形、土壤等因素的影响，其分布遵循一定的规律。也就是说，一方面，在一定的环境条件下有一定的森林类型分布，另一方面，不同的森林类型又有与它相适应的地理空间位置。充分认识森林生态系统的分布规律对于林业生产有很重要的意义。

气候条件，特别是热量和水分，以及两者的配合状况，在地球表面随着纬度、经度、海拔呈现有规律的递变，引起森林也随这三个方向交替分布，前两者构成森林分布的水平地带性，后者构成垂直地带性。

1. 森林分布的水平地带性

(1)森林分布的纬度地带性　太阳辐射是地球表面热量的主要来源，在地球表面太阳辐射随地理纬度的高低呈现有规律的变化。低纬度地区，地面全年接受太阳辐射总量最大，季节分配均匀，因而终年高温；随着纬度的增加，太阳辐射总量逐渐减少，季节差异也增大；到了高纬度地区，地面接受热量更少，终年寒冷。这样，随着纬度的增加就形成了与之相对应的各种气候带，与此相应，森林分布也呈带状。在北半球，从低纬度到高纬度地区依次出现热带雨林和季雨林、亚热带常绿阔叶林、温带落叶阔叶林、北方针叶林。

(2)森林分布的经度地带性　由于大气环流、海陆分布及大地形等综合因素的影响，从沿海到内陆降水量逐渐减少，这种以水分条件为主导因素，引起森林分布按经度方向呈带状依次更替的现象称为经度地带性。在同一纬度，沿海地区降水量大，空气湿润，分布森林植被；距离海洋较远的地区，大气降水减少，干旱季节延长，分布着草原植被；到了大陆中心区域，降水极少，气候极为干燥，分布着干旱荒漠植被。

2. 森林分布的垂直地带性

在一定纬度地区的山地，山地随着海拔的升高，年平均气温逐渐降低，生长季节逐渐缩短，降水量在一定范围内随着海拔升高逐渐增加，风速增大，太阳辐射逐渐增加从而导致森林分布随着海拔高度的变化而发生更替的现象称为山地森林分布的垂直地带性。各个山地由于所处的地理位置、山体高度、距海的远近以及坡度坡向的不同，垂直带谱有所差异，森林垂直带谱越靠近赤道越完整，越向极地越少。在低纬度的高山，垂直带谱的数目多于在高纬度的高山，但仍有一定的规律，例如在北半球低纬度的山地，其垂直带谱一般依次为山地季雨林、山地常绿阔叶林、山地落叶阔叶林、山地针阔叶混交林、山地针叶林、高山矮曲林。

3. 森林的垂直分布与水平分布的关系

山地森林的垂直带谱自上而下的变化规律与森林水平带自赤道向极地的变化规律相似。同时山地森林垂直带的变化以水平带为基础，山地森林垂直带谱的基带植被与山体所在纬度的水平地带性森林植被一致。例如，位于热带地区的台湾玉山，其山地森林垂直带谱的基带是热带雨林；位于温带的长白山，其垂直带谱的基带是针阔混交林。

森林纬度带与垂直带亦有区别，主要体现在：引起纬度地带性形成的环境因素在性质和数量上有别于引起垂直带形成的环境因素；森林垂直带幅窄，而水平带幅宽，垂直带的宽度以几百米计，纬度带则以几千米计；纬度带的分布具有相对不间断性，而垂直带分布经常为河谷、岩石露头所间断，具有相对间断性。

三、我国森林分布

(一)我国植被分布概况

我国国土辽阔、地形复杂、气候多样,森林资源的类型多种多样,有针叶林、落叶阔叶林、常绿阔叶林、针阔混交林、竹林、热带雨林。同时森林资源地理分布极不均衡,主要分布在东北、西南交通不便的深山区和边疆地区以及东南部的山地。东北地区的森林资源主要集中在大兴安岭、小兴安岭和长白山等地区。西南地区的森林资源主要分布在川西、滇西北、藏东南的高山峡谷地区,森林范围有 7 500 万 hm^2,有林地面积达 1 700 万 hm^2,森林蓄积量达 31 亿 m^3。南方地区人工林占有很高的比重,森林资源的分布比较均匀,武夷山系和南岭山系较为集中。而西北干旱、半干旱地区森林资源极少,森林覆盖率仅为 1.4%。

(二)我国主要森林生态系统类型及其分布

《中国植被》(1983)将我国森林植被划分为 8 个区,分述如下。

1. 寒温带针叶林区

位于大兴安岭北部山地丘陵区,河谷开阔,山势缓和,几无山峦重叠,为我国最寒冷地区,年平均气温在 0℃以下。植被类型为以新安落叶松为主的针叶林,群落结构简单,乔木层有时混生樟子松,下木为杜鹃、狭叶杜香、越橘等,林下草本不发达。该区东南部地势较低,因受毗邻的温带针阔混交林影响,常混有蒙古栎、黑桦、紫椴、水曲柳等温带阔叶树种。该区域为我国主要木材产地,但自开发大兴安岭以来,天然落叶松比例下降明显,桦树、杨树等次生林增多。

2. 温带针阔叶混交林

包括东北平原以北、以东的广阔山地,南端以丹东到沈阳一线为界,北部至小兴安岭山地,主要包括小兴安岭、完达山、张广才岭及长白山等山脉。由于受日本海影响,具有典型的海洋型温带季风气候特征,地带性土壤为暗棕壤,低地为草甸土和沼泽土。

该区域主要分布以红松为主的针阔混交林,在靠南地区还分布冷杉、紫杉、朝鲜崖柏等针叶树种;阔叶树种主要有紫椴、枫桦、水曲柳、康椴、春榆、槭树及核桃楸等;灌木树种主要有毛榛、刺五加、暴马丁香、山葡萄、北五味子及猕猴桃等;草本植物主要有人参、山荷叶等。但随着人类的干预与采伐,原有的红松阔叶混交林遭到严重破坏,衍生成各种次生林。

该区垂直带谱明显,在海拔 700～900 m 的基带上限主要分布着山地针叶林,为我国木材主要生产基地,并栖息东北虎、金钱豹、梅花鹿等多种珍贵野生动物,丰富了森林价值。

3. 暖温带落叶阔叶林区

该区域北与温带针阔混交林相接,南以秦岭、伏牛山和淮河为界,西至天水向西南经礼县到武都与青藏高原相分。位于中纬度以及东亚海洋季风的边缘,夏季多雨,冬寒春旱,春季风沙天气频繁,春末夏初常有干热风出现。全年降水分布不均,70%集中于夏季,从总体上看水热同步利于森林生长。整个区域西高东低,可以明显地分为山地、丘陵和平原。山地分布在北部和西部,平均高度超过 1 500 m;丘陵主要分布在东部,包括辽东和山东丘陵,海拔多在 500 m以下;西部山地与东部丘陵之间就是华北大平原及辽东平原,海拔不到 50 m。山地和丘陵是落叶阔叶林的主要分布区,由于人为干扰而以次生林为主,平原主要是农业区,天然林已不复存在。

该区域地带性植被为落叶阔叶林，由于热量和降水不同，植物群落组成差异明显。南部主要建群种为麻栎、栓皮栎，向北则逐渐被蒙古栎和辽东栎取代；近海地区以蒙古栎和麻栎为主，离海较远则以辽东栎和栓皮栎为主；东部沿海主要分布赤松林；西部则以耐旱树种华山松林为主。由于长期的开发，此林区现成森林资源少儿分散，一般以栎类、油松、侧柏等为主组成的混交次生林，原始的落叶阔叶林几乎不复存在。森林破坏后导致的水土流失问题在一些地区非常严重，保护现有的次生林，积极发展人工林对于涵养水源和保持水土具有非常重要的意义。

该区域森林的垂直分布规律为：落叶阔叶林—温性针阔混交林—寒温性针叶林—高山草甸。落叶阔叶林分布在海拔 600～800 m 以下，愈往南分布界限愈高。主要阔叶树种为喜温耐旱的栎类，以及人工栽植的杨、柳、榆、国槐、臭椿、泡桐等，并有侧柏、桧柏、白皮松等针叶树。在落叶阔叶林以上到海拔 1 500～1 600 m 左右，为温性针叶与落叶混交林，主要针叶树种有油松、华山松。海拔 1 600～2 500 m 为寒湿性针叶林，主要针叶树种有白杄、青杄、华北落叶松、冷杉等，并有白桦、蒙古栎、山杨等阔叶树种。

4. 亚热带常绿阔叶林区

该区是我国面积最大的一个植被区，约占全国总面积的 1/4。其北界在淮河-秦岭分水岭一线以南，南界在北回归线附近，东界为东南海岸和台湾以及所属的沿海诸岛屿，西界沿西藏高原的东坡向南延伸至云南西疆国界线上。该区属于亚热带季风气候，但东西部气候有明显差异，东部亚区域夏半年受来自太平洋暖湿气团的影响，以致春夏高温多雨，冬季寒冷干燥；西部亚区域包括云贵高原和川西山地等，夏半年主要受来自印度洋的西南季风的影响，构成夏秋多雨的雨季，冬季受西部热带大陆干燥气团的影响，冬春干暖的旱季比东部更明显。

由于降水量，特别是冬季降水量的影响，东部亚区地带性典型植被为偏湿性的常绿阔叶林，现分别就南亚热带、中亚热带和北亚热带的植被特征作简要介绍。

南亚热带季风常绿阔叶林：是常绿阔叶林向热带雨林过渡的一个类型，分布于台湾玉山山脉北半部、福建戴云山以南、南岭山地南侧等海拔 800 m 以下的丘陵山地以及云南中部、贵州南部、喜马拉雅山东南部 1 000～1 500 m 的盆地和河谷地区。上层乔木以壳斗科和樟科的一些喜暖种类为主，还有桃金娘科、山茶科、楝科、桑科的一些种类。中下层含有较多的热带成分，如茜草科、紫金牛科、棕榈科等。在局部沟谷中与某些热带季雨林向北延伸的片段混合，因而具有某些热带雨林的性质，如乔木具有板根，具有大型的木质藤本等。

中亚带典型常绿阔叶林：广泛分布于中亚热带的丘陵、山地，具有常绿阔叶林的基本特征，包括栲类林、青冈林、石栎林、润楠林和木荷林五个群系组。马尾松林分布广泛，在海拔 800 m 以下的丘陵山地几乎随处可见，杉木林、毛竹林分布也很广泛。在低、中山海分布着油松、黄杉、柳杉、金钱松、竹柏、水松等纯林及混交林。油茶、棕榈、肉桂、八角等经济林也广泛分布于本区。

北亚带常绿阔叶、落叶阔叶混交林：是常绿阔叶林和落叶阔叶林之间的一个过渡类型。在其分布区的北缘，乔木层以落叶阔叶树为主，常绿阔叶树较少，越往南，常绿树种数量越多并且进入乔木层上层。常绿层片主要是青冈、苦槠等，落叶层片则为一些落叶栎类。

西部亚区域为偏干性的常绿阔叶林。西部中亚热带以滇青冈和栲类为主，樟科和山茶科的种类较少，无水青冈，林内藤本植物和附生植物少。西部南亚热带以刺栲、栲和木荷占优势，而东部则以栲类和厚壳桂占优势。

受季风气候的影响，我国是常绿阔叶林的主要分布区，且类型最为复杂，在世界森林分布中占有重要地位。但由于人类活动的影响，原始常绿阔叶林破坏严重，因此应加大力度保护现存的天然阔叶林，封山育林，恢复森林植被，提高森林覆盖率和森林质量。

5. 热带季雨林、雨林区

热带季雨林、雨林区是我国最南的一个森林植被区，东起台湾静浦以南，西至西藏南部亚东、聂拉木附近、北界在北回归线以南。属热带季风气候类型，高温多雨，在东部年蒸发量和降水量基本持平，但在西部和海南岛的西部由于地形作用，年蒸发量大于降水量，生境较干燥。

我国雨林位于热带边缘，受热带季风气候限制，仅在局部湿润环境（如沟谷、山地）有小片分布，并呈现出季节性特征，主要分布在台湾省南部、海南省、云南南部河口和西双版纳地区，在西藏墨脱县境内也有分布，但以云南西双版纳和海南岛最为典型。乔木层结构复杂，一般可分为 3～4 层，高度一般为 30～40 m，树干通直，分枝极高，树皮薄而光滑，占优势的乔木树种有：桑科的见血封喉、高山榕、聚果榕、波罗蜜、无患子科的番龙眼以及番荔枝科、肉豆蔻科、橄榄科和棕榈科的一些植物等。但是由于中国雨林是世界雨林分布的最北边缘，因此，林中附生植物较少，龙脑香科的种类和个体数量不如东南亚典型雨林多，小型叶的比例较大，一年中有一个短暂而集中的换叶期，表现出一定程度上的季节变化。热带雨林孕育着丰富的生物资源，但世界上热带雨林却遭到了前所未有的破坏，热带地区高温多雨，有机质分解快，生物循环强烈，植被一旦被破坏后，极易引起水土流失，导致环境退化。因此，保护热带雨林是当前全世界最为关心的问题。

在热带雨林区域中，有些地方由于受强烈季风影响，出现旱季、雨季交替的情况，因此产生热带季雨林。印度、缅甸中部和西双版纳地区都有这种雨林。和热带雨林相比，其群落高度较低，物种也较少，有较明显的优势种或共优势种，旱季时多数乔木落叶，季相明显，藤本和附生植物较少，群落水热条件好的地方常绿树种较多。植物区系以亚洲热带广布种和热带北部特有种为主，多属于番荔枝科、使君子科、梧桐科、木棉科、大戟科、豆科、桑科、无患子科和山榄科等。

热带季雨林是中国热带地区主要森林类型，目前存留面积不大，但它能反映出生境的水热条件和干湿季节分明的特点，对引种和发展热带珍贵树种和热带经济作物具有重大意义。

6. 青藏高原高寒植被区

青藏高原位于我国西南部，平均海拔 4 000 m 以上，东起横断山脉，西抵国境线，南到喜马拉雅山脉，北至昆仑山。气候寒冷，由于受东南和西南季风气候的影响，年降水量大，一般在 500～1 000 mm 以上，东部边缘最高，北部较少。降水集中于 5—9 月，全年蒸发量小，适于耐阴常绿针叶林发育。

高原的东南部，有低山热带常绿雨林、半常绿雨林、山地常绿阔叶林、针阔混交林、山地暗针叶林、高山灌丛等类型。在海拔 1 800 m 以下的干热河谷地带，普遍分布着刺肉质灌丛；1 800～2 400 m 残存零星常绿阔叶林；2 400～3 200 m 阳坡分布高山松林及栎林，阴坡则为铁杉林及铁杉、槭树、桦木组成的混交林；3 200～4 000 m 阴坡分布大面积暗针叶林，阳坡则以硬叶高山栎及灌丛为主；4 000 m 以上则分布着灌丛及草甸。

7. 蒙新区

蒙新区分为温带草原和温带荒漠两部分，属大陆性气候，寒暑变化剧烈，年降水量多在 100～300 mm，异常干燥，在海拔 1 000～3 000 m 的山地年降水量可达 400～700 mm。

温带草原区域是我国重要的牧区，也有森林，但主要是灌木，乔木树种主要有蒙古栎、山杨、黑桦、椴木等，在高山地带，还有西伯利亚落叶松和云杉林；温带荒漠区域内分布一系列高大山脉，如天山、祁连山、昆仑山、阴山、贺兰山、阿尔金山等，分布着一系列随海拔高度变化而有规律更迭的植被垂直带。天山林区情况复杂，天山北坡即北路天山较湿润，在海拔 1 500～2 700 m 的区间，有大面积雪岭云杉林，天山南坡气候干燥，只有少量针叶林分布。在祁连山中段海拔 2 400～3 500 m 及其东段 2 000～3 400 m 为森林带，主要为云杉林。贺兰山、阴山林区海拔较低，天然林以杂木林为主，各山区低处往往都比较干燥，常有侧柏、杜松散生其中，往往在海拔 2 400～3 000 m 才形成云杉林带。

四、全球变化与森林

全球变化主要指地球环境中的气候、土地生产力、海洋和其他水资源、大气化学及生态系统中的能改变地球承载生命能力的一切变化。全球变化主要包括大气成分变化、全球气候变化、土地利用与覆被变化以及荒漠化等方面的变化。进入 20 世纪 80 年代以后，最受关注的主要是全球气候变化，因为这些变化中与人类生产生活关系最为密切的变化是天气变化，尤其是灾害性天气，对人们的生产生活产生重要影响。

随着工业化进程的加快，人口的迅速增加，特别是 20 世纪 50 年代以来，大量化石燃料的开采利用，大量化学肥料的人工合成及利用，使人为产生的一些气体排放量日益增加，城市兴建、毁林垦荒、海洋污染、以及不合理的土地生产经营所导致的土地资源萎缩和地力衰退等，使不同土地和生态系统对这些气体的吸收能力大大减少，从而破坏了大气原有的各种天然气体的自然平衡，使大气中的有些气体的浓度呈现不断增长的趋势。

减缓温室气体浓度增加的途径主要有两条：一是控制温室气体排放，减少释放源；二是通过改变陆地生态系统的植物盖度来增加吸收汇。森林是全球生态系统中的稳定因素，其强大的光合作用能是大气 CO_2 的一个重要汇，而森林的砍伐和衰退也是大气 CO_2 浓度增加的重要源，因此森林在维护全球碳平衡中具有重要作用。由于森林与气候之间存在密切关系，气候变化将不可避免的引起森林分布的变化，反过来，因全球森林生态系统是一个巨大的碳库，气候变化的影响会进一步改变它对大气 CO_2 源或汇的作用，从而进一步加强或抵消气候变化的影响。同时森林也能够通过改变地表温度、蒸发、地面粗糙度、反射率等影响局地乃至全球的气候，对气候系统产生重大的反馈作用。所以，全球气候变化与森林生态系统的相互作用无论从区域、景观、国家尺度还是全球尺度来看都具有重要的研究意义。

气候变化与森林生态系统的相互作用，由于不同区域其未来气候变化的情形不一致，而不同的森林类型也有其独特的结构和功能，因此气候变化对各个森林类型的影响是不同的。

1. 对热带森林生态系统的影响

众多的全球气候变暖模拟研究表明，随着全球气候变暖，热带地区的平均气温将上升 1～2℃，这比中高纬度地区要小，但降水量的增加可能较中高纬度地区大。温度增高、降水增加，热带雨林的更新将会加快，同时热带森林分布将侵入到目前的亚热带甚至温带地区，雨林面积将有所增加，我国热带雨林的面积也将显著增加。但是有些学者认为，降雨过多，将会增加土壤积水，因此会限制热带地区许多森林的生长和分布。由于热带森林比温带森林适应性要差，所以在热带森林与干旱的边缘地带性草地或稀树草原的交错区，由于受到后者的影响以及人为活动等干扰，这些地区的热带森林可能会变得比较脆弱。

20 世纪以来，世界森林砍伐的重心已由温带转移到热带，未来一段时期热带森林的迅速减少依然不会得到有效遏制。对亚马逊热带雨林的毁灭模拟表明，热带森林被毁后，地面温度增加 2.4℃，蒸散减少 27.2%，降水减少 20.3%，净辐射减少 14.5%，感热通量增加 5.2%。如果森林都转变成草原，草地温度比森林温度增高 2.5℃。

2. 对温带森林生态系统的影响

由于温带森林受人类活动干扰最大，地球上现存的温带森林几乎都是成片断化分布。因此，未来气候变化对温带森林的影响是巨大的。随着全球气候变暖，温带森林将向极地方向转移而逐渐替代北方树种，同时也将向湿润的沿海地区扩展。由于温带内陆地区将受到频繁的夏季干旱的影响，从而导致一部分温带森林向草原和荒漠方向转变。因此，温带森林面积的增减取决于其侵入到北方森林的扩大所得以及其转化为草原和荒漠或被热带或亚热带森林侵入的所失。

唐海萍(1998)模拟结果表明，中国东北森林草原带由东到西可以划分为湿润森林、草原、荒漠灌丛 3 个主要类型，其中间的过渡带对全球变化非常敏感。模拟显示，假定温度升高 2℃后，在降水量不变、增加 10%和减少 10%的三种情况下，过渡带的面积都呈扩大化的趋势；森林区对于降水量的变化反应很敏感，当降水量减少 10%时，寒温带湿润森林则减少 40.2%。全球变暖且降水量增加时，部分荒漠灌丛演变为草原，而降水量减少，一部分森林则退化为草原；荒漠灌丛区在全球增温而降水量不变的条件下面积将扩大。

在假设全球平均增温 4℃，年降水量增加 10%的情况下，张新时和刘迎春采用修正的 Holdridge 模型对青藏高原的植被变化也进行了模拟估测。结果表明，青藏高原东南部山地森林化趋势明显、高原中部草原趋向温性化、高原永冻层和高山草甸将会消失、高寒荒漠温性化趋势和中西部荒漠化趋势明显增强。

一些学者认为，在较湿润的地区，随着大气 CO_2 浓度增加，气温上升以及土壤矿化率的提高，温带森林的净初级生产力将会提高，但在比较干旱的地区则相反。不少实验已经证实，大气 CO_2 浓度的增加将促进树木的生长，并且这种影响将维持若干年。但也有一部分学者认为，温带森林中增加的那一部分净生产量会因为土壤呼吸作用的加强而使森林生态系统总碳净贮量的变化不大。甚者还有一些学者认为，随着全球变化的加强，温带森林可能会受到频繁的林火、病虫害及其他极端气候事件的破坏而使其净初级生产力下降，在这种情况下，温带森林还有转化为全球一个主要碳源的可能。

3. 对寒温带森林生态系统的影响

寒温带森林又称北方针叶林或者泰加林，这种森林被认为是目前地球上最为年轻的森林生态系统，还处于不断的形成和发育之中，因此，寒温带森林容易受到各种外部因素的干扰。一般学者普遍认为，在未来的气候变化中，高纬度地区的增温幅度将远比低纬度地区的增温幅度大，因此，气候变化对寒温带森林的影响将比对热带和温带森林的影响显著。气候变化对寒温带森林的影响更多的来自气候变化导致的频发火灾和虫害，气温升高和大气 CO_2 本身增加对寒温带森林的影响小于气候变化导致的火灾和虫害的影响。因此，气候变化将使寒温带森林面积大大减少。

一些研究结果认为，近海洋的寒温带森林南部地区的针叶林将被落叶阔叶林替代；大陆中部地区的针叶林则被草原取代，并且草原还可能伸入到寒温带森林的中部地区。

一些学者认为，全球变暖有可能加速土壤有机质的分解而促进生境条件较好的寒温带森林初级生产力提高，同时因为气温升高也将提高碳的分解率，因此，净初级生产力的提高并不意味着寒温带森林生态系统碳净贮量的增加。在生境条件较差，特别是水分供给不足的地区，全球变暖将会降低寒温带森林生产力，因此这些地区的森林有可能将会成为碳源。

一些研究表明，在森林-苔原交错地带，气温升高将提高种子的发芽和生长能力而使其森林面积有扩大化趋势。北美和欧洲近 10 000 年来孢粉研究的结果也证实了这一点。但有些学者认为，由于北方针叶树种从发育到成熟需百年以上的时间，生长缓慢的结果可能使得南部适生区被温带落叶树种或干性草原占据。

郝建锋等(2008)根据模型模拟预测研究发现，在气候变化加剧的情况下，2020 年我国兴安落叶松适宜分布区域将减少 58.1% ，2050 年将减少 99.7%，即至 2100 年兴安落叶松适宜分布区将从我国完全消失。可见气候变化不仅会改变森林及树种的分布格局，还将使某些森林类型及树木在某一特定的区域内消失。

在生态系统的尺度上，Leemans 等 (2014) 认为伴随全球变化的加剧，许多生态系统功能将发生改变。例如《千年生态系统评估》预测 5%～ 20%的陆地生态系统将相互转化，特别是寒温带针叶林、灌丛林地、热带稀树草原和北方森林。

全球变化对森林生态系统的影响是十分复杂的，上述的几种情况都是建立在不同的模拟基础上的。关于全球变化对森林生态系统的影响如何，还需要进一步探索、模拟和不断完善，这是一个十分复杂的热门话题，也是一个科学界的前沿课题。

第四节 森林环境

林木的生存依赖于环境，林木从周围环境中吸收生长发育必需的营养物质与能量。同时，林木在生长发育过程中，又以枯枝落叶、蒸腾水分和气体交换等形式，把物质和能量归还于环境，这种能量转换和物质的循环是森林与环境相互作用的基础。

一、森林环境与生态因子

1. 森林环境

森林环境是人类自然环境中生物环境的重要组成部分，是地球生物圈中的重要成分，也是地球陆地生态系统的主体。森林是由其组成部分(包括乔木、灌木、草本植物、地被植物、动物和微生物等)与它周围环境(包括土壤、大气、气候、水分、岩石、阳光、温度、各种非生物环境条件)相互作用形成的统一体。因此，森林是一个占据一定地域的、生物与环境相互作用的、具有能量转换、物质循环代谢和信息传递功能的生态系统。作为人类环境的森林或森林生态系统，从环境学的角度，我们把它也称为森林环境。森林或森林环境既是人类生存和发展的基础、不可缺少的环境条件，又是人类开发利用的对象。

森林环境除了具有环境的一般特性外，还具有以下明显特点：

(1)森林环境的整体性　组成森林环境的各要素都有自己的发生发展规律，但它们作为森林环境的有机组成部分而结合在一起时，就形成了相互依存，相互制约，密不可分的整体。在整体中，一种要素的改变必将引起其他要素的相应变化，甚至导致整体从一种生态环境过渡到另一种生态环境。森林环境是一个多资源的整体系统，每种资源都与系统整体密切相关，它通过能量流动、养分和水分循环、信息传递影响系统内的其他构成。因此，对森林环境的研究、保护和开发利用都必须从其整体性出发。忽视森林环境的整体性特点，就会造成森林环境的破坏。

(2)森林环境的多样性　森林环境具有多种生物(包括各种乔、灌、草本植物，多种动物、昆虫和微生物)。这些生物生长在不同气候、土壤等地理环境条件下，形成一个密不可分的综合体。森林环境结构复杂、层次繁多，生态、社会、经济功能强大，从多方面多角度显示了它的多宜性。人类活动只有掌握这种特性，通过多因素、多变量的系统分析，进行最佳的保护和利用选择，才可高效地发挥森林环境的潜力。

(3)森林环境的时空性　森林环境是特定的时空产物，不同时间和空间结合形成不同功能、不同结构和类型的森林环境。森林环境的时空变化极为明显。不同的地理位置和条件会形成不同的森林环境；同一地理位置的不同海拔高度、不同土壤立地条件也会形成不同的森林环境。在森林环境形成和发展过程中，不同的时间，森林环境也会有差异。因此，必须根据森林环境的时空性特点对其保护和利用。

(4)森林环境的有限性　森林环境是在一定的光、热、水、气条件下形成的，在地球上它的分布地区是有限制的，例如南北两极、高山和雪原、干旱和荒漠地区以及一切不具备森林生长的地区都不可能有森林。森林资源既是可再生资源，也是可耗竭资源，其负荷能力是有一定限度的，人类对森林资源的开发利用，如果超过了它所能负荷的极限，必然会破坏它原有系统的平衡，甚至可能导致资源因消耗过度而枯竭，造成森林环境的破坏和消失。森林环境的有限性要求我们科学地认识森林环境破坏和耗竭的条件，掌握它的负荷极限，只有这样，才能对其有效地保护和持续利用。

(5)森林环境的可塑性　森林环境受到有利因素影响时，它的发展及效益性能都会改善，反之则否。它像其他系统一样，有一定弹性，有一定阈值，有一系列反馈作用，对外部干扰能进行内部结构和功能的调整，以保持系统的稳定和平衡，这就是生态系统的自我调节能力。我们把森林这个复杂的生态系统的自我调节能力称为森林环境的可塑性，森林环境的可塑性是有一定限度的，超过了它的阈值，可塑性就失去了，就会导致森林环境的破坏。人类利用森林环境的可塑性，就是要对森林环境进行定向改造和培育，使其系统结构的功能更佳，更有利于人类。

(6)森林环境的公益性　森林环境是自然界最重要的生物库、能源库、基因库、二氧化碳储存库、氧气生成库、绿色水库、天然抗污染的净化器，对自然环境的大气圈、水圈、土壤岩石圈和生物圈都具有极其重要的良好作用。因此，著名的德国学者盖格尔(R. Geiger)把森林对人类及人类环境的良好作用称为森林的福利作用，它造福人类，具有公益性特点。森林环境是人类生存环境不可缺少的组成部分，也是建设人类更加美好生存环境中最积极、最可塑、最活跃的公益性因素。

2. 生态因子

生态因子指对生物有影响的各种环境因子，常直接作用于个体和群体，主要影响个体生存和繁殖、种群分布和数量、群落结构和功能等。各个生态因子不仅本身起作用，而且相互发生作用，既受周围其他因子的影响，反过来又影响其他因子。

生态因子的类型多种多样，分类方法也不统一。简单、传统的方法是把生态因子分为非生物因子、生物因子和人为因子三大类。非生物因子主要包括气候因子(如光照、温度等)、水分因子和土壤因子等。生物因子主要指植物之间的机械作用,共生,寄生,附生,动物对植物的摄食、传粉和践踏等。人为因子包括人类的垦殖、放牧和采伐,环境污染等,是一类非常特殊的因子。

生态因子作用具有如下一般特征。

(1)综合性　每一个生态因子都是在与其他因子的相互影响、相互制约中起作用的,任何因子的变化都会在不同程度上引起其他因子的变化。例如光照强度的变化必然会引起大气和土壤温度和湿度的改变,这就是生态因子的综合作用。

(2)非等价性　对生物起作用的诸多因子是非等价的,其中有1~2个是起主要作用的主导因子。主导因子的改变常会引起其他生态因子发生明显变化或使生物的生长发育发生明显变化,如光周期现象中的日照时间和植物春化阶段的低温因子就是主导因子。

(3)不可替代性和可调剂性　生态因子虽非等价,但都不可缺少,一个因子的缺失不能由另一个因子来代替。但某一因子的数量不足,有时可以由其他因子来补偿。例如光照不足所引起的光合作用的下降可由CO_2浓度的增加得到补偿。

(4)阶段性和限制性　每一生态因子都是随时间而变化的,植物适应的不是单个生态因子在某一特定时间的量,而是适应该因子随时间变化的过程。植物生长发育的不同阶段对生态因子的质和量的要求不同,如低温对某些植物的春化阶段来说是必需的生态条件,而这一阶段过后,低温会对植物造成伤害。生物在生长发育的不同阶段往往需要不同的生态因子或生态因子的不同强度,那些对生物的生长、发育、繁殖、数量和分布起限制作用的关键性因子叫限制因子。有关生态因子(量)的限制作用有以下两条定律。

①李比希最小因子定律　1840年农业化学家J. Liebig在研究营养元素与植物生长的关系时发现,植物生长并非经常受到大量需要的自然界中丰富的营养物质如水和CO_2的限制,而是受到一些需要量小的微量元素如硼的影响。因此他提出"植物的生长取决于那些处于最少量因素的营养元素",后人称之为Liebig最小因子定律。Liebig之后的研究认为,要在实践中应用最小因子定律,还必须补充两点:一是Liebig定律只能严格地适用于稳定状态,即能量和物质的流入和流出是处于相对平衡的情况下才适用;二是要考虑因子间的替代作用。

②谢尔福德耐受定理　生态学家V. E. Shelford于1913年研究指出,生物的生存需要依赖环境中的多种条件,而且生物有机体对环境因子的耐受性有一个上限和下限,任何因子不足或过多,接近或超过了某种生物的耐受限度,该种生物的生存就会受到影响,甚至灭绝。这就是Shelford耐受定律。后来的研究对Shelford耐受定律也进行了补充:每种生物对每个生态因子都有一个耐受范围,耐受范围有宽有窄;对所有因子耐受范围都很宽的生物,一般分布很广;生物在整个发育过程中,耐受性不同,繁殖期通常是一个敏感期;在一个因子处在不适状态时,对另一个因子的耐受能力可能下降;生物实际上并不在某一特定环境因子最适的范围内生活,可能是因为有其他更重要的因子在起作用。

最小因子定律和耐受性定律的关系,可以从以下三个方面理解,首先,最小因子定律只考虑了因子量的过少,而耐受性定律既考虑了因子量的过少,也考虑了因子量的过多;其次,耐受性定律不仅估计了限制因子量的变化,而且估计了生物本身的耐受性问题。生物耐受性不仅随种类不同,且在同一种内,耐受性也因年龄、季节、栖息地的不同而有差异;同时,耐受性定律允许生态因子之间的相互作用,如因子替换作用和因子补偿作用。

(5)生态因子作用的直接性和间接性　直接参与生物生理过程或参与新陈代谢的因子属

于直接因子，如光、温、水、土壤养分等。例如光可以促进种子萌发。而那些通过影响直接因子而对生物作用的因子，属于间接因子，如海拔，坡向，经、纬度等就是间接因子，他们对生物的作用不亚于直接因子。例如四川二郎山的东坡湿润多雨，分布类型为常绿阔叶林；而西坡空气感干热、缺水，只能分布耐旱的灌草丛，同一山体由于坡向不同，导致植被类型各异。

二、森林与环境的关系

在森林与环境的相互关系中，森林不仅能够被动地适应环境，还能改造环境，使环境保持相对稳定，向有利于森林生存的方向发展。森林与环境因素的关系体现在以下几方面。

1. 森林与光

光是绿色植物生活中不可缺少的因子，植物的光合作用、光形态建成、光周期反应和向光性等都是以光为主导因子而产生的一系列生理现象。光照强度、光谱成分和日照长度影响着植物的生长发育、森林的更新和演替、森林群落结构特征、树种组成与分布等。例如，自然条件下，有的树种只分布在林冠上层，而在林冠下层则生长不良甚至死亡；有的树种则能在树冠下正常生长；同一树种不同树冠部位叶片的形态结构、生理特性均有差异。

2. 森林与温度

温度是重要的生态因子，地球上温度随着纬度、海陆位置、地形和海拔的不同变化很大。植物的生理生化反应必须在一定的温度范围内才能正常进行，特别是光合作用、呼吸作用、蒸腾作用、CO_2及O_2在植物细胞内的溶解度、根吸收水分和养分的能力均与温度密切相关。在一定温度范围内，温度升高，植物生理生化反应加快，生长发育加速；温度降低，生理生化反应减慢，生长发育减缓；当温度超过植物所能忍受的温度范围时，植物生长渐趋减缓、发育受阻、停止，最终受害甚至死亡。

由于温度影响树木生长发育，因而制约了树种的分布。另外树种长期生活在一定的温度范围内，不仅需要一定的温度量，而且需要有一定的温度变幅。根据植物对温度变幅的适应能力将植物分为广温植物和窄温植物两大类。广温植物能适应较大的温度变幅，例如桦、松、栎能在－5～55℃温度范围内生活；窄温植物对温度要求严格，温度分布范围狭窄，窄温植物又分为仅能在高温条件下生长发育的高温窄温和仅能在低温范围生长发育的低温窄温两类。

3. 森林与水分

植物的一切代谢活动，包括光合作用、蒸腾作用、有机物的水解反应、养分传导、废物排除以及激素传递都需要水的参与；水分维持了植物细胞和组织的膨压，使植物器官保持直立状态；蒸腾作用消耗大量的水分，调节缓和了植物体表的温度状况，对生物的热量调节和热能代谢意义重大，影响着森林的更新、分布、生长和发育。

同时森林也对水分进行着调节，林木枝叶、树干对雨水进行吸附和滞留；森林的存在，使树木根系和土壤间形成管状的粗大孔隙，植物为土壤提供了大量的有机物质，改善了土壤结构，增加了粗、细孔隙比例，利于雨水入渗，同时森林地表枯落物减轻了雨滴的冲击，使土粒不致分散，保持了土壤孔隙的畅通；森林覆盖使到达土壤表面的能量减少，减弱林地蒸发。另外，死地被隔断了土壤矿物层的上升水位，减少了地面蒸发；森林覆盖减少了地表径流，使其转变为土壤径流和地下水。森林起到存蓄降水、补充地下水、调节河川净流量、维持枯水期河流或者水库水位的作用。

4. 森林与大气

空气是复杂的混合物，其中 CO_2、O_2、N_2 的生态意义最大，CO_2 是绿色植物光合作用的主要原料，O_2 是一切生物呼吸作用的必需物质，氮转化为氨态氮将是绿色植物重要的养分。因此，大气是森林赖以生存的必需条件，没有空气就没有生机。但随着工农业的快速发展，空气成分的相对比例变化及有毒有害物质的排放，引起了严重的大气污染，对森林造成了严重危害。

大气污染物对树木的危害主要是从气孔进入叶片，扩散到叶肉组织，然后通过筛管运输到植物体其他部位，影响植物体气孔关闭、光合作用、呼吸作用、蒸腾作用、破坏酶的活性、损坏叶片的内部结构；同时有毒物质在树木体内进一步分解或参与合成过程，形成次生的有毒物质，使树木的组织和细胞坏死。森林对污染物有一定的抗性，能减少受害，或受害后能很快恢复生长，继续保持旺盛活力。树种对大气污染的抗性取决于叶片的形态解剖结构和叶细胞的生理生化特性。研究表明，叶片的栅栏组织与海绵组织的比值和树种的抗性呈正相关；叶片气孔数量多且面积小，气孔调节能力强，树种的抗性较强；抗性强的树种气体代谢能力弱，但在污染条件下，能保持较高的光合能力。

森林不仅对污染物有一定的抗性，还能通过一系列生理生化反应净化污染物：在森林呼吸和光合代谢生理过程中，有毒气体被吸收转化为毒性较小的物质或富集于植物体内，从而降低空气中有毒气体浓度。例如，樟树、夹竹桃、丁香、枫树、刺槐、臭椿、桧柏、女贞、橡树、红柳、木槿、榆树、马尾松、法国梧桐等都有很强的吸收二氧化硫、氯气、氟化氢等有毒有害气体的能力；林木能降低风速，且叶表面粗糙、多绒毛、分泌黏液和油脂，滞尘能力强，且滞尘后经雨水淋洗又可恢复滞尘能力；杀菌作用，即森林的滞尘作用，减少了细菌的载体，使细菌不能在空气中单独存在和传播，同时，森林能分泌植物杀菌素，可杀死周围的细菌；森林能吸收 CO_2 放出 O_2，对恢复和保持大气中 CO_2 和 O_2 的平衡发挥着重要作用；减弱噪声，研究表明，阔叶树减弱噪声的能力强于针叶树，利用防护带可衰减、遮挡、吸收噪声。

5. 森林与风

风对植物的作用表现为风对植物的影响和森林的防风效应两方面。

风对植物的影响不仅表现为直接影响植物（风媒、风播、风折、风倒、风拔等），同时还能影响气候因子（降水、温度、湿度、空气 CO_2 浓度）和土壤因子，进而间接影响植物。风对植物的影响主要集中于以下方面：

①风影响植物的生长、生理活动与形态。风能降低大气湿度，破坏树体内水分平衡，使成熟细胞不能扩大到正常大小，结果导致所有器官组织都小型化、矮化和旱化，降低植物生长量。强风还能形成畸形树冠，在盛行强风的地方，乔木树干向背风方向弯曲，树冠向背风面倾斜，形成“旗形树”。

②风通过影响植物花粉的传播、种子、果实的散布进而影响植物繁殖。

③风的破坏力，风对植物的机械破坏作用程度主要决定于风速、风的阵发性和植物种的特性、环境特点等。

森林能减弱风力，降低风速。林带愈紧密，愈不通风，风下降的角度愈大，同时林带背风处风速恢复的速度愈快，有效防护距离较短；而透风结构的林带，迎风面弱风区比密林小，背风面林缘处风速还是较大，当风速继续前行时，风速不断减低，到达一定距离，分速最少，以后风速不断增加与空地一致。此外，森林还可以改善小气候，改善生态环境。

6. 森林与土壤

对森林而言，土壤是森林的生活基质，既满足了森林正常生长发育对肥力的要求，又提供了生存场所。土壤肥力指土壤满足植物对水、肥、气、热要求的能力，是林木速生丰产的基础，是土壤物理、化学、生物特性的综合表现。因此，研究土壤的生态意义应首先着眼于土壤的物理、化学、生物性质。

土壤的物理性质主要包括土壤母岩、土层厚度、土壤质地、土壤结构和土壤孔隙度等。土壤是母岩分化而形成的，岩石分化影响土壤的物理、化学性质，同时母岩不同还影响森林树种的优势程度。土层厚度是决定森林生产力的重要因素，影响森林组成、结构、林木生长和森林生产力。因此，讨论土壤母岩、土层厚度旨在说明土壤潜在 pH 和矿质元素含量的变化以及土壤养分、水分总储量和根系分布的空间范围。土壤质地指土壤矿质颗粒的相对比例或重量百分比，土壤质地影响土壤水分、空气和热量的变化规律。

土壤化学性质主要包括土壤酸碱度、土壤无机元素、土壤有机质等。土壤酸碱度是土壤各种化学性质的综合反映，对土壤中各种营养元素的转化和释放、土壤有机质的合成和分解、土壤微生物活动、土壤动物等都有着重要影响。在酸性条件下，分化作用强，养分元素被淋失，有效性降低，且不利于细菌活动；微酸和中性条件下，利于根瘤菌、氨化细菌、硝化细菌的生长，腐殖化作用和生物活性最旺盛，土壤养分有效性强，有利于植物生长；在碱性条件下，土壤溶液浓度大，渗透压高，限制许多植物生长。土壤无机元素主要来源于土壤中矿物质和有机质的分解，腐殖质是无机元素的储藏库，腐殖质通过矿质化作用缓慢释放可供植物利用的养分。土壤有机质能改善土壤物理和化学性质，有利于土壤结构形成，能有效调节植物对土壤水、肥、气、热的要求，从而促进植物生长。一般来说，土壤有机质含量越多，土壤动物和微生物种类、数量也越多，土壤肥力越高。

森林对土壤的影响主要表现在森林凋落物、森林死地被物、树木根系等。森林凋落物是土壤有机质的重要来源；森林死地被物储有大量的有机质、氮和矿质元素，是土壤养分的重要来源，死地被物分解转变为土壤腐殖质愈充分，对森林影响影响愈好，当土壤通气不良、分解作用缓慢、大量死地被物聚集并泥炭化，便导致营养元素的强烈淋溶，或变为不易被植物吸收的化合物，则对林木和土壤不利；树木根系死亡后，可增加土壤下层的有机物质和阳离子交换量，促进土壤结构形成，根系腐烂后其孔道可改善土壤通气性，利于重力水下排，同时，根系还可以防止水土流失，减少泥石流。

第五节　森林群落

森林群落是指在一定地段上，以乔木和其他木本植物为主，以及该地段上所有植物、动物、微生物等生物成分所形成的有规律组合，是各种生物及其所在生长环境长时间相互作用的产物，不同的森林群落有着不同的群落环境。

森林群落具有如下特征：具由一定的分布范围、一定的结构和外貌、一定的物种组成（又称为种类组成）、一定的动态特征并与环境具有不可分割的联系。通过对森林群落的基本特征的认识可以识别这些群落环境的不同之处，从而区分森林群落的类型。

一、森林群落组成与结构

任何一个森林群落都是由一定的树木及相关植物种类组成的，一个详尽的植物种类及数量组成名单是这个森林群落的基本特征之一，是研究森林群落的第一步。研究森林群落组成的价值主要体现在以下两个方面：一方面是因为每个植物种都有一定的生态幅，它和生境以及其他物种之间都有一定的相互关系，能够表达出一定生境特征和森林群落内部的生活状况；另一方面，每个物种都有它的演化历史，即它的发展和分布的演化历程。因此，一个森林群落的种类及数量组成可以反映该群落的历史渊源和空间联系。

在生物群落中，各个种群占据了不同的空间，使群落具有一定的结构，群落的结构主要包括垂直结构和水平结构。

1. *群落的垂直结构*

群落的垂直结构指群落在垂直方面的配置状态，其最显著的特征是成层现象，即在垂直方向分成许多层次的现象。群落的成层性包括地上成层和地下成层，群落的地下成层性是由不同植物的根系在土壤中达到的深度不同而形成的。层的分化主要决定于植物的生活型，生活型不同，植物在空中占据的高度以及在土壤中到达的深度就不同，这样就出现了群落中植物按高度（或深度）配置的成层现象。

陆生群落的地上分层与光的利用有关，森林群落成层现象表现明显，森林群落的林冠层吸收了大部分光辐射，随着光照强度的减弱，依次发展为林冠层、下木层、灌木层、草本层和地被层等。通常，温带阔叶林和针叶林的分层最为典型，热带森林的成层结构则最为复杂。

一般情况下，群落的地下分层和地上分层是相应的，森林群落中的乔木根系分布到土壤深层，灌木根系较浅，草本植物的根系则大多分布在土壤表层。群落的成层性是自然选择的结果，保证了植物在单位空间中更充分利用自然环境条件。如在发育成熟的森林中，上层乔木可以充分利用阳光，而林冠下为那些能有效利用弱光的下木所占据，林下灌木层和草本层能够利用更微弱的光线、草本层往下还有更耐阴的苔藓层。

2. *群落的水平结构*

群落的水平结构指群落的水平配置状况或水平格局，其主要表现特征是镶嵌性。镶嵌性即植物种类在水平方向不均匀配置，使群落在外形上表现为斑块相间的现象。具有这种特征的群落叫作镶嵌群落。在镶嵌群落中，每一个斑块就是一个小群落，小群落具有一定的种类成分和生活型，它们是整个群落的一小部分。例如，在森林中，林下阴暗的地点有一些植物种类形成小型的组合，而在林下较明亮的地点是另外一些植物种类形成的组合，这些小型的植物组合就是小群落。内蒙古草原上锦鸡儿灌丛化草原是镶嵌群落的典型例子，在这些群落中往往形成 1～5 m 的锦鸡儿丛，呈圆形或半圆形的丘阜。这些锦鸡儿小群落内部由于聚集细土、枯枝落叶和雪，具有良好的水分和养分条件，形成一个局部优越的小环境。小群落内部的植物较周围环境中返青早，生长发育好，有时还可以遇到一些越带分布的植物。

群落镶嵌性形成的原因，主要是群落内部环境因子的不均匀性，例如小地形和微地形的变化，土壤温度和盐渍化程度的差异，光照的强弱以及人与动物的影响。在群落范围内，由于存在不大的低地和高地因而发生环境的改变形成镶嵌，这是环境因子的不均匀性引起镶嵌性的例子。

二、森林生物多样性

森林生物多样性是指在一定的空间范围之内多种多样的活有机体和生境的丰富性和变异性，包括遗传多样性、物种多样性和生态系统多样性。生态系统多样性是物种和遗传多样性的保证；物种多样性是人类生存和发展的基础；遗传多样性则是改良生物品质的源泉。森林生物多样性是森林生态效益的重要组成部分，不仅为人类提供了必不可少的生物资源，也构成了人类赖以生存的基础，是人类生存与发展非常重要的条件。

（一）森林生物多样性特点

森林生物多样性是全球三大陆地生物多样性系统之一，是世界生物多样性系统中最为重要的类型，也是世界生物多样性保护的关键。森林生物多样性的特点主要体现在以下几方面。

1. 森林生态系统的稳定性

生物多样性是森林生态系统稳定的基础，物种之间的协同、竞争的关系，体系内能流、物流的循环，体系与环境物质能量的交换保证了系统内的协调，系统与环境的统一。生物多样性使森林生态系统内部有良好的自我调节机制，这种能力越强，生态系统越稳定。这就是混交林较纯林生态系统稳定的原因所在。

2. 遗传基因的多样性

森林是一座庞大的基因库，森林中形形色色的生物是多种遗传基因的外在表现。每一种基因的表达都是一种生物的存在，不论低级、高级，简单、复杂，都需要进行不断的物质循环和能量交换，与周围环境建立千丝万缕的联系。目前，已经鉴定的动物、植物和微生物物种约170万种，其中森林内物种占60%以上。自1 600年以来，地球上有记载的灭绝的物种724个，目前还有3 956个物种濒临灭绝，3 647个物种处于濒危状态。据估计到21世纪末大约还有10%的物种将濒临灭绝，而一种生物的灭绝往往要殃及其他生物。因此，保存好遗传基因，对人类的生存和发展是非常重要的。伴随着科技的进步和人类认识水平的提高，人类已经认识到生物的存在是大自然赐予人类的财富，对人类有极大的价值，灭绝一个物种，意味着人类丧失一种资源。

3. 物种多样性

森林是多种生物的摇篮，任何生物要生存和发展，仅靠自己的能力是不够的，需要生物之间相互依存、协调发展，这种需要是全方位的，植物与植物、植物与动物、植物与微生物、动物与动物以及动物与微生物，这种复杂的关系链群相互联系，相互支撑；庞大基因资源可以不断地创造新的物种，更新系统内外的环境，更好地满足人类的需要。

我国有乔灌木树种8 000余种，其中乔木2 000多种，灌木6 000多种。我国的树种在地理成分上大多数为热带、亚热带性质，但同时也几乎包括了世界温带分布的所有木本属，如槭、桦、胡桃、鹅耳枥、栎、云杉、冷杉、胡颓子等。中国有许多起源古老的孑遗树种，这是全人类极宝贵的财富。由于在新生代第四纪冰川期，华南、华中、西南广大地区，除局部山地有山地冰川外，大多数山地未遭受冰川影响，成为植物种的“避难所”，从而保存了许多中国特有的孑遗种。

我国森林类型丰富，为野生动物提供了丰富多样的栖息地，在其中栖息着多种多样的野生动物，估计有1 800种，其中珍贵的有驼鹿、雪兔、东北虎、紫貂、白唇鹿、大熊猫、金丝猴、野牛、长臂猿、野象等。森林的鸟类、昆虫、爬行类、两栖类和各种生活于土壤中的低等动物也是十分丰富多样的，这部分物种的家底还远远没有摸清。

4. 生态环境的高度协同性

随着经济的发展，人口的增加，生态环境的恶化严重制约着人类的进步和发展，建设高度协同的生态环境是人类面临的严峻课题，是人类发展的需要。良好生态环境的形成，是多种生物群落，充分利用环境资源而形成的。如果生物多样性遭到破坏，生态系统的调控能力就会被削弱，物流能流被阻隔或扭转，生态系统的协同性能难以发挥。

（二）森林生物多样性的意义

1. 生物多样性是森林经营的源泉

地球上有170万种生物，大部分与森林有联系，森林为动物、植物和微生物提供了生存空间和能量源泉。只有拥有了丰富的生物物种资源，森林的整体生态效能才能更高，才能更好地生产出人类所需要的东西，相反，丧失生物多样性，森林会很快退化。保护生物多样性，就是保护森林，也就是保护人类自己。

2. 生物多样性是稳定森林生态系统的标志

生物多样性是稳定森林生态系统的基础，生物物种越丰富，群落越稳定，效益越明显。因而，在森林系统的构建过程中，要坚持以树种多样性为原则，多树种，多林种，保护森林内的物种资源，减少纯林，增加混交林。

3. 生物多样性是可持续林业发展的保证

可持续林业发展是从森林资源保护、开发利用、回收和良性循环的角度配置资源，实现资源的合理利用和生态社会效益的持久发挥。生物多样性为可持续林业发展提供了物质保证。

4. 生物多样性是林业发展的需要

现代林业发展早已摆脱传统林业的束缚。森林向人类提供的不仅仅是木材，而且还提供果实，种子以及药用、油用、生物化工原料等。由于科技发展和人类消费水平的提高，人类对森林的需求越来越大，生物多样性为这种需求提供了可能。

（三）森林生物多样性丧失的主要原因

造成生物多样性丧失的原因很多，如农、林、渔、畜牧业品种结构单一化，工业化和城市的发展，全球气候变化，法律和制度上的缺陷，缺乏科学知识，对资源和环境的真实价值认识不足等。但主要原因表现在以下几个方面。

1. 人口增长

人类能创造环境，也能破坏环境。生物多样性一直伴随着人类社会的发展而变化，特别是工业革命以来，生物多样性越来越受到人类活动的威胁，人类活动引起的自然生态破坏和环境污染日益加剧。人类消化、转化或毁坏光合植物、藻类和细菌形成的陆地生产力，而且随着新技术的发展，人类占用的欲望恶性膨胀，世界上的生物系统就根本不能满足人口及消费的进一步增长对初级生产力的要求。人口的快速增长是破坏和改变野生生物栖息地和过度利用生物资源的最主要原因。

2. 生境丧失、退化与破碎

由于社会和经济的发展，人类对森林的滥砍乱伐、毁林开荒、乱占林地的现象十分普遍。

19 世纪中期，全球森林面积有 56 亿 hm^2，2015 年下降至 34 亿 hm^2；在森林面积减少的同时，沙漠化正威胁着世界 1/3 的陆地。天然林面积仍在持续减少，取而代之的是大面积人工造林，物种单一化严重，这种毁灭性的干预导致的环境巨大变化，使许多物种失去相依为命、赖以生存的生境，沦落到灭绝的境地。在濒临灭绝的脊椎动物中，有 67%的物种遭受生境丧失、退化与破碎的威胁。栖息地破坏和片段化已成为一些兽类数量减少、分布区面积缩小、濒临灭绝的最重要原因。许多为保护濒危物种而建立的自然保护区被大面积的已开发地区所包围，成为“生态孤岛”，使被保护物种在保护区之间的必要迁移受到限制，形成一个个孤立的小种群。我国珍贵濒危动物大熊猫的保护就是受到栖息地片段化的严重障碍，目前我国正计划为大熊猫建设绿色走廊。

3. 生物资源的过度利用和浪费

虽然生物资源有再生性，但其再生能力和速度是有极限的，而人类的欲望是无限的，人类对生物资源的掠夺式利用，从森林的过量采伐，野生动物的乱捕滥杀，渔业资源的过度捕捞，到野生植物的无节制采挖，草地过度放牧和垦殖等，使生物多样性遭受严重威胁。在濒临灭绝的脊椎动物中，有 37%的物种受到过度开发的威胁。许多野生动物因皮可穿、毛可用、肉可食、器官可入药等被过度开发利用。人类正在为满足自己永无止境的欲望，剥夺野生动物的生存权利，使之遭灭顶之灾。同时由于对野生生物资源的开发利用缺乏规划，水平很低，不能综合利用，造成很大的浪费；这种过度利用和严重浪费，打破了生态系统生物链的平衡，影响生态系统功能的发挥。

4. 外来种引入

外来有害生物在适宜的生态和气候条件下，可迅速繁殖蔓延，导致本地物种的减少，甚至取代了本地土生的动植物，致使灾害频繁发生，造成的经济损失每年高达 574 亿元，严重影响我国生态安全和社会经济的可持续发展。据统计，成功入侵我国的外来有害生物有 117 种，其中，入侵的外来植物有 62 种，如水葫芦、空心莲子草等；入侵的外来昆虫有 32 种，如美国白蛾、松突圆蚧等；入侵的微生物、线虫及病毒有 23 种，如杨树花叶病毒、松材线虫等。入侵到我国并造成森林严重灾害的主要外来生物有：20 世纪 30 年代随日本黑松苗木侵入的松干蚧；1972 年随杨树引种侵入的杨树花叶病毒；1979 年通过木质包装材料侵入的美国白蛾；1982 年侵入的松材线虫；1988 年随引种材料侵入到广东的湿地松粉蚧等。从全国疫情看，北方危害杨树的黄斑星天牛、南方危害松树的松材线虫已严重影响和制约了我国林业的健康发展。1998 年 9 月 11 日美国政府下达了不利于我国的杨树类木质品和包装材料进口的新检疫法令，1999 年欧盟等国家下达了限制我国松树类木质品和包装材料进口的检疫法令，使我国出口贸易蒙受重大损失。目前，国家花巨资重点治理的六大森林病虫害中，就有美国白蛾、红脂大小蠹、松材线虫 3 种外来森林有害生物。

5. 环境污染

化工产品、汽车尾气、工业废水、有毒金属、原油泄漏、固体垃圾、制冷剂、防腐剂、水体污染、酸雨、温室效应等，这些都使地球上各种生命体生存的环境日益恶化，对森林及野生生物的危害是巨大的。

6. 自然灾害

自然灾害的破坏力是惊人的，如由于干旱，我国三北地区每年约有 1 333 万 hm^2 农田遭受风沙侵害，1 亿 hm^2 草场严重退化，林地面积也在急剧减少。水灾、火灾、干旱、病虫害等自然灾害对生物多样性有很大的影响。

三、森林群落演替

森林群落演替的原因分为内因和外因两大类，内因主要是指群落内部的建群种对其原生境条件的作用改变后而不适合其自身的繁衍发展，从而导致群落的演替。外因是指由于群落以外的因素所引起的演替，如大的气候变化，自然灾害及人类活动等。在所有外因演替因素中，人类活动对森林群落演替的影响是最为显著的。

森林群落演替既可能是原生演替类型，也可能是次生演替类型。沙丘群落的演替和水生群落的演替如果最终形成森林，则属原生演替类型。而一般因原生植被受到破坏所发生的森林群落的演替，叫次生演替，如森林砍伐等。次生演替包含森林群落的退化和复生两个相反方向的过程，在不良的外力作用下群落退化，而当外力干扰停止后即开始复生的过程，并趋向于恢复到破坏前原生群落的类型。次生演替经历的阶段因外力作用的方式，作用的剧烈程度和持续的时间长短而异，破坏程度愈严重，持续的时间愈长，则群落退化阶段就愈少，而恢复的阶段也就愈多；次生演替的速度通常比原生演替快，因其不必经历漫长的土壤积累过程。各种次生群落中都有一些可利用的植物，因此研究次生演替的同时，对于各种次生群落，要按其可利用的价值分别对待，对有一定经济价值的种类，采用留优去劣的办法加以培养，还可用人工播种或种植，对原生群落加以改造。

群落的演替，无论是何种演替类型，都显示演替总是从先锋群落经过一系列阶段，达到中生性的顶级群落，这样沿着顺序阶段向着顶级的演替过程，称之为进展演替，反之，如由顶级群落向先锋群落演替，则称为逆行演替。逆行演替是在人类活动影响下发生的，群落结构趋向简单化，群落生产力降低，群落中往往存在一些能够适应于不良环境的特有种。如亚热带常绿阔叶林受到破坏后被马尾松林替代，就是逆行演替。

第六节　森林生态系统

森林生态系统是以乔木为主体的生物群落（包括植物、动物和微生物）及其非生物环境（光、热、水、气、土壤等）综合组成的生态系统，是生物与环境、生物与生物之间进行物质交换、能量流动的自然场所。

森林生态系统具有丰富的物种多样性、结构多样性、食物链、食物网以及功能过程多样性等，形成了分化、分层、分支和交汇的复杂网络系统。认识和揭示复杂森林生态系统的自组织、稳定性、动态演替与演化、多功能协调机制以及为了更好地发挥多种效益，需要了解和掌握系统内相互作用的生物、物理、化学等过程，以及人类活动对它们的影响和变化。

森林生态系统包括以下四种成分：非生物环境（包括参加物质循环的无机元素和化合物、联系生物和非生物成分的有机物质、气候、其他物理条件）、生产者（绿色植物）、消费者（直接或者间接依赖于生产者所制造的有机物质）、分解者（把动植物体复杂有机物分解为生产者能重新利用的简单的化合物，并释放出能量）。

可见，森林生态系统结构一般包括生产者、消费者和分解者三个亚系统。生产者通过光合作用合成复杂的有机物质，使生产者生物量(植物个体生长和数量)增加，称为生产过程；消费者通过直接取食植物和间接取食植食动物和食肉动物摄食生产者已经制造好的有机物质，通过消化、吸收并再合成为自身所需的有机物质，增加动物的生产量，也是生产过程；最后分解者把复杂的有机物质分解为简单的无机物。生产者、消费者、分解者以及无机环境，都是森林生态系统维持其生命活动必不可少的成分。由生产者、消费者以及分解者三个亚系统的生物成员与非生物环境间通过能流物流而形成的高层次的生物学系统，是一个物种间、生物与环境间协调共生、持续、相对稳定的生态系统。

一、森林生态系统生产力

1. 森林生态系统初级生产力

生态系统的第一次能量固定始于绿色植物光合作用对太阳能的固定。植物所固定的太阳能或所制造的有机质称为初级生产力。在初级生产过程中，植物固定的能量一部分用于植物自身的呼吸，剩下的用于植物生长和繁殖，这部分生产量称为净初级生产力。

在任何一段时间内，净第一性生产量的积累量，叫做生物量。生物量用干重量表示，是绿色植物在单位面积上的重量，一般以干重 kg/hm^2、g/m^2 表示。

生产力是表示生产的速度，指单位面积单位时间内所生产的有机物质的量或固定能量的速率，常用 $g/(m^2 \cdot a)$表示。总生产力是绿色植物在单位面积和单位时间内所固定的总能量或生产的有机物质总量。在植物呼吸作用之后，剩下来的单位面积、单位时间所固定的能量或生产的有机物质，称净初级生产力(净生产力)。林学中，净初级生产力可分为平均与连年生产力两种。平均净生产力(QW)是森林群落生物量(W)与年龄(a)之比，用下式求出 $QW=W/a$，连年净生产力(ZW)是森林群落某年(a)的生物量(W_a)，与其上一年($a-1$)生物量(W_{a-1})之差，用下式求算 $ZW=W_a-W_{a-1}$。

净生产量与净生产力的区别关键在于，前者表示测定时多年积累的有机物质的量，后者表示单位面积和单位时间(1 年)内所生产出的有机物质的量。后者仅为前者的一部分，即前者一年内的净生产量。

地球上各级生态系统的生产力和生物量的调查，许多国家都进行了研究。在陆地上，湿地生产量是最高的，年平均可超过 2 500 g/m^2，热带雨林生产量也是很高的，年平均 2 200 g/m^2，荒漠灌丛年平均为 71 g/m^2。由热带雨林向热带季雨林[1 600 $g/(m^2 \cdot a)$]、温带常绿林[1 300 $g/(m^2 \cdot a)$]、温带落叶林[1 200 $g/(m^2 \cdot a)$]、北方落叶林[800 $g/(m^2 \cdot a)$]、灌丛和林业地[700 $g/(m^2 \cdot a)$]、温带草原[600 $g/(m^2 \cdot a)$]、荒漠和半荒漠灌丛[90 $g/(m^2 \cdot a)$]依次减少。综合研究和估计森林生态系统初级生产力对于了解地球的功能是十分重要的，因为它是碳和营养物动态的中心问题，与生物地球化学循环有密切联系。

森林生态系统的初级生产力随着群落的演替而变化。早期由于植物生物量很低，初级生产力不高。随着时间的推移，生物量逐渐增加，生产力也提高，一般森林在叶面积指数达到 4 时，净初级生产力最高。而后当森林生态系统发育成熟或者达到顶级演替时，净生产力最小。同时，森林生态系统生产力有垂直变化规律，一般乔木层最高，灌木层次之，草本层最低。

遥感是测定生态系统初级生产力的一种新技术，在现代生态学研究中得到广泛推广应用。根据遥感测的近红外光和可见光光谱数据而计算出来的标准化植被差异指数提供了植物光合作用吸收有效辐射的一个定量指标，且与其他研究方法所得的数据相吻合。

2. 森林生态系统次级生产力

净初级生产力是生产者以上各营养级所需能量的唯一来源，理论上说，净初级生产量可以被异养生物全部吸收利用，转化为次级生产力。可实际上，任何一个生态系统中的净初级生产力都可能流失到这个生态系统以外的地方去，即使是被动物取食的植物，也有一部分通过动物消耗系统排出体外。

在被同化的能量中，一部分用于动物的呼吸代谢和生命的维持，这部分能量最终以热的形式消散掉，剩下的那部分用于动物的生长繁殖，即我们所说的次级生产力。当一个种群的出生率最高生长速度最快的时候，也就是这个种群次级生产力最高的时候，往往也是初级生产力最高的时候，这是长期自然选择的结果。

3. 森林群落生物量的测定方法

森林群落生物量的测定方法分为两大类，一是利用森林植物光合时气体代谢直接测定，二是通过测定树木本身的重量测定生产量。后者是林业上经常采用的方法，又称收割法，常用以下几种方法。

(1)皆伐实测法　皆伐并测定所有单株树木的生物量（$\sum W$）。

(2)平均标准木法　以每木调查结果计算出全部立木的平均胸高断面积和平均高，然后在样地中找出一株最接近平均木的立木作为标准木，伐倒称重以标准木的实测生物量值(W)乘以立木株数即可。此法取样少，简单易行，但对胸径变异幅度大的林分偏差大，一般仅适于人工同龄纯林。

(3)回归估测法　在林分内选出各种大小的立木作为标准木，测出其生物量(W)并和每木调查时所测树高(H)、胸径(D)之间建立函数关系，由此推测林分的生物量。回归法的估测精度高于平均标准木法，且林分间的差异很小，树种间差异也较小，故在树种大小变化幅度大的异龄复层林时里，使用该法最为合适。

收割法的最大局限性，在于不能算出林木自身代谢所消耗的有机物质量，也不能算出转移的生物量(如植物食性动物，昆虫所吃掉的有机物质)，实际上，所测量的部分是现存生物量即现存量。

二、森林生态服务功能的计量与评价

森林生态服务功能是对其生态效益和社会效益所进行的评价，是林业经济学中最复杂的课题之一。人们对森林生态服务功能进行计量研究是为了通过货币计量，在森林价值方面提出一整套较为完整的核算方案和途径，以便与国民经济的其他部门进行量化比较。从而反映森林资源与森林环境对社会做出的贡献大小，为森林经营和制定林业发展的宏观战略提供基础数据，为政府部门制定有关方针政策提供决策依据，为全面正确地评价森林生态系统的总体价值提供量化参数和可操作的技术体系。

(一)计量和评价指标的内容

1. 生态效益指标

生态效益指标通常包括涵养水源、保持水土、提高土壤肥力、防风固沙、调节气候、改善大气质量、维护土地生产力等。

涵养水源指标主要由林冠截留量(t/hm^2)、林地涵蓄能力增加量(t/hm^2)、地表径流减少量[$t/(hm^2 \cdot a)$]、土壤入渗率(mm/h)以及流域内河流的洪枯比(洪枯比反映流域内森林减缓洪峰的能力,即洪水期的水位或水量与枯水期的水位或水量之比)等组成。

水土保持指标主要由土壤侵蚀模数减少量[$t/(hm^2 \cdot a)$或$m^3/(hm^2 \cdot a)$]、土壤氮、磷、钾等营养元素流失减少量(kg/hm^2)、江河下游河床淤积减少量[$m^3/(hm^2 \cdot a)$]、河渠等坍塌减少量[$m^3/(hm^2 \cdot a)$]、土壤抗冲性(土壤抵抗径流和风等侵蚀力机械破坏作用的能力,用抗冲指数表示)、土壤抗蚀性(土壤抵抗雨滴冲击和径流悬浮的能力,可用水稳性指数表示)、径流系数(%)(平均地表径流深与年平均降水量之比)、侵蚀速率(a)[有效土层厚度(mm)与每年侵蚀深度的比值,是反映土壤侵蚀潜在危险程度的指标]、输移比(流域输沙量与侵蚀量之比,其值越大说明水土流失越严重)等组成。

提高土壤肥力指标主要由土壤有机质的增加量(kg/hm^2)、对干旱地区而言的土壤含水量的增加(%或者t/hm^2)、土壤营养元素的增加量(kg/hm^2)、土壤密度的降低(%)、土壤孔隙度(%)的变化(包括毛管孔隙度、非毛管孔隙度和总孔隙度)、土壤团聚体的增加(%)、土壤酶活性的增加、土壤呼吸强度变化(CO_2 mg/g 土)、土壤微生物的增加量(个/g 土)、对低湿地区而言的地下水位的降低(m)等组成。

防风固沙指标主要由农作物增产量[$kg/(hm^2 \cdot a)$]、避免流沙吞没农田的数量(hm^2/年)、对灾害风(通常以风速>4 m/s 为灾害风)风速的降低(%)、每年减少灾害日的天数、干热风减少的天数、林带疏透度(%)(表示林带疏密程度和透风程度的指标,可用林带纵断面透光孔隙总面积与林带纵断面积之比来表示)等组成。

调节气候指标主要由对低湿地区而言的蒸散量(叶面蒸腾+地面蒸发)的增加量(t/hm^2)、春秋增温(℃)或无霜期延长天数、高温天气(>35℃)减少的天数、低温上升或下降(℃)、空气相对湿度(%)的增减等组成。

改善大气质量指标主要由释放氧气量[$t/(hm^2 \cdot a)$]、二氧化碳吸收量[$t/(hm^2 \cdot a)$]、对二氧化硫或其他有毒气体的吸收量[$kg/(hm^2 \cdot a)$]、滞留灰尘量[$t/(hm^2 \cdot a)$]、负离子增加量[$kg/(hm^2 \cdot a)$]和杀菌素增加量等组成。

维护土地生产力指标主要由总生物量增加值[$t/(hm^2 \cdot a)$]、光合生产力提高量[$t/(hm^2 \cdot a)$]、生物量转化率(%)、病虫害减少(%)、害虫天敌的种群数量增加(%)、生物多样性增加(包括植物、野生动物、鸟类等种类的组成成分和数量的变化)等组成。

2. 社会效益指标

通常包括社会进步系数、区域内就业人数的增加、健康水平的提高、精神满足程度的提高、人民生活质量的改善、社会结构的优化、犯罪率减少(%)等组成。

社会进步系数是指森林经营的社会效益对社会进步的推动,用人均受教育年数(年)、人均期望寿命(年)、人口城镇化比重(%)、计划生育率(%)和劳动人口就业率(%)5 个反映社会进步的主要指标的连乘积。增加就业人数是指评价区内以森林资源为基础的一切有关从业人员的数量增加。提高健康水平由地方病患者减少人数乘上调整系数(通常为 0.2~0.4,表明森林经营的社会效益作用)来体现。精神满足程度可通过对人们感观抽样调查来反映森林景观改善的美学价值。生活质量改善可由人均居住面积等变化来反映。社会结构变化由区域产业结构变化(第一、二、三产业结构)、区域农业结构变化(农、林、牧、副、渔各业)、区域消费结构变化由恩格尔系数的高低来反映。犯罪率减少(%)也是社会效益指标的组成部分。

(二)计量和评价的常见方法

1. 等效益物替代法

等效益物替代法也叫等效替代法、比较替代法、替代价值法等。这种方法是目前生态效益计量经济评价中应用最多的一种方法,其理论依据和原理是用另一种可以产生同样效益所需的费用来估算环境效益的货币值。例如森林一旦遭到破坏,在短期内通常是不易恢复的,而由此会给环境带来损失,人们需要付出一定代价加以弥补,如水库防护林毁坏,必然导致水土流失加剧,泥沙淤库,为保证水库库容,必然采取一定措施加以疏淤,付出一定费用,那么这种受害部门付出的费用价值大体可以反映水库防护林的水土保持效益。在农田防护林、水源涵养林、防风固沙林、珍贵野生动物保护区的生态和社会效益的计量中,等效益物替代法已得到广泛的运用。

在实际运用中,人们必须考虑2个基本问题:一是价格问题。价格水平的高低影响到效益值的大小,如果某些等效益物的市场价格有人为支持或限制因素在内,影响其真实性,我们可用计算价格(也就是通常所说的影子价格)来代之,例如森林减缓洪水功能的经济效益可用水库蓄洪的工程投资费用来代替,若水库蓄水拦洪100 m^3 需工程投资30元,那么森林蓄涵100 m^3 水也相应为30元。二是要考虑到等效益物的稀缺程度。如有些环境效益对人类十分重要,但是目前对于人类尚不稀缺的某些森林间接效益,应按一定比例折扣后再纳入综合效益计量范围,以求得既有科学性又能为社会认可的效益值。例如在计量评价森林的增氧效益时,如果用制氧成本作为等效物价值,可能不容易被社会所接受,因为就目前来说,正常场所是不缺乏氧气的。

有些学者指出,在应用这种方法时,可以根据研究目的提出一种反事实的假设,解决计量经济评价中存在的不同问题。例如假定不同类型防护林不存在时分别所造成的水土流失、粮食减产、水利设施被毁等损失,补偿这些损失所需要的市场价值量,则可以作为不同防护林的生态环境效益。

2. 相关比例法

森林的综合效益具有整体属性,林业经营行为的成果既有直接的经济效益,又有间接的生态效益和社会效益。如果在不同的区域、不同的时期对不同的林种和树种,通过一定的评价方法,推算出三大效益之间的比例关系,则可以根据经济效益求出森林生态环境的效益值。由于森林的生态和社会效益具有外部经济属性的特征,目前还没有一套行之有效的方法和途径来通过市场的价格机制把它们定量地计量出来,而是作为森林经济效益的伴生物为人类社会无偿的享用。因而,如果能够通过一种方法建立三大效益之间的比例关系,在计量时只要计算出森林的经济效益,再按比例推算出社会生态效益值即可,这种方法称为相关比例法,也叫相关计量法。

在具体运用中,往往根据不同情况做适当处理。通常的方法和途径是,在难以取得生态社会效益指标数据的情况下,一般是借鉴国内外已有的研究成果,并结合相关专家调查法,来确定森林的经济效益和生态社会效益的相关比例,从而得出森林生态社会效益的相关货币值。如果历史上或者类似的森林生态系统的生态和社会效益的指数数据较为完整,但是森林经济效益和生态社会效益的相关比例却难以确定,或是已经确定的比例难以为社会普遍接受,在这种情况下,通常可通过综合指数的方法,分别求得到生态质量改善综合指数和社会进步综合指数，用这两个综合指数分别反映森林生态效益和社会效益。在此基础上，分别建立森林经济效益与生态合指数和社会综合指数之间的相关关系的方程式，并求得两者之间的比例关系，再用内插法推出综合指数增量反映出来的相关货币值的大小，作为森林生态和社会效益的等效货币值。

3. 补偿变异法

很多有价值的东西，难以用货币衡量，但在某些情况下又必须予以衡量，以便在这些有价值的东西被破坏或损失后，能通过一定的机制得到相应的补偿。因此对于一些无法用货币评价的东西，往往用一定量的货币补偿心理，这种原理应用在森林生态效益和社会效益货币化计量中，就是我们通常所说的补偿变异法。如果森林生态和社会效益的受益者为此支付一笔资金，而有了这笔支出同时享受这种效益与非收益者没有这笔支出也没有这种受益的心理感觉相似，同时，森林生态和社会效益的生产者相应得到一笔补偿收入，有了这笔收入和付出这种劳动与非生产者没有这笔收入也没有这种产出的心理感觉相似，则从补偿变异角度看，这笔收入和支出就可视为森林生态和社会效益的货币等效值。

除上面所讨论的效益计量方法外，常见的方法还有随机评估法，即通过调查访问法，调查居民因为某一项森林生态系统所提供的优越的环境条件或者防止某一种环境退化和生态失衡而最多愿意付出多少货币，以获得环境商品的个人平均价值，在此基础上，根据居民总人数推算某森林的生态环境效益。

4. 计量经济评价的步骤

在森林的功能效益计量经济评价时，通常首先根据森林生态系统的特点及其在环境保护和社会发展中的作用，确定评价对象的类型，如对农田防护林、水土保持林、防风固沙林等的生态服务评价。不同的评价对象，其评价的目的和要求也不同。森林生态系统的计量经济评价的一般步骤如下。

(1)效益因子分解　森林的生态环境效益是由多种效益因子组成，其表现形式多种多样，作用和社会效果均不同，对其研究的方法也各不相同，因此必须分别计量和估价。例如，水土保持林的防护效益通常分解为保持水土、减轻水土流失的效益；涵养水源效益；减少下游河床淤积的效益；减少下游水库淤积，延长水库使用寿命的效益；减少冲毁农田，扩大耕地面积的效益等。而对于其他类型的森林生态系统，则可能将其分解成另外一些效益因子。对森林生态系统的效益因子进行分解以后，把不同的效益因子进行综合，得出效益评价的内容。

(2)效益的计量　对分解出的各项效益分别采用适当的方法和合适的量纲进行测定，是计量经济评价的重要环节。不同的效益因子所采用的测定途径、手段和方法不同，例如，计量评价森林维持大气中 O_2 和 CO_2 平衡时，往往通过光合作用的测定或净生产力的测定，直接或间接得到林地放出的 O_2 和吸收的 CO_2 的数量。而对于森林的水源涵养效益往往是通过林地死地被物和土壤的最大持水量等方法测定森林生态系统的涵蓄能力。森林的固土效益可在林内和无林地对比测定土壤侵蚀量，其差值即为森林固土数量。森林的固土保肥效益可在林内和无林地对比测定土壤侵蚀量以及流失的土壤养分含量推算养分损失量。

(3)生态环境效益的总体评价　生态环境效益的总体评价是生态经济学要解决的热点问题。目前的做法是在各种效益单项评价的基础上，将其累加求和得到某项所要评定的生态效益的总值或整个森林生态效益的总值。这是一种简单的累加，操作起来很容易，但是这种做法可能出现两种相反的情况，一是可能忽略了各项效益之间可能存在的交互作用而使整个效益大于实际情况。二是可能忽视了各项效益相互作用所产生的整体附加效益而使整体效益小于实际情况。就目前而言，要确切地对生态环境效益进行科学的总体的计量和评价，在理论和实践上都存在不少问题，这也是生态环境效益的总体评价是目前生态经济学要解决的热点问题的原因。

思考题

1. 我国重要的大宗用材树种和经济树种有哪些？
2. 森林分布的地带性规律有哪些？
3. 全球变化对森林生态系统有何影响？
4. 森林与环境因素的关系主要体现在哪几个方面？
5. 森林生态功能与效益计量和评价的方法、步骤有哪些？
6. 森林生物多样性有何特点？生物多样性丧失的原因何在？

第八章

森林资源培育

森林资源培育是为了完成一系列经营目标而控制森林的建立、组成、健康、质量和生长的一门艺术、科学与实践，而良种壮苗是林业生产的基础。本章重点阐述林木良种选育和繁殖的基本方法；林木种实采集、调制、贮藏、品质检验和调拨；苗木培育的基础理论、方法、质量评价指标体系及出圃规格要求、森林立地质量评价及分类、适地适树的途径、树种选择的原则与方法、森林结构调控及森林主伐更新利用的基础知识，系统地介绍了育林技术体系，包括森林立地调控、林分结构设计与控制技术、混交林培育技术、造林方法、幼林与成林抚育、林分改造、森林采伐更新及城市森林建植技术等。

第一节　林木遗传改良

遗传是亲本性状在子代中的重复现象，即所谓"种瓜得瓜，种豆得豆"。但是，同一母树上采集的种子育成的苗木在形态、结构上不尽相同，且与母树表现出一定的差异。这种亲本和子代个体之间在各个性状上的差异现象称为变异。遗传能够使各个物种保持自身特有的主要性状，使种群得以延续；变异能够使物种产生不同的生态类型，适应不断改变的环境条件。变异为遗传改良提供了丰富的物质基础。

林木遗传改良正是根据这一原理，为某种明确的目标培育栽植材料，如提高产量、改善品质、增强抗逆性和适应能力等。林木遗传改良的具体方法有选择、引种和育种。如巴西的桉树无性系育种、意大利的杨树优良无性系育种，都显著提高了森林生产力，尤其是意大利的杨树培育，种植面积仅占森林面积的 2.5％向市场提供 50％的木材。

我国有计划地开展林木遗传育种改良和研究始于 20 世纪 50 年代，在 60 年代建立了第一批种子园，70 年代广泛开展林木种子的遗传改良工作。选择优良林分划定或改建了母树林，陆续建立红松、油松、樟子松、马尾松、云南松、刺槐等树种的采种基地；随后进行主要树种优树选择和种子园营建，各地进行大规模的种源试验和种子区划实验研究，基本摸清了 10 多个树种的地理变异规律，为合理调运种子、使用种子提供科学依据。80 年代，杨树、桉树、松树、杉木、柳树、鹅掌楸等林木树种的杂交育种工作取得了显著的进展。目前，我国杨树、杉木、泡桐、刺槐等基本采用优良品种或无性系造林。

一、常规育种

(一)林木引种

自然条件下,每个树种都有一定的分布范围,树种在其自然分布区生长时称为乡土树种。当将其栽植到自然分布区以外时就被称为外来树种。林木引种是指引进驯化外来树种,选择优良者加以繁殖推广的工作。引种是林木改良的基本技术之一,是多、快、好、省的育种途径,在丰富树种资源、提供育种原始材料、保护珍惜濒危树种方面具重要意义。引种坚持先试验后推广的原则,按照选择引种树种—初选试验—区域性试验—生产性试验—推广的程序进行,防止外来树种可能产生的不良生态后果。

(二)选择育种

选择育种即选种,是指从自然群体(天然有性群体)中挑选符合人们需要的群体、类型或个体,通过繁殖、比较、鉴定和栽培试验,选育出优良群体(无性系或家系)的过程。目标是改良现有群体的遗传结构、提高遗传品质。

(1)选择方法　主要有:混合选择与轮回选择;表型选择和基因型选择;家系选择、家系内选择和配合选择;无性系选择。

(2)种源选择　同一树种不同产地的种子或其他繁殖材料被称为不同的种源。长期的进化和选择作用使不同种源在同一地方以及同一种源在不同地方的生长和适应性是不同的。种源选择就是为某种造林目的选择适宜的种源(或产地)。通过开展种源实验进行种源选择。种源(产地)试验是将同一树种不同的种源集中在同一地区进行栽培对比试验。法国于 1821 年开始对欧洲松进行试验。我国先后对马尾松、杉木、油松、樟子松、侧柏、落叶松、白榆、湿地松、火炬松进行过试验。

(3)优树选择　优树即正号树,是指在一些主要性状(如生长、形质、抗性和适应性等方面)上远远超过同等立地条件下同种、同龄树木的单株。优树选择是根据选择标准,按照表型进行一株一株地挑选、评比,从中选出的优树或优株上采种(采穗或采根)育苗,进行遗传测定以评价遗传品质的优劣,并根据遗传品质对其亲本进行再选择。优树选择亦称优株选择、单株选择或选优,属于表型选择和人工选择。

(三)杂交育种

杂交育种是指对遗传基础不同的树种,或同一树种的不同类型,或不同个体之间进行人工交配,获得后代,称为有性杂种。按亲缘关系的远近不同,可分为种内杂交,种间杂交和属间杂交。种内杂交为近缘杂交,种间和属间杂交为远缘杂交。

通过杂交获得综合双亲的优良性状,长势、生产力或抗逆性等方面胜过亲本的优越性称为杂种优势。杂交育种的目的就是获得并利用杂种优势和综合双亲的优良性状。取得杂种只是杂交育种的第一步,只能提供选择的原始材料,还必须通过鉴定和选择,才能选育出有价值的新品种。

二、分子育种

(一)林木基因工程

基因工程是生物技术的核心,为林木遗传改良开辟了一条新的途径。目前,对林木发育过程中一些重要代谢途径如木质素生物合成和花发育调控等有了较为深入的了解，为分离和克隆相关基因创造了条件。我国从20世纪80年代末期就开始了林木转基因研究，10多年来取得了重大进展，已掌握了杨树、桦树、桉树、落叶松、核桃、苹果、柑橘、猕猴桃等多树种组织培养技术和外源基因转化技术，成功建立了多树种组织培养和遗传转化系统；利用叶盘和基因枪等转化方法将抗虫Bt基因、耐盐基因、干旱基因、不育基因、反义ACC合成酶、氧化酶基因、木质素改良基因、缩短育种周期和促进开花基因、生长性状改良基因以及抗环境污染基因成功转化到杨树等基因组中，获得了转基因植株及品种。自1988年第一篇通过农杆菌转化胡桃体胚，获得转基因植株的报道问世以后，在其他树种如云杉、光叶七叶树、可可、非洲枸杞、刺槐、挪威云杉、火炬松、白松、白云杉、黑云杉、东方榆、辐射松、火炬松、道格拉斯冷杉和一些经济价值较高的针叶树种也相继取得成功。

(二)分子标记育种

20世纪80年代初，RFLP分析是分子标记产生的标志，其后产生了多种分子标记技术：①RFLP (restriction fragment length polymorphism)，限制性片断长度多态性。②RAPD (random amplified polymorphism DNA)，随机扩增DNA多态性。③SSR (simple sequence repeats)，简单重复序列，又称微卫星DNA (microsatellite DNA)。④AFLP (amplified restriction fragment polymorphism)，限制性片断扩增多态性。

林木分子标记研究起步较晚，但其发展极为迅速。目前，林木分子标记研究在遗传连锁图谱构建、数量性状位点定位、群体遗传结构分析、物种演化与亲缘关系探讨等方面取得了较大的进展。分子标记辅助选择育种(marker assisted selection 简称MAS)，是通过在分子水平上分析与目标基因紧密连锁的分子标记的基因型来判别目标基因是否存在和对其进行间接选择的一种植物选择育种方法。

(三)生物信息学辅助育种

基因组(genome)是一个物种单倍体细胞内所有基因和基因之间序列的总称。基因组学(genomics)是对基因和遗传信息在基因组上如何组织以及如何决定基因功能的研究，分为结构基因组学(structural genomics)和功能基因组学(functional genomics)。20世纪80年代末、90年代初，世界范围内启动了人类基因组计划，其后微生物、动物和植物的基因组学研究蓬勃兴起，林木基因组学研究受到了相当的重视，发展迅速。1993年开始，全球"植物和动物基因组年会"设立林木组(The Forest Tree Workshop)；2002年开始，该会议成为国际林联(International Union of Forestry Research Organizations，IUFRO)"林木基因组工作组"的年会；另外，国际林联每年两次的林木生物技术研讨会中，基因组学研究是重要内容。在林木结构基因组学方面，已构建了近40个主要造林树种的遗传连锁图谱，杨树的全基因组测序已经完成，桉树的全基因组测序正在进行。在林木功能基因组学方面，已分析了主要造林树种多种组织的转录组EST序列，对林木次生生长与木材形成、开花和抗寒性的形成等过程开展了功能基因组学研究。

Wilkins等于1994年首次提出了蛋白质组(proteome)的概念，1995年在文献中首次公开使用，指一种基因组所表达的全套蛋白质。目前，植物蛋白质组学的研究主要集中在对拟南芥、水稻等模式物种的研究并取得了不小的进展，出现了大量关于植物蛋白质组学的综述。林木的蛋白质组学的研究起步较晚，主要集中在对杨树、桉树、橡树等阔叶树种及海岸松、白松、挪威云杉等针叶树种的研究，其中对海岸松的研究较多。林木蛋白质组学研究主要应用在群体遗传、遗传作图、逆境生理、林木组织器官发生以及木材形成等方面的研究情况。

第二节　森林种苗

一、林木种子经营

林木种子是指林业生产中被用作苗木繁殖的各种材料的总称，包括植物学上由胚珠发育而成的真正种子、由子房发育的果实以及能进行无性繁殖的林木营养器官。林木良种是指遗传品质和播种品质均优良的林木种实。遗传品质是指受遗传物质控制的特性与性状，包括造林形成的速生性、丰产性、优质性和抗逆性等方面的特性；播种品质是指种子的物理性状及发芽特性等方面的特点。

(一)林木良种生产基地

1. 母树林

母树林又称为种子生产区。利用天然林或人工林的优良林分经过留优去劣的疏伐改良，为生产初级改良种子而建立的采种林分。母树林是解决近期人工造林用种的一种主要途径。

2. 种子园

由优树的无性系或家系组成的，以生产大量优质种子为目的的特种人工林。种子园能够生产大量优质种子，遗传增益显著提高；提早开花结实；树体矮化，便于采收；面积集中，便于管理等。

我国于 1964 年开始建立杉木无性系种子园；20 世纪 70 年代有较大发展；80 年代后列入国家科技攻关项目，发展迅速，有的成果达到世界林业发达国家的先进水平。至 1997 年底，我国大陆种子园面积达到 15 420 hm^2，建园树种达到 40 余种，除西藏外均有分布。主要树种初级种子园建立工作已完成，部分树种种子园已实施去劣疏伐或建立 1.5 代种子园，少数树种已营建第二代种子园，个别树种(如杉木)准备营建第三代种子园。

3. 采穗圃

是提供林木良种优质无性繁殖材料的圃地。采穗圃具有以下优越性：穗条集约经营，大幅度提高繁殖系数；采取幼化措施，降低成熟与位置效应；采取修剪、施肥等措施，可保证穗条生长健壮、充实，提高繁殖成活率；集中管理，方便病虫害防治以及穗条采取；避免穗条长途运输、保管，随采随用，保证成活率。

(二)林木种实采集与调制

1. 林木结实周期性

林木结实大年和小年交替出现的现象称为结实周期性。大年指结实多的年份(丰年，种子年)，小年指结实很少或没有产量的年份(歉年)，平年指结实量中等的年份。结实间隔期是指两个大年之间的间隔年数。

2. 林木种实采集与调制

(1)种子成熟　种子成熟是指受精卵细胞发育成具有胚芽、胚茎、胚根和子叶的完整胚的过程。一般地讲，种子成熟包括生理成熟、形态成熟和生理后熟。生理成熟是指种子内的营养物质积累到一定程度，种胚具有发芽能力时的成熟。形态成熟是指种胚完成了生长发育过程，种子内部结束了复杂的生物化学过程，营养物质转为难溶状态，含水量降低，呼吸活动微弱，处于休眠状态，而外观上种粒饱满坚硬而具有特定的色泽和气味时的成熟。

种子一般是先生理成熟，后形态成熟，在生理成熟的基础上，经过物质的转化和营养物质的积累，水分含量的降低等一系列变化之后过渡到形态成熟。但是，并不是所有的种子都是形态成熟落后于生理成熟的。如银杏、白蜡等虽然形态上成熟了，但生理上仍然没有成熟，种胚还没有发育完全，需要经过一定的后熟阶段，称为生理后熟。有的种子在干藏条件下即可后熟，而有的种子需要层积沙藏处理才能完成生理后熟而发芽。

(2)采种期　形态成熟后的种子抵抗干燥、寒冷等不良环境的能力较强，为采种的主要时期。但夏熟性种子，如榆树种子，采后随即播种，往往发芽较快，可在生理成熟时采收；而夏熟性杨柳种子的形态成熟和生理成熟时间很短，只有 4～6 d，应特别注意，一旦成熟就采不到种子了，可提前采下枝条，进行水培后及时采种；种子种皮致密、休眠期长、不易打破的，在生理成熟时采收，采后立即播种，如山楂。

同时，有的种实成熟后立即脱落(杨树、柳树、榆树桦树等)，有的较长时间宿存枝头(二球悬铃木、臭椿、楝树、紫穗槐等)；有的为中间类型，即种子成熟后经过一短暂时间才部分脱落(油松、侧柏、桑树、黄栌等)。应根据种实脱落特性确定采种期，组织采种工作。

(3)采种技术

①采种方法　主要有地面收集，击落收集，树上采集(立木和伐倒木采集(结合采伐进行))，水面收集，洞穴收集，机械采种。

②采种工具　包括采种蔸、采种叉、采种刀、采种钩、采种梳、脚踏蹬、上树环、折叠梯、采种镰、采种网、采种帆布、采种耙、马刺脚扣、升降机、高枝剪等。近年来，出现了震动式采种机、真空清扫机等采种技术。英国使用登树网采种，德国和瑞士等国采用直升机、氢气球采种。

(4)种实登记　分清种实来源，建立种实采种登记制度。不同种批的种实分别装放，不能混杂。每批种实应按种实登记证分别进行登记。

(5)种实的调制　是采种后对果实和种子进行的脱粒、净种、干燥和种粒分级等技术措施的总称。为方便种实调制，生产上常将不同树种的种子分为球果、干果和肉质果进行调制。

①脱粒　应遵循含水量高的种实采用阳干法，含水量低的种实采用阴干法的原则。

a. 球果类的脱粒　球果干燥脱粒的方法有自然干燥法(利用阳光进行晾晒)和人工干燥法(工厂化)。自然干燥法是在无人工干燥室及气候较温暖的地方，将球果放在日光下曝晒(油松、侧柏、杉木等球果自然曝晒 3～5 d 即可开裂脱粒)或放在干燥通风处阴干使种子脱出(红松、华山松采后晾晒或阴干几天木棒敲打即可脱粒)的方法。难开裂的樟子松(浸水 1～2 d)、马尾松(堆沤或堆沤结合 2%～3%的石灰水或草木灰水浇淋)等需采取更多脱粒措施。人工干燥法是把球果放入干燥室或其他可加温的室内进行干燥的方法。增温或降压都能够使种子干燥，45～55℃为最好温度。温度超过 55℃，必须通过降低气压来保证不影响种子质量。

b. 干果类的脱粒　坚果、翅果、荚果、蒴果等干果类的调制包括除掉果皮，取出种子和清除各种碎枝、残叶、泥石等混杂物。种子的含水量不同，其处理方法就不相同。不同的树种，其种子安全含水量(维持种子生命力的最低含水量)不同。

坚果类:栎类等果实含水量高,采种后采用阴干法,立即进行湿藏;板栗、茅栗采种后堆放使果苞开裂后取出,贮藏。种子小的坚果如赤杨用棒敲打取种。

翅果:枫杨、漆树种子的含水量低,可曝晒后贮藏;杜仲、榆树采种后不能曝晒,应进行阴干。如有去翅机也可把种子上的翅去掉,便于贮藏。

荚果类:合欢、皂角、刺槐采种后晒干,用棒敲打后种子脱出,皂荚可用石磙碾碎脱粒。

蒴果类:油茶、油桐等大粒种实采种后,略加堆放,使种皮开裂取出种子。种子取出后一般不能晒干,否则丧失生活力。杨柳属树种的蒴果及种子很小,一般不宜曝晒,可在干燥室内进行干藏,用杨柳脱粒机(弹花机)取种;泡桐、香椿等蒴果大,采集后放室内阴干自然开裂。

c. 肉质果类的脱粒　果皮多系肉质,果肉含有较多的果胶和糖类及大量的水分,易发酵腐烂,采种后应及时调制。多采用捣烂后水淘洗取出种子,阴干至适宜的含水量时即可贮藏。

②净种　就是去除种实中的鳞片、果皮、种皮、果柄、枝叶碎片、空粒、废种子、土块等夹杂物,提高种子纯净度。净种方法一般根据种子、夹杂物大小和比重采用风选、筛选、水选或粒选。

风选是利用种子与夹杂物的重量不同,采用风车、簸箕等工具产生的风力将他们分开,适用于中、小粒种子。筛选是利用种子与夹杂物的大小不同,选用各种孔径的筛子清除夹杂物。水选是利用种粒与夹杂物比重不同的净种方法。粒选是从种子中挑选粒大、饱满、色泽正常、没有病虫害的种子,适用于核桃、油桐、板栗、油茶等大粒种子。

③种子干燥　净种后的种子应及时进行干燥,才能安全贮藏或调运。干燥程度以安全含水量为准,大部分树种的安全含水量为5%～12%。

④种粒分级　为使种子出苗整齐,需对种子进行种粒分级,即大、小分开。可采用不同孔径的筛子将大小种子分开;利用风选,将轻重不同的种粒分级;或利用种子介电分选技术实现种子分选,有利于提高种子品质。

(三)林木种子贮藏

种实经调制获得纯净种子后,若直接用于播种,则种子不需要贮藏;若在冬季寒冷地区,种子往往需要越冬,则必须贮藏。生产上为了满足歉年对种子的需要,必须在丰年贮藏足够的种子。

1. 影响种子寿命的因素

种子寿命是指种子的存活期,亦即种子生命的长度,泛指种子生命力所维持的时间。影响种子寿命的因素包括内因和外因两种。内因主要是种子本身的种皮结构、内含物构成和种子含水量、种子成熟度以及种子调制时受损伤程度,与种子的寿命密切相关。其中,种子含水量是贮藏期间影响种子寿命的关键因素,在贮藏期间必须保证在安全含水量以内。外因表现在温度、湿度、氧气和微生物等对种子寿命的影响。大多数种子最适贮藏温度为0～5℃。

2. 种子贮藏方法

种子贮藏方法分为干藏和湿藏。此外,还采用气调贮藏、超低温贮藏(液氮离体胚保存)、超干贮藏等方法进行种子或种质资源长期保存。

(1)干藏　将充分干燥的种子,置于干燥环境中贮藏称为干藏。要求一定的低温和适当的干燥条件,如杨、柳、刺槐、榆、白蜡及大部分针叶树。根据贮藏时间和贮藏方式又可分为普通干藏和密封干藏。普通干藏是经充分干燥的种子,装入麻袋、箩筐、箱、桶、缸、罐等容器中,置于低温、干燥、通风的库内或普通室内贮藏。密封干藏是将充分干燥的种子，装入已消毒的玻璃瓶、铅桶、铁桶、聚乙烯袋容器中，密封贮藏。密封干藏容器中需要放入木炭、氯化钙、变色硅胶等吸湿剂，然后加盖，用石蜡、火漆、粘土等密封。

(2)湿藏　将种子放在湿润、适度低温和通气的环境中贮藏。大多数安全含水量高的种子均可采用此法，如板栗、栎类、核桃等。具体湿藏方法有堆藏法、坑藏法、流水贮藏法等。

(四)林木种子品质检验

种子品质包括遗传品质和播种品质两个方面。本章所讲的林木种子品质检验，是指种子播种品质，即种子作为播种材料的品质，反映种子的生活力、发芽能力、净度、优良度等。

1. 抽样

测定一批种子的质量，需从中抽取一部分种子作为样品，用样品的检验分析结果代表该种批的质量。种批是抽样的基本单位。种批(seed lot)是指种源相同，采种年份相同，生产经历基本一致，播种品质一致，种子重量不超过一定限额的同一树种的一批种子。

抽样时先从盛装种批的各个容器中，随机分布的若干个点上采用扦样器或徒手抽取一定数量的初次样品，充分混合，组成混合样品，其重量不能小于送检样品重量的 10 倍。将混合样品采用四分法随机逐步地缩减抽取 3 份送检样品，其重量以千粒重为基础的规定为：小粒和特小粒种子至少要相当 10 000 粒种子的重量。一份供测定含水量，须装入防潮容器中密封；一份供常规检验；一份是留作复验和仲裁之用。检验单位从送检样品中采用分样法抽取出一部分种子供实验室内测定某项品质指标的测定样品后，就可开始种子品质各项指标的测定。

(1)分样器法　是用分样器按规定程序分取样品的方法。常用的分样器是钟鼎式分样器(图 8-1)。

(2)四分法　也叫对角线法或十字区分法，是用分样板分样的一种方法，其步骤是将混合样品或送检样品摊成正方形，用分样板沿两对角线把种子划分为 4 份，除去两相对三角形的种子，再把剩下的种子充分混合，依次继续划分直到所余种子为所需的数量为止。

图 8-1　钟鼎式分样器

2. 种子品质指标测定

(1)净度　是指被检验样品中纯净种子的重量占测定样品总重量的百分率。

(2)千粒重　通常指气干状态(自然干燥状态)下 1 000 粒纯净种子的重量，以克为单位。

(3)含水量　是指种子体内含水分的重量占种子总重量的百分率。故又称种子含水率。

(4)种子发芽能力　发芽能力的测定即是在充分满足发芽所需的外界条件的前提下测定种子的发芽能力，因此，发芽测定一般在室内控制条件下进行。常用的种子发芽能力指标有发芽率、绝对发芽率、发芽势、平均发芽时间等。

(5)种子生活力　种子生活力通常指用生化试剂对林木种子进行染色而测定的种子潜在发芽能力，用有生命力种子数占供测定种子总数的百分率表示。

二、苗木培育

(一)圃地作业

1. 土壤耕作

土壤耕作即整地，是育苗前对土壤进行翻垦的措施。其作用是疏松土壤结构，增加土壤通气透水性；提高土壤蓄水保墒和抗旱能力；改善土壤温热状况，促进有机质分解。即改善了土壤水、肥、气、热状况，提高土壤肥力。土壤耕作的环节包括平地、浅耕、耕地、耙地、镇压和中耕。土壤整地深度一般 20～25 cm，干旱地区 25～30 cm。

2. 土壤处理

土壤处理是用化学或物理的方法，消灭土壤中残存的病原菌、地下害虫或杂草等，减轻或避免对苗木的危害。常用的化学药剂有硫酸亚铁、敌克松、五氯硝基苯混合剂、辛硫磷、福尔马林。

3. 作床和作垄

在整地施肥的基础上，根据育苗的不同要求把育苗地做成床或垄。

(1)作床　适用于培育需要精细管理的苗木、珍稀苗木，特别是种子粒径较小，顶土力较弱，生长缓慢的树种。作床在播种前 5～6 d 内完成。苗床依其形式分为高床、平床、低床三种(图 8-2)。

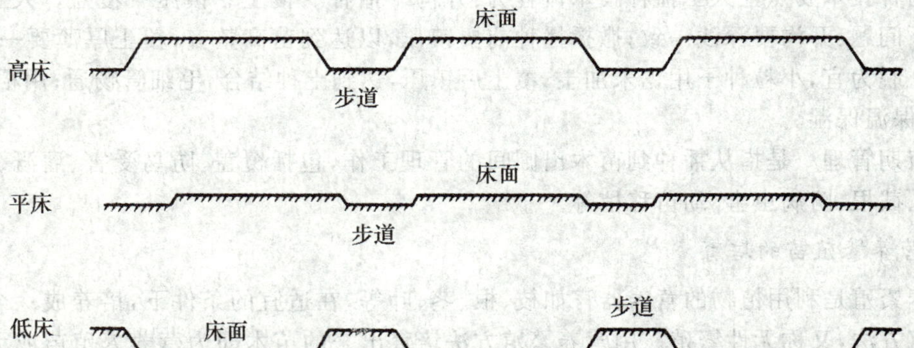

图 8-2　常用苗床形式

(2)作垄　垄作育苗方法，又称大田式育苗。适于生长快，管理技术要求不高的树种。可加厚肥土层，提高土温，利于土壤养分的转化，苗木光照充足，通风良好，生长健壮；便于机械化作业。但管理不如床式育苗细致，苗木产量也低。垄作有高垄和低垄之分。

(二)苗木培育技术

1. 播种育苗

(1)播种前的种子准备　播种前要对种子精选，去除虫蛀、腐烂等种子，采用敌克松拌种、福尔马林浸种，硫酸铜溶液浸种、高锰酸钾溶液浸种、石灰水浸种、热水浸种、氯化汞溶液浸种、氯化乙基汞拌种等消毒处理，通过拌煤油、磷化锌等保护种实。为了使种子出苗整齐，可采取层积催芽、(水)浸种催芽、化学药剂和激素溶液浸种催芽等催芽方式对种子进行催芽后播种。

近年来,采用一些物理方法如放射性同位素(^{32}P、^{131}I、^{60}Co等)、电磁波、超声技术、激光处理等进行催芽,均取得一定的明显效果。

(2)播种前土壤处理　土壤常用高温处理和药剂处理,消灭土壤中的病虫害及杂草。高温处理法包括焚烧和土壤消毒及处理。药剂处理法应用普遍,常用的药剂有:1%～3%的硫酸亚铁溶液、五氯硝基苯(75%)加代森锌(25%)混合剂等。

(3)播种育苗技术

①播种季节　就全国来说,一年四季均可播种。多数树种适于春播,以3—4月上旬为宜,春播宜早。夏播多用于春末成熟的种子,可随采随播。秋播多用于大粒种子、长期休眠种子。冬播应用于南方冬季土壤不结冻的地区。

②播种量　依苗木密度要求,种子重量、发芽率、净度等计算而得。

$$播种量(kg)=C\cdot\frac{A\cdot W}{P\cdot G\cdot 1\,000^2}$$

式中:A为单位面积产苗量;W为粒重(g);P为净度(小数);G为发芽势(小数);C为损耗系数,大粒种子($W>700$ g)$C\geqslant 1$,中小粒种子$C\leqslant 5$,极小粒种子($W<3$ g)$C>5$。

③播种方法　播种方法有人工播种和飞机播种两种。人工播种又可分为:

撒播:小粒、极小粒种子镇压、撒匀,覆细土、覆盖。

条播:中、小粒种子开沟条播,覆土、镇压、覆盖。

点播:大粒种子开沟点播,覆土镇压。

④播种技术要点　人工播种技术流程为:开沟→播种→覆土→镇压→覆盖。人工播种要注意以下问题:开沟要深浅一致;撒播播种前要镇压,以达到苗高整齐;覆土厚薄要一致,以种粒直径3脱为宜,小粒种子用锯末加土;覆土后镇压,达到土种结合,毛细管畅通;用稻草、地膜等覆盖,保温保湿。

⑤苗期管理　是指从播种到苗木出圃间的管理工作,包括覆盖、防鸟受害、灌溉、松土、除草、间苗、截根、防病虫害、幼苗移植等。

2. 营养繁殖苗的培育

营养繁殖是利用植物的营养器官如枝、根、茎、叶等,在适宜的条件下,培养成一个独立个体的育苗方法,又称无性繁殖。用营养繁殖方法培育出来的苗木即为营养繁殖苗或无性繁殖苗。目前,营养繁殖已从常规的插条、压条、埋条、根蘖、嫁接等扩展到组培、细胞、原生质体培养,细胞融合及DNA导入等现代生物技术。

(1)插条育苗　插条育苗是利用离体的植物营养器官如根、茎(枝)、叶等的一部分,在一定的条件下插入苗床或其他基质中,利用植物的再生能力,经过人工培育使之发育成一个完整新植株的繁殖方法。经过剪截用于直接扦插的部分为插穗,用扦插繁殖所得的苗木为扦插苗。

插条育苗的关键在于生根。插穗生根部位有皮部生根、愈伤组织生根、综合生根类型(既有皮部生根又有愈伤组织生根)。影响插穗生根的因素包括内在因素和环境因素,要求土壤湿润、温度适宜、通气良好、相对湿度较高(90%以上)的扦插环境,必要时需湿度遮荫。可人为采取激素,主要是ABT生根粉、萘乙酸、吲哚乙酸、吲哚丁酸等生长素类物质处理或浸水处理或高锰酸钾、磷酸、双氧水、硼酸、二氧化锰、氧化锰、硫酸铵、硫酸镁、天冬酰胺、腺嘌呤、精氨酸等化学药剂处理或维生素B_2、维生素C和烟酸等处理或葡萄糖、蔗糖、果糖等糖液处理或苯菌灵(0.5 g/L)、克菌丹(1.0 g/L)等杀菌剂处理来促进生根。

①扦插育苗技术　采条:选择遗传品质优良、无病虫害的幼壮龄母树的基部萌发条,或1～2年生苗干为插条。硬枝插穗在落叶后至发芽前采集;嫩枝插穗于生长期内采集,随采随插。

制穗:穗条采集后,应及时截制,妥善贮藏。硬枝插穗断条时,上剪口应距第一个芽0.3～0.5 cm,上剪口平,下剪口马蹄形,长15～20 cm;插条(穗)按20根一捆,贮藏于深、宽各1 m沟内,芽向上直立,用湿润细壤土埋,层间覆土5～6 cm,每隔2 m插一束枝或草把通气。嫩枝(软枝)插条10～15 cm长,留2片叶。

扦插:硬枝扦插的秋插随采随插,插入4/5条长,浇透水,覆土;春插3～4月,插入2/3条长;入土一端朝南,地面一端朝北进行斜向扦插。灌足水,盖膜保湿,每5～7 d灌水一次。嫩枝扦插在插前整好插床,灌足水,待水渗下后扦插。株行距5×15 cm,深1/2～2/3穗,直插。先用木橛作孔,再放插条摁实。插后喷水。蔷薇、月季此法成活率＞80%。

②插条地的管理

灌溉:扦插后立即灌一次透水,以后注意经常保持插壤和空气的湿度,做好保墒及松土工作。

中耕:插穗在生根和发芽过程中要进行强烈呼吸,要有通气良好的土壤条件,及时中耕除草和病虫害防治。

控制蒸腾:为了孔子插穗的水分平衡,及时采取遮荫和喷灌等措施。

除萌及摘芽:有些树种在幼苗期会生出几株嫩枝(蘖),当幼苗高度达15～30 cm时,留最优嫩枝一枝,余者除掉,减少营养消耗。摘芽,即抹掉幼苗期后期和速生期由叶腋间生出的嫩侧枝芽。

(2)嫁接育苗　嫁接是切取植物的枝或芽作接穗,接在另一植株的茎干或根(叫砧木)上,使之愈合成活为一个独立的植株的育苗方法。嫁接成活的关键是砧木和接穗两者亲和力的高低及两者形成层的密接程度,嫁接亲和力就是接穗与砧木经嫁接而能愈合生长的能力。砧、穗要生长健壮,营养器官发育充实,体内营养物质丰富,生长旺盛,形成层细胞分裂最活跃,嫁接就容易成活。以温度20～25℃、相对湿度85%～90%嫁接最适宜。

①接穗采集与贮藏　接穗应选择性状优良、生长健壮、观赏价值或经济价值高、无病虫害的成年树上采集。春季枝接在休眠期(1～2月)采穗;芽接接穗随采随接,采当年生健壮枝,并立即剪掉叶片,将下端浸于水中。

②砧木选择　应根据育苗需要,选择本区适生、根系发达、生长健壮、抗性强的树种,且嫁接亲和力强。要充分利用砧木某些优良特性,如抗性强、易生根等。

③嫁接时期　一般春季枝接,夏秋季芽接。近年来出现了春季带木质部芽接和夏季绿枝接、油茶芽苗接等新方法。

④嫁接前准备工作　经贮藏的接穗在使用前可通过颜色、气味、饱满程度等检查接穗生活力。提前1～2 d将接穗移到5～10℃下活化。劈接刀、手锯、枝剪、芽接刀、铅笔刀或刀片、水灌和湿布、绑缚材料和接蜡等嫁接工具和材料的准备。常用绑缚材料有塑料条带、马蔺、蒲草、棉线、橡皮筋等。

⑤嫁接方法　嫁接方法分为枝接和芽接2类。

a.枝接法　用枝条的一部分做接穗进行嫁接的方法,常用的枝接法有劈接、切接、舌接、腹接、插皮接、靠接、贴接、髓心形成层对接、嫩枝接、根接等。一般在树木休眠期进行,以春季砧木树液开始流动,接穗尚未萌芽的时期最好(对伤流大的,可提前5 d折断枝条)。嫁接后苗木生长快,健壮整齐,当年即可成苗,但需要接穗数量大,可供嫁接时间较短。

b. 芽接法　是用生长充实的当年生发育枝上的饱满芽作接芽(芽片)，于春、夏、秋三季皮层容易剥离时嫁接。根据取芽的形状和结合方式不同，芽接的主要方法有嵌芽接、"丁"字形芽接、方块芽接、套芽接等。

⑥嫁接后的管理与嫁接苗抚育

a. 检查成活、解除绑缚物及补接　枝接5～6周、芽接2～3周后可进行成活率检查。芽接成活后及时解绑，没成活的及时补接；枝接成活后最好在新梢生长到20～30 cm后解绑。

b. 剪砧、摘芽、除蘖　芽接苗在春季萌发后，接芽生长1 cm以上时剪砧，秋季芽接可在翌年春萌芽前剪砧。生长期要及时抹去砧木上的萌芽和蘖芽，保证接穗发育。

c. 立支柱扶梢　为防止新梢风折，新梢长至20 cm以上时，立支柱，扶梢直干。

d. 嫁接苗抚育管理　主要包括施肥、灌溉、中耕除草、病虫害防治、越冬保护等，可参照播种苗培养方法。

(3)容器育苗　容器育苗是利用各种能装营养土的容器培育苗木。用容器培育的苗木称容器苗(图8-3)。容器育苗具有节省土地，便于工厂化生产，缩短育苗期；避免苗木损伤和失水，提高造林成活率，没有缓苗期；省种子；造林季节不受限制的优点。但苗木产量低；小容器育苗质量差，根系少；育苗成本高；对造林地整地、除草要求较高。

①育苗容器　育苗容器的形状有六角形、四方形、圆形、圆锥形等，以六角形和四方形最理想。制作容器的材料有塑料、竹篾、合成纤维、纸或纸板、黏土、泥炭等。容器大小受苗木大小及容器成本的影响，多采用容积为40～60 cm^3的小型容器；较大规格的苗木培育要使用容积在100 cm^3以上的较大容器。常用的容器有营养砖、营养杯、营养袋(纸质或塑料薄膜)、营养篮等。我国生产上多采用塑料袋单体容器杯和蜂窝连体纸杯容器。

图8-3　容器育苗

②营养土的配制　营养土要求具有较好的保水、保肥能力和通透性，有适当的肥力，结构致密、质量轻，无病虫杂草害等。营养土的材料有砂子、表土、泥炭、水藓泥炭、堆肥、蛭石、珍珠岩、草皮土、火烧土、森林腐殖质土、稻壳质、塘泥等。国外多采用泥炭和蛭石的混合物，按体积1∶1或3∶2的比例配制。

③装杯播种　容器装填营养土时，土面要低于容器边缘1～2 cm，防止灌水溢出容器。容器育苗应使用良种，播前种子要消毒、催芽。播种2～3粒于容器中央，覆土厚度为种子短径的1～3倍。覆土后浇水，必要时加覆盖。

④苗期管理　灌溉是容器育苗成功与否的关键，要求适时适量。及时、适量追肥，最好氮、磷、钾配合，与灌水同时进行，避免干施化肥。生长后期注意停水停氮肥。幼苗出齐后1周，间

除多余苗木，每个容器只留 1 株。加强病虫害防治。制作容器时，在容器壁留出边缝或在容器内壁上涂抹碳酸铜，防止形成环绕根。

(三)苗木质量与出圃

1. 苗木年龄

苗木年龄简称苗龄，以苗木主干的年生长周期为计算单位。完成一个生长周期为 1 龄，称为 1 年生苗，依此类推。移植苗年龄应包括移植前的年龄。

苗木年龄表示方法为：播种苗、插条苗、埋条苗用 *A*-0 表示，如 1-0 杉木苗表示 1 年生杉木播种苗未经移植。移植苗用 *A*-*X* 表示，*A* 表示苗木总年龄，*X* 表示移植次数，如 5-2 香樟苗，表示 5 年生香樟苗，移植过 2 次。截干苗和嫁接苗用 *A*/*B*-*X* 表示，*A* 为苗干年龄，*B* 为苗根年龄，*X* 为移植次数，如刺槐截干苗 1/2-0，表示刺槐苗 1 年生干，2 年生根，未移植。

2. 苗木质量标准

苗木质量是指苗木在类型、年龄、形态、生理及活力满足特定条件下实现造林绿化目标的程度。为保证苗木出圃质量，必须对苗木质量进行准确、有效的评价。常用的评价指标有形态指标、生理指标、苗木活力指标等。

(1)形态指标

①苗高(cm)　苗高是指从苗木地径处或地面到苗木顶芽的长度，如苗木还没有形成顶芽，则以苗木最高点为准。苗高能很好的反映苗木生长量。

②地径(cm)　地径是指苗木土痕处的粗度，测量苗木地径用钢制游标卡尺。地径是能反映苗木质量最好的形态指标。

③高径比　高径比是指苗木高度与地径之比。高径比越小，苗木抗性强，成活率高。高径地是反映苗木抗逆性和造林成活率的较好指标。一般苗木高径比不能大于 60，以 40～50 最佳。

④茎根比　茎根比是指苗木地上部分与地下部分(重量或体积)之比。茎根比越小，越利于苗木成活。如火炬松适宜茎根比(干重)为 1.7～2.2。

(2)生理指标

①苗木水分　苗森水分是指苗木水分占苗木干重的百分比。测定方法同苗木重量。同时，还有水势、*P*-*V* 曲线等指标均可使用。

②水势　水势作为反映植物水分状况最主要的指标之一，不仅能敏感地反映出苗木在干旱胁迫下水分状况的变化，且在解释土壤—植物—大气这一连续系统中的水分运动规律有其独特的优点，成为最广泛应用的指标。目前采用压力室法测定。

③矿质营养　目前已发现至少有 16 种元素参与苗木生长和发育，任何一种元素的缺乏都会引起苗木不良反应，尤其是 N、P、K 更重要。

④碳水化合物　碳水化合物是苗木非常重要的组成物质，占苗木干重的 75%，其含量与造林后的成活生长密切相关。

⑤导电能力　水分含量越高，植物组织的导电能力越强。植物细胞膜的损坏使透性增大，细胞内物质外渗增多，导电能力增加。根系细胞膜外渗液电导率最能反映苗木生命力情况。导电能力的测定主要采用 2 种方法：测定植物组织外渗液的导电能力或将电极插入植物组织，测定其电阻率。

⑥根系活力　可用四唑 TTC 染色法测定根系活力。根据染色深浅所反映的脱氢酶活性作为苗木根系活力指标。

(3)活力指标　苗木活力是指苗木被栽培在特定(最适宜生长)环境条件下使其成活和生长的能力。目前评价苗木活力最可靠方法是测定根系生长潜力 RGP。根系生长潜力是将苗木置于最适合环境中的发根能力。

3. 苗木出圃

(1)苗木调查　为准确获得苗木的产量和质量数据,通常在苗木停止生长后、落叶前,进行苗木调查,为做好生产、调拨及供销计划提供依据。一般地,苗木调查要求达到90%以上的可靠性,产量精度达90%以上,质量精度达95%以上。

苗木调查前,结合苗圃生产档案和生产区踏查,按树种或品种、苗龄、育苗方法划分调查区。以调查区面积的2%~4%确定抽样面积,在样地上逐株调查苗木的各项质量指标及苗木数量,根据样地面积和调查区面积估算出此类苗木的产量与质量,进而统计出全圃苗木的生产状况。苗木调查方法有逐株记数法、抽样统计法、标准行法、标准地法。苗木株数调查记录的同时记载有病虫害、机械损伤、畸形等不良苗木数。苗木质量指标包括苗高、地径、根幅及一级侧根长度等。

(2)起苗　起苗时应尽量减少根系损伤,并保护根系防止失水抽干。

①起苗季节　生产上多在休眠季节起苗,分秋季起苗和春季起苗。秋季起苗一般在地上部停止生长开始落叶时进行;春季起苗宜早。此外,一些常绿树可在雨季起苗,随起苗随栽植。

②起苗方法　生产上常用裸根起苗和带土球起苗两种方法。

裸根起苗:一般在苗木行间开沟挖土,露出一定深度的根系后,切断过深的主根,取出苗木,抖落泥土。适于易成活的树种。

带土球起苗:在起苗时挖带土球,土球半径为苗木地径的6~10倍,土球完好,表面光滑,底部不漏土,必要时进行包装,防土球散裂。常用包装方式有五角包、古钱包、橘子包。尤适于大苗,珍贵、常绿树种大苗。

机械起苗:由拖拉机牵引床式或垄式起苗犁起苗,效率高,节省劳力,起苗质量好,成本低,值得推广,但机械起苗只能完成切断苗根、耕翻土壤,不能完成全部起苗作业。

(3)苗木分级　为提高造林成活率,造林后苗木生长均匀、整齐、便于抚育,起苗后应按一定标准进行分级。生产上采用的苗木分级依据是苗高、地径、根系、病虫害和机械损伤等,一般分为3级:合格苗、幼苗和废苗。

(4)苗木包装、运输、贮藏　苗木分级后,通常按级别,以一定数量捆扎、包装,如不能立即栽植或外运需妥善贮藏,以保存苗木活力。常用的贮藏方法有假植、窖藏、坑藏、低温库贮藏。

第三节　森林资源培育

一、林种规划与树种选择

(一)林种规划

林种即是森林的种类。我国《森林法》将森林按功能分为防护林、用材林、经济林、薪炭林和特种用途林5大林种。

①防护林　以防护为主要目的的森林、林木和灌木丛。

②用材林　以生产木材为主要目的的森林和林木，包括以生产竹材为主要目的的竹林。

③经济林　以生产果品，食用油料、饮料、调料，工业原料和药材等为主要目的的林木。

④薪炭林　以生产燃料为主要目的的林木。

⑤特种用途林　以国防、环境保护、科学实验等为主要目的的森林和林木。

(二)树种选择

树种选择是造林技术系统中非常重要的一项技术措施，关系到造林的成活率、保存率、人工林的稳定性、成林成材年限，是否符合造林目的，能否充分利用和发挥林地生产力以及其他目的效益的发挥。

1. 树种选择原则

(1)适地适树原则　使树种的生物学、生态学特性与造林地的立地条件相适应。

(2)经济原则　在适地适树的基础上，要求所选择的的树种具有能充分满足造林目的要求的性状，包括木材、防护、美化环境等。

(3)生态原则　按照森林生态系统经营的理念组织营林生产实践。要保证立地状况满足树种的生态要求；保护生物多样性，及坚持树种选择多样性，多树种混交造林；发展乡土树种与引进外来树种相结合。

2. 不同林种对造林树种的要求

(1)用材林树种选择　用材林的树种要具有“速生、丰产、优质、稳定和可持续”的性质。杨树、杉木、马尾松、湿地松、火炬松、黄山松、香樟、桉树等既速生又丰产，但泡桐、楝树、旱柳等速生不丰产；红松、云杉、冷杉等丰产不速生。

安徽省重要的用材林树种：皖南山区有杉木、马尾松、湿地松、火炬松、檫树、香樟、毛竹、苦槠、甜槠、黄山松等；皖西大别山区有杉木、马尾松、湿地松、火炬松、黄山松、毛竹、麻栎等；江淮丘陵地区有杉木、马尾松、湿地松、火炬松、杨树、麻栎、榆树等；淮北平原区有杨树、泡桐、楸树、刺槐等。

(2)经济林树种选择　经济林的培育目标是生产干果、水果、食用油料、饮料、调料、香料、药材和工业原料等，经济林树种应具有“早实、丰产、优质”性状。安徽省重要的经济林树种有板栗、山核桃、薄壳山核桃、核桃、油茶、油桐、竹类、柿、香榧、山茱萸、山苍子、银杏、漆树、杜仲、厚朴、棕榈、栓皮栎、五倍子等。

(3)防护林树种选择　防护林树种选择应根据防护对象选择适宜树种，一般具有生长快、抗逆性强、稳定、防护效益产生早、防护效益持久、防护效益高的树种。

(4)薪炭林与能源林树种的选择　薪炭林与能源林的树种应具备生长迅速、生物产量高、樵采周期短、繁殖容易、萌生能力强，能反复樵采，更新容易、适应性强，对立地条件要求不严格、改良土壤、发火力强、燃料价值高、易燃耐烧，燃烧时不发生异味或毒气、兼顾饲料、肥料(绿肥)、木材及其他副产品等特点。适合南方地区发展的重要能源林树种有：栎类、黑荆、银荆、木荷、马尾松、湿地松、枫香、黑杨、黄连木、桉树、相思树、马桑、无患子等。

(5)特种用途林的树种选择　特种用途林的树种选择应根据不同的造林目的进行。

(三)适地适树

适地适树是使造林树种的特性，主要是生态学特性与造林地的立地条件相适应。随着发展的需要适地适树已不再停留在树种的水平，可扩展到种源、品种、无性系。

1. 适地适树的标准

适地适树的评价标准包括定性和定量标准。用材林的定性标准是要求达到成活、成林、成材、稳定(用材林)。衡量适地适树的数量标准包括立地指数、平均材积生长量和立地期望值。

(1)立地指数　能很好地反映立地性能与树种生长的关系，了解同一树种在各种立地条件下的立地指数，特别是比较不同树种在相同立地条件下的立地指数，能客观地为树种选择提供依据。

(2)平均材积生长量　取决于立地条件、经营密度和营林技术水平。安徽南部山区杉木速生丰产林要求年平均材积生长量达 10.5 $m^3/(hm^2 \cdot a)$，西部大别山区要求达到9.0 $m^3/(hm^2 \cdot a)$。北部平原区杨树、泡桐速生丰产林年平均胸径要不低于 3.0 cm，主干高度 8～10 m 以上。

2. 适地适树的途径和方法

适地适树的途径和方法可归纳为两方面，一是选择，包括选地适树和选树适地；二是改造，包括改地适树和改树适地。在当前的技术条件下，改树和改地的程度是有限的，因此，选择应是达到适地适树的基本途径。

二、林分结构调控

林分结构是指组成林分的林木群体各组成成分的时空分布格局。林分结构包括组成结构、水平结构、垂直结构、年龄结构等，取决于树种组成、林分密度、林木配置和林木年龄等因素。

1. 林分密度

林分密度是指单位面积林地上的林木株数，通常以株/公顷或株/亩表示。人工造林或人工更新时单位面积上最初栽植的株数或播种穴数称为造林密度或初植密度。各发育阶段的密度称为经营密度。

2. 林分树种组成

树种组成是指构成林分的树种成分及其比例。通常把由一个树种组成的林分称为纯林。由两个或两个以上树种组成的林分称为混交林。混交林的树种组成可用胸高断面积、株数比例表示。

(1)混交林的特点　混交林比纯林具有明显的优越性。混交林能够充分利用营养空间、有利于改善立地条件；提高林产品的数量和质量；增强林分稳定性；充分发挥森林的综合效益；造林、营林技术复杂。

(2)混交林的种间关系　混交林中不同树种间的相互关系是一种生态关系。营造混交林能否成功完全取决于不同树种生态位的关系。

(3)混交类型　混交林中的树种依其作用分为主要树种、伴生树种和灌木树种。常见的混交类型有：

①主要树种与主要树种混交　两种或两种以上的主要树种混交。阳性和阴性树种之间易

调节，但阳性树种混交种间关系不易调节。

②主要树种与伴生树种混交　主要树种构成第一林层，伴生树种在第二林层，形成复层林，防护性能好，稳定性强。主要树种与伴生树种的矛盾比较缓和。

③主要树种与灌木树种混交　种间关系缓和，林分稳定。混迹初期灌木树种为目的树种生长提供良好条件。多应用于较差的立地。

④主要树种、伴生树种与灌木混交　形成多层林冠，防护效益好，适于立地条件较好的地方。

3. 种植点的配置

种植点的配置是指种植点或播种点在造林地上的间距及排列方式。其配置方式分为行状和群状两类。

(1)行状配置　是栽植点或穴分散而有序排列为行状的一种方式，又可细分为正方形、长方形、正三角形等。

(2)群状配置　也称簇式配置、植生组配置，是指植株在造林地上呈不均匀的群丛状分布，群内植株的密度较大，群间距离较大。一般在自然条件恶劣的地段和低价值林改造时采用。

4. 混交林培育技术

(1)混交树种选择　混交树种是指起辅佐、护土和改良土壤作用的次要树种，包括伴生树种和灌木树种。混交树种的选择要坚持：

①混交树种与主要树种之间矛盾不能过大。

②具有辅佐、护土和改土作用。

③与主要树种不应有共同的病虫害。

④具有较高的经济和美学价值。

⑤易繁殖。

(2)混交方法　混交方法是指参加混交的各树种在造林地上的排列形式。混交方法有株间混交、星状混交、行间混交、不规则混交、带状混交、植生组混交、块状混交等。

①株间混交　在同一种植行内隔株种植两个以上树种的混交方法。

②行间混交　一个树种的单行与另一树种的单行依次栽植的混交方法。

③带状混交　一个树种连续种植三行以上构成的带，与另一树种构成的带依次种植的混交方法。

④块状混交　将一个树种栽成小片与另一栽成小片的树种依次配置的混交方法。

⑤星状混交　将一树种的少量植株点状分散地与其他树种的大量植株栽种在一起的混交方法。

⑥不规则混交　构成混交林的树种间没有规则的搭配方式，随机分布在林分中。

⑦植生组混交　在种植点为群状配置时，不同树种的种植点相间隔配置的混交方法。

(3)混交比例　混交比例是指造林时每一树种的株数占混交林总株数的百分比。混交比例是人为调节混交林种间矛盾、保证主要树种处于优势状态、提高林分稳定性的重要手段。在确定混交比例时，主要树种比例应大些，保证其始终处于优势地位。

(4)混交林树种间关系的调节　混交林中种间关系是不断变化的，培育过程中要不断调节。造林前要确定合理混交方法、混交比例。造林时，要控制造林时间、造林方法、苗木年龄和株行距等。林分生长过程中，要采用平茬、修枝、抚育间伐、环剥、去顶、施肥、灌溉等经营措施进行调整。

三、森林营造

(一)造林地种类

1. 荒山荒地

没有生长过森林植被，或多年前森林植被已被破坏。草坡、灌木坡、竹丛地、荒地(盐碱地、沼泽地、沙地等)。

2. 农耕地、四旁地及撂荒地

农耕地是指营造农田防护林的土地种类。四旁地是指路旁、村旁、水旁和宅旁的土地。撂荒地是指停止农业利用一定时期的土地。

3. 采伐迹地和火烧迹地

采伐迹地是指森林采伐后形成的迹地。火烧迹地是指森林火烧后的迹地。

4. 已局部更新的迹地、次生林地及林冠下造林地

造林地上已有树木，但数量不足或质量不好，需要补充的造林地。

(二)造林整地

造林整地是造林前清理造林地上的植被或采伐剩余物，并以翻垦土壤为主要内容的一项生产技术措施。造林整地具有改善立地条件，包括改善小气候、土壤物理条件、土壤养分，减少杂草竞争和病虫危害；保持水土；提高造林质量的作用。

1. 造林地清理

造林地清理是在翻耕土壤前清理造林地上的植被或采伐剩余物的工序。可去除地表的机械障碍，为随后的翻垦土壤和造林创造条件。清理的方式有全面清理、带状清理、块状清理三种。使用的清理方法有火烧清理、割除清理、堆积清理、化学药剂清理。

2. 整地方式

造林整地的方式有全面整地和局部整地。全面整地是全部地翻垦造林地上土壤的整地方法，适用于平原和山地坡度较小的地区。局部整地是部分地翻垦造林地上土壤的整地方式，又可分为带状整地和块状整地。

(1)带状整地　是呈长条状翻垦造林地土壤的整地方法，可区分为山地带状整地方法和平原带状整地。

(2)块状整地　是呈块状翻垦造林地土壤的整地方法。这种方法省工、成本低，灵活，可应用于各种造林地，不易引起水土流失，改善立地条件较差。常用的块状整地方法有穴状、块状、鱼鳞坑、高台等。

3. 造林整地季节

我国南方一年四季都可进行整地，北方则是春、夏、秋三季。造林整地一般提前1～2个季节进行。另外，在造林同时进行整地的，叫随整地随造林。一般在立地条件较好的地方。

4. 整地机械

植被清理的机械主要有推土机、平地机、切碎机、割灌机，而土壤翻垦机械主要有挖坑机、翻地犁、旋耕机等。

(三)造林方法

1. 播种造林

播种造林(直播造林)是将林木种子直接播种在造林地上进行造林的方法。适用于立地条件较好、种子性状良好、发芽容易、种子来源丰富的造林地。播种的关键是覆土厚度，厚度影响发芽，一般地，大粒种子覆土 5～8 cm；中粒种子覆土 2～5 cm；小粒种子覆土 1～2 cm。

2. 植苗造林

植苗造林(栽植造林)是将苗木作为造林材料直接栽种在造林地上的造林方法。可在多种立地条件下使用，尤其是立地较差的条件下造林。

(1)苗木保护与处理　先要区分苗木种类和年龄，是否带土球，对裸根苗的地上部分进行截干、去梢、剪枝叶、化学药剂处理，对地下部分采取修根、蘸泥浆、浸水、化学药剂蘸根、菌根接种等措施。

(2)栽植方法　栽植方法主要有穴植法、缝植法、沟植法等。穴植法是在经过整地的造林地上挖穴栽植苗木的方法，遵循“三埋两踩一提苗”的操作步骤。缝植法是用植苗锹在植苗点上开缝栽植苗木的方法，采用“三铲踏实一提苗”的方法。沟植法是在经过整地的造林地上，以植树机或犁开沟，将苗木按株行距摆放沟底，再覆土、扶正、压实的方法。

(3)栽植时间　南方一年四季都可造林，北方以春、夏、秋造林为主。

3. 分殖造林

分殖造林(分生造林)是将树木的营养器官(枝、干、根、地下茎等)直接栽种在造林地的造林方法。适于立地条件较好、具有无性繁殖能力的树种。分殖造林分为插条造林、插干造林、埋干造林、分根造林、分蘖造林、地下茎造林等。

(1)插条(干)造林　利用树木的一段枝条或树干直接栽种于造林地的方法。插条年龄一般为 1～3 年生，粗度 1～2 cm，长度 30～70 cm，扦插深度为干旱地区低于地面，湿润地区高出地面 3～5 cm。树干 2～4 年生，干长 2～4 m，粗 3～5 cm，埋深 1 m 左右，沙地埋深 2～3 m。

(2)分根造林　是利用刨取的粗根直接插植于造林地的方法。粗度 1～2 cm，长度约 20 cm。适于根具有萌生能力的树种，如泡桐、刺槐。

(3)地下茎造林　是竹类的重要造林方法。竹子的地下茎有叫竹鞭，挖取鞭根进行造林。一般多在秋冬造林，也可雨季移竹造林。

移母竹法：宜选择 1～2 龄的母竹、粗度 2～4 cm；分枝低矮、枝叶茂盛、竹节正常、无病虫害；大穴栽植。

移鞭法：从成年竹林中挖取根系发达、侧芽饱满的壮龄鞭，以竹鞭上的芽抽鞭发笋长竹成林，要求竹鞭年龄 2～5 年、长度 30～50 cm，并有 5 个以上的健壮侧芽；根系完整、侧芽无损、多带宿土。大穴埋植。

(四)幼林抚育管理

森林抚育管理是指按经营目标进行定向培育，在森林整个生长发育过程中所采取的各种人工措施，是森林培育中的关键问题之一。森林抚育包括林地抚育、林木抚育等，但从广义来说，还包括森林病虫害防治、森林防火等内容。

1. 林地抚育管理

林地抚育是指在造林后至幼林郁闭前这一段时间里，为提高林地生产力所采取的改善和协调土壤水、肥、气、热条件的各种技术措施。主要包括松土除草、施肥、灌溉与排水、种植绿肥作物及改良土壤树种、凋落物管理等。

2. 林木抚育管理

林木抚育是指在幼林时期对幼树个体及其营养器官进行调节和抑制的各种措施，包括间苗、平茬、接干、修枝、摘芽和除蘖等技术措施，目的是促进林木生长，提高林木质量，增强林分稳定性。

四、林农复合经营

林农复合经营(agroforestry)，又称农用林业、混农林业、农林业，是指在同一土地经营单元上，将多年生木本植物与栽培作物或动物精心地结合在一起，通过空间或时序的安排以多种方式配置的一种土地利用制度(国际农林复合经营研究委员会，ICRAF)。林农复合经营能够充分利用土地；发展多种经济，以短养长；改善环境；充分利用剩余劳动力。林农复合系统具有复合性、系统性、集约性、等级性的特种特征。目标是增加生产，扩大土地利用面积，提高经济收益和农民的生活水平，优化利用自然资源，有效地保护生态环境。

1. 林农复合经营系统的类别

(1)林-农复合型　林-农间作型、绿篱型、农田林网型、农林轮作型；

(2)林-牧(渔)复合型　林-牧间作型，牧场饲料绿篱型，护牧林牧型，林渔结合型；

(3)林-农-牧(渔)多层复合型　林-农-牧多层复合型、林-农-牧庭院兼营型、林-农-牧渔或林-牧-渔结合型等；

(4)特种农-林复合经营型　林木混交型(经济林)、林-药间作型、林-食用菌结合型、林木-资源昆虫结合型。

2. 林农复合经营系统的结构

(1)物种结构　是指林农复合经营系统中生物物种的组成、数量及其彼此间的关系。物种的多样性是林农复合经营系统的重要特征之一。适于林农复合经营系统的主要物种包括乔木、灌木、农作物、牧草、食用菌、药材、家畜、鱼类及其他。

(2)空间结构　是指林峰和经营性各物种之间或同一物种不同个体在空间上的分布，即物种的互相搭配、密度与所处的空间位置。

①垂直结构　即复合系统的立体层次结构，包括地上空间、地下空间和水域的水体结构。一般来说，垂直高度越大，空间容量越大，层次越多，资源利用效率则越高。我国林农复合经营系统的层次结构主要分为单层结构、双层结构、多层结构(水陆交互系统、庭院经营)、丘陵和山地多层次结构。

②水平结构　是指复合系统中各物种的平面布局，在种植型系统由株行距决定，在养殖型系统则由放养动物或微生物的数量决定。在种植型复合系统中，水平结构又可分为行状间作、团状间作、不均匀间作、水陆交互配置、等高带式间作和景观布局等。农田林网是林农复合经

营的最基本模式。

③时间结构　是指复合系统中各种物种的生长发育和生物量的积累与资源环境协调吻合的状况。根据系统中物种所共处的时间长短可分为林农轮作、连续间作、短期间作、替代式间作、间断间作、套种、复合搭配型等多种形式。

④营养结构　是指生物间通过营养关系连接起来的多种链状和网状结构。林农复合经营系统可以通过建立合理的营养结构，减少营养的耗损，提高物质和能量的转化率，提高系统的生产力和经济效益。

我国林农复合经营的优化模式有林-参复合经营、林-牧复合经营、枣-农复合经营、杨(桐)-农复合经营、林-渔-农复合经营、基塘生态系统、林-胶-茶复合经营。

五、森林抚育管理

抚育间伐又称抚育采伐，是指在未成熟的林分中，根据林分发育、自然稀疏规律及森林培育目标，为了给保留木创造良好的生长环境条件，而适时采伐部分林木，调整树种组成和林分密度，改善环境条件，促进保留木生长的一种营林措施。

(一)抚育采伐的目的

森林的功能多种多样，抚育采伐的目的也就不一样。一般情况下，通过抚育采伐，应达到下列目的：

①按经营目的调整林分组成。

②降低林分密度，改善林木生长条件。

③促进林木生长，缩短林木培育期。

④清除劣质林木，提高林分质量。

⑤实现早期利用，提高木材总利用量。

⑥改善林分卫生状况，增强林分抗性。

⑦建立适宜的林分结构，发挥森林的多种效能。

(二)林木分化与自然稀疏

1. 林木分化

森林内林木个体在形态和生活力方面表现出的差异即为林木分化。在森林的生长发育过程中，随着植物之间竞争关系的不断加剧，必然会出现一部分被压木逐渐被淘汰，单位面积上的株数逐渐减少的现象，这种现象称为森林的自然稀疏。林木分化和自然稀疏现象是相伴发生的。人工林经营中可用人为稀疏代替森林的自然稀疏，使森林保持合理密度，保留经济价值高的林木。

2. 林木分级

林业生产上常根据林木分化程度对林木进行分级，以便为森林的经营管理提供依据。林木分级方法很多，比较普遍的有克拉夫特(1884)生长分级法(又称生长分级法或五级分级法)、三级分级法等。

(1)克拉夫特林木分级法　根据林木生长势将林木分为下列5级。

Ⅰ级(优势)木：生长最高大，一般伸出林冠之上。

Ⅱ级(亚优势)木：略次于Ⅰ级木，树冠均匀、优良。

Ⅲ级(中等或中庸)木:生长中等,树冠位于Ⅰ、Ⅱ级之下。

Ⅳ级(被压)木:生长落后,树冠受压挤。又分为:$Ⅳ_a$级木:冠狭窄,侧方被压,但侧枝均匀;$Ⅳ_b$级木:偏冠,侧方和上方被压。

Ⅴ级(濒死和枯死)木:生长极落后,完全处于林冠下层,分枝稀疏或枯萎。又分为:$Ⅴ_a$级木:生长极落后,但还有生活的枝叶木;$Ⅴ_b$级木:基本枯死或刚刚枯死。

(2)三级分级法　对于异龄林的林木分级既要考虑成年树,又要考虑更新幼树。三级分类法主要根据林木在林内所起的作用以及人们对培育的经营要求划分为以下三类。

Ⅰ——优良木(或称保留木、培育木):在生长发育上最合乎经营要求的林木,是培育对象。一般情况下,优良木多数处在林冠上部或中部,但在目的树种被压的情况下,培育木也可在林冠下部的林木中选出。

Ⅱ——有益木(或称辅助木):能促进培育木的天然整枝和形成良好的干形,并能起到保护和改良土壤的作用。当这些林木妨碍培育木生长时,就应该在抚育间伐过程中逐渐除掉。

Ⅲ——有害木(或称砍伐木):是妨碍培育木和有益木生长的林木,或干形弯曲、多叉的林木,枯立木,感染病虫害的林木,这些林木均应砍伐。

(三)抚育采伐的种类与方法

根据2009年国家颁布的《森林抚育规程》(GB/T 15781—2009)规定,我国森林抚育采伐分为:透光伐、疏伐和生长伐,特殊林分还可采用卫生伐。

1. 透光伐

透光伐是在幼林时期(第Ⅰ龄级)进行,林冠尚未完全郁闭或已经郁闭,林分密度大,林木受光不足,或者有其他阔叶树或灌木树种妨碍主要树种的生长而进行的一种抚育采伐方法。

(1)透光伐的对象　包括:

①抑制主要树种生长的次要树种、灌木、藤本,高大的草本植物。

②主要树种幼林密度过大,树冠相互交错重叠、树干纤细、生长落后、干形不良的植株。

③实生起源的主要树种数量已达营林要求,伐去萌芽起源的植株;在萌芽更新的林分中,择优而留,伐去其他多余的萌条。

④在天然更新或人工更新已获成功的采伐迹地或林冠下造林,新的幼林已经长成,需要砍除上层老龄过熟木。

(2)透光伐方法　根据林地形状和大小,透光伐有3种实施方法。

①全面抚育　按一定的强度对抑制主要树种生长的非目的树种普遍伐除。

②团状抚育　主要树种在林地上的分布不均匀且数量不多时,只在主要树种的群团内,砍除影响主要树种生长的次要树种。

③带状抚育　将林地分成若干带,在带内进行抚育,保留主要树种,伐去次要树种。一般带宽1～2 m,带间距3～4 m,带间不抚育(称为保留带)。

(3)透光伐时间、次数与强度

①时间　夏初,落叶非目的树种的春梢已长成,叶片完全展开时最为适宜。

②次数　一般每隔2～3年或3～5年进行一次。

③强度　用单位面积上解放了或保留了若干主要树种的株数作为强度指标。

2. 疏伐

疏伐是在中壮龄阶段进行的伐除林分中生长过密和生长不良的林木,进一步调整树种组成及林分密度,促进保留木的生长和培育良好干形的一种抚育采伐方法。疏伐的主要方法有5种。

(1)下层疏伐法　下层疏伐是砍除林冠下层的濒死木、被压木以及个别处于林冠上层弯曲、分叉等的不良木的一种疏伐方法。利用克拉夫特林木生长分级最为适宜。

一般下层疏伐强度可分为3种:弱度下层疏伐,只砍除Ⅴ级木;中度下层疏伐,砍伐Ⅴ级和$Ⅵ_b$级木;强度下层疏伐,砍伐全部Ⅴ级和Ⅳ级木。

此法在分化比较严重的同龄针叶纯林中应用较方便,简单易行。

(2)上层疏伐法　上层疏伐法以砍除上层林木为主,疏伐后林分形成上层稀疏的复层。适用于阔叶混交林、针阔混交林,尤其是复层混交林。实施上层疏伐时先将林木进行三级分类,然后伐除有害木。

此法技术比较复杂,同时林冠疏开程度高,特别在疏伐后的最初一两年,易受风害和雪害。

(3)综合疏伐法　综合疏伐法结合了下层疏伐法和上层疏伐法的特点,既可从林冠上层选伐,亦可从林冠下层选伐。混交林和纯林均可应用。

进行综合疏伐时,将在生态学上彼此有密切联系的林木划分出植生组,在每个植生组中再划分出优良木、有益木和有害木,然后采伐有害木,保留优良木和有益木,并用有益木控制应保留的郁闭度。坡度小于25°、土层深厚、立地条件好并兼有生产用材的防护林采用综合疏伐。一次疏伐强度不能过大,株数不超过20%,蓄积不超过15%,伐后郁闭度保留在0.6～0.7。

(4)机械疏伐法　又称隔行隔株抚育法、几何抚育法。适于人工林,机械地隔行采伐或隔株采伐,或隔行又隔株采伐。

(5)景观疏伐　风景林按美学原理进行的疏伐。目的在于改造或塑造新的景观,创造自然景观的异质性,维护生物多样性,提升游憩和观赏价值。

(四)抚育采伐的技术要素

1.抚育采伐开始期(始伐期)

抚育采伐开始期是指第一次进行抚育采伐的时间。

(1)确定始伐期的方法

①按林分生长量确定　以林木直径或胸高断面积连年生长量下降的年龄为始伐期。

②按林木分化程度确定　通常有下列两种方法。

根据克拉夫特林木分级法,小径木(小于平均直径)的林木株数达到40%以上,或Ⅳ、Ⅴ级木的数量比例达30%左右时始伐。

当小径木[一般以自然径级(即以平均直径作为1.0)0.8以下的作为小径木]的数量约占总株数的1/3时始伐。

③按林分外貌特征确定　具体方法有下列几种。

林分充分郁闭,林冠下部光线减弱,林冠发育受阻,冠幅和冠长缩小时始伐;

林木树冠体积开始缩小或林木枝下高达树高1/3时始伐;

林分郁闭度或疏密度达0.9左右时始伐;

④按标准表和密度管理图确定　根据抚育采伐标准表和密度管理图表确定相同树种、相同年龄相同立地条件下的最适密度,确定始伐期。

2.抚育采伐强度

抚育采伐强度是指抚育采伐时砍伐多少林木,保留多少林木。

(1)抚育采伐强度的表示方法

①材积法(P_v) 采伐木的材积(v)占林分蓄积量(V)的百分率(P_v)或采伐木断面积(g)占总断面积(G)的百分率(P_g)。

②株数法(P_n) 采伐木株数(n)占总株数(N)的百分率。

(2)确定强度的方法 主要有两类方法。

①定性方法 根据林木分级或林分郁闭度和疏密度先确定抚育间伐的种类和方法,再确定砍伐林木的对象,并根据砍伐的林木计算间伐量。

②定量方法 主要方法有下列三种。

根据各树种平均胸径与株数相关方程:求算出各种不同平均胸径的林分理论密度(最大密度),与现实林分密度计算采伐强度。

根据树高与冠幅的相关规律(树冠系数)确定:如通常以 H 表示树高,每株林木所需的营养面积约为 $(H/5)^2$,每公顷应保留的株数(N)为:

$$N = 10\,000/(H/5)^2 = 250\,000/H^2$$

密度控制图或收获量表:透光伐一般伐去原有株数的15%～30%或蓄积量的10%～20%;疏伐伐去原有株数的10%～25%或蓄积量的10%～20%。采伐量不应大于采伐间隔期林分材积生长量。伐后林分的郁闭度应保持在0.6以上。

3. 采伐木的选择

选择采伐木,应坚持“砍小留大、砍劣留优、砍弱留壮、砍密留稀”的原则。

(1)采伐木选择原则

①淘汰低价值的树种。

②砍去品质低劣和生长落后的林木。

③伐除对森林环境卫生有碍的林木。

④维护森林生态系统的平衡。

⑤满足特种林分的经营需求。

(2)选择经验

“3砍3留”:砍劣留优;砍密留稀;砍小留大。

“4看”:看树冠,保证郁闭度合适;看树干,保证留优去劣;看周围,保证株距合适;看树种,正确选定砍伐木。

4. 抚育采伐间隔期

抚育采伐间隔期,又称重复期,是指相邻两次抚育间伐所间隔的年数。

(1)确定原则 当抚育后林分树冠再次紧密接触,林木直径连年生长量开始下降时,应再次进行间伐。透光伐的间隔期为3～5年,疏伐的间隔期为5～10年。

(2)间隔期的影响因素

①间伐强度 大强度间伐,重复期延长;小强度则重复期短;

②间伐种类 除伐、透光伐重复期短,疏伐、生长伐重复期较长;

③树种生长特性 速生树种重复期可短,慢生树种间隔期应长;

④林分年龄和立地条件 壮龄期林分间隔期短;立地条件好,间隔期短;

⑤经济条件 经济条件不好,采用强度大、重复期长的方法;

⑥抚育间伐效果　小强度短重复期抚育采伐的效果较好。杉木 3～4 年，落叶松弱强度间伐重复期 3 年，中度间伐为 5 年。

六、森林收获与更新

(一)森林采伐更新的概念

1. 森林作业法

森林收获作业法，简称森林作业法，是对成熟林分或林分中部分成熟的林木进行采伐(通常称作主伐)，而后采取适宜的更新方式，使采伐迹地得以更新，森林资源得到可持续发展与利用，生态环境能够维持与改善的一整套技术措施。森林收获作业的目的与要求：

①伐去主伐木的同时保证在预定时期内恢复与建立新的林分。

②为某个目的树种的生长并早日成林创造一定的环境条件。

③提供一种办法，使它能有选择地只有利于某一两个树种，而不利于其他树种。

④为了满足景观、娱乐、野生动物、水源涵养和土壤保持方面的要求，而提供各种可能的林分处理办法。

⑤为保持或发展一定的林分结构创造机会。

⑥为适应经营上的需要，调整产品结构，而采取不同的采伐方式。

⑦针对存在的病、虫害或火灾的危险采取相应的更新方法。

⑧为了有效地采用新的采伐工艺，新的利用方式和新的产品形式，选用适当的作业方法。

2. 森林更新

森林更新是指天然林或人工林经过采伐、火烧或因其他自然灾害而消失后，在这些迹地上以自然力或人为的方法重新恢复森林的过程。

(1)森林更新的方法

①天然更新　由老树下种生出实生苗，或在大树伐去后由树桩或树根发出萌生条重新恢复森林的过程。

②人工更新　通过人工播种或植苗形成新林以代替老林的方式。

③人工促进天然更新　是在有天然下种的条件下，对采伐迹地或林下影响天然更新的杂草、灌木进行局部管理(即割灌与去草皮)、松土、整地，为种子接触土壤得以发芽，为幼苗幼树能良好生长创造条件。

(2)森林更新的标准　森林更新跟上采伐的标准为：在采伐后的当年或者次年内必须完成更新造林任务。更新质量必须达到以下标准：

①人工更新　当年成活率不低于 85%，3 年后保存率应当不低于 80%。

②人工促进天然更新　补植、补播后的成活率和保存率达到人工更新的标准；天然下种前整地的，达到所规定的天然更新标准。

③天然更新　每公顷皆伐迹地应当保留健壮目的树种幼树不少于 3 000 株或者幼苗不少于 6 000 株，更新均匀度应当不低于 60%。

3. 森林主伐

森林主伐的主要方式有择伐更新、皆伐更新、渐伐更新。另外，还有更新采伐、矮林作业法、乔林作业法和中林作业法。

(二)择伐与更新

择伐作业是指每次在林中有选择性的伐去一部分成熟木,林地上始终保持着多龄级林木,森林的天然更新是连续进行的,择伐后更新的林分仍是异龄复层林。

1. 择伐作业的种类

择伐就其经营的集约程度,可分为两种。

(1)集约择伐法　经营集约度高的择伐方法。它又可划分为单株择伐和群状择伐。

①单株择伐　是在林地上伐去单株散生的已达轮伐期的和劣质的林木。

②群状择伐　是小团状或小块状的采伐成熟木,每块可包括两株或更多的林木,块的最大直径可达周围树高的2倍。

(2)粗放择伐法　着重于木材的利用,取材是主要目的,从而忽视今后森林的产量与质量。

2. 择伐作业的应用条件与技术要素

择伐作业的效果如何,决定于选用的作业对象是否合适,作业技术是否合理,是否利用了择伐的优点与克服其缺点。

(1)择伐作业的应用条件　择伐作业应用很广,除强喜光树种构成的纯林与速生人工林外,其他林分均可采用。择伐主要的应用对象包括:

①由耐阴树种所形成的异龄林,且择伐是异龄林唯一可采用的采伐方式。

②由耐阴性不同的树种构成的复层林,针阔混交的复层林以及有一定数量珍贵树种(如水曲柳、黄波罗等)的阔叶混交林,都只能采用择伐。

③成熟的次生阔叶林尤其是混交林分应进行择伐。

④所有陡坡、土薄、岩石裸露、高山角、森林与草原的交错区、河流两岸、铁路与公路两侧的森林,都只应进行强度很小的单株择伐。

⑤自然保护区的试验区与森林旅游区的大面积森林只适宜采用小强度择伐。

⑥雪害与风倒严重的地区以及采伐后引起沼泽化或草原化的林分采用择伐。

(2)择伐作业的技术要求(技术要素)

①采伐木的确定　采伐最老世代的个体;砍伐复层混交林(如上层为山杨、白桦,下层为云冷杉或红松者)的上层木;砍伐单层混交林中的成熟大径级林木和部分非目的树种的中小个体;砍伐林分中生长不良的、干形不良的(风景林除外)、双生木、断梢木与部分病虫害木,但作适当保留供啄木鸟、猫头鹰栖息之用。

②采伐强度与间隔期的确定　择伐的采伐强度是指伐区上每次的采伐量与林木总蓄积量的比值。应由林分的年生长量来决定。间隔期是指两次采伐之间所间隔的年数。通常以年生长量去除采伐量,来决定间隔年限。采伐强度与间隔期的长短密切相关,间隔期短则采伐量小,间隔期长则采伐量就多。

③更新与抚育的要求　择伐主要采用天然更新,当天然更新的幼苗幼树不够时,则应进行人工补栽,使单位面积的幼苗幼树株数达到标准,分布均匀。

3. 择伐作业的评价

(1)优点

①择伐作业能体现与保持森林的整体性、连续性、再生性、长期性。

②择伐作业既采伐成熟木又对保留木进行抚育,改善了林分结构与卫生状况,缩短轮伐期。

③使森林生态系统具有最高的生物多样性。

④择伐林的环境保护作用最好。

⑤择伐后形成的异龄复层林具有更好抗性。

⑥有效地恢复森林,并可大大降低更新费用。

⑦择伐林的林木具有多层性,并有单株与群团采伐后形成的林隙,它可以有美化风景的作用,并有更好的旅游与保健价值。

⑧由于择伐作业法始终是边采伐利用,边更新,边抚育,而成为在所有森林收获作业法中最适于走森林资源可持续经营之路的作业方法。

(2)缺点

①择伐比较费工,木材成本较贵。

②择伐作业过程中,伐倒木很容易砸坏中小径木与幼树。

③择伐要求的技术条件高于其他的作业方式。

④森林调查和林分生长量、产量的估算都比较困难,而且费时。

⑤择伐不利于喜光树种的更新与成长,难以培育为速生丰产林。

(三)皆伐与更新

皆伐是将伐区上的林木在短期内一次全部伐光或者几乎全部伐光(有的保留部分母树),并于伐后采用人工更新或天然更新恢复森林的一种作业方式。皆伐迹地一般采用人工更新,但在目的树种天然更新有保障的皆伐迹地,可采用天然更新或人工促进天然更新。皆伐迹地上形成的森林一般为同龄林。

1. 皆伐迹地环境条件特点

皆伐迹地上太阳辐射直达地表,气温、土温、蒸发、降水量、风的变化都高于林内,使得森林皆伐后最初1～2年,植被稀疏低矮,极不稳定,原林下耐荫植物逐渐被喜光植物所代替,土质变紧,通气性能减弱。

2. 皆伐迹地的天然更新

皆伐迹地天然下种更新是依靠天然种源形成森林,俗称是“飞籽成林”。其天然种源来自邻近林分或采伐木或地被物与土壤的种子库。已天然更新的皆伐迹地的伐区面积应适当减小,最好是长而窄,呈带状。带宽一般为树高的2～5倍(50～100 m),伐区的长边(即伐区的方向)与主风方向相垂直。要保证天然更新成功还需要对采伐迹地进行清理和整地,保留前更幼树。

3. 皆伐迹地的人工更新

随着森林经营强度的提高,皆伐迹地的人工更新更多地被应用。人工更新通常采用植苗更新,直播更新在技术上还存在一些问题,通常比较稳妥和最常用的是植苗更新。植苗更新具有节省种子,保存率高,幼林郁闭早,抚育管理较容易,成林、成材较快等优点。

4. 皆伐作业的选用条件与评价

(1)选用条件

①皆伐人工更新可以应用于各类森林。

②皆伐最适用于全部是成、过熟木的林分,或者需要进行林分改造更换树种的林分。

③皆伐不应选在沼泽水湿地，或水位较高排水不良土壤上的森林。

④山地陡坡和容易引起土壤冲刷或处在崩塌危险的森林，严禁皆伐。

⑤森林火灾危险性大的地域，如沿铁路和公路干线两侧，也不宜选用皆伐。

⑥原计划进行皆伐的地区，遇到游览和风景价值极大的地段，要尽量改用其他采伐方式，如渐伐、单株择伐或群状择伐等。

(2)皆伐的评价

①优点　皆伐作业更加集中，便于机械化作业，节省人力，降低生产成本；一次伐光林木，不会有风倒或其他自然因子的危害；简便易行，伐区的区划和调查不存在选择砍伐木和确定采伐强度的问题；皆伐可使幼林得到充分光照，只要抚育及时，能加速新林的成长，尤其强喜光树种更为显著；便于人工更新，最适用于需要更换树种的林分。

②缺点　迹地环境的显著变化通常对更新不利；不利于保持水土，并降低森林涵养水源作用；皆伐成林后龄级单调，景观效果差；皆伐迹地的天然更新困难，依靠人工更新进行补救；一次将林木伐尽，严重地干扰了森林群落的生态平衡，破坏了珍贵的野生动物的栖息场所与野生植物的繁衍，会严重降低生物多样性。

(四)渐伐与更新

渐伐不是将伐区上所有林木一次伐光，而是在较长期限(一般不超过1个龄级期，如10～20年)分2次或多次采伐掉伐区上全部成熟林木。

1. 渐伐更新过程及其特点

典型的渐伐可以区分为预备伐、下种伐、受光伐和后伐4个步骤。

(1)预备伐　在成熟林分中为更新准备条件而进行的采伐。通常在郁闭度大、树冠发育较差、林木密集而抗风力弱和活、死地被物层很厚、妨碍种子发芽和幼苗生长的林分中进行。一般伐去林木蓄积的25%～30%，伐后林分郁闭度降到0.6～0.7。

(2)下种伐　预备伐若干年后，为疏开林木促进结实和创造幼苗生长的条件而进行的采伐。结合种子年，使更新所需的种子尽量多地落在渐伐林地上，且适当地破坏死地被物，增加种子与土壤的接触机会。一般采伐林木蓄积量的10%～25%，伐后林分郁闭度保持在0.4～0.6。

(3)受光伐　给林地上逐渐长起来的幼树增加光照而进行的采伐。采伐强度为10%～25%，伐后郁闭度保持在0.2～0.4。

(4)后伐　受光伐后3～5年，幼树得到充足的光照生长加速，逐渐接近或达到郁闭状态，且能抵抗日灼、霜冻和杂草的危害，此时全部伐去所有老树。

根据林分状况和更新特点，通常不需要通过上述4个阶段的采伐，可省略掉其中的1次或2次，而成为2(或3)次渐伐，即简易渐伐。

2. 渐伐的种类

(1)均匀渐伐　又叫广状渐伐，是在全林范围内同时均匀地进行前述的各次采伐。

(2)带状渐伐　是按一定方向分带进行的。在一个采伐列区上由一端开始，在第一个伐区上(即采伐基点)首先进行预备伐，其他带保留不动。几年以后，在第一个伐区上进行下种伐，同时在相邻伐区上进行预备伐。再经几年，在第一个伐区上进行受光伐的同时，于第二个伐区上进行下种伐，在第三个伐区上进行预备伐。依此类推，直至全林伐完为止。

带状渐伐带的宽度一般为树高的1～3倍。若坡度过陡或风害严重，宽度可窄些，反之宽些。易发生风害地区，采伐方向应与害风方向相反，伐区方向与害风方向垂直。在山区，伐区一般应水平设置，采伐方向与集材方式均为由上而下。

(3)群状渐伐　是将生长有幼苗幼树而上层林木稀疏的地段作为基点，先进行采伐，然后向四周逐渐扩大至全林，到最后老林伐尽时，林地上出现许多金字塔形的新林树群。如果没有伐前更新的基点，也可以人工选择几个适当地方作为基点。

适于耐阴树种，但不适对霜害敏感的树种。采伐面积分布极不规律，集材或今后经营管理都比较困难，一般很少应用。

3. 渐伐的选用条件与评价

(1)选用条件

①天然更新能力强的成过熟单层林。

②山区坡度陡，土层薄，易发生水土流失的地方或具有其他特殊价值的森林，以及易获得天然更新，但土层浅薄的林分。

③除强喜光树种外的任一能成材树种形成的林分，尤其是幼年需要遮阴、天然更新有困难的树种。

④林内有前更幼树的森林可根据林下更新的数量灵活采取适宜的采伐强度实行渐伐。

⑤当林冠下更新的幼树较多、上层木限制幼树生长时宜用渐伐。

(2)渐伐的评价

①优点　更新更有保证，且幼苗分布均匀，尤其目的树种种粒大，不易传播，或幼树需要老林庇护的耐阴或喜光树种；渐伐是提前更新，缩短了轮伐期，能保持山地森林的水源涵养、水土保持作用和环境的美化；渐伐具有皆伐和择伐的双重优点；渐伐比择伐施工简单，且有条不紊；每次采伐后的剩余物较少，同时在遮阴条件下容易分解，降低了火灾发生的危险性；渐伐保留木美学价值高。

②缺点　采伐和集材时对保留木和幼树的损伤率较大，不利于采伐和林地清理；采伐、集材费用较高，第一次采伐多是有缺陷的林木而影响收益；渐伐要求有较高的技术水平；林分稀疏强度较大时(如简易渐伐)，保留木易发生风倒、风折和枯梢等现象，尤以一些耐阴树种较为严重。

第四节　城市森林建植与经营

近年来，世界各国非常重视城市森林建设的实践和研究，发展城市森林已经成为改善城市生态环境、建设生态城市的主要手段。城市森林的提法最早源于美国和加拿大。1962年，美国肯尼迪政府在户外娱乐资源调查中，首先使用了“城市森林”(urban forest)这一名词。城市森林建设是以城市为载体，以森林植被为主体，以城市绿化、美化和生态化为目的，实现森林景观与人文景观有机结合，改善城市生态环境，加快城市生态化进程，促进城市、城市居民及自然环境间的和谐共存，推动城市可持续发展。

一、城市森林的功能作用

城市森林具有输氧换气，改善生态环境，发挥森林生态服务的功能，克服城市病、现代病，提高城市品位，不断满足人们日益增长的生态和物质文化生活的需要。

(1)净化作用　森林植物是天然抗污染的净化器，能对在一定程度上过滤和净化人工排放到大气中的各种污染物，如二氧化硫、氯化氢、氟、二氧化氮等有害气体。如二氧化硫的浓度为万分之一时，就能引起人的哮喘、肺水肿，达到万分之一至万分之四时，就会有生命危险。

(2)滞尘作用　森林是天然的吸尘器。森林树木可阻挡空气中的大粒灰尘降落，吸附大量灰尘。1 株 165 年的松树，针叶的总长度可达 250 km。每公顷松林每年可滞留灰尘 36.4 t，每公顷云杉林每年可吸滞灰尘 32 t。

(3)防风固沙作用　据测定，森林阻挡一般可降低 40%～60% 的风力，最大可达 49% ～ 68%。根系盘根错节可保土固沙。

(4)隔声降噪作用　森林是天然的隔音墙。交通噪声一般是 90 dB，40 dB 以上的噪声会干扰人们休息；60 dB 以上的噪声会干扰人的工作。据测定，70 dB 的噪声通过 40 m 宽的林带能降低 10～15 dB；4 m 宽的绿篱可减弱噪声 6 dB。公园中的成片树木可降低噪声 26～43 dB；绿化的街道比未绿化的街道可降低噪声 8～10 dB；20 m 宽的草坪一般可减少噪声 2 dB。

(5)降温增湿作用　森林是天然空调器。树冠在冬季可反射部分地面辐射，减少热量散失，造成冬季绿地的温度要比无绿地面高出 1℃左右。

(6)蓄水作用　森林植被是天然的绿色水库。一般森林蒸散比无林地大 20%～30%。如果一座城市上空有 30% 被树冠覆盖，雨水的流量可减少 14%，有林地区的空气湿度比无林地区一般高 15%～25%。

(7)杀菌作用　森林是大自然的保健医生。城市空气中有 170 多种病毒、70 种细菌和 230 种真菌。据测算，在热闹的百货大楼内每立方米空气中有病菌 400 万个，城市林荫道有 58 万个，公园有 1 000 个，森林中仅有 55 个。“杀菌素”在空气中的含量以 0.001 ～ 0.01 ppm 效果最好。

二、城市森林建植

城市森林种植设计指在园林环境中进行自然景观的营造，即按照植物生态学原理、园林艺术构图和环境保护要求，进行合理配植，创作各种优美、实用的园林空间环境，以充分发挥园林综合功能和作用，尤其是生态效益，使人居自然环境得以改善。

(一)城市森林树种选择

1. 从用途方面考虑的树种选择

(1)组织浓荫且向四面扩展　叶密、树冠宽大(伸展开)，冬季落叶、无臭味。如杨、柳、泡桐、槐、枫杨、悬铃木等。

(2)防风　根系发达，枝、干、叶不易被风吹折、吹落，如杨、枫杨、刺槐、珊瑚树等。

(3)降噪和隐蔽之用　枝叶丛密、不易透过视线、抗病害力强，如侧柏、垂柳、杨、珊瑚树、珍珠梅、夹竹桃等。

(4)抗污染、烟尘　树冠较密，能自然洗涮，适应能力强。不宜选用果木、食用油料等树种。

(5)抗氯 太平花、木槿、樱花、加杨、毛白杨、旱柳、枫杨、榆、构树、皂荚、紫薇、大叶黄杨、合欢、山桃、女贞、丁香、胡颓子、桂花、银杏、夹竹桃、国槐；

(6)杀菌 松柏类、盐肤木、黄杨、合欢、女贞、复叶槭、核桃、石榴、悬铃木、栾树、稠李、蔷薇属、柳杉、臭椿等；

(7)抗 SO_2 夹竹桃、女贞、海桐、广玉兰、冬青、棕榈、梧桐、国槐、臭椿、加杨、大叶黄杨、栾树、榆、核桃、银杏、龙柏、罗汉松、构树、枫杨、朴树、木槿、紫穗槐、珍珠梅、榆叶梅、桃、丁香等。

(8)抗氟 悬铃木、侧柏、国槐、紫薇、乌桕、枫杨、榆、柳、构树、臭椿、胡颓子、丁香、大叶黄杨、梧桐、女贞等。

2.在观赏方面主要从以下几点考虑树种选择

(1)观赏姿态 棕榈、松、银杏等。

(2)观赏花卉 白玉兰、樱花、梅花等。

(3)观赏叶色 枫、黄连木、栾树、银杏等。

(4)观赏果实 石榴、山楂、冬青、樱桃、四照花、紫薇、柿、南天竹、枇杷、无患子等。

(5)观赏树干 梧桐、白皮松、竹类、白桦、毛白杨、悬铃木、红瑞木、迎春等。

(二)城市森林建植

1.原则

(1)目的性原则 植物配置时，首先应明确设计的意图，要营造一种什么样的空间或气氛。这样才能为下一步的树种选择、布局等指明方向。

(2)生态原则 主要包括植物分布的地带性、适地适树、物种多样性、植物群落结构合理性等原则。

(3)美学原则 主要包括多样与统一、均衡与稳定、对比与调和(色彩、虚实对比)、韵律与节奏等。

2.城市森林建植

(1)一般要求 采用优质全冠苗栽植，宜用大苗，一般选用直径＜15 cm 的苗木，以直径 5～10 cm 为宜；广场、行道树及重要景观可适当选用胸径 15～20 cm 的树木栽植；树干直径大于 5 cm 的树木需采用带土球的栽植方法，大树移植应尽量带有树冠。

(2)栽植方法 有裸根栽植、带土球的栽植、容器苗木的栽植等，多进行支撑、树干保护和土壤表面覆盖措施。

(3)配置形式

①自然式配置 以模仿自然、强调变化为主，具有活泼、愉快、优雅的自然情调；有孤植、丛植、群植等。乔灌木不采取行列对称布置，而以林植、群植、丛植、孤植为主要的配置形式，一般不做规整修剪，花卉配置以花丛、花群为主。

孤植：是指乔木单株栽植的种植类型，有时亦可多株紧密栽植，形成单株栽植的效果。

对植：是指用两株或两丛树，按照一定的轴线关系，相互对称或均衡的种植方式。

丛植：是指将一定数量的乔灌木自然地组合栽植在一起的种植方式。

群植：是指由十几株至几十株树木按一定的构图方式混植而形成的人工林群体。

行列植：是指将乔灌木按照一定的株行距成行成排地种植，或在行内株距有变化。

林植：是指范围较大的成片大量栽植乔灌木、构成林地或森林景观的种植方式。包括带状林、密林和疏林。

②混合式配置　大部分城市森林有规则部分和自然部分，只是所占的比重不同而已。一般较大的现代园林建筑周围或构图中心采用规则式布局；远离主要建筑物的部分采用自然式布局。

（三）城市森林经营管理

城市森林，即城市环境中的自然或人工营造的森林，在系统的经营下不仅为现在的居民，也将为未来的居民持续地提供经济、社会、环境生态效益。因此，要对城市森林进行科学、合理的可持续发展经营管理。

科学的城市森林经营管理措施包括：城市有效的法规建设能为保护现有的树木提供法律依据；制订以乡土植物为主的原则，有利于促使野生动物种群逐渐增加；有专业性的管理人员并培训员工从事管理工作；有规范的评价工具，有效的城市森林信息监测；建立专业的养护标准；实施近自然经营等。

城市森林的近自然林经营管护涉及多种学科和多种技术，如防火、病虫害防治、资源动态监测、凋落物及土壤管理、防止外来物种入侵、鸟兽的引入等。

①结合城市森林的地域、森林状况防火、病虫害、防止外来种入侵等。

②运用“3S”技术和地理信息系统的手段建立起城市森林资源动态监测和评价体系。

③管理凋落物与土壤。将凋落物保留在林中分解归还林地，也可收集粉碎、腐化后再归还到林地中，使之保持“自肥”，满足林木和地被植物生长的需要。通过宣传教育、设置标语牌，提醒人们不要践踏和破坏城市森林。

④引入鸟兽。城市森林中引入鸟类和小型哺乳类动物，既可增加林地的生物多样性，又有益于保护林木的健康，在一定面积的城市森林中悬挂鸟巢木箱、保护树洞，并在一定位置设立供水器，以招引鸟类和小型动物。有条件的地方可组织民众在城市森林“放生”鸟类和小型动物。

⑤处理枯枝、枯立木及倒木。近自然林中的枯枝、枯立木和倒木可不予处理，任其腐烂归还自然，但在人们活动频繁的地，应对枯枝、枯立木进行处理，保障人们安全。

⑥管理和诱导自然地被。目前，在相当一部分城市森林的林地中铺设了草坪，但这些草坪景观效果很难维持，生态效益不明显，且必须投入大量人力、物力和财力进行维护。

第五节　林业生态工程

一、林业生态工程建设概况

林业生态工程(forestry ecological engineering)是指根据生态学、林学及生态控制论原理，设计、建造与调控以木本植物为主体的人工复合生态系统的工程技术。其目的在于保护、改善与持续利用自然资源与环境。

中国国家领导人历来重视林业生态工程建设。1955 年，毛泽东向全国人民发出了“绿化祖国”、“实行大地园林化”的号召。1956 年，中国开始了第一个“12 年绿化运动”。1978 年 11 月，中国政府决定在中国西部、华北北部、东北西部绵延 4 480 km 的风沙线上，实施“三北”防护林体系建设工程，这项被邓小平称为“绿色长城”的生态建设工程，开创了我国生态工程建设的先河，同时它也成为世界上最大的生态建设工程。

世纪之交，中国政府坚持以人为本的方针，确立并实施以生态建设为主的林业发展战略，建立以森林植被为主体的国土生态安全体系和山川秀美的生态文明社会，作出了实施天然林资源保护工程、退耕还林工程、京津风沙源治理工程、三北及长江中下游地区等重点防护林工程、野生动植物保护及自然保护区建设工程、重点地区速生丰产用材林基地建设工程六大林业重点工程的重大决策。

六大林业重点工程涉及全国97%以上的县、市、区、旗，规划造林任务超过0.76亿hm^2，规划投资7 000多亿元，建设内容包括资源保护、国土绿化、水土流失治理、防沙治沙、湿地保护、生物多样性保护和商品林基地建设等各个领域。工程自试点和全面启动以来，已累计完成造林面积2 009.75万hm^2，累计完成投资946.70亿元。

六大林业重点工程的实施，标志着中国林业建设结束了长期以来以木材生产为主的时代，进入了以生态建设为主的新时代。六大林业重点工程成为中国林海的一盏明灯，是世界生态建设的一项创举。

二、重点林业生态工程

（一）天然林保护工程

天然林保护工程是林业的“天”字号工程、一号工程，也是我国投资最大的生态工程。包括三个层次：全面停止长江上游、黄河上中游地区天然林采伐；大幅度调减重点国有林区的木材产量；保护好其他地区的天然林资源，解决天然林的休养生息和恢复发展问题。

1. 工程实施范围

包括长江上游、黄河上中游地区和东北、内蒙古等重点国有林区的17个省（区、市）的734个县和163个森工局。长江流域以三峡库区为界的上游6个省市，包括云南、四川、贵州、重庆、湖北、西藏。黄河流域以小浪底为界的7个省市区，包括陕西、甘肃、青海、宁夏、内蒙古、山西、河南。东北内蒙古等重点国有林区5个省区，包括内蒙古、吉林、黑龙江（含大兴安岭）、海南、新疆。天保工程区有林地面积10.23亿亩，其中天然林面积8.46亿亩，占全国天然林面积的53%。

2. 工程实施的目标

在2000—2010年，工程实施的目标：切实保护好长江上游、黄河上中游地区9.18亿亩现有森林，减少森林资源消耗量6 108万m^3，调减商品材产量1 239万m^3，新增林草面积2.2亿亩，其中新增森林面积1.3亿亩，工程区内森林覆盖率增加3.72个百分点；东北、内蒙古等重点国有林区的木材产量调减751.5万m^3，使4.95亿亩森林得到有效管护，48.4万富余职工得到妥善分流和安置，实现森工企业的战略性转移和产业结构的合理调整，步入可持续经营的轨道。

（二）退耕还林还草工程

退耕还林工程是林业建筑史上涉及范围最大、公众参与度最高的生态建设工程，以解决水土流失问题为首任。计划建立以灌木为主、乔灌草相结合的恢复保护性和生产性兼顾的人工生物群落，在最短的时间内恢复生态环境，遏制土地沙化和沙尘暴，同时生产出优质饲草饲料，发展畜牧业。

1. 工程实施范围

包括北京、天津、河北、山西、内蒙古、辽宁、吉林、黑龙江、安徽、江西、河南、湖北、湖南、广西、海南、重庆、四川、贵州、云南、西藏、陕西、甘肃、青海、宁夏、新疆25个省及新疆生产建设兵团,共1 897个县(含市、区、旗)。工程建设任务重点安排西部地区,中部地区突出重点。优先安排江河源头及其两侧、湖库周围的陡坡耕地以及水土流失和风沙危害严重等生态地位重要地区的耕地,确定长江上游地区、黄河上中游地区、京津风沙源区以及重要湖库集水区、红水河流域、黑河流域、塔里木河流域等地区的856个县为工程建设重点县,占全国行政区划县数的29.9%,占工程区总县数的45.1%。

2. 工程建设的目标及任务

到2010年,完成退耕地造林2.2亿亩,宜林荒山荒地造林2.6亿亩(两类造林均含1999—2000年退耕还林试点任务),陡坡耕地基本退耕还林,严重沙化耕地基本得到治理,新增林草植被4.8亿亩,工程区林草覆被率增加4.5个百分点,工程治理地区的生态环境得到较大改善。

(三)三北和长江中下游地区等防护林工程

三北和长江中下游地区等防护林体系建设工程是我国涵盖面最大,内容最丰富的防护林体系建设工程。工程包括东北西部、华北北部和西北地区的13个省的590个县(旗、市、区)和新疆生产建设兵团。工程计划造林314亿亩,并对10 178亿亩森林实行有效保护。

1. 工程建设范围

三北工程的建设范围东起黑龙江的宾县,西至新疆的乌孜别里山口,北抵国界线,南沿天津、汾河、渭河、洮河下游、布长汗达山、喀喇昆仑山,东西长4 480 km,南北宽560～1 460 km。地理位置在东经73°26′～127°50′,北纬33°30′～50°12′。包括陕西、甘肃、宁夏、青海、新疆、山西、河北、北京、天津、内蒙古、辽宁、吉林、黑龙江13个省(自治区、直辖市)的551个县(旗、市、区)。工程建设总面积406.9万km^2,占全国陆地总面积的42.4%。

2. 工程建设期限

三北工程规划从1978年开始到2050年结束,历时73年,分三个阶段、八期工程进行建设。1978—2000年为第一阶段,分三期工程。1978—1985年为一期工程,1986—1995年为二期工程,1996—2000年为三期工程;2001—2020年为第二阶段,分两期工程。2001—2010年为四期工程,2011—2020年为五期工程;2021—2050年为第三阶段,分三期工程。2021—2030年为六期工程,2031—2040年为七期工程,2041—2050年为八期工程。

3. 总体规划建设内容与规模

三北工程规划造林3 508.3万hm^2(包括林带、林网折算面积),其中人工造林2 637.1万hm^2,占总任务的75.1%;飞播造林111.4万hm^2,占3.2%;封山封沙育林759.8万hm^2,占21.7%。四旁植树52.4亿株。规划总投资为576.8亿元,建设任务完成后,使三北地区的森林覆盖率由5.05%提高到14.95%,风沙危害和水土流失得到有效控制,生态环境和人民群众的生产生活条件从根本上得到改善。

4. 四期工程建设情况

2001年,三北防护林四期工程规划经国家计委批复,四期工程正式启动实施。三北防护林四期工程涉及三北地区的13个省、自治区、直辖市的590个县(旗、市、区)，总面积405.39万km^2，占国土总面积的42.2%。到2010年，在有效保护好工程区内现有2 787万hm^2森林资源的基础上，完成造林950万hm^2，工程建设区内的森林覆盖率净增1.84个百分点，建成一批比较完备的区域性防护林体系，初步遏制了三北地区生态恶化的趋势。在沙区，力争用10年左右时间，使40%的沙化土地得到初步治理，使风沙危害程度和沙尘暴发生频率有效降低。毛乌素、科尔沁、呼仑贝尔三大沙地基本得到治理，生态环境得到较大改善。在水土流失区，使50%以上的水土流失面积得到基本治理，治理区的土壤侵蚀模数下降30%以上，流入黄河的泥沙量明显减少。在平原农区，以现有农田防护林为基本框架，建成多林种、多树种、网带片相结合的高标准农田防护林体系。

(四)京津风沙源治理工程

京津风沙源治理工程是党中央、国务院为改善和优化京津及周边地区生态环境状况，减轻风沙危害，紧急启动实施的一项具有重大战略意义的生态建设工程，是一项意义特殊的“形象工程”，也是环京津生态圈建设的主体工程。工程建设内容分为造林营林、退耕还林、草地治理、水利配套设施建设和小流域综合治理。

1. 工程建设范围

工程区西起内蒙古的达茂旗，东至内蒙古的阿鲁科尔沁旗，南起山西的代县，北至内蒙古的东乌珠穆沁旗，涉及北京、天津、河北、山西及内蒙古等五省(区、市)的75个县(旗)。工程区总人口1958万人，总面积45.8万km^2，沙化土地面积10.12万km^2。工程区分为四个治理区，即北部干旱草原沙化治理区、浑善达克沙地治理区、农牧交错地带沙化土地治理区和燕山丘陵山地水源保护区，治理总任务为222 292万亩，初步匡算投资558亿元。

2. 治理措施及目标任务

工程采取以林草植被建设为主的综合治理措施。具体有：林业措施，包括退耕还林3 944万亩，其中退耕地造林2 013万亩，匹配荒山荒地荒沙造林1 931万亩；营造林7 416万亩，其中，人工造林1 962万亩，飞播造林2 788万亩，封山育林2 666万亩。农业措施，包括人工种草2 224万亩，飞播牧草428万亩，围栏封育4 190万亩，基本草场建设515万亩，草种基地59万亩，禁牧8 527万亩，建暖棚286万m^2，购买饲料机械23 100套。水利措施，包括水源工程66 059处，节水灌溉47 830处，小流域综合治理23 445 km^2。生态移民18万人。到2010年，通过对现有植被的保护，封沙育林、飞播造林、人工造林、退耕还林、草地治理等生物措施和小流域综合治理等工程措施，使工程区可治理的沙化土地得到基本治理，生态环境明显好转，风沙天气和沙尘暴天气明显减少，从总体上遏制沙化土地的扩展趋势，使北京周围生态环境得到明显改善。

(五)野生动植物保护和自然保护区建设工程

野生动植物保护和自然保护区建设工程是主要解决物种保护、自然保护和湿地保护等的生态保护工程，也是我国应对国际气候，树立国际良好形象的“外交工程”。目标是拯救一批国家重点保护的野生动植物，扩大、完善和新建一批国家级自然保护区、种源基地及珍稀植物培育基地，恢复和发展珍稀物种资源，形成一个布局合理、类型齐全、设施先进、管理高效、具有国际重要影响的自然保护网络。

1. 工程内容

包括野生动植物保护、自然保护区建设、湿地保护和基因保存。重点开展物种拯救工程、生态系统保护工程、湿地保护和合理利用示范工程、种质基因保存工程等。

2. 工程建设总体目标

通过实施全国野生动植物保护及自然保护区建设总体规划，拯救一批国家重点保护野生动植物，扩大、完善和新建一批国家级自然保护区和禁猎区。到建设末期，使我国自然保护区数量达到 2 500 个，总面积 1.728 亿 hm^2，占国土面积的 18%，形成一个以自然保护区、重要湿地为主体，布局合理、类型齐全、设施先进、管理高效、具有国际重要影响的自然保护网络。加强科学研究、资源监测、管理机构、法律法规和市场流通体系的建设和能力建设，基本上实现野生动植物资源的可持续利用和发展。

(六)重点地区速生丰产用材林基地建设工程

重点地区速生丰产用材林基地建设工程是一项增强林业实力的"希望工程"，也是以解决木材和林产品供应问题为目标的骨干工程。该工程根据森林分类区划的原则，在自然条件优越、立地条件好、地形较平缓、不易造成水土流失的区域，大力发展速生丰产林。

1. 工程的建设范围

根据森林分类区划的原则，在现有速生丰产用材林基地建设的基础上，主要选择在 400 mm 等雨量线以东，优先安排 600 mm 等雨量线以东范围内自然条件优越、立地条件好(原则上立地指数在 14 以上)，地势较平缓，不易造成水土流失和对生态环境构成影响的热带与南亚热带的粤桂琼闽地区、北亚热带的长江中下游地区、温带的黄河中下游地区(含淮河、海河流域)和寒温带的东北内蒙古地区，具体建设范围涉及河北、内蒙古、辽宁、吉林、黑龙江、江苏、浙江、安徽、福建、江西、山东、河南、湖南、湖北、广东、广西、海南、云南等 18 个省(区)，以及其他适宜发展速丰林的地区。

2. 工程建设的总体目标

2001—2005 年，重点建设以南方为重点的工业原料林产业带；2006—2015 年，全面建成南北方速生丰产用材林产业带。到 2015 年，完成南北方速生丰产用材林绿色产业带建设，能提供国内生产用材需求量的 40%，加上现有森林资源的采伐利用，国内木材供需基本趋于平衡。全部基地建成后，每年可提供木材 13 337 万 m^3，可支撑木浆生产能力 1 386 万 t、人造板生产能力 2 150 万 m^3，提供大径级材 1 579 万 m^3。

思考题

1. 简述林木遗传改良的主要方法及良种繁育的主要方式。
2. 影响种子寿命的主要因素是什么？简述种子品质检验的步骤及其品质指标。
3. 什么是种子休眠和催芽？简述种子休眠的类型、原因及催芽方法。
4. 苗木培育的主要方法有哪几种？比较其主要培育技术的差异。
5. 苗圃施肥的意义及方法有哪些？简述壮苗的特点及所具备的条件。
6. 简述造林树种选择的原则。

7. 简述适地适树的概念和实现适地适树的途径。

8. 比较分析混交林与纯林的特点及其应用。简述不同混交方法的特点和应用条件。

9. 简述不同造林方法的特点、适用条件及技术要求。

10. 何谓抚育采伐？其技术要素有哪些？

11. 抚育采伐主要有哪些方法？比较不同抚育采伐方法的技术特点及其应用。

12. 森林主伐与森林更新有何区别和联系？森林主伐有哪几种主要方式？

第九章
森林资源可持续经营

本章主要介绍森林资源经营管理的概念、内容和任务；林业区划与森林区划的概念、区别与联系及其区划体系；森林资源调查的目的、意义及我国森林资源调查体系；森林资源资产评价的目的、意义、方法与技术；森林经营周期的确定、森林经营方案编制等方法和技术；遥感（RS）、地理信息系统（GIS）、全球定位系统（GPS）即“3S”技术在森林资源区划、调查、监测、森林灾害监测、营造林规划设计等方面的应用。

第一节　森林资源经营管理概述

一、基本概念

森林是陆地生态系统的主体，在维护和改善全球生态环境方面起着决定性作用。森林也是人类生存和发展的物质基础，是经济社会发展不可或缺的自然资源。森林的概念，随着人们对森林认识的不断深化，特别是森林在人类生存和发展过程中作用的不断拓展，其范围和内涵也在不断变化。

世界上不同的国际组织和机构，以及不同的国家，甚至一个国家内部不同地区，对森林的定义也有所不同。早在1958年，联合国粮农组织定义森林为：凡是生长着任何大小林木为主体的植物群落，不论采伐如否，但具有木材或其他林产品的生产能力，并能影响气候和水文状况，或能庇护家畜和野兽的土地。

《中国自然资源丛书》中对森林的定义是：森林是以乔木（包括竹子）为主体，具有一定面积和密度的植物群落，并与周围环境构成有机的统一体。《中华人民共和国森林法》明确指出森林包括乔木林和竹林。但并不是任何乔木林和竹林都能被称之为森林，也就是说有面积和密度的要求。我国《森林资源规划设计调查主要技术规定》将森林定义为：连续面积大于0.067 hm^2、郁闭度0.20以上、附着有森林植被的林地，包括乔木林、红树林和竹林。森林覆盖率指一个国家或地区森林面积占土地面积的百分比，是反映一个国家或地区森林面积占有情况或森林资源丰富程度及实现绿化程度的指标，也是评价一个国家或地区生态环境状况好坏程度的指标。一个国家或地区的森林面积越大，则森林覆盖率越高。

森林资源是国家自然资源的重要组成部分，是林业生产和生态建设的物质基础，是森林资源经营与管理的主要对象。森林资源也是有生命的可更新再生资源，具有生态、经济和社会效益。森林与森林资源密切相关而内涵又有所区别的概念。森林资源的概念，涵盖了森林，并且在内容上又有所拓宽。对森林资源内涵的理解受人们对森林资源的认识水平、科学技术水平等因素的影响，森林资源的概念有广义和狭义之分，狭义森林资源的概念主要是指林地和林木资源；而广义森林资源的概念则是指林区范围内林地、林木、野生动植物乃至森林环境资源的总称。从森林可持续经营与森林资源开发利用角度来看，林木资源、林地资源、森林景观资源，以及依托于森林生态系统生存的野生生物资源是主要或者主导资源，其中林地资源、林木资源和森林景观资源是森林资源最主要的组成部分。

《中华人民共和国森林法实施条例》(2000 年)规定"森林资源包括包括森林、林木、林地以及依托森林、林木、林地生存的野生动物、植物和微生物"。森林，包括乔木林和竹林。林木包括树木和竹子。林地，包括郁闭度 0.2 以上的乔木林地以及竹林地、灌木林地、疏林地、采伐迹地、火烧迹地、未成林造林地、苗圃地和县级以上人民政府规划的宜林地。

二、森林资源经营管理内容与任务

森林资源经营管理是林学核心知识内容之一，要了解其内容和任务，应从分析林业生产的特点入手，这有助于认清为什么要开展森林资源经营管理工作。林业生产具有以下特点。

1. 林业生产地域的辽阔性

林业生产与工业生产、农业生产不同，其经营地域非常辽阔，有山区、丘陵、平原，不同的地形有着不同的自然地理条件和森林植被条件。这就决定着林业生产应根据各地的自然和森林资源条件，采取不同的经营技术措施，因地制宜、适地适树。为此，必须对林业的经营对象林地和林木进行分类区划、规划，以便从空间上合理安排林业生产，实现林业生产要素在空间上的最优配置。

2. 森林资源的可再生性

森林资源是一种可再生资源，只要利用得当，森林资源可以持续再生，但如果人类对森林资源的利用超过了其自身的恢复能力，森林资源也可能变成不可再生的资源，甚至消失。决定森林资源持续再生的关键要素是正确处理好生长量、蓄积量和采伐量三量之间的关系，蓄积量是生长量的积累，没有一定的蓄积量就不能保证足够的生长量，采伐量是调整生长量和蓄积量的重要因素，采伐量超过了生长量，蓄积量不但不能增加，反而越来越少。因此，必须制定合理的森林采伐量，并根据森林资源的变化，及时调整森林采伐量。而要做到正确的森林采伐量，就应该调查森林生长量和蓄积量及其变化趋势，这就需要森林资源调查、监测。

3. 森林功能的多样性

随着科学技术和人类对森林认识的不断提高，森林功能多样性已经被人们所认识。森林不仅能提供木材和多种林副产品，而且具有多种生态价值和社会价值，即森林的生态、经济和社会效益。但由于森林所处的地理位置和社会经济发展对森林的生态环境要求不同，其在国民经济发展中的地位也不尽相同，这就是所谓的森林类别、林种不同，因此，要进行商品林和公益林及林种的划分。再者，不同的森林类别、林种有着不同的营林技术要求，这就需要根据不同的森林类别、林种编制森林经营方案，只有这样才能实现科学经营。

4. 林业生产周期的长期性

林业生产周期短的需要5～6年，长的需要十几年甚至几十年。在这漫长的时间内，森林处在不同的生长阶段，有着不同的生长特点，需要不同的营林技术措施，因此，林业生产从开始就要有计划，即编制森林经营方案。

5. 林业生产的社会性

林业生产不仅能生产各种有形产品——木材、林副产品，而且能生产各种无形产品——生态效益、文化价值。森林生产的有形产品可以通过市场交换实现其价值回报，而其无形产品不能完全进入市场实现价值回报。但森林所产生的各种生态效益不具排他性，不可能被林业部门所独有，而是被全社会共享，也就是森林生态效益的外溢性，这就决定了林业是社会公益事业，社会公益事业就需要全社会共同来扶持和发展。因此，应根据林业生产"产品"的双重属性，进行商品林和公益林两类林的分类界定，开展森林分类经营。

6. 森林成熟的不明显性

森林成熟和农作物、果木成熟不同，农作物和果木成熟一般都有明显的外在标志如颜色等，而森林成熟则不然，没有明显的外在标志；再者，森林在不同生长发育阶段都有经济效益、生态效益和社会效益，都存在有满足这些功能的最佳时期即森林成熟期，它是确定森林经营周期的重要依据。

综合以上林业生产的特点及其产生的一系列林业生产实际问题，可见林业生产不仅涉及林学技术问题，而且也涉及经济、社会问题，这些问题的解决需要专门的理论和技术，森林经理学提出了解决这些问题的基本理论、技术和方法。

因此，森林经理学的内容就是研究森林区划、调查、评价，森林生长与收获、经营决策与控制调整等理论、方法及技术的学科。其任务就是森林区划、调查、分析、评价、森林经营方案编制、执行、检查、修订、森林资源管理等一系列森林经理工作。

第二节　森林资源经营管理

一、林业区划与森林区划

(一)林业区划

区划是区域划分的简称，就是将区划对象划分成不同的地理单元，是对地域差异性和相同性的综合分类，它是揭示某种现象在区域内共同性和区域之间差异性的手段。通过区划增加区域内部的同一性，扩大区域之间的差异性。常见的区划有行政区划、自然区划和经济区划三大类。

行政区划是指国家为了便于行政管理而进行的区域分级划分。不同的国家有不同的行政区划系统，我国采用的行政区划系统是省(自治区、直辖市)—地区(市)、盟、州—县(市)、旗—乡、镇。自然区划是按照自然因子的差异性对自然区域的分级分区。按多因子划分的自然区划称作综合区划；按单项因子划分的自然区划称作部门区划，如气候、地貌、土壤、植被、水资源等区划。经济区划是根据客观存在，各具特色的经济现象所进行的区域划分。它是社会劳动地域分工的一种形式，是以一定经济结构、中心城市为核心，紧密联系的地域经济与生产综合体。经济区划有综合经济区划和部门经济区划两类。综合经济区划类似国民经济区划，包括工业、农业、交通运输业等全面的区划。部门经济区划，如工业区划、综合农业区划、交通运输区划等。综合农业区划又可分为畜牧业区划、农作物区划、林业区划等。

林业生产地域的辽阔性，造成各地自然地理条件、森林资源条件和社会经济条件等都不一样。如不同的地理纬度有着不同的气候特征，由此决定着不同的地带性植被和物种组成；不同的地形有着不同的小气候和对应的森林类型、物种组成等，这些因子的不同决定着林业生产条件各异。因此，要合理组织林业生产，实现森林资源可持续经营，就必须将林地划分成不同的区划单位。

林业区划是依据自然地理条件和社会经济条件的差异性，森林与环境的相关性，林业的基础条件与发展潜力，以及社会经济发展对林业的主导功能需求和可持续发展规律等，对林业用地地域进行逐级划分，明确各级分区单元的林业发展方向、功能定位和生产布局，为现代林业的发展构建空间布局框架。林业区划是广域区划，具有宏观性、方向性和相对稳定性，它规定了一个地方林业发展的主导方向、功能定位等，是森林区划的重要依据。

中国林业区划采用三级分区体系，一级分区按自然条件分区，旨在反映对我国林业发展起到宏观控制作用的水热因子的地域分异规律，同时考虑地貌格局的影响。通过对制约林业发展的自然、地理条件和林业发展现状进行综合分析，明确不同区域今后林业发展的主体对象，如乔木林、灌木林、荒漠植被等；或者林业发展战略方向，如开发、保护、治理重点等。二级分区按主导功能分区，以区域生态需求、限制性自然条件和社会经济对林业发展的根本要求为依据，旨在反映不同区域林业主导功能类型的差异，体现森林功能的客观格局。三级分区是布局区，包括林业生态功能布局和生产力布局，旨在反映不同区域林业生态产品、物质产品和生态文化产品的差异性，实现林业生态功能和生产力的区域落实。中国林业区划共划分为10个一级区和62个二级区，具体见表9-1。

表9-1　中国林业区划表

一级区名	二级区名
Ⅰ．大兴安岭寒温带针叶林限制开发区	$Ⅰ_1$大兴安岭西部特用林区 $Ⅰ_2$伊勒呼里山北部防护用材林区 $Ⅰ_3$伊勒呼里山南部防护用材林区
Ⅱ．东北中温带针阔混交林优先开发区	$Ⅱ_1$大兴安岭东部防护林用材林区 $Ⅱ_2$松辽平原西部防护经济林区 $Ⅱ_3$松辽平原东北防护林区 $Ⅱ_4$东北东部山地用材林防护区 $Ⅱ_5$三北平原防护特用林区 $Ⅱ_6$长白山南部防护用材林区

续表 9-1

一级区名	二级区名
Ⅲ. 华北暖温带落叶阔叶林保护发展区	Ⅲ$_{1}$辽东、胶东半岛环渤海湾防护经济林区
	Ⅲ$_{2}$燕山长城沿线防护林区
	Ⅲ$_{3}$黄淮海平原防护用材林区
	Ⅲ$_{4}$鲁中南低山丘陵防护林区
	Ⅲ$_{5}$太行山伏牛山防护林区
	Ⅲ$_{6}$汾渭谷地防护经济林区
	Ⅲ$_{7}$晋陕黄土高原防护经济林区
	Ⅲ$_{8}$陇东黄土高原山地防护用材林区
Ⅳ. 南方亚热带常绿阔叶林、针阔混交林重点开发区	Ⅳ$_{1}$秦巴山地特用防护林区
	Ⅳ$_{2}$大别山、桐柏山用材防护林区
	Ⅳ$_{3}$四川盆地防护经济林区
	Ⅳ$_{4}$两湖沿江丘陵平原防护用材林区
	Ⅳ$_{5}$云贵高原东部中海拔山地防护林区
	Ⅳ$_{6}$华东华中低山丘陵用材经济林区
	Ⅳ$_{7}$华南亚热带用材防护林区
	Ⅳ$_{8}$台湾北部防护用材林区
Ⅴ. 南方热带季雨林、雨林限制开发区	Ⅴ$_{1}$藏东南特用经济林区
	Ⅴ$_{2}$滇西南经济特用林区
	Ⅴ$_{3}$滇南经济特用林区
	Ⅴ$_{4}$粤桂南部防护经济林区
	Ⅴ$_{5}$台湾南部防护用材林区
	Ⅴ$_{6}$海南岛防护特用林区
	Ⅴ$_{7}$南海诸岛防护林区
Ⅵ. 云贵高原亚热带针叶林优先开发区	Ⅵ$_{1}$滇西北特用防护林区
	Ⅵ$_{2}$滇东北川西防护林区
	Ⅵ$_{3}$滇西南特用经济林区
	Ⅵ$_{4}$滇中防护用材林区
	Ⅵ$_{5}$滇南用材经济林区
Ⅶ. 青藏高原东南部暗针叶林限制开发区	Ⅶ$_{1}$三江流域防护用材林区
	Ⅶ$_{2}$横断山区防护林区
	Ⅶ$_{3}$川西特用用材林区
	Ⅶ$_{4}$藏南特用用材林区
Ⅷ. 蒙宁青森林草原治理区	Ⅷ$_{1}$呼伦贝尔高原防护林区
	Ⅷ$_{2}$锡林格勒高原防护林区
	Ⅷ$_{3}$大兴安岭东南丘陵平原防护经济林区
	Ⅷ$_{4}$阴山防护特用林区
	Ⅷ$_{5}$黄河河套防护用材林区
	Ⅷ$_{6}$鄂尔多斯高原防护经济林区
	Ⅷ$_{7}$青东陇中黄土丘陵防护经济林区

续表 9-1

一级区名	二级区名
Ⅸ. 西北荒漠灌草恢复治理区	$Ⅸ_1$阿尔泰山防护用材林区 $Ⅸ_2$准噶尔盆地防护经济林区 $Ⅸ_3$准噶尔荒漠保护区 $Ⅸ_4$天山防护特用林区 $Ⅸ_5$南疆盆地荒漠恢复区 $Ⅸ_6$河西走廊防护经济林区 $Ⅸ_7$南疆盆地绿洲防护经济林区 $Ⅸ_8$阿拉善高原荒漠草原恢复区
Ⅹ. 青藏高原高寒植被与湿地重点保护区	$Ⅹ_1$昆仑山阿尔金山保护恢复区 $Ⅹ_2$祁连山防护特用林区 $Ⅹ_3$柴达木共和盆地防护经济林区 $Ⅹ_4$江河源湿地保护区 $Ⅹ_5$藏南谷地防护经济林区

(二)森林区划

森林区划是森林资源经营管理工作的重要内容之一。合理的区划将为森林资源可持续经营打下良好的基础。在为实现森林资源可持续利用而安排空间秩序时，首先考虑的问题就是森林区划。森林区划是针对林业局(场)等林业基层生产单位内部的区划，它是针对林业生产的特点，根据自然地理条件、森林资源以及社会经济条件的不同，将基层林业生产单位区划为若干个不同的单位，以便合理经营，它是森林经营管理工作的重要内容之一，也是调查规划的基础工作，合理的区划对森林资源调查、统计和分析；森林经营单位的组织；森林经营活动效果的评价，提高森林经营水平，以及各种技术、经济核算等都具有重要的意义。

森林区划与林业区划不同。林业区划是综合农业区划的一个组成部分，它是根据自然条件、社会经济条件和森林资源及林业生产的特点，对林业进行地理分区，确定总体和分区林业发展的方向，战略目标和重点，林业方针和重要措施，其目的是调整林业生产布局，建立合理的生产结构，推广先进技术，实施分类指导提供依据。森林区划是在林业区划的指导下进行具体地域上经营管理的划分、落实。林业区划具有相对的稳定性，而森林区划则具有可变性。

(三)森林区划系统

由于森林权属不同、类型不同而有不同的区划系统。具体情况如下：

国有林业局区划系统：林业局—林场—林班—小班。

国有林场区划系统：国有林场—分场(营林区或作业区)—林班—小班。

集体林区区划系统：县—乡—村—林班—小班。

在以林场森林资源为基础建立起来的森林公园或自然保护区，除了可以沿用已有的森林区划系统外，还可以按照森林公园或自然保护区的区划体系进行分片区划，即：

森林公园区划系统：森林公园—景区—景点。

自然保护区区划系统：核心区—缓冲区—实验区。

(四)森林区划单位

森林区划单位包括林场、林班、小班；森林公园、景区、景点等。

1. 林场区划

林场是林业局的下属单位，林场区划应尽量利用山脊、河流、道路等自然地形及永久性标志作为林场边界。林场的规模应考虑到森林资源条件、经营管理的方便等因素，我国北方林业局所属的林场经营面积一般 1 万～2 万 hm^2，最大也不宜超过 3 万 hm^2；南方林区由于地形等因素的影响，其林场规模要小些，有几千 hm^2。

2. 林班区划

林班是在林场范围内，为了便于森林资源统计和经营管理，将林地划分成许多面积大小比较一致的基本单位。林班为面积区划单位，具有相对的永久性。划出的林班及林班线，主要用途有测量和求算面积；清查资源；辨别方向；护林防火；开展森林经营活动等。林班区划方法有：人工区划、自然区划和综合区划。

(1)人工区划　人工区划是以规则的方形或长方形进行的区划，划出的林班呈规则的几何图形，林班线需要人工伐开。这种方法的优点是设计简单、林班面积大小比较一致、林班线的走向容易辨别，有利于调查统计和开展各种经营活动。缺点是伐开林班界造成林木资源损失，用工量较大，不适用于地形起伏较大的林区。

(2)自然区划　自然区划是利用自然地形如道路、河流、山脊、山谷等作为林班界，林班面积大小不一致。可以两山夹一沟作为一个林班，也可以以一面坡作为一个林班。优点是不需人工伐开林班线，节省工作量和森林资源；缺点是面积大小不一、不易辨别方向等。

(3)综合区划　综合区划是结合人工区划和自然区划的优点，先自然区划再人工区划。林班区划原则上采取自然区划或综合区划，地形平坦等地点不明显的地区可以采取人工区划。林班面积一般为 100～500 hm^2。自然保护区、东北与内蒙古国有林区、西南高山林区和生态公益林集中地区的林班面积根据需要可适当放大。

林班区划线应相对固定，无特殊情况不宜更改。国有林业局、国有林场和林业经营水平较高的集体林区，应在有关境界线上树立不同的标牌、标桩等标志。对于自然区划界线不太明显或人工区划的林班线应现地伐开或设立明显标志，并在林班线的交叉点上埋设林班标桩。

3. 小班区划

林班是林场内的固定面积区划单位，但林班的面积仍然较大，在林班内仍然存在地况和林况因子的差别。为了便于森林资源调查和因地制宜地开展各种经营活动，有必要根据经营要求和林学特征，在林班内划出的不同地段(林地或非林地)即小班。在每个小班内应该具有相同的经营目的、树种、自然条件等，并与其周边小班有显著差别。小班是林场内最基本的森林资源调查统计和经营区划单位，划分小班的具体条件有：

(1)权属　权属包括所有权和使用权(经营权)，分为林地所有权、林地使用权和林木所有权、林木使用权。不同权属的林地和林木应划分成不同的小班。

(2)土地类别　分为林业用地和非林用地，林业用地分为八大地类，不同的地类应划分成不同的小班。这八大林业地类分别如下：

有林地：连续面积大于 0.067 hm^2，附着有森林植被，郁闭度大于等于 0.2 或 人工幼林每公顷株数达合理株数 80%以上，且幼树分布均匀的林地，包括乔木林和竹林。乔木林又分纯林(蓄积或株数组成系数达 65%以上)和混交林。

疏林地：连续面积大于 0.067 hm^2、附着有乔木树种郁闭度在 0.10～0.19 的林地。

未成林地：包括人工未成林地和封育未成林地。人工未成林地：人工造林 1～3 年，飞播造林 1～5 年，造林成活率在 85%以上或保存率 80%以上，分布均匀，尚未郁闭但有成林希望的林地。竹林和经济林不划分未成林地。封育未成林地，采取封育或人工促进天然更新后 1～3 年，天然更新等级中等以上，尚未郁闭但有成林希望的林地。

灌木林地：面积大于 0.067 hm^2，附着有灌木树种或因生境恶劣矮化成灌木型的乔木树种以及胸径小于 2 cm 的杂竹丛，覆盖度在 30%以上，以经营灌木林为目的或起防护作用的林地。包括国家特别规定的灌木林地和一般灌木林地。

苗圃地：固定的林木、花卉育苗用地。

无立木林地：采伐迹地、火烧迹地和其他无立木林地。采伐或火灾后 2 年内，保留木达不到疏林地、未成林地标准的林地。

宜林地：宜林荒山荒地、宜林沙荒地、其他宜林地。未达到上述所有林地类型的林地。

辅助生产用地：直接为林业服务的工程设施与配套设施用地以及其他林地权属证明的土地。包括：培育、生产种子和苗木的林地；储存种子、苗木、木材和其他生产资料的设施用地；集材道、运材道；科研、试验、示范基地；野生动植物保护、护林管理、森林病虫害防治、森林防火、木材检疫设施用地；供电、供水、供气等设施用地。

(3)林种　有林地、疏林地和灌木林地根据经营目标不同划分为 5 个林种、22 个亚林种，分类系统如表 9-2 所示。

表 9-2　林种分类系统

森林类别	林种	亚林种
生态公益林	防护林	水源涵养林 水土保持林 防风固沙林 农田牧场防护林 护岸林 护路林 其他防护林
	特殊用途林	国防林 实验林 种子林 环境保护林 风景林 名胜古迹和革命纪念林 自然保护区林
商品林	用材林	短轮伐期用材林 速生丰产林 一般用材林
	薪炭林	薪炭林
	经济林	果品林 食用原料林 林化工业原料林 药用林 其他经济林

①生态公益林　是以保护和改善人类生存环境、维持生态平衡、保存种质资源、科学实验、森林旅游、国土保安等需要为主要经营目的的森林、林木、林地，包括防护林和特殊用途林。

生态公益林按事权等级划分为国家公益林（地）和地方公益林（地），前者是由地方人民政府根据国家有关规定划定，并经国务院林业主管部门核查认定的公益林（地），包括森林、林木、林地；后者是指由各级地方人民政府根据国家和地方的有关规定划定，并经同级林业主管部门核查认定的公益林（地），包括森林、林木、林地。

生态公益林按保护等级不同划分为特殊、重点和一般三个等级，划分标准执行 GB/T 18337.2—2001《生态公益林建设规划设计通则》。国家公益林（地）按照生态位差异一般分为特殊和重点生态公益林（地），地方公益林（地）按照生态位差异一般分为重点和一般公益林（地）。目前，国家级生态公益林享受每亩 5 元的生态效益补偿，可以预见，随着我国社会经济的发展，不同等级的生态公益林都能得到一定的生态效益补偿，且补偿标准会越来越高。

a. 防护林　以防护效益为主要培育目的的森林、林木和灌木林。根据不同的防护效益又可以分成 7 个亚林种。

水源涵养林：以涵养水源，改善水文状况，调节区域水分循环，防止河流、湖泊、水库淤塞，以及保护饮用水水源为主要目的的森林、林木和灌木。

水土保持林：以减缓地表径流、减少冲刷、防止水土流失、保持和恢复土地肥力为主要目的的森林、林木和灌木林。

防风固沙林：以降低风速、防止或减缓风蚀、固定沙地以及保护耕地、果园、经济作物、牧场免遭风沙侵袭为主要目的的森林、林木和灌木林。

农田牧场防护林：以保护农田、牧场，减免自然灾害，改善自然环境，保障农、牧业生产条件为主要目的的森林、林木和灌木林。

护岸林：以防止河岸、湖岸、海岸冲刷崩塌，固定河床为主要目的的森林、林木和灌木林。

护路林：以保护铁路、公路免受风、沙、水、雪侵害为主要目的的森林、林木和灌木林。

其他防护林：以防火、防雪、防雾、防烟等其他防护作用为主要目的的森林、林木和灌木林。

b. 特殊用途林　以保存物种资源、保护生态环境，用于国防、森林旅游和科学实验等为主要目的的森林、林木和灌木林。其间又可以分成 7 个亚林种。

国防林：以掩护军事设施和用作军事屏障为主要目的的森林、林木和灌木林。

实验林：以提供教学或科学实验场所为主要目的的森林、林木和灌木林。

种子林：以生产优良种子或种条为主要目的的森林、林木和灌木林，包括母树林、种子园、子代测定林、采穗圃、采根圃、树木园、种质资源和基因保存林等。

环境保护林：以净化空气、防止污染、降低噪声、改善环境为主要目的，包括城市及郊区结合部、工矿企业内、居民区与村镇绿化区的森林、林木和灌木林。

风景林：以满足人类生态需求，美化环境为主要目的，分布在风景名胜区、森林公园、度假区、滑雪场、狩猎场、城市公园、乡村公园以及游乐场所内的森林、林木和灌木林。

名胜古迹和革命纪念林：位于名胜古迹和革命纪念地，包括自然与文化遗产地、历史与革命遗址地的森林、林木和灌木林，以及纪念林、文化林、古树名木等。

自然保护区林：以保护典型森林生态系统、珍稀濒危野生动植物种及栖息地等为主要目的的森林，分布于森林自然保护区。

②商品林　是以生产木材、竹材、薪材、干鲜果品和其他工业原料为主要经营目的的森林、

林木、林地，包括用材林、薪炭林和经济林。

a. 用材林　此类森林主要是提供国民经济建设所需的各种木材。根据经营目的和经营周期的不同又可以分成短轮伐期用材林、速生丰产林和一般用材林。

短轮伐期用材林：以生产纸浆及特殊工业原料为主要目的，按照工程项目管理，采用集约经营、定向培育的森林、林木和灌木林。

速生丰产林：通过使用良种壮苗和实施集约化经营，缩短培育周期，获取最佳经济效益，森林生长指标达到相应树种速生丰产林国家(行业)标准的森林。

一般用材林：其他以生产木材和竹材为主要目的的森林、林木。

b. 薪炭林　以生产热能燃料(烧柴)为主要经营目的的森林、林木和灌木林。

c. 经济林　是以非木质资源利用为培育目的的森林、林木和灌木林，如林木的果实、树皮等。

果品林：以生产各种干、鲜果品为主要目的的森林、林木和灌木林。

食用原料林：以生产食用油料、饮料、调料、香料为主要目的的森林、林木和灌木林。

林化工业原料林：以生产树脂、橡胶、木栓、单柠等非木质林产化工原料为主要目的的森林、林木和灌木林。

药用林：以生产药材、药用原料为主要目的的森林、林木和灌木林。

其他经济林：以生产其他林副产品、特产品为主要目的的森林、林木和灌木林。

除了权属、土地类别、林种的不同需要划分成不同的小班；优势树种或优势树种组、龄级或龄组、郁闭度(疏密度)、林型或立地条件类型、地位级或立地指数、林分起源、坡度级、出材率等级等因子的不同也都需要划分成不同的小班。

小班面积要求：公益林小班区划起始面积为 1 hm^2，最大不超过 35 hm^2；商品林小班起始面积 1∶10 000 地形图为 0.4 hm^2，1∶25 000 地形图为 1 hm^2，最大不超过 20 hm^2。

在外业调查时，可按区划调查顺序编写临时小班号，并标注地类或优势树种(组)符号(有林地标注优势树种(组)符号，其他地类标注地类号)。

一个行政村(林班)区划调查结束后，按自上而下、从左到右顺序连续编写正式小班号。

二、森林资源调查

森林资源调查是对林业的土地进行的自然属性和非自然属性的调查，主要有森林资源状况、森林经营历史、经营条件及未来发展等方面的调查。

(一)森林资源调查的目的和意义

森林资源所有者和经营者，要经营管理好自己的森林资源，就必须掌握和了解森林资源家底，也就是森林资源的数量和质量，只有这样才能制定正确的经营决策。因此，森林资源调查的目的是查清调查区域内森林资源的面积、蓄积、生长量、消耗量及变化规律等；其意义在于：对国家或大区域的森林资源调查，是为国家或大区域制定林业计划或规划、方针、政策提供依据；对基层林业生产单位的森林资源调查，是为基层林业生产单位的长、中、短或年度计划以及检查评定森林经营效果和计划执行情况提供依据。

(二)森林资源调查体系

我国目前采取的是三级森林资源调查体系即一类调查、二类调查和作业设计调查。

国家森林资源连续清查简称一类调查，就是定期对同一地域上的森林资源进行重复性的调查。我国森林资源连续清查体系以省为抽样总体构建，采用系统抽样调查的方法，通过设置固定样地，有时增设临时样地，在样地内定期复查，一般为 5 年复查 1 次，获得总体的森林资源状况、森林资源消长动态变化及原因等信息，同时，满足国家和省森林资源和生态状况综合监测需要的连续清查。一类调查的意义在于为国家制定或调整林业方针政策、规划、计划提供依据。

一类调查采用系统抽样的方法在全国范围内布设样地，具体做法是在 1∶50 000 地形图的公里网交叉点上布置固定样地，间隔 2 km × 2 km、3 km × 4 km、8 km × 8 km，根据要求再增加一些临时样地，样地形状为矩形或圆形，面积 667 m^2。

我国是 20 世纪 50 年代(1953—1961 年)进行了第一次全国森林资源连续清查，到 2013 年完成了第八次全国森林资源清查。在调查范围上，经历了由早期的只有部分省区开展一类调查到如今的全国范围除台湾、香港和澳门特别行政区外的 31 个省(自治区、直辖市)的全覆盖调查；在调查内容上，由注重森林资源面积、蓄积、生长量、消耗量等林木资源的调查，到森林资源数量、质量、结构、分布的现状和动态，以及森林生态状况和功能效益等方面的综合调查；在调查方法和技术上，由传统的抽样、样地调查方法和技术到遥感(RS)、地理信息系统(GIS)、全球定位系统(GPS)“3S”技术与抽样、样地调查等现代科技手段相结合的综合利用阶段。我国森林资源连续清查体系经过数十年的发展，不仅在清查方法和技术上与国际接轨，而且组织管理和系统运行也规范高效，尤其是样地数量之大、复查次数之多，在全世界都是少见的。取得的成果为国家及时掌握森林资源现状、森林资源消长变化动态，预测森林资源发展趋势，进行林业科学决策提供了丰富的信息和可靠依据。

森林资源二类调查也称“二类调查或森林经理调查或小班调查”，就是以林业局、林场等基层林业生产单位为调查对象(单位)，查清其森林资源的种类、数量、质量、消长规律、立地条件及评价等，其意义或作用在于为基层林业生产单位编制和修订森林经营方案、总体设计、森林区划与规划设计提供依据。二类调查间隔期一般为 10 年，森林资源落实的空间单位是小班。

(三)三类调查也称作业设计调查

三类调查是为具体的作业设计而进行的单项调查，如抚育间伐、更新改造、主伐设计调查等。调查内容有树种、面积、年龄、直径、树高、蓄积量、出材量等。三类调查是作业设计前的调查，森林资源数据应落实到具体的的伐区或一定范围的作业地段上，其调查结果为编制年度生产计划提供依据。

三、森林资源评价

任何一片森林，不管面积、年龄大小，也不管生长于何地，都有生态、经济和社会价值，只不过大小不同而已。森林资源评价就是对每一片森林的生态、经济和社会价值进行评价，考虑本教材的特点，只简单介绍森林资源资产评价的有关概念、内容和评价方法等。

(一)资产与森林资源资产

资产是商品经济学中常见的概念，有广义和狭义之分。广义的资产是财产的另一种说法，泛指资金和物资构成的财产。在商品经济中，凡是起到资本作用的财产都是资产。狭义的资产是指作为生产要素投入经营活动的财产。

资源是一种客观存在的物质和能量，资源只有是所有者作为生产要素投入经济活动中才能称作为资源资产，资源是资产的源泉。森林资源资产是以森林资源为物质基础，具有使用价值，是在人们现有的认识和现实的科技水平下，其开发利用能带来一定的经济价值的森林资源。

森林资源和森林资产既有区别又有联系，所谓联系是二者有着相同的物质内涵。森林资源是森林资产的基础，没有森林资源就没有森林资源资产；所谓的区别就是森林资源要成为森林资源资产必须具备三个条件，即具有使用价值、有明确的产权关系、可以正常地进入市场进行货币交换。

森林资源资产除了具有一般资源资产的属性以外，还有其自身的特性：经营的永续性、再生的长期性、分布的辽阔性、结构和形态的综合性、功能多样性、效益的外溢性等。

森林资源资产的分类按形态分为有形资产和无形资产；按经营的性质分为经营性资产和非经营资产。

（二）森林资源资产产权

产权是人们对资产的权利，广义上讲产权包括对资产的所有权、经营权、收益权、处置权和使用监督权。森林资产的产权和其他资产的产权一样，也存在着产权管理问题，但在林业生产中，常存在森林资源的所有权和使用权混淆，表现为所有权和使用权合一，经营使用权代替所有权，或名义上承认森林资源资产属国家所有，但经济上得不到实现。只有明确解决森林资源资产的产权关系，才能从根本上改变森林资源资产无偿占有或无偿使用的局面，激发森林经营者的经营积极性，确保森林资源资产的保值增值。

（三）森林资产的产值

森林资产的产值取决于森林资源资产对于人类的实用性、稀缺性和开发利用条件，森林资产的价值或价格包括森林资产本身价值和社会对森林资产进行的人、财、物投入，森林资产的价值是由森林资产所有权的经营权益具体体现。

（四）森林资源资产评估的意义

随着林权改革的不断深入，森林资源资产产权变动更加频繁，森林资源资产评估就是将森林资源的实物量换算成货币量，以便为森林资源资产的出让、转让、合资、合作、股份经营、租赁、抵押、拍卖、企业清算等提供价格依据。森林资源资产涉及的内容很广，就目前的条件和技术，森林资源资产评估主要是指林木和林地资产的评估。

（五）评估依据和原则

(1)评估依据　主要是指法律依据、技术标准和资料依据。法律依据如《国有资产评估管理办法》、《国有资产评估管理办法实施细则》、《森林资产评估管理办法》等；技术标准依据如《关于转发〈资产评估操作规范意见（试行）〉的通知》（国资办发〔1996〕23号）、《森林资源资产评估技术规范》（LY/T 2407—2015）等；资料依据主要指森林资产的产权证书、森林资源档案、森林资源调查统计资料、价目表、有关测树经营数表等。

(2)评估原则　科学性、公正性、独立性、专业性、可行性、真实性等。

（六）林木资产评估

林木资产评估要根据不同的林种，选择适用的评估方法和林分质量调整系数进行评定估算。主要方法有:林木市(场)价法,包括市场价倒算法、现行市价法;收益现值法,包括收益净现值法、收益现值法、年金资本化法;成本法,包括序列需工法、重置成本法;清算价格法。

(1)市场倒算法　是被评估林木采伐后所得木材的市场销售总收入,扣除木材经营所消耗的成本(含有关税费)及应得到利润,剩余的部分作为林木资产评估价值。其计算公式为:

$$E_n = W - C - F$$

式中:E_n为林木资产评估价值;W为销售总收入;C为木材经营成本(包括采远成本、销售费用、公里费用、财务费用及有关税费);F为木材经营合理利润。

这种方法一般适用于近、成、过熟林的评估。其应用条件是:有适用的出材率表、评估基准日木材市场价格、木材生产和销售成本、各种税金、费用标准等。

(2)现行市价法　以相同或类似林木资产的现行市价作为比较基础,估算被评估林木资产价值的方法。

$$E_n = K \times K_b \times G \times M$$

式中:E_n为资产评估价值;K为林分质量调整系数;K_b为物价指数调整系数,G为参照物单位蓄积的交易价格(元/m^3);M为被评估林木资产的蓄积量。

现行市价原则上适用于各林龄、各类型的森林资产评估。但必须具备下列条件:具有充分发育、活跃健全的森林资产交易市场,存在着三个以上具有可比性参照物;价值影响因素明确,并且可以量化。

(3)收益净现值法　是将被评估林木资产在未来经营周期内各年的净收益按一定的贴现率折算为现值,然后累计求得林木资产评估价值的方法。其公式为:

$$E_n = \sum_{i=n}^{U} \frac{(A_i - C_i)}{(1+P)^{i-n+1}}$$

式中:E_n为资产评估价值;A_i为第i年的年收入,C_i为第i年的年成本支出;U为经营周期;P为贴现率;n为林分年龄。

此法适用条件为:森林资产经营收益之间存在着稳定的比例关系,并且可以量化;经营期内未来的收入和支出可以正确预测。

(4)收获现值法　是用收获表预测被评估林木资产在主伐时的纯收益的贴现值,扣除评估后到主伐期间所支出的营林生产成本贴现值的差额,作为林木资产评估价值的方法。

$$E_n = K \cdot \frac{(A_u + D_a(1+P)^{u-a} + D_b(1+P)^{u-b} + \cdots}{(1+P)^{u-n}} - \sum_{i=n}^{u} \frac{C_i}{(1+P)^{i-n+1}}$$

式中:E_n为资产评估价值;A_u为标准林分u年主伐时的纯收入(指木材销售收入中扣除采运成本、销售费用、管理费用、财务费用、有关税费、合理利润后的部分);D_a、D_b为标准林分第a、b年的间伐收入;C_i为第i年的年成本支出;U为经营周期;P为贴现率;n为林分年龄;K为林分质量调整系数。

此法适用于中龄林的林木资产评估。同时,必须有收获量表和材种出材量表等。

(5)列需工数法　序列需工数法是以现时工日生产费用和林木资产经营中各工序的平均需工数估算林木资产重置价值的方法。其计算公式为:

$$E_n = K \cdot \sum_{i=1}^{n} N_i \cdot B \cdot (1+P)^{n-i+1} + \frac{R[(1+P)^n - 1]}{P}$$

式中：E_n为林木资产评估价值；K 为林分质量调整系数；N_i为第 i 年的需工数；B 为评估时以工日为单位计算的生产费用；P 为利率；R 为地租；n 为林分年龄。

(6)重置成本法　重置成本法是按现时工价及生产水平，重新营造一块与被评估林木资产相类似的林分所需的成本费用，作为被评估林木资产评估价值的方法。其计算公式为：

$$E_n = K \cdot \sum_{i=1}^{n} C_i \cdot (1+P)^{n-i+1}$$

式中：E_n为林木资产评估价值；K 为林分质量调整系数；C_i为第 i 年以现时工价及生产水平为标准计算的生产成本，主要包括各年投入的工资、物质消耗、地租等；n 为林分年龄；P 为利率。

(七)林地资产评估

(1)林地现行市价法　是以具有相同或类似条件林地的现行市价作为比较基础，估算林地评估值的方法。其计算公式为：

$$B_u = k \times K_b \times G \times S$$

式中：B_u为林地评估值；k 为林地质量综合调整系数；K_b为物价指数调整系数；G 为参照物单位面积的交易价格(元/hm^2)；S 为被评估林地的面积。

(2)林地期望价法　是以实行永续皆伐为前提，从无林地造林开始计算，将无穷多个轮伐期的纯收益全部折为现值累加求和，作为林地的评估值。其计算公式为：

$$B_u = K \cdot \frac{A_u + D_a(1+P)^{u-a} + D_b(1+P)^{u-b} + \cdots - \sum_{i=1}^{n} C_i(1+P)^{u-i+1}}{(1+P)^u - 1} - \frac{V}{P}$$

式中：B_u为林地评估值；K 为林分质量调整系数；C_i为第 i 年投入的营林生产直接费用(包括整地、栽植、抚育等费用)；A_u为现实林分第 u 年主伐时的纯收入(指木材销售收入扣除采运成本、销售费用、管理费用、财务费用、有关税费、木材经营的合理利润后的部分)；D_a、D_b为现实林分第 a、b 年的间伐纯收入；u 为经营周期；V 为年均营林生产间接费用(包括森林保护费、营林设施费、良种实验费、调查设计费、基层生产单位管理费、场部管理费用和财务费用)；P 为利率。

(3)林地费用价法　是以取得林地所需的费用和把林地维持到现在状态所需的费用来估算林地评估值的方法。其计算公式为：

$$B_u = A \cdot (1+P)^n + \sum_{i=1}^{n} M_i(1+P)^{n-i+1}$$

式中：B_u为林地评估值；A 为林地购置费；M_i为林地购置后，第 i 年林地改良费；n 为林地购置年数；P 为利率。

林木资产评估一般按林种、树种、分年龄阶段进行：幼龄林一般选用现行市价法、重置成本法和序列需工数法。中龄林一般选用现行市价法、收获现值法。在使用收获现值法时必须要有能反映当地生产过程的生长过程表或收获表。在没有这些数表时，也可利用当地的调查材料，拟合当地的林木平均生长过程，以取得预测值。近、成、过熟林主要选用现行市价法中的市场价倒算法。

经济林林木资产评估一般选用现行市价法、收益现值法和重置成本法。在选用收益现值法时应考虑经济林经营的经济寿命期、各生长发育阶段的经济林产品的产量和成本的差异、经济寿命期末的林木残值。在选用重置成本法时应以盛产期前为重置期确定重置成本。进入盛产期后，还应根据收获年数确定调整系数（折耗系数）。其他林种评估适用方法参见《森林资源资产评估技术规范（试行）》。

林地资产评估方法中，现行市价法适用于各类林地资产评估；林地期望价法适用于用材林、薪炭林、防护林、疏林地、未成林造林地、灌木林地、采伐迹地、火烧迹地和国家规划的宜林地林地资产的评估；林地费用价法一般适用于苗圃地等林地资产评估。

四、森林经营周期

森林经营是一种周期性循环往复的生产经营活动，它通常指一定区域内从一次收获到另一次收获之间的间隔期，即采伐—更新—培育—再采伐，或者造林—培育—采伐—再造林的更新过程。根据研究对象不同经营周期分轮伐期和择伐周期（回归年）。森林成熟是确定林分、林木经营周期的基础，除此之外，还要综合考虑树种、立地条件、林分起源、经营水平、木材销路等。森林经营周期的长短直接影响森林经营目标、营林措施的制定、采伐与更新、森林资源永续利用等，因此，森林经营周期的确定具有重要意义。

（1）轮伐期　轮伐期是同龄林的经营周期。就一个经营单位（经营类型）来讲，轮伐期是指伐尽整个经营单位全部成熟林分之后，到再次可以采伐成熟林分所需要的时间；就一个林分而言，轮伐期就是指造林、成林、采伐、更新所需要的时间。用公式表示为：

$$u = a \pm v$$

式中：u 为轮伐期；v 为森林成熟龄；a 为更新期。

轮伐期是同龄林的经营周期，达到轮伐期的林分实行皆伐作业，然后通过人工更新方式完成采伐迹地更新，这样所形成的新一代林分仍然为同龄林。

轮伐期的确定依据主要是森林成熟和更新期。森林成熟是指在森林的生长发育过程中，达到最符合经营目标的状态，而此时的年龄称为森林成熟龄。森林成熟和农作物、果木的成熟有着明显的区别，农作物、果木成熟有明显的外在标志，如颜色、硬度等，而森林成熟则不然；另外，由于森林功能的多样性，导致了森林成熟种类的多样性，不同的经营目的所关注的森林成熟种类也不同。森林成熟是合理组织森林经营、确定经营周期的重要依据，森林成熟的种类有数量成熟、工艺成熟、防护成熟、更新成熟、自然成熟和经济成熟等。影响森林成熟的因子有树种、立地条件、森林经营水平、经营目的等，这些因子也间接影响轮伐期的长短。用材林轮伐期是以工艺成熟为基础，重点考虑经济成熟，适当兼顾数量成熟。

（2）择伐周期（回归年）　是指在异龄林林分中，采伐符合规定直径大小的林木，通过保留木的继续生长，到林分再次可以采伐同样大小林木所需要的时间；或者是林分再次恢复到采伐前单位面积蓄积量所需要的时间。

与轮伐期不同，择伐周期是异龄林的经营周期，异龄林林分内生长着不同年龄、直径大小的林木，不可能像同龄林那样采取皆伐的主伐作业方式，而异龄林只能采伐达到成熟或符合直径大小的林木，因此，异龄林采伐方式为择伐作业，采伐作业后所形成的林窗，又通过周边保留木的天然下种完成天然更新，这样保留的仍然为异龄林。

五、森林经营方案

(一)森林经营方案的概念与意义

林业生产周期的长期性、功能的多样性、资源的再生性等特点，要求林业从一开始就要有计划，而这种计划的体现形式就是森林经营方案。

根据《森林经营方案编制与实施纲要》，森林经营方案是森林经营主体为了科学、合理、有序地经营森林，充分发挥森林的生态、经济和社会效益，根据森林资源状况和社会、经济、自然条件编制的森林培育、保护和利用的中长期规划，以及对生产顺序和经营利用措施的规划设计。

森林经营方案是森林经营主体和林业主管部门经营管理森林的重要依据。编制和实施森林经营方案是一项法定性工作，森林经营主体要依据经营方案制定年度计划，组织经营活动，安排林业生产；林业主管部门要依据经营方案实施管理，监督检查森林经营活动。

森林经营方案规划期为一个森林经理期，一般为10年。以工业原料林为主要经营对象的可以为5年。

森林经营方案编制与实施应以科学发展观为指导，以森林可持续经营理论为依据，以培育健康、稳定、高效的森林生态系统为目标，通过严格保护、积极发展、科学经营、持续利用森林资源，提高森林资源质量，增强森林生产力和森林生态系统的整体功能，实现林业的可持续发展。

森林经营方案编制与实施要求坚持资源、环境和经济社会发展协调，坚持所有者、经营者和管理者责、权、利统一，坚持与分区施策、分类管理政策衔接，坚持保护、发展与利用森林资源并重，坚持生态效益、经济效益和社会效益统筹的原则。

森林经营方案编制与实施要有利于优化森林资源结构，提高林地生产力；有利于维护森林生态系统稳定，提高森林生态系统的整体功能；有利于保护生物多样性，改善野生动植物的栖息环境；有利于提高森林经营者的经济效益，改善林区经济社会状况，促进人与自然和谐发展。

(二)编案单位和程序

(1)编案单位　从事森林经营、管理，范围明确，产权明晰的单位或组织为森林经营方案编制单位。依据其性质和规模分为以下几种编案单位：

一类编案单位：国有林业局、国有林场、国有森林经营公司、国有林采育场、自然保护区、森林公园等国有林经营单位。

二类编案单位：达到一定规模的集体林组织、非公有制经营主体。

三类编案单位：其他集体林组织或非公有制经营主体，以县为编案单位。

(2)森林经营方案编制的主要程序

①编案准备　包括组织准备，基础资料收集及编案相关调查，确定技术经济指标，编写工作方案和技术方案。

②系统评价　对上一经理期森林经营方案执行情况进行总结，对本经理期的经营环境、森林资源现状、经营需求趋势和经营管理要求等方面进行系统分析，明确经营目标、编案深度与广度及重点内容，以及森林经营方案需要解决的主要问题。

③经营决策　在系统分析的基础上，分别从不同侧重点提出若干备选方案，对每个备选方案进行投入产出分析、生态与社会影响评估，选出最佳方案。

④公众参与　广泛征求管理部门、经营单位和其他利益相关者的意见，以适当调整后的最佳方案作为规划设计的依据。

⑤规划设计　在最佳方案控制下，进行各项森林经营规划设计，编写方案文本。

⑥评审修改　按照森林经营方案管理的相关要求进行成果送审，并根据评审意见进行修改、定稿。

（三）编案内容和要求

（1）编制内容　根据编案单位确定编案内容。

一类编案单位森林经营方案一般包括森林资源与经营评价，森林经营方针与经营目标，森林功能区划、森林分类与经营类型，森林经营，非木质资源经营，森林健康与保护，森林经营基础设施建设与维护，投资估算与效益分析，森林经营的生态与社会影响评估，方案实施的保障措施等主要内容。

二类编制单位可在当地林业主管部门指导下组织编制简明森林经营方案，其内容一般包括森林资源与经营评价，森林经营目标与布局，森林经营，森林保护，森林经营基础设施维护，效益分析等。

三类编案单位由县级林业主管部门组织编制规划性质森林经营方案，其内容一般包括森林资源与经营评价，森林经营方针、目标与布局，森林功能区划与森林分类，森林经营，森林健康与保护，投资估算与效益分析，森林经营的生态与社会评估等。

（2）编制要求　森林经营方案编制深度依据编案单位类型、经营性质与经营目标确定，一般应将经理期内前3～5年的森林经营任务和指标按经营类型分解到年度，并挑选适宜的作业小班；后期经营规划指标分解到年度。在方案实施时按2～3年为一个时段滚动落实到作业小班。

（四）森林生态系统分析与评价

编制森林经营方案必须建立在翔实、准确的森林资源信息基础上，包括及时更新的森林资源档案、近期森林资源二类调查成果、专业技术档案等。编案前2年内完成的森林资源二类调查，应对森林资源档案进行核实，更新到编案年度。编案前3～5年完成的森林资源二类调查，需根据森林资源档案，组织补充调查更新资源数据。未进行过森林资源调查或调查时效超过5年的编案单位，应重新进行森林资源调查。

森林经营方案编制应全面进行森林生态系统分析与森林可持续经营评价。分析重点包括森林资源数量、质量、分布、结构及动态变化，森林生态系统完整性、森林健康与生物多样性状况；森林提供木质与非木质林产品的能力；森林保持水土、涵养水源、游憩服务、劳动就业等生态与社会服务功能；林业有害生物、森林病虫害、森林火灾和地力衰退状况等。

评价应参照国家、区域或经营单位等不同层次的森林可持续经营标准与指标，重点包括维持森林生态系统生产力、保持森林健康与活力、保护生物多样性、发挥社会效益等方面的优势、潜力和问题，编案单位的经营管理能力、机制，森林经营基础设施等条件。

森林经营方案编制应全面分析国家、区域和社区对森林经营的经济、社会和生态需求，找出外部环境对森林经营管理的影响因素和影响程度。重点分析相关森林经营政策、林业管理制度的约束与要求，当地居民生产生活和相关利益者对森林经营的需求及依赖程度，生态安全与森林健康对森林多目标经营要求与限制等，以生态、经济、社会三大效益统筹兼顾和协调发展的经营理念确定经营战略。

(五)森林经营方针与目标

(1)经营方针　编案单位应根据国家、地方有关法律法规和政策，结合森林资源及其保护利用现状、经营特点、技术与基础条件等，确定方案规划期的森林经营方针。经营方针必须统筹好当前与长远、局部与整体、经营主体与社区利益，协调好森林多功能与森林经营多目标的关系，确保森林资源的生态、经济和社会等多种效益的充分发挥。

(2)经营目标　森林经营方案应当明确提出规划期内要实现的经营目标。经营目标应根据现有森林资源状况、林地生产潜力、森林经营能力和当地经济社会情况等综合确定。森林经营目标应当作为当地国民经济发展目标的重要组成部分，并与国家、区域森林可持续经营标准和指标体系相衔接。经营目标主要包括森林资源发展目标，林产品供给目标和森林综合效益发挥目标等。

(六)森林区划与组织森林经营类型

(1)森林区划　一、三类编案单位应按照《全国森林资源经营管理分区施策导则》的要求，以区域为单元进行森林功能区划。包括森林集水区区划、生态景观区划、生物多样性保护区划、野生植物保护区划、野生动物保护区划、人文遗产保护区划、森林游憩区划、森林火险区划、有害生物防控区划等。具有下列一种或多种属性的高保护价值区域应优先区划出来：

①在全球或国家水平上，具有重要保护价值的生物多样性(如地方特有种、濒危种、残遗种)显著富集的区域。

②在全球或国家水平上，具有重要保护意义的主要物种仍基本保持自然分布格局的大片森林景观区域。

③珍稀、受威胁或濒危生态系统区域。

④提供生态服务功能(如集水区保护、土壤侵蚀控制)的区域。

⑤满足当地社区生存、健康等基本需求的区域。

⑥对当地社区的传统文化特性具有重要意义的区域。

编案单位应以小班为单元，按照森林分类经营的要求进行公益林和商品林区划。国家重点公益林按照《重点公益林区划界定办法》的要求划定；一般公益林和商品林原则上根据国家、地方相关规定和规划以及经营者意愿划定。

(2)组织森林经营类型　编案单位在功能区划和森林分类的基础上，以小班为单元组织森林经营类型。综合考虑生态区位及其重要性、林权、经营目标一致性等因素，将经营目的、经营周期、经营管理水平、立地质量和技术特征相同或相似的小班组成一类经营类型作为基本规划设计单元。

(七)森林经营规划设计

(1)公益林经营规划设计要求　公益林经营规划设计依据有关法律法规和政策，结合经营单位公益林保护与管理实施方案等进行。

①根据森林功能区经营目标的不同确定经营技术与培育、管护措施，维持和提高公益林的保护价值和生态功能。

②依据《全国森林资源经营管理分区施策导则》，明确编案单位内严格保护、重点保护和保护经营三种经营管理类型组的经营对象和经营管护措施，设计经营技术指标和管理目标体系。

③依照生态公益林建设的系列技术标准，规划设计公益林的造林、抚育和更新改造等任务。

④重点公益林区的更新造林，应充分利用自然力进行生态修复。人工林应采取保护天然幼树、幼苗等措施增强自然属性。重点保护类型组和保护经营类型组的重点公益林可以限量规划抚育间伐、低效林改造和更新采伐，引进乡土珍贵树种，提高公益林的经济产出潜力。

⑤公益林管护应结合实际，因地制宜，采取集中管护、分片承包或个人自护等方式，制订管护方案，落实管护责任。

(2)商品林经营规划设计要求　商品林经营应以市场为导向，在确保生态安全的前提下以追求经济效益最大化为目标，充分利用林地资源，实行定向培育和集约经营。

①根据立地质量评价、森林结构调整目标、市场需求与风险分析，以及森林资源经济评估成果等，综合确定商品林经营类型的培育任务。

②分别对更新造林、抚育间伐、低产林改造三种主要经营措施类型组进行规划设计。培育任务按林种—森林经营类型—经营措施类型(组)进行组织，各项规划任务落实到每个森林经营类型。

③经济林规划应根据种植传统，因地制宜地选择果树林、食用原料林、林化工业原料林、药用林或其他经济林。根据市场需求、土地资源、产品质量、经营加工能力、储存能力及运输条件、名牌效应等因素确定经济林发展规模。按照名、特、优、新的原则，选择优先发展的产业。

④生物质能源林经营可分为木质能源林和油料能源林两种类型。木质能源林经营应重点考虑当地居民的生活能源需求和当地生物质电能源生产的原料需求，选择高燃烧值的树种，规划经营规模。油料能源林经营应充分考虑就近加工的条件和能力，因地制宜地选择具有商业开发价值的树种，规划培育基地规模。

森林采伐贯穿于森林经营的全过程，是森林培育和结构调整的重要手段。森林采伐量应依据功能区划和森林分类成果，分别主伐、抚育间伐、更新、低产(低效)林改造等，结合森林经营规划，采用系统分析、最优决策等方法进行测算，确定森林合理年采伐量和木材年产量。

(八)非木质资源经营与森林游憩规划

非木质资源经营规划应以现有成熟技术为依托，以市场为导向，规划利用方式、强度、产品种类和规模。在严格保护和合理利用野生资源的同时，积极发展非木质资源的人工定向培育。

森林游憩规划可按照功能区或旅游地类型进行，充分利用林区多种自然景观和人文景观资源，开展以森林生态系统为依托的游憩活动。规划应因地制宜地确定环境容量和开发规模，科学设计景区、景点和游憩项目。

(九)森林健康与生物多样性保护

森林防火规划应重点区划森林火险等级，制定森林防火布控与应急预案，规划森林扑火队伍、装备和基础设施等。

林业有害生物防控规划应与营造林措施紧密结合，以营造林防控为主，辅以必要的生物防治和抗性育种等措施。重点规划预测预报系统与监测预警体系，防治检疫站点与检疫体系，制定林业有害生物和疫源疫病防控预案等。

林地生产力维护措施应贯穿于森林经营的全过程。应充分考虑有利于地力维护的培肥技术、采伐要求、化学制剂应用等保护对策。提倡培育阔叶林和混交林；速生丰产林应考虑轮作、休歇、间作等培育措施；水土流失严重地区应在造林、采伐作业时，采取土壤水肥保持措施。

森林集水区经营管理规划应科学规划集水区的类型和等级，分区确定森林经营策略，将采伐、造林、修路等森林经营活动导致的水土流失降到最小。

生物多样性保护规划应充分考虑生物资源类型、保护对象特点、制约因素及影响程度、法律法规与政策等。

(十)基础设施与经营能力建设

(1)林道规划　应根据森林经营的实际需要和建设能力，明确林道建设及维护的任务量。林道密度以满足森林经营的基本要求为原则，新建林道应尽量结合防火道、巡护路网等布设，避开高保护价值森林区域、缓冲带和敏感地区。

(2)森林保护、林地水利及其他营林配套基础设施规划　应充分结合国家、地方相关基础设施建设规划进行，以利用和维护已有基础设施为主，并考虑设施的多途利用。

(3)森林经营管理队伍建设规划　应依据森林经营单位的经营目标、经营任务、劳动定额等进行。要加强技术技能培训，促进森林经营管理队伍职业化和专业化。

(4)森林经营档案建设规划　应以分类、准确、及时、便捷为原则，重点规划档案管理人员、设施设备和相关管理制度建设等。森林经营档案应包括森林资源档案、经营技术档案、生产管理档案及相关文件、资料等。

(十一)编案方法与公众参与

森林经营方案编制应以生态系统经营理论为指导，积极应用林学、经济学、生态学、计算机技术等科学方法和技术手段，进行系统分析、综合评价、科学决策和规划设计，确保森林经营方案的科学性、先进性和可行性。

森林经营决策应针对森林经营周期长、功能多样、受外部环境影响大等特点，从不同侧重点出发对森林结构调整和经营规模提出多个备选方案，进行多方案比选。

森林经营方案编制应采取参与式规划方式，建立公众参与机制，在不同层面上，充分考虑当地居民和利益相关者的生存与发展需求，保障其在森林经营管理中的知情权和参与权，使公众参与式管理制度化。

(十二)编案成果与审批

森林经营方案成果包括方案文本及相关图表和数据库等。编制成果经承担规划设计的单位签署意见后，由编案单位和林业主管部门共同论证。

森林经营方案实行分级、分类审批和备案制度。一类编案单位的经营方案由隶属林业主管部门审批并备案，二类编案单位的经营方案由所在地县级以上林业主管部门审批并备案，三类编案单位的经营方案由省级林业主管部门审批并备案。重点国有林区森林经营单位的森林经营方案，由国家林业局或委托的机构审批并备案。

(十三)方案实施、监测、评估与调整

编案单位为森林经营方案的实施主体，应严格按照森林经营方案规划设计的各项任务和年度安排制定年度计划，编制作业设计，组织并开展各项经营活动。

森林经营单位应建立森林经营成效监测体系，监测森林经营方案执行情况，依据年度计划和有关标准、规定，验收经营作业成果。

森林经营单位应根据监测结果和相关森林可持续经营标准与指标体系，定期评价森林经营方案实施效果，评估森林可持续经营状况，鼓励由社会第三方进行森林可持续经营认证。

森林经营单位可在经理期内依据监测、评估结果对森林经营方案进行适当调整。其中对经营目标、森林分类区划、采伐利用规划等内容进行重大调整时，应报原森林经营方案批准单位重新批复。

(十四)方案管理、监督与保障措施

各级林业主管部门应切实加强森林经营方案编制与实施的管理，定期对编案单位实施森林经营方案的情况和效果进行监督检查。

森林经营方案是编制森林采伐限额的主要依据。各级林业主管部门应将森林经营方案作为编制森林采伐限额、下达年度木材生产计划的重要依据，原则上森林采伐限额和木材生产计划按依法批准的森林经营方案确定。

各地编制各项与森林经营有关的规划、工程项目和投资计划时，应充分考虑森林经营方案设计的森林经营目标和主要规划内容。通过完善法律法规、政策规范，逐步确立森林经营方案的法律地位和权威性，理顺森林经营的利益分配关系，促进森林经营方案编制和实施的法制化、规范化和科学化。

六、"3S"技术在森林资源经营管理中的应用

(一)"3S"技术

遥感(remote sensing，RS)、地理信息系统(geographical information system，GIS)、全球定位系统(globe position system，GPS)技术简称"3S"技术。

地理信息系统是一种特定而又十分重要的空间信息系统，它是在计算机软件和硬件技术支持下，用以进行空间数据采集、存储、管理、加工、分析和描述整个或部分地球表面(包括大气层在内)与空间及地理分布有关的数据，以便为空间规划、决策、管理等提供信息的技术系统。地理信息系统也属管理信息系统的范畴，但它属于空间管理信息系统，一般的管理信息系统只能管理属性数据，进行相应数据的统计、分析、报表生成等；而 GIS 不仅具有管理属性数据的功能，而且具有管理空间数据的功能即空间管理，这是 GIS 区别于一般管理信息系统的关键之处，它既可以进行属性数据统计、分析、报表生成，又可以进行空间数据加工、查询、制图等，实现信息管理的可视化和制表、制图的计算机一体化。

遥感技术是 20 世纪 60 年代兴起并迅速发展起来的一门综合性探测技术，已被广泛用于测绘、资源调查、环境监测与评价、区域分析与规划等领域。遥感作为获取大范围地面信息的有效手段，可以适时、准确地获取资源、环境、工程建设等地表信息，在资源调查、监测、评价、工程验收等工作中发挥着重要作用。遥感为地理信息系统提供数据源，而地理信息系统作为遥感数据分析的手段，可以有效地对遥感数据进行分析、综合。

全球定位系统是利用人造地球卫星进行点位测量的导航技术的一种，最早的 GPS 是美国国防部为满足军事部门对海上、陆地和空中设施进行高精度导航和定位的要求而建立的。GPS 由空间星座部分、地面监控部分和用户设备部分三大部分组成。美国 GPS 的空间卫星星

座由 24 颗卫星组成，其中包括 3 颗备用卫星。卫星分布在 6 个轨道面上，每个轨道面上有 4 颗工作卫星，保障了地球上的任何地点、任何时间可以同时观测到至少 4 颗卫星，加之卫星信号的传播和接受不受天气的影响，因此，GPS 能够在全地球范围内进行全天候的连续的实时定位。除了美国的 GPS 系统以外，目前世界上还有欧盟的伽利略系统和俄罗斯的格洛纳斯系统。我国也自行研制了北斗卫星导航系统(BeiDou navigation satellite system，BDS)，并已用于经济社会的各个领域。利用 GPS 可以实现遥感数据的准确定位查询，同时可以进行地理信息系统的空间数据采集，作为地理信息系统的数据来源，并对动态监测系统数据库进行更新。GPS 除了具有定位导航功能外，还具有测算距离、面积的功能。

遥感、地理信息系统和全球定位系统作为对地观测系统中空间信息的获取、存储管理、更新、分析和应用的三大技术，是实现社会可持续发展、资源合理规划利用、城乡规划与管理、自然灾害动态监测与防治等的重要技术手段，也是地学研究走向定量化的科学方法之一，三者在空间信息管理上各具特色，均可以独立完成自身具有的功能，同时又可以相互关联，在解决和分析问题的功能上各有优点和不足，三者的结合与集成，不只是相互调用功能，而是直接共同作用，形成有机的一体化系统，以快速准确地获取定位的现势信息，对数据进行动态更新，实现实时实地的现场查询和分析判断。

(二)"3S"技术应用

随着森林资源经营管理水平的不断提高，"3S"技术正广泛应用于森林资源经营管理工作中，如森林资源调查、监测、评价、经营决策等。

1. 森林资源信息管理

传统的林业管理中，相关林业部门想要获取某地区森林各属性因子情况、森林结构和变化情况等，只能从林业资源档案中查询了解，且纸质档案不适合长期保存，查阅过程烦琐、不直观，容易出错。以 GIS 技术为平台，采用 RS 和 GPS 数据源，并结合地面本底数据，通过相关模型的研制，建立起资源管理系统，从而实现计算机一体化查询。在数据分析处理方面，GIS 技术拥有很强大的功能。在 GIS 操作环境下，通过对小班的地籍号进行查询或通过属性筛选的功能，便可获取所查询的林班、小班的数据和调查信息。此外，还可以在电子图上进行森林资源动态管理和监测。必要时可以对相关信息进行更新处理，从而可以掌握森林资源的状况和变化，方便林业信息管理。GIS 方法将图形引入计算机处理，使图形与属性数据库有机结合，实现了森林资源档案的计算机一体化、数字化管理。

2. 森林资源调查与监测

森林资源调查是森林资源经营管理的重要工作任务，通过森林资源调查与监测，可以及时掌握森林资源现状及其消长变化规律，提高森林资源管理水平，为各级林业主管部门提供正确的决策依据。"3S"技术的有机结合为森林资源的调查、监测和分析提供了有效的手段和工具。RS 具有获取感测范围广、获取信息速度快、周期短等特点，已广泛应用于森林资源调查与监测，尤其是交通条件或自然条件恶劣，调查人员难以到达的偏远山区，RS 为这些区域的森林资源调查提供了有效方法。GPS 具有空间定位、测面积、计算长度等功能，因此，也可以利用 GPS 来获取森林资源空间信息及准确定位查询。GIS 具有空间数据与属性数据编辑、查询、分析等数据管理功能，它可以对 RS 和 GPS 所采集的森林资源信息进行有效的管理，并能将森林资源调查结果以地图形式再现或输出。

森林资源是一种可再生资源，由于森林的自然生长，以及森林经营与采伐利用等因素的影响，森林资源总是处在不断变化之中，及时了解和掌握森林资源现状和变化过程，就可以有针对性地制定林业生产方案，方针和对策及政策等。"3S"技术集成可用于森林资源动态监测，如林地、林木资源等的动态变化。依据对森林资源进行动态监测的不同应用范围和目的，可以选择不同的卫星遥感影像数据源作为基础数据源，如：Landsat 卫星的 TM 或 MSS 数据、NOAA 卫星的 AVHRR 数据、SPOT 卫星的 HRV 数据以及其他一些地球观测卫星的数据，根据各自不同的光谱观测波段和分辨率，用合适的遥感数据源结合地面抽样技术，并利用 GPS 对样地进行空间定位，最后用 GIS 对各种调查数据进行汇总和分析，建立起森林资源动态监测体系。

3. 森林火灾监测

森林火灾是林业生产的重大灾害之一，及时的森林火灾监测在林业生产中具有十分重大的意义。森林火灾预警包括火情发现与观察，火灾预测预报和林火扑救组织等。

遥感可及时发现火情，并能用于灾后过火面积计算及损失估计。利用航空红外遥感技术，不仅能发现已燃烧起来的烈火，而且可以探测到面积小于 0.1～0.3 m^2 小火情，还能及时预报由于自燃尚未起火的隐伏火情。利用卫星遥感，一次就可探测到上千平方千米范围内所发生的林火现象。遥感技术在我国扑灭大兴安岭特大林火中起了很大的作用。

GIS 的空间地形分析功能，可以用于森林防火瞭望塔、防火林带设计等。在 GIS 中，结合森林资源分布图和数字高程模型，通过点位(如某一山顶)对周边区域的视通性分析，提供合适的观察点和有效的观察控制区域，达到最大的观测范围，实现最有效的观察。森林火灾发生与林分状况，人类活动，地形和气象等因子有关，在 GIS 中，可以以这些因子建立森林火灾预测预报模型，通过输入实时数据运行模型及时进行森林火灾预测预报。另外，还可以建立以 GIS 技术为平台的森林火灾扑救指挥系统，为森林防火部门指挥防火扑救进行人员设备调动调配提供技术和方法支持，如按火灾状况及时就近调集人员装备，并提供调配数量及类型，选择进入扑救现场最佳线路和最佳扑救策略，进行扑火应急部署等。

4. 营林规划设计

GIS 可以通过分析提供森林立地类型图表，宜林地数据图表，适生优势树种和林种资料，运用坡位、坡向分析，按坡度、坡向划分的地貌类型结合立地类型选择造林树种和规划林种。也可以借助于 GIS，制定详细的森林采伐更新、森林抚育、林分改造等计划，确定有关采伐及营造林地点、树种、面积等，提高了营林规划设计水平，使营造林规划设计更加科学合理。

"3S"技术在森林资源经营管理中的应用范围远不止上述内容，还可以用于森林病虫害预测预报、灾害损失估计、森林生物量调查、专题地图制作、林业生态工程检查、验收等。随着"3S"技术的日益成熟和实用化，其在森林资源经营管理中的应用也将越来越广。

思考题

1. 简述森林、森林资源的概念。
2. 林业生产的特点是什么？

3. 简述林业区划、森林区划的概念及其相互关系。
4. 森林区划的目的和意义何在？
5. 森林资源调查的目的和意义是什么？
6. 我国森林资源调查体系有什么特点？
7. 森林资源资产评估的目的和意义有哪些？
8. 森林经营周期及其确定依据是什么？
9. 简述森林经营方案及其编制的必要性。
10. 什么是“3S”技术？简述其在森林资源经营管理中的应用。

第十章

森林有害生物与林火控制

森林有害生物包括昆虫、螨类、杂草、线虫、寄生性植物、病原微生物及鼠类等生物类群。每年我国主要林业有害生物发生面积均达上亿亩。这些森林有害生物与森林火灾一起给森林资源造成了严重的破坏与威胁。本章详细介绍了森林有害生物综合管理的生态学基础、应用方法与策略，并简单介绍了几种灾害性的森林病虫害。本章还介绍了森林火灾的基本概念、发生条件与影响因素及林火扑救原理、方法与安全原则等内容。

第一节　森林有害生物控制

一、森林有害生物的定义与危害

森林有害生物(forest pests)是从人类利益出发，给予降低森林以及行道树的生态学、经济和社会价值的那些森林有害生物的一个总称，这些有害生物的类群包括昆虫、螨类、杂草、线虫、寄生性植物、真菌等病原微生物及鼠类等其他一些动物。

森林是一个非常复杂的生态体系，植物、动物、微生物等构成了一个稳定的生态系统。各因素间相互制约，维持着生态系统的平衡。在这样一个森林生态系统里，绝大多数的昆虫、杂草、微生物等均不是有害生物，而可以当作中性生物，这些中性生物是具有重要的生态作用的森林生物，对维持森林生态系统的平衡十分重要，认识这一点对以后正确理解“森林有害生物综合管理”是非常重要的。

虽然森林中绝大多数生物不是有害生物，但由于我国大部分森林均处于非健康状态，森林的自我调节功能较弱，因此，森林有害生物每年均会给我国的森林造成巨大的经济损失。

森林虫害是我国森林的主要灾害之一，被人们称为无烟的森林火灾。据全国森林虫害普查资料统计，森林虫害有 5 000 多种，其中造成严重危害的有 100 余种。每年发生面积在 100 万亩以上的害虫就有松突圆蚧、松毛虫、春尺蠖、湿地松粉蚧、杨舟蛾类、萧氏松茎象、蜀柏毒蛾、青杨天牛、松切梢小蠹类、光肩星天牛、落叶松鞘蛾类、桑天牛、松墨天牛、舞毒蛾、美国白蛾、白杨透翅蛾、竹蝗、松梢螟、红脂大小蠹、栗山天牛、黄古毒蛾、天幕毛虫、云斑天牛、杨毒蛾、杨毛臀萤叶甲、柽柳条叶甲、沙棘木蠹蛾、松瘿小卷蛾、云杉大(小)黑天牛、松叶蜂类、杨干象、松针蚧、日本松干蚧、圆柏大痣小蠹、齿小蠹等。

除了森林虫害外，以松材线虫为代表的森林病害及以薇甘菊为代表的森林草害每年也给我国的森林造成巨大的损失。仅 2012 年全国主要林业有害生物共发生 1.77 亿亩，防治 1.17 亿亩，累计防治作业面积达 2.62 亿亩次。

我国森林虫害频繁发生的主要原因有：①国土生态环境整体恶化的诱导因素。②在以西部为主的生态脆弱区，主导性生物灾害发生普遍。③境外有害生物入侵的风险不断增强，而已入侵我国的森林有害生物逐步形成稳定生态格局。④森林的历史性生物灾害区域性、周期性间歇发生的同时，次要性的生物灾害逐步演化成主要威胁。因此，要维持对森林有害生物的可持续控制，避免森林有害生物的经常发生，一定要有一个健康的森林生态系统，需要一个科学的森林有害生物管理体系。

二、森林有害生物综合管理

（一）有害生物综合管理的定义与内涵

有害生物综合管理（integrated pest management，IPM）理念最早出现在 1959 年，当时提出的名词为综合防治（integrated control），后此概念不断得到发展，到 2000 年时，对有害生物综合管理的定义就达到 67 个。基于不同的角度与目标，这些定义的侧重有所不同。美国康奈尔大学有害生物管理指导委员会在 1979 年给出的定义为："Integrated Pest Management is the use of multiple tactics in a compatible manner to maintain pest populations at levels below those causing economic injury while providing protection against hazards to humans, domestic animals, plants, and the environment."该定义强调了"多手段综合"与"经济损失允许水平"。美国环境保护法补充条款中对有害生物综合管理的定义为："Integrated pest management means a systematic approach to managing pests that utilizes a diversity of management options to minimize health, environmental and economic risks and impacts. These options may include biological, cultural, physical and chemical tools to prevent pest infestations or reduce them to acceptable levels."该定义强调了有害生物综合管理是一项系统工程。较近的对 IPM 的定义为（Kogan，1998）："IPM is a decision support system for the selection and use of pest control tactics, singly or harmoniously coordinated into a management strategy, based on cost/benefit analyses that take into account the interests of and impacts on producers, society, and the environment."该定义除了包含多手段综合外，还强调 IPM 是一个决策系统，需要在经济分析的基础上进行管理决策。

综合已有的害虫综合管理的定义及包含要素，有害生物综合管理的定义为：有害生物综合管理是一个系统工程，它从生态系统的角度出发，综合协调地运用多种手段对有害生物进行管理，将有害生物种群数量有效地控制在经济阀值以内，其采用的是"预防为主，综合防治"的方针；最大限度地使用自然控制因子，使其对自然生态系的影响达到最小，达到对目标有害生物的可持续控制。

森林有害生物综合管理包含着丰富的哲学内涵：①森林是一个有功能的生态系统，森林有害生物都是功能生态系统中的重要一环。因此，有害生物综合管理不是消灭某种有害生物，而是采取适当的策略与方法来提高生态系统自身的调节与自然控制能力。②要正确理解某种有害生物的出现不一定意味着损失的出现，只有当种群密度达到或超过一定水平时，才可能造成林业损失。因此，在有害生物出现时，一定要对防治的必要性及防治的具体措施进行科学评估。③有害生物综合管理是多系统、多手段的综合防控体系，其强调灾害生物预防的重要性，通过生态系统的调节，避免灾害生物的大量出现。

因此，要充分理解与正确实施森林有害生物综合管理，必须要充分理解有害生物综合管理的生态学基础。

(二)有害生物综合管理的生态学基础

1. 森林生态系统

森林生态系统是陆地生态系统中最复杂、最稳定的生态系统。自然界的生态系统都由非生物环境因子和生物因子组成。生物因子包括植物、动物和微生物三大类群，担任着生产者、消费者和分解者的生态功能(图 10-1)。

森林的绿色植物是生产者，它们一方面通过光合作用将太阳辐射能吸收、贮藏并转化为化学能；另一方面，吸收土壤中的氮、磷、钾、镁、钙等无机元素合成有机物质，进行生态系统内的基础生产，也称为初级生产。森林的绿色植物是其他生物的食物与能量来源。与其他多种生态系统相比，森林生态系统中存在着更高的植物多样性：高大的乔木、低矮的灌木及多样的草本植物。这些丰富的植物类型为一级消费者提供了丰富的植物资源。

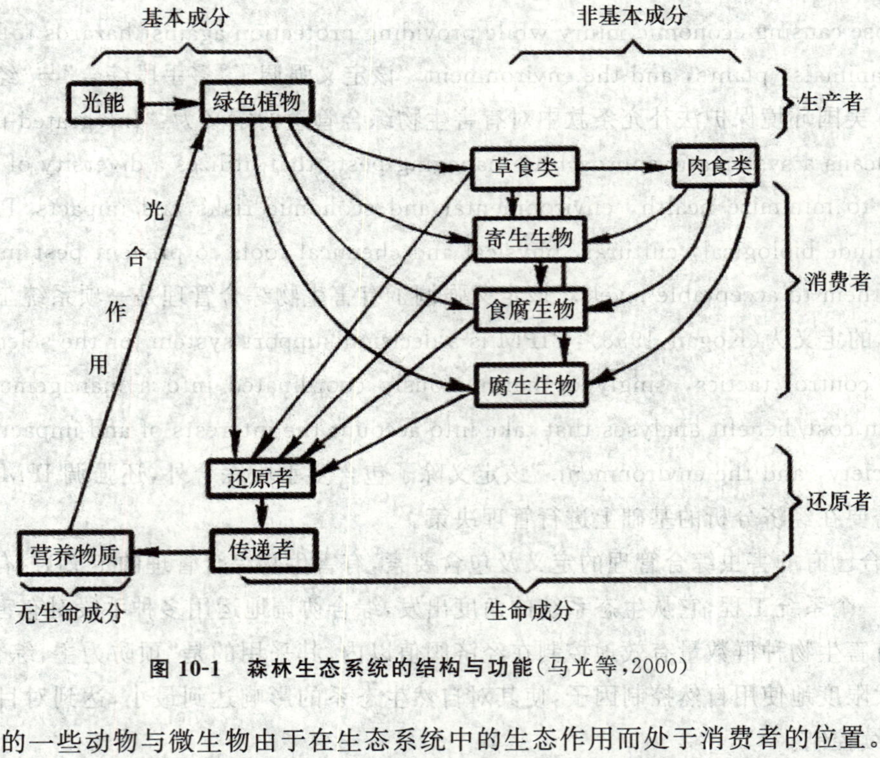

图 10-1　森林生态系统的结构与功能(马光等，2000)

森林中的一些动物与微生物由于在生态系统中的生态作用而处于消费者的位置。消费者根据食性，即营养方式的不同，分成若干营养级，一个生态系统中包含的营养级次一般为三至四级，最多五级(图 10-2)。森林有害生物通过取食、寄生等生物行为从森林植物中获得能量，满足自身的生长发育需要，在生态系统中处于一级消费者的地位。以这些一级消费者为食的捕食性昆虫、寄生性昆虫、病原微生物等是二级消费者。森林中其他更高层级的消费者为三级、四级或更高层级的消费者。森林中的二级消费者可以作为生态系统中的天敌因子对一级消费者(森林有害生物)进行自然控制。

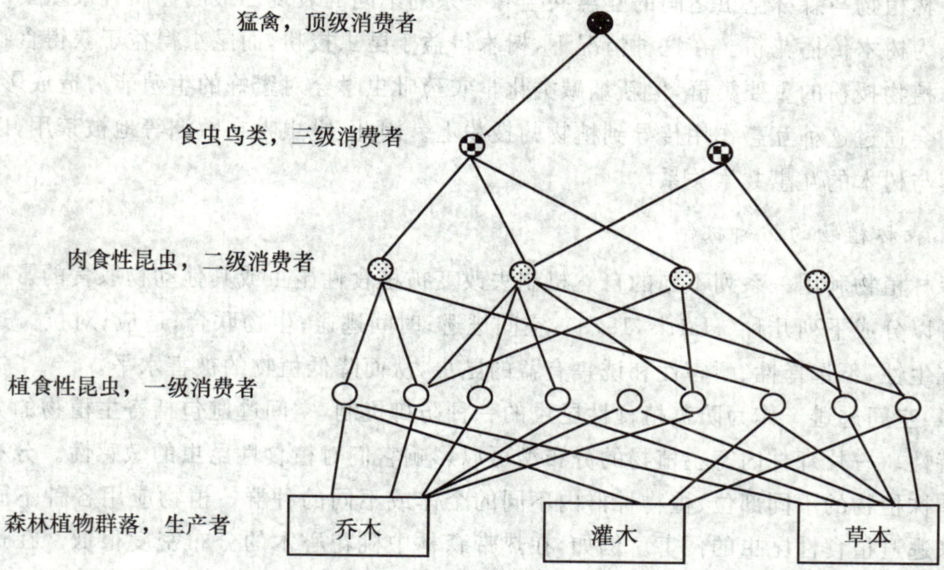

图 10-2　森林生态系统中的食物网

细菌、真菌等微生物和一些小动物是生态系统中的分解者(还原者)。它们以动植物的排泄物和残体为食料,经过吸收和分解,把复杂的有机物质变为简单的无机物质,归还给环境。

2. 森林植物与植食性昆虫的相互关系

昆虫与植物之间的相互关系已有多种不同的分类方法。Gilbert (1979)根据生态学的相互关系而将昆虫与植物的相互关系划分成 7 种,我们主要关心的是植食性昆虫与森林植物的三种重要的相互关系:昆虫作为取食者;昆虫作为寄生者;昆虫作为互惠共生者。森林害虫综合管理通常研究捕食者和寄生者,而对互惠共生者研究较少。

(1)昆虫是森林绿色植物的取食者　以绿色植物为食的昆虫为植食性昆虫,也是森林生态系中的一级消费者,在其种群密度较大时,可能会对森林植物造成明显损害。植食性昆虫在取食植物的叶、枝、花、果等部位时,若取食量不大或危害程度不高,则可能对植物的生长影响不明显;随着取食量与危害程度的增加,则可能对植物的生长造成严重影响,甚至引起植物的死亡。

松毛虫是松林中的常见食叶害虫。在虫口密度较低时,虽然松针有一定的损失,但松树的高生长与粗生长并不受影响。但随着虫口密度与失叶率的增加,松树的高生长与粗生长就会受到影响。当失叶率十分严重时,结合环境其他因子的影响,可能会直接造成松树的死亡。

(2)昆虫是森林植物的寄生者　昆虫作为寄生者而寄生于植物上,通常寄主植物是不会被杀死的。大多数刺吸口器昆虫、某些取食韧皮部的昆虫、钻蛀木质部的昆虫属于这一类。在昆虫与植物的相互关系中,这个类群包含的数量最大,变化也最多。

蚜虫是森林植物中最常见的寄生者之一,种类繁多。在种群密度较低时可能对植物的影响不大;但严重危害则可能严重影响植物生长,甚至引起植物死亡。此外,蚜虫还可以作为媒介昆虫,传播植物传染性病害。病害的发生可能对植物个体,甚至整个种群造成严重影响。

(3)昆虫是森林树木的互惠共生者　互惠共生关系中,昆虫和植物二者都从相互联系中得益。森林植物与森林昆虫之间的互惠共生有一系列不同的表现。最明显而且最重要的联系包括昆虫为树木传播花粉。在这种情况下,树木得益于昆虫授粉,而昆虫得益于获得食物。蜜蜂是森林植物授粉的重要类群,但新烟碱类化学农药吡虫啉会对蜜蜂的生殖能力造成影响,而这种影响会通过这种互惠作用传导到植物的授粉上。因此,吡虫啉在欧洲等地被禁用,以保护蜜蜂及其与树木的互惠共生关系。

3. 森林植物的防御机制

森林植物利用一系列不同的自然机制去改变被植食性昆虫或其他动物取食的影响。这些机制可以分成下列几种(Harris,1979):空间逃避;时间逃避;生物联合;适应;对抗。这些机制通过抗生性、不选择性、耐害性和诱集有益的昆虫,从而降低植物的被害水平。

(1)空间逃避　作为防避植食性昆虫的一种防御机制,空间逃避包括寄主植物的分布型和分布特性。一片森林内寄主植物的分布型可以影响它们对植食性昆虫的敏感性。分布型可能涉及单株植物的不同部位、植物种群内不同的个体或不同的种群。植物应用各种不同的分布策略来逃避植食性昆虫的侵害。例如,在热带森林中桃花心木的分布密度很低。在这种情况下,幼苗受桃花心木斑螟(*Hypsiphyla grandella*)的危害程度是很低的。然而,当在人工林的种植模式下(分布均匀和高密度),林木就受到这种斑螟的毁灭性伤害。害虫在人工林中大发生的许多例子,都可以归咎于寄主植物空间上的逃避机制被破坏了。大量的食物资源为害虫提供了便利,加深了害虫的危害程度。

(2)时间逃避　作为抵制植食性昆虫的一种防御机制,时间逃避通常包括寄主植物与植食性昆虫发育相关的物候学变化。时间逃避策略可通过寄主植物物候期的提前或推迟、物候期的缩短与延长等来实现。即避免植物的发育与有害昆虫的发育同步进行。例如 *Dioryctria* 属球果斑螟,主要在各种松树的二年生球果内生长发育。因此,球果斑螟种群的兴旺与二年生球果的发育紧密相关。松树结球果的生产有周期性,这就有助于限制林内球果斑螟种群的规模。而在种子园里,连续和大量地生产球果,往往会降低这种逃避机制,造成球果斑螟的大发生。

(3)生物联合　植物利用生物联合(biologist association)可以降低植食性昆虫的损害。森林中的一些树木具有伴生植物,这些伴生植物能够增加有益的天敌昆虫的数量与活力,从而减少害虫的影响。同时,伴生植物也可以作为替换寄主以降低害虫对主要寄主植物的危害。

(4)适应　作为植物防御的一种机制,适应(accommodation)是耐害性的一种表现,即植物产生足够的芽、叶、花等,以便使自己在植食性昆虫的危害下继续生存。对于耐害性强的植物,食叶害虫等危害的枝叶花果只是植物生长中可以去除的多余组织。如马尾松具有较高的针叶复合面积,是一种耐害性强的植物。有研究表明,当其在受到松毛虫危害而失叶率接近70%时,对高生长与粗生长的影响极不明显。大多数林木都具有这种机制,可以经受大量害虫危害而不致死。但在植物受害十分严重时,植物的生长量可能显著降低。

(5)对抗　对抗(confrontation)作为一种植物防御机制,有物理和化学防御两种机制。

在物理防御时,植物具有阻止有害生物取食、寄生的特殊结构。这些特殊结构包括树皮、叶片和种皮等组织、器官的质地和构造。在化学防御机制下，植物通过三个方面的机理降低植食性昆虫对植物的选择与危害，即营养缺乏，营养过剩及毒素（或驱避剂）。在第一种营养缺乏的抗性机理中，植物缺少昆虫生长发育所必需的一种或多种主要化合物，从而不能满足昆虫发育的需要。在第二种营养过剩抗性机理中，寄主植物具有过量的、可能有害于昆虫的一种或几种主要化合物，过量的化合物会减少昆虫对植物的取食。在第三种作用机理下，寄主植物会产生对昆虫有副作用的次生代谢物，这些代谢物会严重影响昆虫的生长发育，从而保护寄主植物避免其受到大的危害。

很多森林植物都具有明显的有害生物对抗机制，有些植物的叶片上长有很多的刺毛状突起，以避免有害生物的取食、寄生及产卵；有些植物具有高含量的次生代谢物以使取食者生长发育受阻，如香樟的食叶害虫较少，一个重要方面在于香樟叶片具有的次生代谢物具有明显的抗生作用，使得许多有害生物无法取食；即使对可以取食危害的樟叶蜂来说，其也只能取食嫩叶，当叶片长大以后，由于次生代谢物含量过高，一样会造成樟叶蜂的生长发育停滞，甚至引起死亡。

在一个特定的树种内，这种化学防御系统的有效性通常会随着环境的变化而有明显变异。有研究表明，树木在洪水、干旱、失叶等环境压力下，比健康的树木更易受到昆虫的侵害。造成防御系统有效性变异的原因还不完全清楚。一种解释是树木在处于环境压力之下时，大部分可供使用的能量被分配给维持树木生命有关的基本生理过程，而被认为是第二位的防御机制的效力就降低了（图 10-3）。

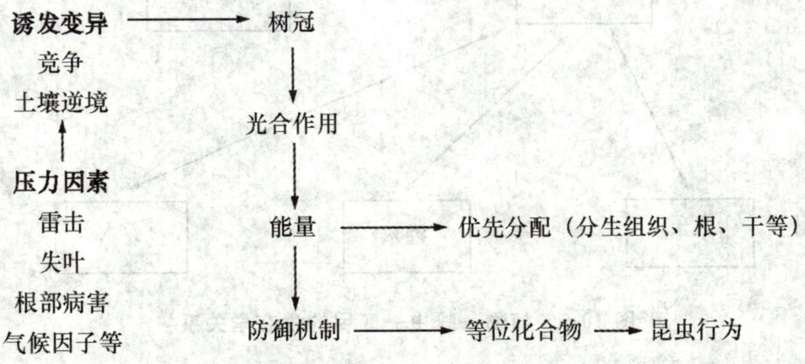

图 10-3　环境压力对植物防御机制影响的理论模型

4. 天敌因子与植食性昆虫的相互关系

植食性昆虫与森林中的其他生物有着非常复杂的生态学关系（图 10-4）。但只有与植食性昆虫有着寄生与捕食关系的生物因子才是可以利用的天敌因子，才能对森林灾害生物的种群起到有效的控制作用。如瓢甲对介壳虫的捕食、黑卵蜂对松毛虫卵的寄生等。在生态环境良好的森林中，有些越冬代松毛虫幼虫种群被寄生性天敌寄生的比率可达 70%以上；而有些昆虫病原微生物能在害虫种群中诱发广泛的流行病，从而完全摧毁害虫种群。

其他生物 \ 捕食性昆虫	+	0	—
+	互惠共生 Mutualism	偏利共生 Commensalism	寄生 Parasitism
0	异养 Allotrophy	中性共生 Neutralism	异居 Allolimy
—	捕食 Predation	偏害共生 Amensalism	共损 Synnecrosis

图 10-4 植食性昆虫与森林中其他生物的生态学关系

5. 植物、植食性昆虫及天敌因子的生态学关系

植物、植食性昆虫与天敌因子间存在着相互作用的食物链关系，它们之间的相互作用与影响，也会随着生态系统中的食物网扩展到其他生物个体，这种生态学关系十分复杂。在图 10-5 中，森林植物群落(草本、灌木和乔木)的丰富度与生长状态影响着植食性昆虫(蚜虫)种群的发展，而捕食者(瓢甲)又直接对蚜虫种群施加着捕食压力，由于捕食者的捕食而导致蚜虫种群密度的下降，又间接保护了植物群落。

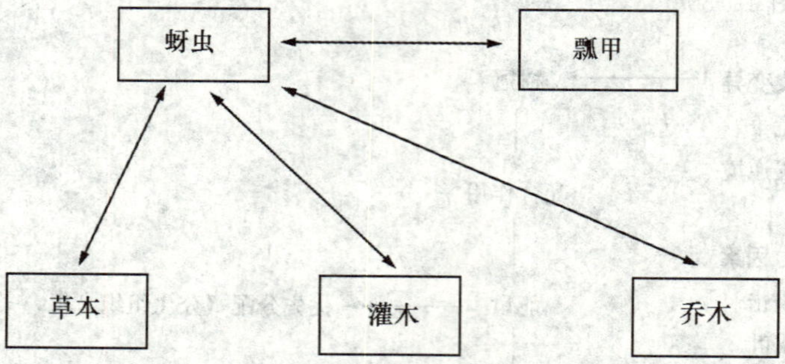

图 10-5 植物—蚜虫—瓢甲的生态学关系

还有一种更为复杂的植物—植食性害虫—寄生蜂的生态学关系。有一种秋麒麟草有两种基因型，一种在五倍子蝇危害后长出小的虫瘿，而一种则长出大的虫瘿。如果秋麒麟草长出的是小的虫瘿，则寄生性的广肩小蜂能将产卵器伸达五倍子蝇的幼虫虫室，完成寄生过程。但如果秋麒麟草长出的是大的虫瘿，广肩小蜂的产卵器则不能伸达五倍子蝇的幼虫虫室，无法完成寄生过程，从而五倍子蝇能顺利完成生长发育。这种复杂的植物—害虫—天敌之间的生态学关系只是复杂森林生态系的一环而已。

(三)有害生物综合管理的方法与策略

森林有害生物综合管理在具体方法上可以包括生态防治、植物检疫、生物防治、化学防治等。

1. 生态防治

生态防治是通过环境调控达到降低有害生物种群密度与危害的目的。森林是一个很稳定

的生态系统，可以通过植物群落与环境的调控达到改变生态环境的目的，从而长期有效地控制森林有害生物。生态防治对森林有害生物的控制来说，多是预防性的，而不是治疗性的。但生态防治往往是从生产者的层面改变生态环境与相关影响因子，因此其对森林有害生物的发生、发展起到重要的控制作用。

我国的"三北"防护林是重要的生态保护林，杨树是其中的主要树种。但随着大片杨树林的生长，杨树蛀干害虫在"三北"地区危害猖獗，导致大量林木死亡。目前杨树蛀干害虫仍是"三北"防护林的最主要森林有害生物。造成"三北"防护林数十年蛀干害虫危害严重的最主要因素，就是杨树的大面积连片种植。大量单一杨树的种植使得蛀干害虫的繁殖与传播变得很容易，从而造成了杨树蛀干害虫种群长期处于高密度状态，危害面积也不断扩增。每年的化学防治及其他处理方法并不能从根本上解决这类有害生物的危害问题。解决这类问题的根本在于改变"三北"防治林的植物配置。

从前文提到的植物与昆虫的关系来看，昆虫对植物有着选择性，植物需要能够满足昆虫的生长发育需要；但同时植物对昆虫又有着抵抗机制，如抗生性、耐害性、不选择性等。因此，调整森林中植物的配置对森林害虫的控制起着重要的作用。拿杨树天牛的重要种类桑天牛来说，其能危害数十种常见植物，但最喜危害的为桑树、构树等桑科植物。桑天牛成虫补充营养时尤喜取食构树、桑树、朴树等植物，因此在大面积杨树造林时，要注意清除桑树、构树、朴树等桑天牛补充营养寄主。同时，由于苦楝、臭椿、泡桐、刺槐等树木为桑天牛忌避树种，这些树种可以作为杨树造林时的隔离带，将大片的杨树纯林分隔成相对小区域的生态功能单位，从而限制包括桑天牛在内的杨树蛀干害虫的发生与传播。

在森林植物配置时，提高树木的物种多样性，一般会提高整个森林生态系统的生物多样性；而生物多样性的提高，有助于提高森林生态系统的稳定性，提高森林生态系统对有害生物的自我调节能力。同时，增加同一树种不同遗传品系的种植，提高物种遗传多样性，也能对有害生物起到良好的生态控制作用。如对桑天牛来说，毛白杨是桑天牛的喜食种类，但无性系德杨、健杨对桑天牛具抗性。在杨树种植或造林过程中，科学地进行不同品系杨树的配置与种植，可以有效免除或降低桑天牛的危害。

注重植物配置是从增加森林生态系统自我调节能力的角度来控制森林有害生物。根据森林树木的树龄与生长状况，加强森林的抚育、轮伐，进行科学经营与管理，使森林树木处于健康状态，同样是降低森林有害生物威胁的重要手段。

2. 植物检疫

植物检疫(plant quarantine)是以立法手段防止植物及其产品在流通过程中传播有害生物的措施。1983 年 1 月 3 日国务院发布《植物检疫条例》以防止危险性病、虫、杂草传播蔓延，保护农业、林业生产安全。植物检疫的任务：一是禁止危险病、虫、草害随同植物及其产品由国外输入；二是按照输入国的要求，禁止危险病、虫、草害由国内输出；三是把发生在国内局部地区的危险病、虫、草害封锁在一定范围内，禁止随同植物及其产品传播蔓延，以便及时彻底消灭于感染发源地。

目前国家林业局公布的森林检疫性有害生物共 14 种，其中杂草 1 种(薇甘菊 *Mikania micrantha*)、林木病害 3 种(松疱锈病 *Cronartium ribicola*、落叶松枯梢病 *Botryosphaeria laricina*、松材线虫病 *Bursaphelenchus xylophilus*)、林木虫害 10 种(枣实蝇 *Carpomya vesuviana*、青杨脊虎天牛 *Xylotrechus rusticus*、锈色棕榈象 *Rhynchophorus ferrugineus*、双钩异翅长蠹

Heterobostrychus aequalis、美国白蛾 *Hyphantria cunea*、苹果蠹蛾 *Cydia pomonella*、杨干象 *Cryptorhynchus lapathi*、红脂大小蠹 *Dendroctonus valens*、扶桑绵粉蚧 *Phenacoccus solenopsis*、红火蚁 *Solenopsis invicta*)。

在我国,外来森林有害生物的为害程度、扩散速度、防除难度以及造成的生态环境和经济的损失都远远超过本土有害生物。

薇甘菊在中国的传播始于19世纪末,由原产地引种栽培于香港动植物公园,并于1919年在该园附近发现逸生的薇甘菊。20世纪五六十年代,薇甘菊在香港地区蔓延开来。1984年在广东深圳银湖地区发现逸生的薇甘菊,80年代末到90年代已蔓延至广东沿海地区。目前,在广东、云南等地的传播扩散速度还在加剧,对当地的天然次生林、人工林为害形势依然十分严峻。

红脂大小蠹原产于北美,随木材贸易入侵我国,1998年首次在我国山西省被发现,2003年已扩散到河南、河北、陕西、甘肃等5省,发生面积50万 hm^2,已造成351.6万株成材松树枯死,造成的森林、生态损失约为81亿元。

锈色棕榈象原产于亚洲南部以及太平洋上的美拉尼西亚,现已成为一种世界性害虫。据报道,当前15%椰树分布的国家和几乎50%棕榈植物分布的国家都发现此虫的为害。在我国广东、广西、海南、云南、福建、香港、台湾等地区,油棕、椰子、枣椰、酒瓶椰子等植物遭到锈色棕榈象的为害十分严重。目前,美国白蛾、松材线虫与红脂大小蠹仍是对我国森林造成损失最大的外来灾害生物。

3. 生物防治

狭义的生物防治就是利用寄生物、捕食者和病原物将另一种生物的种群密度维持在较低的水平。而广义的生物防治还包括了基因和基因产物的利用。

森林是一个稳定的自然生态系统,是生物防治的良好应用场所。应用生物防治技术控制林木害虫在中国有着悠久的历史。4世纪稽含(晋)所著《南方草木状》中记载了古人利用黄猄蚁防治柑橘害虫:“交趾人以席囊贮蚁鬻于市者,其巢如薄絮,囊皆连枝叶,蚁在其中,并巢同卖。蚁赤黄色,大于常蚁,南方柑橘若无此蚁,则其实皆为群蠹所伤,无复一完者矣。”

利用生物防治技术防治森林有害生物可以采用的策略包括:引种定殖(introduction and colonization)、人工增殖(augmentation)和生态保护(conservation)。

引种定殖是生物防治的经典方法,对外来入侵生物的控制尤其重要。19世纪末,吹绵蚧(*Icerya purchasi*)作为外来入侵生物给美国加利福尼亚州的柑橘生产造成了毁灭性的打击。经过莱利(Riley C. V.)等科学家研究,从吹绵蚧的传入地澳州引入了一种捕食性天敌澳州瓢虫(*Rodolia cardinalis*)和另一种寄蝇,由于这两种天敌昆虫的引进,几年内就完全控制了吹绵蚧的危害,一劳永逸地解决了该种危险性害虫的危胁。

人工增殖是指定期释放天敌因子,提高环境中天敌的种群密度,从而提高天敌对有害生物的控制能力,以将有害生物的种群密度控制在经济损失允许水平以下。人工增殖有淹没式释放(inundative releases)和接种式释放(inoculative releases)两种不同的应用方式。两种不同的释放方式有着不同的生态学特点,可以根据防治对象与生态环境特点选用不同的应用方式。

生态保护是指通过对生态环境的保护与改良,创造出对天敌因子有利的生态环境,从而提高天敌因子对有害生物的控制能力。

生物防治是森林有害生物可持续控制的发展方向。国家林业管理部门积极鼓励和引导各地采取生物防治和无公害防治措施进行防治，在森林食叶害虫重点治理区，食叶类害虫生物防治率要求达到80%以上，无公害防治率达到100%。我国目前已描述的森林害虫天敌昆虫约1 500种，对近200种天敌的生物学、生态学做了研究。天敌昆虫与病原微生物在松突圆蚧、落叶松毛虫、马尾松毛虫、美国白蛾、红脂大小蠹、松褐天牛、光肩星天牛、黄斑星天牛、桑天牛、青杨天牛、白蜡窄吉丁、杨尺蠖等害虫的控制中取得良好效果。

4. 化学防治

利用化学农药控制森林有害生物的方式即为化学防治。化学防治可以快速有效地控制灾害局面。随着飞机防治技术的发展，利用飞机进行大面积的化学防治已经成为灾害生物应急性防控的有效手段。但化学防治的大面积应用可能会对生态环境造成影响，对生态链造成破坏，因此在使用化学防治时要注意高效低毒农药与施药新技术的应用。除有机磷类、新烟碱类、拟除虫菊酯类化学农药外，新结构类的化学农药也可更多地应用于森林有害生物的防治，同时针对具体的有害生物种类，选择适宜的农药种类与剂型。如在对森林蛀干害虫天牛的防治中，由于天牛的羽化期跨度长，可以选用微胶囊剂防治羽化的成虫。微胶囊的包裹作用，可以延缓化学农药在林间的分解，从而延长化学农药的持效期。森林有害生物的化学防治一定要坚持科学标准，尽量减少对生态系统的扰动。

三、几种重要的林业有害生物

1. 松毛虫

松毛虫是鳞翅目(Lepidoptera)枯叶蛾科(Lasiocampidae)松毛虫属(*Dendrolimus*)的食叶害虫。松毛虫主要危害松科植物。松科植物是众多山地绿化的先锋树种，松林是我国森林的重要组成部分。松毛虫平均每年发生面积有2 000万～4 000万亩，松毛虫是我国森林害虫中发生量大、为害面广的主要森林害虫之一，常造成严重灾害。

松毛虫的主要种类在南方有马尾松毛虫、思茅松毛虫；在北方有落叶松毛虫、油松毛虫。松毛虫灾害一般几年大发生一次，大量的松毛虫可以吃光松树的针叶，严重影响树木的生长，甚至引起树木的死亡。

可以应用生物防治手段对松毛虫进行防控。我国南方常用球孢白僵菌(*beauveria bassiana*)防治马尾松毛虫，在松毛虫种群中诱发白僵菌流行病。寄生性天敌昆虫赤眼蜂也被大面积应用于松毛虫卵的防治。以上生物防治都取得了良好的防控效果。

2. 松材线虫

松材线虫病(pine wilt disease)是由松材线虫寄生在松树体内所引起的一种毁灭性病害。其病原为松材线虫(*Bursaphelenchus xylophilus*)，属线虫纲(Nematoda)滑刃目(Aphelenchida)、滑刃科(Aphelenchoididae)伞滑刃属(*Bursaphelenchus*)。

该病为检疫性病害，具有致病力强，寄主死亡速度快的特点。我国大陆自1982年南京首次发现，目前在国内已分布于江苏省、安徽省、浙江省、江西省、山东省、湖北省、湖南省、广东省、重庆市、贵州省、香港和台湾省。松材线虫病由媒介昆虫传播，其中松褐天牛是最重要的种类。松褐天牛在补充营养、产卵等过程中均能将线虫传给寄主植物。

松材线虫通过补充营养等伤口进入木质部，寄生在树脂道中。大量繁殖，逐渐遍及全株，并导致树脂道薄壁细胞和上皮细胞的破坏和死亡，造成植株失水，蒸腾作用降低，树脂分泌急剧减少和停止。所表现出来的外部症状是针叶陆续变为黄褐色乃至红褐色，萎蔫，最后整株枯死。病死木的木质部往往由于有蓝变菌的存在而呈现蓝灰色。

3. 美国白蛾

美国白蛾（*Hyphantria cunea*）是一种危险性的食叶害虫，在我国危害的寄主植物种类达 49 科 108 属 175 种，以阔叶树危害为重。美国白蛾分类地位为鳞翅目（Lepidoptera）灯蛾科（Arctiidae）白蛾属（*Hyphantria*）。

美国白蛾是检疫性害虫，原产于北美洲。目前国内分布于辽宁、山东、陕西、河北、天津、安徽等省（市、区）。美国白蛾是长日照型昆虫，发育起始温度是 10℃，完成一个世代需要 800 日度。短光周期和低温是美国白蛾越冬滞育的主要诱因。

该虫常以幼龄幼虫群集寄主叶上吐丝结网幕，在网幕内取食寄主的叶肉，受害叶片仅留叶脉呈白膜状而枯黄；老龄幼虫食叶呈缺刻和孔洞，严重时树木被食成光杆，被害木树势衰弱，易遭其他病虫害的侵袭，削弱了树木的抗寒、抗逆能力，连续受害可导致被害树死亡。

4. 红脂大小蠹

红脂大小蠹（*Dendroctonus valens*）是一种检疫性钻蛀害虫，其分类地位为鞘翅目（Coleoptera）小蠹科（Scolytidae）大小蠹属（*Dendroctonus*）。

红脂大小蠹 1998 年首次在我国山西省发现，现分布于山西、河北、河南、陕西等省。1999 年底，该虫在山西、河北、河南三省相继大面积发生，2001 年陕西省也发现该虫危害，至 2004 年底，全国共发生面积 16.2 万 hm^2。

红脂大小蠹是一种危害多种松科树木的蛀干、蛀根害虫。该虫主要危害胸径在 10 cm 以上松树的主干和主侧根，以及新鲜油松的伐桩、伐木，侵入部位多在树干基部至 1 m 处。以成虫或幼虫取食韧皮部、形成层。当虫口密度较大、受害部位相连形成环剥时，可造成整株树木死亡。

第二节　森林防火

一、林火

1. 林火的概念

林火也就是森林燃烧，是自然界中燃烧现象的一种。森林中的可燃物，在一定温度的作用下，快速与空气中的氧气结合，发生发光发热的化学物理反应，称为森林燃烧。森林燃烧分为有焰燃烧和无焰燃烧。

（1）有焰燃烧　在点燃后，能挥发出大量的可燃性气体，产生火焰，也称为明火。

（2）无焰燃烧　在燃烧时，不能挥发出足够的可燃性气体，不产生火焰，也称为暗火。

2. 林火发生的条件

林火发生必须具备 3 个条件，即：森林可燃物，火险天气和火源。

（1）森林可燃物　森林可燃物是林火发生的物质基础。

（2）火险天气　在森林可燃物和火源具备的情况下，林火能否发生主要取决于火险天气，一般来说，火险天气也就是有利于发生森林火灾的气候条件，如气温高、降水少、相对湿度小、风大、长期干旱等。

(3)火源　火源是发生林火的关键因素，分为自然火源和人为火源两大类。在通常情况下，发生林火的火源来自森林的外界。可燃物温度升高达到燃点而引起自燃(如泥炭自然)的情况是十分少见的。

①自然火源　自然火源有雷击、火山爆发、陨石坠落和可燃物自燃等。

②人为火源　人为火源是林火发生的主要火源，包括生产性火源和非生产性火源。人为火源引发的林火在世界各国都占有很大比例。

3. 林火行为

林火行为也就是林火的特性，即林火从着火开始直至熄灭的整个过程中所表现出的各种特性。

林火行为表现的主要特征有林火的蔓延速度、林火强度、对流柱类型及林火种类。其中林火蔓延、林火强度是衡量林火行为的 2 个主要指标。

(1)林火蔓延　森林着火后，向四周不断蔓延和扩展。蔓延的本质是热传播。

①热传播　方式有三种：热对流、热辐射和热传导。

②林火蔓延形状　林火蔓延主要决定于风和地形。在地形平坦而又无风时，火向各个方向等速蔓延，其形状近似圆形。风向较稳定时，火蔓延形状为长椭圆形，当风向不稳定时，呈小角度摆动，火蔓延多呈扇形。当遇到地形起伏时，火在谷地间蔓延缓慢，而在山的侧脊蔓延快，形成“V”形。当风向改变时，原来的火翼或火尾有可能变为火头。当火场较大且地形较复杂时，火场的最终形状多呈鸡爪形。

(2)林火强度　林火强度是指单位时间、单位火线长度上能量释放的量。

林火强度可分为低、中、高 3 种强度。通常认为低强度的火，其火焰高度为 0.5～1.5 m；中强度火，其中火焰高为 1.5～3 m；高强度火，其火焰高度为 3 m 以上。

(3)对流柱　燃烧时产生的热空气垂直向上运动，四周冷空气补充产生对流热，加之火场有部分热能变为动能，推动热空气上升，这样在燃烧区域的上方形成一个升起的烟柱。

①飞火　燃烧物在强风和上升气流的作用下，传播到火线前方，产生新的火点，称之为飞火。有时飞火的距离可达到几公里，十几公里或更远。

②火旋风　在燃烧过程中，由于热的不平衡而使火呈快速旋转式向前蔓延，称为火旋风。一般山地比平原上发生火旋风多。

③轰燃　在地形起伏较大的山地条件下，由于沟谷两侧的高坡陡，当一侧森林燃烧剧烈，火强度很大时，所产生强烈的水平传递(主要是热辐射)容易到达对面的山坡，当对面山坡接受足够热量，会突然产生爆炸式燃烧，这种现象称为轰燃。

二、森林火灾的发生与影响因子

凡是失去控制，在森林内自由蔓延和扩展，对森林、森林生态系统和人类带来一定危害和损失的林火称为森林火灾。以森林可燃物种类作分类基础，可以把森林火灾可分为地面火、树冠火和地下火。

地面火最常见，一般占森林火灾总数的 95%以上，而地下火(泥炭火)占不到 1%。森林遭受最大损害、最危险的森林火灾是树冠火。森林火灾的发生概率与强度和气象因子、地形因子等密切相关。

1. 森林火灾的发生

(1)森林火灾发生的时间分布　在一定的地理区域内，不同年份，不同季节及一天中不同时刻森林火灾的发生不同。

①季节变化　在一年中，同一地区，由于不同季节的气候条件和植被特点不同，森林火灾的发生随季节而变化。一年中具备森林火灾发生条件(主要是气候和植被因素)而需要进行有组织的防火的时期叫防火期。不同气候区，防火期的长短有很大差异，通常可持续几个月或更长。

②日变化　由于温度、湿度、风等气象因子变化不同，一天中森林火灾的发生概率不同。一般中午 10:00—14:00 时，最容易发生火灾；14:00—18:00 时，较容易发生火灾；18:00—21:00 及 7:00—10:00 能发生火灾；21:00—7:00 时，很少发生火灾。这种火灾的发生概率除与气象因子变化密切相关外，还与人类活动有关。

(2)森林火灾的地理分布　森林火灾的地理分布主要表现在纬度不同森林火灾发生概率不同。在低纬度的热带地区，一般不发生火灾。随着纬度增加为亚热带和暖温带气候，森林为常绿阔叶林和落叶阔叶林，有明显的干、湿季之分，降雨量集中在湿季，干季则为火灾季节。随着纬度的进一步增加至温带气候带，森林多为针阔混交林，夏季多雨湿润、冬季积雪，火灾主要发生在春、秋两季，以春季火灾危险较严重，一般大的森林火灾都是在春季发生。

2. 森林火灾的影响因子

(1)气象因子对森林火灾的影响　气象因子是形成森林火灾的关键要素，与林火密切相关的主要气象因子有气温、空气湿度、降水和风。

①气温　气温的高低是随太阳辐射对地球表面的强弱而改变的。太阳辐射是指地球接受来自太阳的电磁波能量，主要是可见光、紫外线和红外线。通常气温是用来表示大气冷热程度的物理量，是指距离地面 1.5 m 高处的空气温度。气温常用摄氏度表示(℃)。每天气温以日出前最低，午后两点左右为最高。气温直接影响相对湿度的变化，日最高气温往往是某一地区着火与否的主要指标。气温升高能加速可燃物的干燥，使可燃物达到燃点的所需热量大大减少。

②空气湿度　空气湿度是用来表示空气中水汽含量多少或表示空气干湿程度的物理量。实际水汽压与同温度下空气中饱和水汽压之比称为相对湿度(relatively humidity, Rh)。相对湿度的日变化主要决定于气温。气温增高，相对湿度就减小；气温下降，相对湿度就增大。因此相对湿度的日变化有一个最高值，即出现在清晨；有一个最低值，即出现在午后。通常林区处在高火险天气时，相对湿度在 30%以下。

③降水　从云中降落到地面上的液体或固态水的滴粒称为降水。降水直接影响可燃物含水量，特别是死可燃物。据调查，月降水量超过 100 mm 时，一般不发生火灾，即使发生也会降低火势或使火熄灭。

④风　空气在水平方向上的流动称为风。风速是指单位时间内空气在水平方向上流动的距离。风是影响林火蔓延和发展的最重要的因子。风不仅能加速可燃物水分蒸发而干燥，补充火场的氧气，同时增加火线前方的热量，使火烧得更旺，蔓延得更快。在连旱高温的天气条件下，风是决定发生森林大火的最重要的因子。

(2)地形因子对森林火灾的影响

①坡向对森林火灾的影响　不同的坡向受到太阳的辐射不一致。南坡受到太阳的直接辐射大于北坡,偏东坡上午受到太阳的直接辐射大于下午,偏西坡则相反。南坡吸收的热量最多,西坡要大于东坡,北坡吸收的能量最少。南坡的温度最高,可燃物最为干燥、最为易燃。

②坡度对森林火灾的影响　坡度不同,降水在山坡上停滞的时间不同。陡坡降水停留时间短,水分容易流失,可燃物非常容易干燥;相反,坡度平缓则降水停留时间长,可燃物湿润,不容易干燥,不容易着火和蔓延。

森林火灾在山地条件下,其蔓延速度与坡度密切相关,坡度愈大,森林火灾的蔓延速度愈快,相反,坡度平缓则火灾蔓延速度平缓。

③海拔高度对林火森林火灾的影响　海拔高度的不同,直接影响到气温变化,同时影响降水。一般海拔愈高,气温愈低,高山地区,海拔每上升 100 m,气温下降 0.5℃左右。由于海拔不同而形成的不同植被带,会对森林火灾的形成与发生产生直接的影响。

④坡位对森林火灾的影响　在相同的坡向和坡度条件下,不同坡位的温湿状况、土壤条件、植被条件不同。从坡底到坡腹、坡顶,温度由高到低,土壤由肥沃变贫瘠,植被由茂密到稀疏。气温变化也较为复杂。小山地条件下,山顶受地面日间增温、夜间冷却的影响较小,风速较大,夜间地面的冷空气可以沿坡下沉,换来自由大气中较暖的空气,因此气温日较差小。凹地则相反,气流不通畅,白天在强烈的阳光下,气温急剧增高,夜间冷气流下沉,谷底和盆地气温特别寒冷,因此气温日较差大。

一般情况下,坡底的着火日夜变化较大,白天强烈,夜间较弱。坡底的植被,一旦燃烧,其强度很大,顺坡加速蔓延不易控制。坡顶的林火日夜变化较小,其火强度较低。

⑤地形风对林火的影响

山风和谷风:山坡受到太阳照射,热气流上升,就会产生谷风,通常开始于每天早上日出后 15～45 min。当太阳照不到山坡时,谷风消失;当山坡辐射冷却时,就会产生山风。

峡谷风:若盛行风沿谷的长度方向吹,当谷地的宽度各处不同时,在狭窄处风速增加,称为峡谷风。峡谷地带是扑火危险地带。

渠道效应:如果盛行风向不是垂直于谷长的方向,可发生"渠道效应"使谷中气流沿谷的长方向吹。在扑救森林火灾和计划烧除时,不仅要注意主风方向,更要注意地形风。

鞍形场涡流:当风越过山脊、鞍形场,形成水平和垂直旋风。鞍形场涡流带常常造成扑火人员伤亡,需要谨慎。

三、森林火灾的分级

森林火警:受害森林面积不足 1 hm^2 或者其他林地起火的。

一般森林火灾:受害森林面积在 1 hm^2 以上不足 100 hm^2 的。

重大森林火灾:受害森林面积在 100 hm^2 以上不足 1 000 hm^2 的。

特大森林火灾:受害森林面积在 1 000 hm^2 以上的。

四、森林火灾对森林的生态作用

火对森林的影响历史远比人类对森林的影响历史漫长得多,火同水分、土壤、树木、动物一样是森林生态系统中的一个因子。在诸多影响森林的自然因子中,火灾对森林的影响和破坏最为严重。森林中的植物利用光合作用把太阳能转化为化学能,而火烧则是森林迅速释放大量能量的过程,这一过程是生态系统物质和能量循环的一部分。森林火灾对森林和森林环境的影响和作用是多方面的,有时林火的作用是短暂的,有时则是长期的。森林火灾不但改变森林结构,而且会引起其他生态因子的重新分配,影响到森林植物群落的变化。森林火灾对森林的影响具有双重属性,具有害作用和有益作用。

1. 森林火灾的负面作用

森林火灾的负面作用与影响一般是火灾对生态系统的危害。森林火灾,尤其是高强度、大面积的森林火灾会严重破坏原有的森林生态系统,森林生态系统被破坏后,将在一定时期内难以恢复,主要的负面影响如下:

(1)森林火灾不仅能烧死许多树木,降低林分密度,还会烧死并驱走珍贵的禽兽,严重破坏森林生态系统,大面积森林火灾后的生态恢复往往需要几十或上百年。森林火灾同时还可能引起森林的群落演替,由低价值的树种、灌丛、杂草更替,降低森林利用价值。

(2)森林烧毁造成林地裸露,失去森林涵养水源和保持水土的作用,将引起水涝、干旱、泥石流、滑坡、风沙等其他自然灾害。

(3)被火烧伤的林木,生长衰退,为森林病虫害的大量衍生提供了有利环境,加速了林木的死亡。

(4)使森林环境发生急剧变化,使森林水域、土壤等受到干扰破坏。大兴安岭火灾研究表明,火烧迹地的土壤有机质大为降低,矿质养分也明显降低,坡度越大的地段,土壤贫瘠化越严重。

(5)森林火灾会产生大量烟雾,污染空气环境。

(6)森林火灾能烧毁林区各种生产设施和建筑物,威胁森林附近的村镇及人民生命财产的安全。此外,扑救森林火灾会消耗大量的人力、物力和财力,影响生产与社会安定。

2. 森林火灾的正面作用

森林火灾另一方面可以促进森林生态系统的健康发展,如低强度火烧和营林用火等。有益火烧使森林生态系统的能量缓慢释放,促进森林生态系统营养物质转化和物种更新,有益于森林生态系统的健康,火烧后森林容易恢复。可以利用火的有益作用开展有计划、有目的的火烧,使之成为经营森林的一种工具。

(1)计划性的火烧可以减少林地可燃物和控制病虫、鼠害,促进森林天然更新。

(2)利用火烧进行森林抚育或进行炼山造林,也可以利用火烧促进灌木生长,改善野生动物栖息环境。

(3)火可以维持生物的多样性,可以维持景观的多样性。

(4)低强度的火烧可以改善某些动植物的生存条件,可以提高土地的肥力,促进植物生长、开花、结果、产脂、更新等。

对于火的两重属性目前国内外还存在很多争论。由于大火都是由小火酿成的,所以世界各国都把初发小火的扑救作为森林防火的关键。

五、森林火灾防控

我国是森林火灾较为严重的国家之一,据统计,1950—2007 年全国共发生森林火灾 75.8

万次，受害森林面积 3 787.5 万 hm^2，平均每年发生森林火灾 1.3 万次，受害森林面积 65.3 万 hm^2。

我国森林防火工作的主要方针是“预防为主，积极消灭”。森林火灾预防是防止森林火灾发生的先决条件，是一项群众性和科学性很强的工作。林火预防需要充分发动群众，宣传群众，不断提高、强化群众的森林防火意识，坚持依法治火，严控火源，同时要根据各地的自然特点和社会经济条件，运用各种先进的科学技术，加强防火设施设备建设，采取各种行政、经济、法律手段，努力提高森林火灾的控制能力。

1. 森林火灾的预防技术与措施

(1)林火预报　林火预报是根据天气的变化，可燃物的干湿度以及火源状态，预报林火发生的可能性。

(2)林火监测　林火监测的主要目的就是为了及时发现火情，是实现“打早、打小、打了”的第一步。林火监测通常分为 4 个空间层次，即地面巡护、瞭望台定点观测、空中飞机巡护和卫星监测。

(3)林火阻隔　林火阻隔就是利用林区的公路、防火线、防火林带和河流、湖泊等人为或天然防火障碍物阻隔林火蔓延。

(4)计划烧除　计划烧除的目的是清除可烧物，降低燃烧性，阻隔或减缓火的蔓延，除防火作用外，计划烧除还有益于准备造林地，促进森林更新，改善林内卫生状况，控制病虫鼠害及改良牧场等。

(5)防火通信　防火通信是森林防火工作的重要组成部分，是保证森林防火工作顺利进行的主要手段。防火通信主要分为有线通信和无线通信两大类。

(6)防火通信网　森林防火通信网，根据管理系统，隶属关系和职责范围进行组网。

2. 森林火灾扑救原理和原则

扑灭森林火灾的基本原理，就是破坏它的燃烧条件，不让燃烧三要素——可燃物、氧气和热源(火源)结合在一起。只有消除三要素中的任何一个，燃烧就会停止。

根据上述原理，扑灭森林火灾的根本途径有三个：一个是散热降温，使燃着的可燃物的温度降到燃点以下而熄灭；二是隔离火源，使着火的可燃物与未着火的可燃物隔离，破坏预热作用，达到灭火的目的；三是断绝或减少森林燃烧所需要的氧气，使其窒息熄灭。

在扑救火灾时，首先是控制火势蔓延，这是扑救森林火灾整个过程的关键性阶段。扑火队伍要以最快的速度赶到火灾现场，从已烧过的林地(包括荒地)进入火场，从林火的两翼开始，沿火场边缘扑灭明火，并在火场周围，特别是通往重要林分方向修筑防火阻隔带，并用水或土对火缘进行补充处理，以便彻底消灭火场周围地带的火源。只有被防火阻隔带可靠隔开，并且大火缘向里 20～30 m 的火场内部没有森林可燃物在危险燃烧的林火，才可能被认为是已经被封锁住了林火。但是，在干旱多风的天气条件下，往往阵风会把燃烧的粒子从火场刮过控制线，落到未燃烧的林区内，形成新的火源。

其次，被控制住的火势应立即用所有手段与力量彻底加以扑灭。扑灭火场上的所有明火，首先要扑灭火场周围的火，然后扑灭其余火烧迹地上的余火。

第三，扑灭任何火灾之后，都必须对火场进行看守。实践中有许多看来似乎被彻底扑灭的明火，在刮大风的情况下又得以复燃，因被扑灭的火烧迹地上，有时由于一些隐蔽的燃烧在灭火时未被发现或漏过去,几个小时甚至几昼夜之后又出现新的火源。在干旱多风的天气,如果不组织人力对这些火源进行看守,不能采取措施予以扑灭,那么这些火源便会成为死火复燃蔓延的原因。

森林火灾扑救的基本特点是:战线长、可燃物多、交通难、设备差、地势险、水源远、人口少、技术水平较低,一旦酿成森林大火,扑救十分困难。从我国国情出发,扑救森林火灾的原则是"打早、打小、打了"。

3. 扑救森林火灾的基本方法

森林火灾的扑救方法主要有以下几种:

(1)人工扑打　是扑灭地面火常用的方法,也是经济而有效的方法。其灭火机理在于:用扑火工具压火,减少氧气的供应;用扑火工具扫除已着火的可燃物和火灰、火炭、火星,使未着火的可然物脱离火源,破坏预热作用。其做法是:把扑火队员编成3～4人一组,用鲜树枝或手持灭火工具不停地轮流打火线,直到控制蔓延为止。操作方法是:轻举重压,边打边扫。然后趁机猛扑,一鼓作气,迅速控制林火蔓延。

(2)用水灭火　水是最廉价的灭火剂,能够扑灭地下火、地表火、树冠火。

(3)用土灭火　用泥沙覆盖燃烧物质,使其减少氧气供应量,甚至隔绝氧气,破坏燃烧条件,这是比较古老的灭火方法。在森林消防中,扑灭伐桩、倒木火,在没有水的情况下,用此法比较省事和有效。方法是用锄、锹等工具就近挖松泥土,掀土投向火焰,直到火灭或燃烧物质完全覆盖。

(4)用风灭火　在实践中,人们逐步认识到,当风速大于15 m/s时,风即能起到灭火作用。人们根据这一原理发明了风力灭火机。一台风力灭火机配备机手2人,一人背机,一人背油,轮流操作。根据地形、火情、天气、风向等诸多因素,可选用以下几种灭火方法。

①单机灭火技术　风机手手持风力灭火机侧身于火线外侧。身体与火的距离,要视火的强度以及防护装备的状况而定。

②双机灭火技术　双机灭火就是2部风力灭火机紧密配合,用合力达到灭火的目的。双机灭火可以灭掉1.5 m左右的火。

③三机灭火技术　三机灭火就是3部风力灭火机为一组,形成有机整体,合力灭火。利用这种风机组合灭火,不但可以灭掉中、弱度的地表火,对于2.5 m左右的地表火也很奏效。

(5)化学灭火　用化学灭火剂灭火比用水灭火的效果高10倍,能扑灭强烈的火焰,且不易复燃。使用飞机洒布化学灭火剂,为航空化学灭火。

(6)以火灭火　以火来火是扑灭森林火灾较为有效的一种方法。但必须由有丰富经验的人来掌握,否则容易造成更大的火灾和人身伤亡。

(7)人工催化降水　在适当气候条件下,利用火箭、飞机等手段,将冷凝剂等散布至云层中,进行人工降雨,以达到灭火的目的。

(8)开设防火带　开设防火带是阻止火灾蔓延的有效方法,主要方法有三种:一是人工开防火线;二是爆破生土带;三是施用灭火剂打隔离带。

4. 灭火安全

(1)扑火安全守则

①扑火队员必须接受扑火安全培训,不得动员残疾人员、孕妇和儿童。

②扑火队员需配备必要的装备,如头盔、防火服、扑火机具、通讯设备等。

③遵守火场纪律,服从统一指挥和调度,严禁单独行动。

④密切注意火场地形与可燃物种类,扑火队员不可进入三面环山、鞍状山谷、窄谷、向阳山坡等易燃地段直接扑打火头。

⑤密切注意火场天气变化,尤其要注意午后扑救森林火灾伤亡事故高发生时段的天气情况。

⑥扑火队员体力消耗极大,要适时休整,保持旺盛的体力。

⑦扑救林火时应事先选择好避火安全区和撤退路线,一旦陷入危险地段,要保持清醒的头脑,积极设法进行自救。

(2)火场自救 扑火队员一旦被林火围困或袭击,要果断决策,迅速选择突围和避火路线,采取正确的避火方法,避免发生伤亡事故。

①点火解围 在较开阔的平坦地,可以以河流、小溪、道路为依托,使用点火器点迎面火,使新火头向大火头方向逆风蔓延,阻挡火锋解围。请注意在控制线另侧一定要有巡护人员,以防飞火产生新火点。

在无河流、小溪、道路为依托时,在时间允许的情况下,使用点火器点顺风火、扑火队员跟火进入火烧迹地避火,并用手扒出地下湿土,紧贴湿土呼吸或用湿手巾捂住口鼻防止一氧化碳中毒。

②强行顶风冲越火线 当点火或其他条件不具备时,切忌顺风跑,要选择已经过火或杂草稀疏,地势平坦的地段,用衣服蒙住头部,快速逆风冲越火线,进入火烧迹地即可安全脱险。

③卧倒避烟(火) 在点火解围来不及,就近有河流(河沟)、无植被或植被稀少的迎风平坦地段时,用水浸湿衣服蒙住头部,两手放在胸部,卧倒避烟(火)。卧倒避烟(火)时,为防止烟雾呛昏窒息,要用湿毛巾捂住口鼻,并扒个土坑,紧贴湿土呼吸,可避免烟害。

④快速转移 发现大火袭来,人力无法控制时,只要时间允许,迅速转移到安全地带,避免发生伤亡。

(3)危险环境 恶劣的天气条件、不利的地形和易燃烧的可燃物,三者相互作用,相互影响,构成了扑救森林火灾过程中极期危险的林火环境。

①恶劣的天气条件 10:00—16:00 时段,尤其是午后,风大物燥,火场气温高,相对温度小、风向易变,火场烟尘大,能见度低,是扑救森林火灾极其不利的时段和天气条件。在防火期内,大风是最危险的天气条件。风是影响林火行为最主要的因子之一。

②不利的地形 窄山脊线(拱脊)是很危险的地方。在那里往往产生热辐射和热传导,温度极高,人无法忍受。若山脊线附近着火,其林火行为瞬息万变,难以预测,是此类地形的典型特征。这是因为林火使空气升温沿坡上升到山坡吹来的冷空气相遇,而形成飘忽不定的阵风和空气乱流运动。

窄谷、岩石裂缝会改变林火行为。窄谷和闭塞的山谷河道会增加热空气的传导速率,容易产生新火点。

此外,应引起高度注意的是,许多窄谷只有一个进出口,俗称葫芦峪,即三面环山。它的作用如同排烟管道,为强烈的上升气流提供了通道,又为空气的补充创造了条件。

鞍状山谷是指两个高点之间的低洼区域,那里经常是温度极高和浓烟滚滚的险地。

(4)危险情况 在进行森林火灾扑救时,当对火灾现场状况不明、气象因子突然变化或地形复杂时，容易造成危险状况，对扑救人员的人身安全造成严重影响。

森林火灾往往带有较大的烟尘，如果周围烟尘太大而不知火的方位时，就会容易陷入险境；如果由此导致方向的迷失，则更易带来人员的伤亡。

风是造成森林火灾险情的重要因素。当风速较大时，可能出现飞火，形成新的火源地；风向多变不定时，也会导致火灾燃烧方向的变化；以上状况均可能让火灾扑救人员由于被火围困而处于危险状态。

当火场情况变化而出现对扑救人员的险情时，应该及时撤离、避险。

5. 森林火灾扑救的注意事项

(1)火场接近

①在接近火场时，应随时注意地形变化，避开狭窄山谷、陡坡、鞍部地带及宽大草塘等危险区域，随时注意风向、风速变化。

②不迎火头接近火场，要从火尾、火翼接近火场。

③不从山上向山下、翻越山脊、鞍部接近火场，要从山下或绕过山去接近火场。

(2)林火扑打

①扑打火头时，应从火头的两翼接近火线扑打，严禁正面迎头扑打。

②扑救地下火时，禁止在火烧迹地内行走。

③扑打火线时，遇大火突袭，应迅速进入火烧迹地避险。

(3)防火隔离带

①开设隔离带时，要确定或开设安全避险区域，并明确撤离路线。

②开设隔离带后，必要时，可以有计划、有组织的沿隔离带内侧边缘点放迎面火，加宽隔离带的宽度。

③不从上山火的上方和山脊线部位开设隔离带，要在山的背坡开设隔离带。

④休息时，应在扑火的火线边缘休息。

六、大兴安岭特大森林火灾的发生与森林恢复

1. 大兴安岭特大森林火灾的发生

1987 年 5 月 6 日，在黑龙江省大兴安岭地区的古莲林场、河湾林场、依西林场、兴安林场和盘古林场相继发生 5 起林火，经白天和当晚的扑打，林火基本得到控制。7 日傍晚，刮起 8 级以上的偏西风，火势复起，迅速蔓延，自晚 6 时至 11 时，仅 5 h，漠河县古莲林场的火势，已向东推进约 100 km，烧毁了西林吉、图强、阿木尔 3 个林业局所在地及所属的 7 个林场、4 个半贮木场。与此同时，塔河县盘古林场的火灾，相继烧毁盘中、马林 2 个林场。到 5 月 13 日，西部火场已形成大、中明火线 14 条，每条长 31 km，东部火场形成大小火点 231 个，大中明火线 15 条，总长 60 多 km。最终这场火灾涉及大兴安岭北部西林吉、图强、阿木尔、塔河 4 个林业局的 31 个林场，过火总面积 124.3 万 hm^2，其中有林地面积 104.3 万 hm^2，森林生态系统遭到严重破坏。大兴安岭特大森林火灾是建国以来发生的最严重的森林火灾。

2. 起火原因

在大兴安岭特大火灾 5 处起火点中，河湾林场与兴安林场的起火点是由未灭的烟头引起，而古莲林场与依西林场是由于生产操作时，违反操作规程，导致汽油外溢，引燃起火。盘古林

场起火原因不明。

3. 气候因素

(1)降水量少　自1986年1月至1987年4月，在北纬52°以北至黑龙江，东经121°30′～124°30′区域内形成一个少雨中心。气象记录显示，漠河、阿木尔和塔河三个区年降雨量分别为318.7 mm、254.9 mm和316.5 mm，分别比历年少26%、45%和33%。

1987年入春以来，气候反常，只降一场小雪，相对湿度明显偏低，5月上旬，漠河、阿木尔和塔河的平均相对湿度分别为42.3%、38.8%和34.1%，比历年平均相对湿度低29%。气候异常干旱，地表和深层可燃物的含水量都低。

(2)气温高　自1987年5月3日起，大兴安岭地区的气温快速上升。仅一周时间，塔河日平均气温升高15.2℃，漠河升高10.8℃，阿木尔升高15.2℃。这一升温过程超过了多年平均状况，对森林地被物草类等的干燥起到加速作用，对火势的蔓延影响很大。

(3)风速高　火灾发生时，风力较大，最大在8级以上，最小也是在4级以上。大风引起火灾的快速蔓延，不断形成飞火及新的火源地，轻易穿越隔离带。

以上气候因素造成这一地区的火险等级特高，为特大火灾的发生、发展提供了极有利的气象条件。

4. 森林火灾的恢复

(1)森林的天然恢复与更新　在大兴安岭重大森林火灾中，白桦(*Betula platyphylla*)在中度火烧情况下就全部死亡，但火灾后，形成了大面积的天然幼龄林，主要是白桦的萌芽更新，白桦的实生苗虽也很多，但生长缓慢。樟子松在各种火灾等级的樟子松林地上都有良好的更新。但落叶松等树种难以自我更新，需要进行人工更新。

(2)森林的人工更新　火灾前，大兴安岭森林的人工更新数量极少。火灾后，由于森林生态系统的严重破坏，森林自我更新能力严重不足，因此加强了人工更新力度。通过种苗基地建设与人工采种、制种，年供应苗木由原来的500万株增加到上亿株。1988—1996年，累计完成18.7万 hm^2 人工更新任务。

火灾后的10年间，火灾区更新造林有成效总面积96.4万 hm^2，其中，以针叶树为优势的林分占70.4%，达到了更新合格标准，全面实现了火灾区森林资源恢复。生态环境初步得到恢复，水土流失和森林病虫害得到逐步控制，野生动物日渐迁回，稳定的森林生态系统逐步重新形成。

思考题

1. 什么是有害生物综合管理(IPM)？其哲学内涵是什么？
2. 为什么森林生态系是对有害生物实施IPM的最理想场所？
3. IPM包涵哪些具体应用方法？各具哪些特点？
4. 松材线虫病的传播方式是什么？
5. 什么是森林火灾？
6. 影响森林火灾的主要气象因子有哪些？
7. 林火扑救有哪些方法？
8. 如何进行林火安全扑救？

第十一章 森林资源科学利用

本章从利用的角度，将森林资源归纳为木质资源和非木林产品两大类。前者涵盖木材和竹、藤等非木材的木质材料，重点阐述了木材构造与特性、木材缺陷及其成因、木材产品及类别、品质与等级评定；非木林产品部分简要介绍了松脂、植物单宁、木本精油、生漆、森林药用植物、森林粮食、森林油料、森林蔬菜、木质原料热解产物等9类产品的来源及分类、加工工艺及装备、主要用途及应用领域、研究现状与发展前景。

《辞海》对资源(resources)的解释为“资财来源，一般指天然的财源”，《现代汉语词典》解释资源定义为“生产资料或生活资料的天然来源”。联合国环境规划署(United Nations Environment Programs/UNEP)将资源定义为“在一定时间和技术条件下，能够产生经济价值、提高人类当前和未来福利的自然环境因素的总称”。森林资源是林地、宜林地(包括采伐迹地、火烧迹地、林中空地及其他宜林地)及其所生长的森林有机体的总称，包括森林、林木、林地以及依托森林、林木、林地生存的野生动物、植物和微生物。反映森林资源数量的指标主要有：林地及林地面积、森林覆盖率、木材蓄积量、森林生长量等。

以森林资源为对象的开发和利用即森林资源开发利用。早在远古时代，我们的祖先就懂得利用森林资源来满足人类生存的需要。相传神农氏“斫木为耜，揉木为耒”，即开始用木材制作农具；距今约7 000年的河姆渡先民就已经掌握了精巧的燕尾榫和企口板加工技术；东汉蔡伦发明造纸术；唐宋“联巨筏”水运技术、木刻活字印刷术以及劈叠板(胶合板的雏形)制造技术，明清以皇家、江南为代表的造园艺术与家具制作工艺等，我们的祖先用勤劳和智慧在中华文化史册上写下了无数璀璨的篇章。

进入20世纪30年代，随着木材及林产品加工业的迅速发展及机械化程度的不断提高，在林学学科中逐步形成并分离出来了一个分支学科——森林利用学进而发展成林业工程。50年代初期，我国高等林业院校先后设置了森林采运、木材机械加工、林产化学加工、林业与木工机械等专业。1981年，林业工程成为首批硕士和博士学位授权学科，逐步发展成森林采运工程、林区道路与桥梁工程、林业与木工机械、木材学、木材加工与人造板工艺、林产化学加工、林业自动化7个二级学科。1997年为扩大专业面，调整为森林工程、木材科学与技术、林产化学与加工工程3个二级学科。半个多世纪以来，梁希、朱慧芳、唐耀、成俊卿、陈陆圻、柯病凡等一批近、现代杰出的开拓者为学科发展呕心沥血，付出了毕生精力。时至今日，科技进步日新月异，伴随着国家生态建设和林业重点工程的实施，林业产业体系建设向国际化、数字化、智能化方向快速升级，林业工程作为一门应用学科，以森林资源的高效利用和可持续发展为主线，与林学、生物学、化学、物理学、机械材料、土木工程、农林经济管理等十多门学科相互交叉、渗透、融合，不断丰富和拓展自身的学科领域，成为21世纪最具活力的学科之一。

第一节　森林木质资源利用

木材来源于森林的主产品——树木，是一种以高分子材料构成的各向异性的多孔性的毛细管胶体。20世纪60年代以前，人们将森林狭隘的界定为木材生产基地，林学的一个分支学科木材学研究对象仅限于木材的构造性质与利用。但随着科技进步与传统木材供需矛盾的突出，木材科学的内涵和外延均得到拓展，已发展成为研究木质化、了解天然材料及其衍生制品，以及为此类材料的加工利用技术和培育技术提供科学依据的一门跨生物学、化学和物理学的综合性学科，木材及非木材的木质资源开发利用均被纳入森林木质资源利用的范畴。

一、木材的来源

木材来源于植物，但并不是所有的森林植物都生产木材。就木材本身而言，可以从狭义与广义两方面来认识。

广义的木材是指木质材料，既包括原条、原木和锯材等，也包括木材机械加工制品，如胶合板、刨花板和纤维板等。

狭义的木材是指来源于种子植物的乔木树种，而且往往只是指树木中树干的木质部分。习惯上把来自针叶树的木材称为针叶树材，因其不具导管(即横切面不具管孔)，故又称为无孔材；由于针叶树材材质一般较轻软，故又通称为软材(soft wood)。值得注意的是，并非所有针叶材的材质都轻软。把阔叶树材称为有孔材或硬材(hard wood)，由于阔叶树种类繁多，习惯上亦统称为杂木。至于单子叶植物中的棕榈和竹子，虽然也是木本植物，且干高、用途广，但与木本双子叶植物有区别，其利用方式与一般所讲的木材也有显著的不同。

综上所述，木材是指针叶树材和阔叶树材，即木材来源于裸子植物和被子植物中双子叶植物的木本植物。

二、木材的名称

木材来源于树木，但生产中通常由于其识别特征少而不易区分，常常将材性相近的进行笼统归类命名，一种木材可能在不同地方叫法差异很大，甚至同一种木材，在同一个地方也有多种名称，这种现象叫同物异名；还有一种情况是异物同名，如枫木在南方常指金缕梅科的枫香，而在北方地区是指槭树科五角枫等。又如松木的一般概念是指松属木材的多种或一种木材；同时也指除了柏木、杉木以外的几乎全部的针叶材，有时甚至用作针叶材的同义词，出现了木材名称的混杂现象。因此，有必要了解木材名称，帮助识别木材。

(一)木材科学名称

按《国际植物命名法规》命名并被国际采用的树木名称，称为树木的学名，每一学名包括属名和种名，即“双命名法”，由于它是由拉丁文或拉丁化的其他外文组成，所以又称拉丁名。由于树木命名是以花、果、叶为基础的，木材作为树木的一部分，其学名也就是树木的学名。学名在国际交流等方面有着重要意义，但由于语言文字上的障碍和物种多样性、分布地域差异性，有些树种具有相对应的通用中名，而有些树种则没有。在实际应用中仅凭肉眼不易将木材确定到种，就一般用途而言，宏观特征和材质相差不大的木材，其使用价值也近乎相同，区分到种也是不必要的，故学名在木材生产、贸易和使用等领域受到一定的限制。

(二)商品名

进入流通领域用于交换的木材便成为商品，称之为商品材。木材的商品名(或商用名)是指在生产、贸易等领域较广泛使用的商品材名称。商品材的分类主要依据木材的构造特征和材质的异同来进行归类和命名，通常以树木分类上的属为基础，材质为主要依据，将原木宏观特征相似，木材材质相近，现场难以区别的商品材树种归为一类。因此，一种商品材可能是一个树种的木材，也可能包括全“属”的树种，如泡桐属的各树种，其商品名均为泡桐；有的包括属内部分树种，如松木(或硬松)为松属中马尾松、樟子松和油松等树种的商品名；有的则包括不同属的树种，如白青冈包括青冈栎属中的青冈栎和麻栎属中的乌冈栎等。

(三)木材标准名称

木材标准名称是以树木学(或植物学)的属为基础，将材性和用途相近的木材进行归类，并通过标准化形式发布的木材统一名称，以便于木材在生产、利用、贸易、造林、营林、科研、教学等方面的应用。目前我国关于木材名称的标准主要有 GB/T 16734—1997《中国主要木材名称》、GB/T 18513—2001《中国主要进口木材名称》、GB/T 18107—2000《红木》。以 GB/T 16734—1997《中国主要木材名称》为例，该标准共收载由我国 907 个树种归纳而来的 380 类(个)木材名称(中、英文)及其树种名称(包括中名、别名、拉丁名)、科别(隶属 99 科)、产地和备注。这些标准往往被作为木种判定的重要依据。

(四)俗名

俗名或别名为非正式名称，是木材种类的通俗叫法，往往具有地域性，故又称地方名。由于各地的取名角度以及语言文字等方面的差异，所使用的木材名称不尽相同。如枫杨在安徽不同地方叫法不一，有大叶柳、白柳、柳树、水花树等多个称谓，巨紫荆被称作乌桑等，在实际应用中应注意甄别。

三、木材构造及应用

在林业生产和木材加工利用的过程中，首先要识别木材，然后才能根据不同树种的木材性质而确定其适当的用途。学习与了解木材的构造，是识别木材、合理利用木材的理论基础。木材的构造特征，有的在肉眼或放大镜下可以看到，有的需要在显微镜下观察，也有些不属于木材的构造，而是木材的物理特征，如材色、气味、重量等。由于构成木材的组织和细胞在形态上是不均匀的，不论是细胞本身的大小、形态和排列都各有差异，再加上树木的生长是随着其所在环境条件的不同而形成种种差异或变异，便形成了木材构造上的不均匀性和变异性，这也是木材与其他材料相比最大的差别之处。

从组织学的角度，木材是由许多不同形态和不同功能的细胞所组成；从植物学的角度，构成木材的各种细胞按其功能又可以归为不同的组织，各种组织在木材表面的表现就是木材构造，根据观察尺度不同，可分为宏观构造、显微及超微观构造。木材构造决定木材性质，木材性质在很大程度上影响和决定着木材的加工与利用。因此，林业工作者应该了解和掌握木材构造知识，准确的判定其材性，扬长避短，适度改性，进而实现优材优用、适材适用、材尽其用的重要意义。生产上，除木材识别及改性外，微观构造很少被关注，宏观构造的研究内容主要包括以下几方面：

(1)树皮的特征　包括树皮的颜色、形态、厚度、断面结构和质地等。

(2)木材主要宏观特征　包括心材和边材、生长轮、早材和晚材、管孔、木射线、轴向薄壁组织、胞间道等。

(3)木材辅助宏观特征　包括木材的颜色、光泽、纹理、花纹、结构、材表、气味、滋味、轻重和软硬、髓斑和色斑等。

所谓的主要与辅助特征，则更多的基于就某种木材而言该类特征是否相对稳定，在木材识别与利用时是没有严格的主次之分的，如木材颜色和气味虽为辅助特征，但往往成为影响木材商品价值的重要因素。

(一)树木的组成

树木是有生命的有机体，是由种子(或萌条、插条)萌发，经过幼苗期长成枝叶茂盛，根系发达的高大乔木。纵观全树，它是由树冠、树干和树根三大部分组成。

1. 树根

树根是树木的地下部分，是主根、侧根和须根的总称，占立木总体积的5%～25%。其生理功能是支持树体、吸收水分和矿物质营养、供树冠中的叶片进行光合作用。从利用的角度，树根可以用作装饰材料(瘿木)、盆景及根雕，采伐剩余物可以作为人造板原材料，也可将根材构造特征作为木材识别的依据。

2. 树冠

树冠是树木最上部分生长着的枝桠、树叶、侧芽和顶芽等部分的总称。它的范围通常是由树干上部第一个大的活枝算起，至树冠的顶梢为止，占树木单株木材产量的5%～25%。树冠中的大枝，可生产部分径级较小的木材，通称为枝桠材，充分地利用这部分木材制造纤维板、刨花板和细木工版等，在提高森林资源效益上具有重要意义。

3. 树干

树干是树冠与树根之间的直立部分，是树木的主体，也是木材的主要来源，占树木单株木材总产量的50%～90%。在活立木中，树干具有输导、储存和支撑三项重要功能。

(二)树干的构成

树干是树木的主要和中间部分，它下连根株上承树冠，是木材的主要来源。树干由树皮、形成层、木质部和髓四部分构成，其中形成层是位于树皮和木质部之间的极薄细胞层，不易为人们肉眼分辨。

1. 树皮

包裹在树木的干、枝、根等次生木质部外侧的全部组织统称为树皮。幼茎或成熟树干嫩梢的树皮包括表皮、周皮、皮层和韧皮部等部分。树木的幼茎仅在很短时间内由表皮保护，使茎内水分不致丧失并使幼茎免受外界损伤。一年之后，表皮即行脱落，代之以新生的保护层——新生周皮。周皮可分为木栓形成层、木栓层、栓内层。在表皮脱落前，周皮是由皮层中的活细胞恢复分生能力，经过分生和分化产生。由于木质部直径不断增长，外表的周皮有一个破裂脱落的过程，以后周皮的分生细胞可由韧皮部的活细胞转化而成，从而又产生新的周皮。每当新的周皮产生后，最后形成的木栓层以外的全部树皮组织，因隔绝水分而死亡。已无生机的树皮组织，习惯上称为外树皮；而含生活细胞的内侧树皮组织，称为内树皮。

树皮一般占整株树木体积的7%～20%，依树种各异。树皮的各种特征，如颜色、形态、厚度、端面结构和质地等，对识别原木是具有重要参考意义的。从利用角度，树皮可入药、造纸，作为香料、装饰及包装、特种用途材料等。

2. 木质部

木质部是树干的主要部分，根据细胞的来源，木质部分为初生木质部和次生木质部。初生木质部起源于顶端分生组织，常与树干的髓紧密相连，合称髓心。初生木质部占很小一部分，在髓的周围。次生木质部来源于形成层的逐年分裂，占绝大部分，是木材的主体，也是加工利用的主要对象。

3. 髓

一般位于树干(横切面)的中央，也有偏离中央的。颜色较深或浅，质地松软，是树木贮藏养分的器官，它和第一年生的木材构成髓心。由于它是轴向薄壁组织构成，因此髓心部分木材的力学性质低又易于开裂和腐朽，在航空、造船及特殊用材中需除去。由于不同树种髓的形状、大小、结构存在较为明显的差异，故常作为原木识别的重要依据。

(三)木材宏观构造

木材的宏观构造是指用肉眼或借助于10倍放大镜所能观察到的木材构造特征。应用于生产实践当中，不仅可以作为识别木材的依据，对营林培育和加工利用也有极其重要的参考与指导价值。由于树干从不同方向锯切得到的切面不同，其构造分子排列与组合状态不同，表现出来的特征也存在显著差异，为便于交流和特征记载，认为确定三个切面作为观察基准面即标准切面，后续构造特征的描述均以此为依据。

1. 木材三个切面

与树干主轴或木材纹理成垂直的切面，即树干的端面或横端面。横切面较全面地反映了细胞间的相互联系，是识别木材最重要的切面。在原木特征中所谓的树干断面，实际上就是木质部(木材)的横切面。径切面(径面)是与树干主轴或木材纹理方向(通过髓心)相平行的切面。弦切面(弦面)则指与树干主轴或木材纹理方向(不通过髓心)平行并与木射线成垂直的切面。径切面和弦切面由于都是沿纹理方向的切面，所以这两个切面被笼统地称为纵切面。

在木材加工中通常所说的径切板和弦切板，与上述的径切面和弦切面是有区别的。在木材生产和流通中，借助横切面，将板宽面中心线与生长轮切线之间的夹角在45°～90°的板材称为径切板；在0°～45°的板材称为弦切板(图11-1)。

图 11-1　径切板和弦切板

2. 年轮、生长轮

年轮是温带树木在(直径)生长过程中,由于气候交替的明显变化而形成的轮状结构。亦是形成层向内分生的一层次生木质部,围绕着髓心构成的同心圆。树木的生长期,在温带或寒带一年只有一次,春季开始生长,到年秋末冬初暂时中止,翌年又重复此过程,比较典型,故称为年轮。而在热带或亚热带地区,树木生长季节仅与雨季和旱季的交替有关,一年内会形成几圈木质层,所以称为生长轮。实质上年轮也就是生长轮,但生长轮与年轮则不能等同。

年轮是树木生长整个生命过程的反映,研究年轮有以下几方面的意义:

①在林业生产上,根据近根基年轮的数目,可以推算树木的近似年龄。在生长过程中,外界条件(气候变化)对年轮宽窄有很大的影响,科学研究上有一定的价值。

②可以反映树木的生长速度,对同一树种来说,能够判断其对环境的适应程度。

③在利用上可以大体判断木材的质量,即木材物理、力学性质的好坏。某些特殊用材,对每厘米的年轮个数都有一定的要求,如做提琴用的马尾松材,要求每厘米 4～6 个的年轮。

④年轮在不同的切面上呈现出不同的形状。在横切面上多数树种的年轮线呈同心圆状,为圆形封闭线条;少数树种的年轮线为不规则的波浪状,可见于栎木、榆木等;还有个别树种呈其他形状的;年轮在横切面上的形状是识别木材的特征之一。年轮在径切面上表现为平行的条状,在弦切面上则呈"V"形或抛物线形的花纹,均可产生良好的装饰效果。

3. 早材、晚材及晚材率

一个生长轮内,生长季节早期形成的位于年轮内侧的细胞壁薄、腔大、材质疏松的木材称为早材。生长季节后期形成的位于年轮外侧的细胞壁厚、腔小、材质相对较硬的木材称为晚材。

由于早、晚材结构和颜色的不同,使得相邻两个生长轮交界处形成明显或不明显的分界线,常把这种情况叫作生长轮的明显度,可分为明显(如杉木、红松等)、略明显(如银杏、女贞等)和不明显(如枫香、杨梅等)三种类型。

在一个生长轮中,早材向晚材过渡变化的缓急也是值得注意的有用特征。凡分界线明显者,称为早材至晚材过渡急变;凡分界线不明显者,称为早材至晚材过渡缓变。如松属木材中的硬松类(马尾松、油松和樟子松等),早晚材过渡的变化是急变的,而软松类(红松、华山松和白皮松等),早晚材过渡是缓变的,这就成为识别松属木材的一个重要特征。

依树种不同,早晚材宽度的比例有很大差异,常以晚材率来表示,即晚材在一个年轮中所占的比率。其计算公式为:

$$P = b / a \times 100\%$$

式中:P 为晚材率(%);a 为一个年轮的宽度(cm);b 为一个年轮内晚材的宽度(cm)。

晚材率的大小可以作为衡量木材强度大小的标志，凡晚材率大者，木材的强度也相应较高，如选种育种常以晚材率的高低作为良种的重要标志之一。

4.边材和心材

成熟树干的任一高度上，靠近树皮部分，材色较浅，水分较多，除起机械支持作用外还参与输导与储存养料的木材称为边材；许多树种木材（生材）的横切面上，靠近髓心部分，生活细胞内原生质逐渐转化消失而失去生机，材色较深，水分较少的称为心材；一部分树种，如冷杉、水青冈等，树干中心部分与外围部分的材色无区别，但含水量不同，中心水分较少的部分，称为熟材。

树干的中心和外围既无材色差别，含水量又相等，这样的树种称为边材树种，如云杉、桦木、白杨和椴木等。心材和边材区别明显的树种，如油松、落叶松、马尾松、柏木、黄波罗、核桃楸、水曲柳、紫檀等等，称为心材树种。具有熟材的树种（隐心材树种），如冷杉、椴木、山杨和水青冈等，称为熟材树种。

心材树种和边材树种是有规律地反映着树种间的差别，因此可以作为识别木材种类的根据之一。在没有心材的树种中，由于外界影响、菌害的侵蚀，出现了类似心材的颜色，叫作假心材（不是正常的心材），如云杉、桦木、山杨、桃树和杏树等老树。假心材的特点是不论其在树干的横切面或纵切面上，都表现为不规则的分布和不均匀的色调。还有少数的心材树种，也由于菌害侵蚀，偶尔出现材色较浅的环带（在心材的外围有一圈边材），叫作内含边材，如圆柏的心材部位常出现。

心材的形成，不是树木一开始就有的，而是以后由边材慢慢转化形成的，这个过程是一个复杂的生物化学变化。在这个过程中，活细胞失去作用，变为死细胞；细胞腔内出现单宁、色素、树胶、树脂以及碳酸钙等沉积物；水分输导系统被堵塞，材质变硬，密度增大，渗透性降低，耐久性提高。边材转变为心材，是树木生长过程中的一种正常现象。对不同的树种，转变时间有早有晚，边材有宽有窄，如刺槐树的心材在头几年就开始形成，而松属、落叶树属，要在10～20年才开始形成。

在显心材的树种中，心材的大小、特征性颜色、低渗透性、强耐候性、良好的耐腐性及抗菌抗虫性对木材识别和利用都有重要意义。

5.木射线

在横切面上，从髓心到韧皮部呈辐射状排列的越过年轮并与年轮垂直相交，颜色较浅的细线条称为木射线，这是木材中唯一横向排列的组织。木射线在各种木材中出现的情况并不一致，但有其特征性的意义。如针叶材全部为细木射线，而在阔叶材中只有杨木、桦木、柳木和七叶树等少数木材为细木射线，多数的阔叶材为中等宽度射线或宽木射线，了解这些情况对肉眼识别木材来说是有益的。

木射线在木材横切面上呈辐射条状，显示其宽度；在径切面上呈线状或带状，显示其高度；而在弦切面上呈短线或纺锤形状，显示其宽度和高度。所构成美丽的花纹可大幅提升木材利用价值。但阔叶材的木射线均为薄壁细胞构成，因此是木材较脆弱而强度较低的地方，特别是在木射线发达的树种中，干燥时常常沿木射线裂开，降低了使用价值，但在木材浸渍或防腐、防虫时，易于液体渗入。

6.管孔

管孔是指阔叶材中的导管在木材横切面上呈孔穴状的表现。导管是绝大多数阔叶树材具有的轴向输导组织，在纵切面上导管是沟槽状，叫导管槽，组成导管的每一个细胞为导管分子。管孔的有无是区别阔叶树材和针叶树材的重要依据，针叶材没有管孔，被称为无孔材，阔叶材具有管孔，称为有孔材。我国西南地区的水青树科水青树属的水青树（*Tetracentron sinense*）和台湾地区的昆栏树科昆栏树属的昆栏树（*Trochodendron araioides*）等个别树种没有管孔，其余的大部分阔叶树材均为有孔材。

管孔的大小、分布、排列及其内含物等特征是识别阔叶材的重要依据。

7. 胞间道

胞间道是由分泌细胞环绕而成的管状（长形）细胞间隙，在针叶树材中贮藏树脂的叫树脂道；在阔叶树材中贮藏树胶的叫树胶道。

在国产的针叶树材中，树脂道是经常出现于松属、落叶松属、云杉属、黄杉属、银杉属和油杉属等木材中，因而树脂道便是识别这六属木材的重要特征之一。松属木材树脂道树脂道个体较大，数量较多，泌脂细胞壁较薄，常被作为松脂采割树种。

8. 轴向薄壁组织

轴向薄壁组织是由形成层纺锤状原始细胞分裂所形成的薄壁细胞群，也就是纵向排列的薄壁细胞所构成的组织。这类细胞腔大壁薄，在横切面上，可看见部分材色较周围的稍浅，如用水湿润后则更加明显。具发达轴向薄壁组织的树种，在肉眼下很容易与其他组织区别开来。

针叶树材的薄壁组织不发达，仅在杉科、柏科和罗汉松科等少数树种中存在，在肉眼或放大镜下不易辨别。但阔叶材中的薄壁组织比较发达，根据它和管孔连生的关系，把阔叶树材的薄壁组织分为离管类和傍管类两大类型，同一树种木材轴向薄壁组织分布具有一定的规律，可作为木材鉴别的重要依据。

轴向薄壁组织是贮藏养分的细胞，所以其存在往往使边材易被虫蛀、腐朽或导致木材的开裂、强度降低。但在纵切面上常可构成美丽的花纹，如鸡翅木、榆木等，可提高其使用价值。

9. 材色和光泽

木材是细胞壁构成的，而构成细胞壁的主体纤维素本身是无色、无味的物质，只是由于色素、单宁、树脂和树胶等内含物沉积于木材细胞腔，并渗透到细胞壁中，使木材呈现出各种颜色。如浅白色的杨木、泡桐，姜黄色的黄檀，枣红色的香椿，黑褐色的黑黄檀、风车木等，这些颜色不仅可以作为木材识别的重要依据，而且是提升其商品价值的重要因素。

木材颜色变化的影响因素有使用环境的干湿度、空气中暴露的久暂、腐朽的有无、树龄大小、取材部位、加工工艺等。木材受真菌的侵害也会发生变色，如青变、红斑和杂斑等。正常木材的颜色和非正常木材的颜色，其区别的基本特点是前者色调均匀而有规律，后者则不均匀和不规则，因此二者是容易区别的。

光泽是指光线在木材表面反射时所呈现的光亮度。不同树种之间光泽强弱有差异，可藉此鉴定一些宏观特征相似的木材。如云杉和冷杉宏观特征和颜色极为相似，但云杉的材面呈娟丝光泽，而冷杉的材面光泽则较淡。

10. 气味和滋味

由于木材中含有各种挥发性油、树脂、树胶、芳香油及其他物质，所以不同的树种，产生了各种不同的味道，特别是新砍伐的木材味道较浓。如松木具松脂气味、柏科植物有柏木香气、雪松有辛辣气味等。生产上木材气味不仅有利于识别木材，还赋予其制品特殊的价值，如四大名香料"沉檀龙麝"中三种来自树木,樟木具有驱虫性而被用于制作木箱;也有些树种有酸臭等不好闻的气味,给其利用带来了局限性。

木材的滋味是指一些木材具有特殊的味道,它是木材中所含的水溶性抽提物中的一些特殊化学物质。如板栗具有涩味,肉桂具有辛辣及甘甜味;黄连木、苦木具有苦味;糖槭具有甜味等。

11. 结构、纹理与花纹

木材的结构是指组成木材各种细胞的大小及组合状态,一般以粗细或均匀与否表征。木材结构粗或不均匀,在加工时容易起毛或板面粗糙,油漆后无光泽,但能产生美丽花纹;结构致密和材质均匀的容易加工,材面光滑,适合作细木工、雕刻等用材。

木材纹理是指构成木材轴向细胞(纤维、管胞等)的排列方向。通常分为直纹理、斜纹理,有些原木还具螺旋纹理,一般直纹理木材强度高、易加工,但花纹简单。斜纹理木材会降低木材的强度,也不易加工,刨削面不光滑,容易起毛刺。但这些纹理不规则的木材能够刨切出美丽的花纹,主要用在木制品装饰工艺上,用它做细木工制品的贴面、镶边,涂上清漆,可保持本来的花纹和材色。

木材的花纹是指木材表面因木材构造、缺陷以及锯切方向等而产生的图案。花纹不仅提升了木制品的装饰效果,还可实现劣材优用。不同树种木材的花纹不同,对识别木材也有一定的帮助。

四、木材主要特性

1. 多孔性

因组成木材的管胞、导管分子、木纤维等具有细胞腔,各细胞之间具有胞间隙,细胞壁上具有纹孔等胞壁结构,构成细胞壁的纤维素分子链之间也具微毛细管,使得木材成为多孔性材料,这使得木材具有导热性低、具回弹性、强重比高、易锯切、易改性处理等特点,但孔隙度高会降低木材耐久性。

2. 各向异性

构成木材细胞壁的主要化学组分——纤维素分子链环间三个轴上的联结键型不同是木材各向异性的基本原因所在。此外,树木不同生长阶段其细胞组成、分布不同,各功能细胞胞壁构造、化学组分等差异也使木材在宏观下表现出明显的各向异性。该性质是制约木材使用的重要品质因子。

3. 差异性和变异性

由于物种资源的多样性,不同种间、同种不同株间、株内不同部位、不同方向其木材材性、材质均存在差异性;变异则指同种生物后代与前代、同代生物不同个体之间在形体特征、生理特征等方面所表现出来的差别,单株树木内的木材差异不是木材变异(尹思慈,2013)。Zobel将株间木材材性变异总结为四个方面,即培育过程对幼龄材的影响、地理种源对材性的影响、环境对材性的影响、林木栽培措施对材性的影响。木材材性的差异性与变异性要求生产实际中应不断地调整加工方法或工艺参数以减少产品缺陷的发生和资源的浪费。

4. 亲湿性和干缩性

木材是多孔性的毛细管胶体,其主要化学组分纤维素和半纤维素等具有许多游离羟基(—OH),在一定温度和湿度条件下具有很强的吸湿能力,使得木材具有亲湿性和吸湿性。当木材含水率低于纤维饱和点时，随着环境温湿度的变化，木材解吸和解吸则表现为木材干缩性，进而影响产品的尺寸稳定性和使用耐久性，这是木材改性处理的主要内容之一。

5.黏弹性

木材具有圆柱对称性，使它成为近似呈柱面对称的正交对称性物体，符合正交对称性的材料，可以用虎克定律来描述它的弹性。木材在受某一定应力范围内的外力而变形，外力除去同时变形消失，回复原状的性质，表明木材具有弹性(elasticity of wood)，但木材在某些条件下，受外力后产生永久变形，说明其又具塑性(plasticity of wood)，木材等高分子物在受到较长时间外力作用下表现出黏性和弹性兼有的性质称为黏弹性(viscoelasticity of wood)，如木材的蠕变及松弛，在木构件设计时应予以考虑以确保其安全性与耐久性。

6.易加工及改性

木材密度较小，用一般的器具通过锯、刨、铣、镂、雕、鞣等即可加工，具有良好的加工性能。但木材又具干缩、变形、易腐、易燃、易虫蛀等不足，制约着其应用范围和使用寿命。人们在长期摸索中积累了丰富的经验，采取各种物理和化学的方法对其进行改性处理，从而达到合理利用、节约木材和充分挖掘潜力的目的。

五、木材产品

传统意义上的木材产品是指森林采运部门生产的圆材、原木经纵向锯割的锯材以及人造板；经过人工组合的木制品和木构件都是木制成品，属于细木工产品。随着木材科学内涵的丰富，本书将把以木质化了的天然材料及其衍生物为对象加工出来的所有产品均称作木材产品，其分类情况如下：

(1)按原料类别分　木材类与非木材的木质资源类。

(2)按用途分　原料用(胶合板材、铅笔材、纸浆材等)、材料用及燃料用三大类。

(3)按生产方式及产品特性分

①森林采伐工业的产品　包括原条、原木、原竹。

②初级加工的产品　普通锯材(板材、方材)、枕木、薄木、竹材的初级产品(竹片、篾片、竹席、竹帘)、木浆等纤维类产品。

③人造板类产品　胶合板、纤维板、刨花板、浸渍纸等饰面类人造板。

④细木工产品　经人工组合的木制品及木构件或竹材类别品、家具、建筑零部件等。

(一)原木和锯材

原条经过造材，截断成符合要求的木段称为原木，原木经过制材加工得到的产品称为锯材，也称成材。前者是制材生产的原料，后者是制材生产的产品。

原木按照树种分为针叶树材和阔叶树材，按照用途分为直接用原木、加工用原木；加工用原木又分为特级原木、普通加工用原木、次加工原木，用于制材生产的则称为锯材用原木。

不同等级的原木按照其用途对树种、规格、质量均有相应的评定标准和技术要求。

制材生产包括由原木进厂到锯材产品出厂前的整个过程，由原木贮存、切割和锯材分选、贮运等部分组成。锯材按照断面几何形状分为10类(表11-1)，按其在原木断面上的位置分为髓心板、半髓心板、边板(图11-2)；按锯材断面年轮走向与材面形成的角度分为径切板和弦切板；按断面厚度尺寸则分为薄板、中板和厚板表。锯材加工质量和缺陷允许限度在GB/T 153《针叶树锯材》、GB/T 4817《阔叶树锯材》中均作了详细规定。

表 11-1 锯材按断面几何形状分类表

分类			特征	图示
半锯材	半圆材		原木沿材长直径方向剖开为两等分或接近两等分的锯材。又称对开材	
	四分圆材		原木沿材长半径方向剖开为四等分或接近四等分的锯材。又称四开材	
	毛方	等边毛方	原木轴线对称两侧面着锯,各锯去一块板皮,并且宽度尺寸小于厚度尺寸 2 倍	
		不等边毛方	原木轴线不对称两侧面着锯,各锯去一块板皮 t 并且宽度尺寸小于厚度尺寸 2 倍	
		一边毛方	原木轴线三侧面着锯,各锯去一块板皮,并且宽度尺寸小于厚度 2 倍	
	毛边板		宽材面相互平行,窄材面未着锯,或虽营锯而钝棱超过允许限度,并且宽度尺寸大于厚度尺寸 2 倍	
	半毛边板		宽材面相互平行,一边窄材面未着锯,或虽着锯而钝棱超过允许限度,并且宽度尺寸大于厚度尺寸 2 倍	
锯材	方材		相对材面相互平行,相邻材面互为垂直,并且宽度尺寸小于厚度尺寸 2 倍	
	板材	平行整边板	两组相对材面均互相平行,相邻材面互为垂直,并且宽度尺寸大干厚度尺寸 2 倍	
		梯形整边板	相对宽材面互相平行,相对窄材面互相不平行,相邻材面互为垂直,并且宽度尺寸大于厚度尺寸 2 倍	

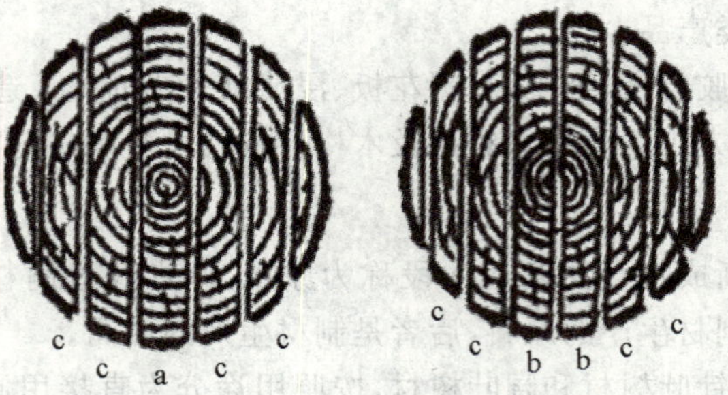

图 11-2 锯材在原木断面上的分布

a. 髓心板;b. 半髓心板;c. 边板

(二)人造板

我国至今尚未对人造板有确切和严谨的定义,仅就广义而言,凡以木质纤维原料(木材或非木材植物的纤维原料)为主,经机械加工分离成形状各异的单元材料,再经过重新组坯或铺装成型,压制而成的各种类型的板状材;或由木质原料和其他材料(有机、无机材料)组合压制的复合型板材，统称为人造板。以木质原料分离成的基本单元主要包括单板、刨花（碎料）、纤维、木丝、木条、木块及薄木板等，这些单元组合而成的板状材称为木质人造板，主要包括胶合板、刨花板（又称碎料板）、纤维板、细木工板、木丝板、重组木、胶合木、单板层积材等。以木质等两种以上材料在物理和化学性质不同物质复合压制的板材称为复合人造板（wood-based composites），此类人造板分为三种类型：一是以两种以上不同类型木质人造板组合而成；二是指无机材料以矿物渣类为胶凝剂与木质材料混合压制的人造板，如石膏刨花板、石膏纤维板、水泥刨花（或纤维）板煤粉灰纤维（或刨花）板；三是指合成有机材料与木质材料混合压制的人造板，如木塑复合材料等。

人造板由于结构特性一直享有“类似木材而优于木材”之美称，主要表现在三个方面，一是克服和改善了木材固有的主要缺点（各向异性、干缩湿胀性）；二是提高了木材资源利用率，扩大了原料来源；三是优于人造板生产，属于技术密集性工业化产业，是机械化、自动化和高科技融为一体的企业化生产，使得大规模、高效率生产及产品门类多样性成为可能，具有明显的市场优势。其主要特点如下：

①较好的强度均齐性、材质均匀性、尺寸稳定性。

②易于通过改性实现功能性改良，如耐候性、防水性、抗潮性、阻燃性、防虫耐腐性、抗静电、高吸附性等。

③幅面和厚度易控，能使产品性能和规格标准化，便于用户选择和应用。

④机械加工性能优良，尤其密度高、强度和刚度大的人造板更适于镂、铣、刨、胶接、钉着、模压成型等加工。

⑤易于进行饰面加工，不仅提升了装饰性，还可改善耐磨、耐水、耐化学药品服饰等功能，进而扩大适用范围和延长使用寿命。

（三）细木工

细木工是相对于大木工而言。大木工指建筑木结构或重型木质构件的大型木质品的工艺与用材，细木工则指室内家具、装饰材的门窗、地板、楼梯、壁板和扶手等；工业木质品配件的缝纫机台板和钢琴外壳等；木质农具及纺织器材配件等。细木工板就是由胶合板衍生出来的一种特殊板种，遵循胶合板的结构原则，具有重量轻、强度高、尺寸稳定性好等优点，是一种良好的结构和装饰材料。

六、非木材的木质资源

主要包括竹材、木质藤本、农作物秸秆及衍生制品，其中竹子是重要的森林资源，以分布广、生长周期短、秆形和材性良好（强度高、硬度大、韧性好）等特点，在多竹国家中理所当然地成为取代木材的主要原料，并逐渐形成竹材工业。我国是世界上竹子资源最丰富的国家，培育和加工利用历史悠久。4 700 年前我国出现竹制耘田器、戽水等工具；春秋都江堰大量使用竹子（竹索桥长达 320 m）；《庄子》记载“以管窥天”，用于天文观测；古代造船，先有竹筏，而后才有独木舟和独竹舟；陈胜、吴广“揭竿而起”；北宋苏轼“以管引泉”；明代用竹筒制二级火箭（火龙出水）；竹笋、竹筒饭、竹扇、竹席、竹刀，都有久远的历史；爬杆，是我国古老的体育活动等。近几十年来，中国竹材工业化利用和科学研究工作有了很大进展，尤其是竹材人造板有了很大进展，目前已开发的品种有竹编胶合板、竹材层积板、碎料板、胶合板、装饰板等，产品用途广泛，大有“以竹代木，以竹胜木”的趋势。我国在竹类资源集约经营、新品种培育和新产品开发方面处于国际领先地位，国际竹藤组织（International Network for Bamboo and Rattan，IN-

BAR)作为政府间国际机构将总部设在中国，这充分说明中国竹类科学研究和竹子开发利用在国际上的重要地位。但由于工业化开发利用时间不长，工艺与设备尚未达到完全成熟，精、深加工潜力巨大。

棕榈藤是仅次于木材和竹材的重要林产品，具有很高的经济价值。棕榈藤的去皮藤茎(藤条)表皮乳白色，柔韧，抗拉强度大，是编织和制作家具的优良材料；多种藤果和藤稍营养丰富，为优质热带水果和森林蔬菜，黄藤属的果实可萃取“麒麟血竭”药品。藤产品加工、贸易对地区社会和经济发展起着重要作用，但较之于经济林，棕榈藤研究和栽培历史较短，野生资源因过度开发面临枯竭，优质藤种濒危，原藤产量和品质下降制约着藤材的工业化利用。近10多年来，国内外棕榈藤的研究和发展取得了巨大成就，许多技术成果在生产上得到应用，但从总体水平看，还远远滞后于发展需要。基于棕榈藤材重要商业价值和国际原藤供求关系日益尖锐的严峻事实，加大现存资源保护力度，研究和发展原藤综合利用技术，提高全藤利用率，发挥资源生产潜力势在必行。

七、木材品质与缺陷

木材品质是指对木材某种使用价值有影响的木材性质的总和，各种因素具有相互独立性，同时彼此之间又有一定的联系。它不仅是木材商品价格制定的依据，还决定了木材的用途及加工工艺。木材品质的主要评定因子有木材密度、木材天然耐久性、木材胀缩性与易裂度、木材的强度值以及幼龄材等木材缺陷。木材缺陷则是木材及其制品在生长、生产、加工及储存保管过程中，由于受到生理的、病理的或人为的影响，使其造成损伤和毛病的统称。现行国标规定，凡呈现在木材上的能降低其质量，影响其使用的各种缺点，均为木材缺陷，这是材质评等的重要依据。

(一)木材缺陷分类

GB/T 155—1995《原木缺陷》和GB/T 4823—1995《锯材缺陷》规定，木材缺陷共分10大类，若干分类、种类和细类，具体分类如表11-2所示。

表11-2 木材缺陷分类表

原木缺陷				锯材缺陷		
大类	分类	种类	细类	大类	分类	种类
1 节子	1.1 按连生程度	1.1.1 活节 1.1.2 死节		1 节子	1.1 按连生程度	1.1.1 活节 1.1.2 死节
	1.2 按节子材质	1.2.1 健全节 1.2.2 腐朽节 1.2.3 漏节			1.2 按节子材质	1.2.1 健全节 1.2.2 腐朽节 1.2.3 漏节
	1.3 按生长部位	1.3.1 散生节 1.3.2 轮生节 1.3.3 簇生节 1.3.4 岔节			1.3 按断面形状	1.3.1 圆形节(椭圆形节) 1.3.2 条状节 1.3.3 掌状节
	1.4 按节子形状	1.4.1 圆形节 1.4.2 椭圆形节			1.4 按分布密度	1.4.1 散生节 1.4.2 簇生节
					1.5 按分布位置	1.5.1 材面节 1.5.2 材边节 1.5.3 材棱节

续表 11-2

原木缺陷				锯材缺陷		
大类	分类	种类	细类	大类	分类	种类
2 变色	2.1 按类型	2.1.1 化学变色		2 变色	2.2 化学变色	
		2.1.2 真菌变色	2.1.2.1 霉菌变色		2.2 真菌变色	2.2.1 霉菌变色
			2.1.2.2 变色菌变色			2.2.2 变色菌变色
			2.1.2.3 腐朽菌变色			2.2.3 腐朽菌变色
	2.2 按部位	2.2.1 边材变色	2.2.1.1 青变			
		2.2.2 心材变色	2.2.1.2 窒息性褐变			
3 腐朽	3.1 按类型和性质	3.1.1 白腐		3 腐朽	3.1 按类型和性质	3.1.1 白腐
		3.1.2 褐腐				3.1.2 褐腐
		3.1.3 软腐				3.1.3 软腐
	3.2 按树干内外部位	3.2.1 边材腐朽（外部腐朽）				
		3.2.2 心材腐朽（内部腐朽）				
	3.3 按树干上下部位	3.3.1 根腐(干基腐朽)				
		3.3.2 干腐(干部腐朽)				
		3.3.3 梢腐(梢部腐朽)				
4 蛀孔	4.1 虫眼	4.1.1 按深度	4.1.1.1 表面虫眼、虫沟	4 蛀孔	4.1 虫眼	
			4.1.1.2 深虫眼			
		4.1.2 按孔径分	4.1.2.1 针孔虫眼			
			4.1.2.2 大虫眼			
	4.2 蜂窝状孔洞				4.2 蜂窝状孔洞	
5 裂纹	5.1 按类型	5.1.1 径裂(心裂)	5.1.1.1 单径裂	5 裂纹	5.1 按类型	5.1.1 径裂(心裂)
			5.1.1.2 复径裂			5.1.2 环裂
		5.1.2 环裂	5.1.2.1 轮裂			5.1.3 干裂
			5.1.2.2 弧裂		5.2 按位置	5.1.4 贯通裂
		5.1.3 冻裂				5.2.1 材端裂
		5.1.4 干裂				5.2.2 材面裂
		5.1.5 炸裂				5.2.3 材边裂
		5.1.6 震(劈)裂				
		5.1.7 贯通裂				
	5.2 按部位	5.2.1 端面裂				
		5.2.2 侧面裂				

续表 11-2

原木缺陷				锯材缺陷		
大类	分类	种类	细类	大类	分类	种类
6 树干形状缺陷	6.1 弯曲	6.1.1 单向弯曲 6.1.2 多向弯曲				
	6.2 尖削					
	6.3 大兜	6.3.1 圆兜(包括椭圆兜) 6.3.2 凹兜				
	6.4 树瘤					
7 木材构造缺陷	7.1 扭转纹			6 木材构造缺陷	6.1 斜纹	
	7.2 应力木	7.2.1 应压木 7.2.2 应拉木			6.2 乱纹 6.3 涡纹	
	7.3 髓心材 7.4 双心				6.4 应力木	6.4.1 应压木 6.4.2 应拉木
	7.5 脆心				6.5 髓心	
	7.6 伪心材 7.7 内含边材				6.6 树脂囊(油眼)	
	7.8 树脂囊				6.7 伪心材	
	7.9 乱纹				6.8 内含边材	
8 损伤	8.1 机械损伤	8.1.1 采脂(胶)伤 8.1.2 砍伤 8.1.3 锯伤 8.1.4 锯口偏斜 8.1.5 抽心 8.1.6 磨损		9 损伤	9.1 机械损伤 9.2 夹皮 9.3 树脂漏 9.4 髓斑	9.2.1 单面夹皮 9.2.2 贯通夹皮
	8.2 鸟害和兽害伤					
	8.3 烧伤					
	8.4 夹皮	8.4.1 内夹皮 8.4.2 外夹皮				
	8.5 偏枯					
	8.6 树包					
	8.7 寄生植物伤					
	8.8 风折木					
	8.9 树脂漏					
	8.10 异物侵入伤					
				7 加工缺陷	7.1 缺棱	7.1.1 钝棱 7.1.2 锐棱
					7.2 锯口缺陷	7.2.1 瓦棱状锯痕 7.2.2 波状纹 7.2.3 毛刺糙面 7.2.4 锯口偏斜

续表 11-2

原木缺陷				锯材缺陷		
大类	分类	种类	细类	大类	分类	种类
				8 变形	8.1 翘曲	8.1.1 顺弯(弓弯) 8.1.2 横弯(边弯) 8.1.3 翘弯(瓦弯)
					8.2 扭曲	
					8.3 菱形变形	

(二)木材缺陷形成的原因及其影响

产生木材缺陷的原因很多,归纳起来,可分为以下几点:

①生理原因　即树木在生长过程中产生的缺陷,此类缺陷只可适量控制,不可完全避免,如节子、树干形状缺陷、木材构造缺陷等。

②病理原因　树木在生长过程中或伐倒后受到生物因子如菌类、虫类等危害而形成的缺陷,是后天性的,保护措施适当则可减缓甚至避免发生,如变色、腐朽、虫眼、裂纹、伤疤等。

③人为原因　由生产、加工技术不良或经营管理不善而造成的缺陷,这类缺陷也是后天性的,可减轻或避免,如机械损伤、加工缺陷等。

此外,一种缺陷的形成往往不是单一的原因,而是多因子相互作用的结果,如木材开裂和翘曲,既有生理原因造成的缺陷,又有加工保管的不当造成的,生产中需视具体情况采取相应措施。

任何一种木材缺陷对木材产品等级都有一定的影响,如使木材失去完整性,增大不均匀性,减弱耐久性,减少使用年限,降低甚至失去原有强度,加工中影响木材的经济出材率,降低锯材质量,提高生产成本,但合理利用则可大大降低木材缺陷带来的负面影响,有时还可提高木材的利用和经济价值。

(三)木材的主要缺陷及其检量

1. 节子

树干内部活枝条或枯死枝条的基部,在用材中称为节子,是树木生长的正常构造,但在木材利用上被认为是一种主要缺陷。将由树木的活枝条形成的与周围木材紧密连生,质地坚硬,构造正常的节子称为活节,而由树木枯死枝条形成的与周围木材大部分或全部脱离,质地坚硬或松弛,在板材中有时脱落形成空洞的节子称为死节,这是检验标准中最常用的分类方式。

节子是评定木材等级的主要因子,据统计 70%～90% 的木材等级取决于节子,可见其对材质、加工及利用的影响之大。节子对木材质量的影响主要取决于节子类型、尺寸、密集程度、分布位置和木材的用途,一般活节影响最小,死节次之,漏节影响最大。归纳起来,主要表现在以下几方面。

①节子破坏了木材结构的均匀性及完整性,使木材某些强度如顺纹抗拉、抗弯强度降低,不利于木材的有效利用。

②节子影响锯材及单板的出材率及成品质量。

③活节与死的健全节给加工造成困难,如使木材纹理紊乱,增大刀具的切削阻力,制浆造纸时节子难熬煮,减慢纤维的分离过程,混脏木浆,影响纸张颜色等。

原木生产时，合理造材是关键，应注意看料下锯，把节子密集或节子尺寸最大部分加工成对节子不加限制的直接使用原木、造纸用材；制材时则应视节子大小、多少、密集程度将节子分散或集中在不同或同一块板材上，尽量降低节子缺陷的程度，提高木材等级。另外，加工利用时可因势利导，如建筑工艺、家具生产与室内装潢等方面，可利用节子在不同切面上表现的花纹不同提高木材及其制品的经济价值。

节子的检量包括节子尺寸大小的检量和个数的查定（图 11-3，图 11-4 和图 11-5）。

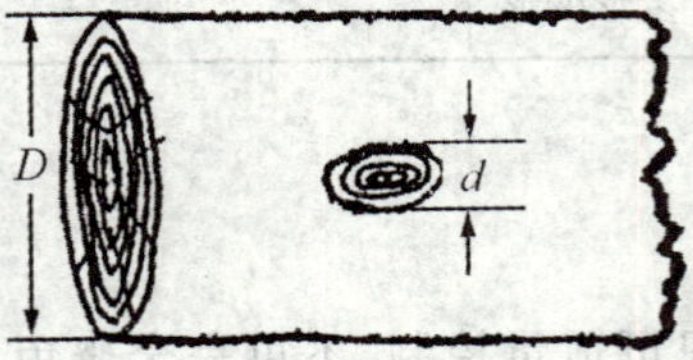

图 11-3　原木节子检量

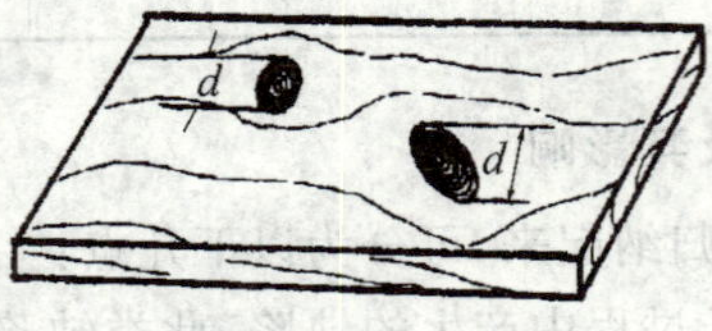

图 11-4　锯材圆(椭圆)形节子检量

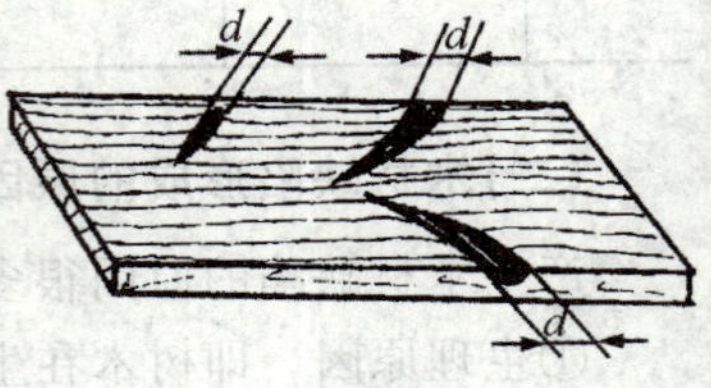

图 11-5　锯材条(掌)状节子检量

(1)节子尺寸　原木检验中检量与纵轴相平行的两条节周切线之间的距离，或节子断面的最小直径，用毫米表示。锯材检验中节子尺寸可以规定计算起点，圆形节检量与锯材轴或材棱平行的 2 条节周切线之间的距离，条状节和掌状节检量节子横向的最大宽度（即垂直于节子纵向的最大宽度），节子尺寸可用毫米计或所量得的最大节子尺寸与所在材面检尺宽相比，以百分率计。

(2)节子个数　可在规定范围内查定，或按节子最多 1 m 中的个数统计。锯材中掌状节应分别计算个数。

2. 变色

凡木材的正常颜色发生改变均称为变色，分为化学变色和真菌变色两大类。化学变色是指树木伐倒后，由于化学和生物化学的反应而使木材产生浅棕红色、褐色等不正常颜色，一般较均匀，且只限于木材表层。由于真菌侵入而引起的变色称为真菌变色，其又细分为霉菌变色、变色菌变色和腐朽菌变色。霉菌变色是指处于潮湿处的木材，其边材表面因霉菌的菌丝体和孢子体的侵染所形成的变色，随孢子和菌丝颜色以及所分泌的色素而异呈现蓝、绿、黑、紫、红等不同颜色，通常为分散的斑点状或密集的薄层状，只限于木材表面，干燥后易清除，有时在木材表面会残留污斑，但不改变木材的强度性质。变色菌变色是指树木伐倒后，由于干燥迟缓或保管不妥，其边材在变色菌的作用下而形成，最常见的是青变，习惯上称为青皮。另外，边材的色斑也有呈橙黄色、粉红或浅紫色、棕褐色等。腐朽菌变色是指当木腐菌侵入木材初期所引起的木材变色，最常见的是红斑，有的呈浅红褐色、棕褐色或紫红色，有的呈浅淡黄白色和粉红褐色等。

变色对木材的均匀性、完整性和力学性质均无影响，只是使木材颜色发生变化，有损于木材外观。但腐朽菌变色还可能使抗冲击强度稍有降低，吸水性能略有增加，在不干燥或保管不善的情况下会演变成腐朽。

一般用材对变色不加限制。装饰材和特殊用材可检量变色面积（多处变色累加），按变色面积占所在材面面积的百分比计算。

3. 腐朽

木材受木腐菌侵蚀后，不但颜色发生改变，而且其物理、力学性质也发生改变，最后木材结构变得松软、易碎，呈筛孔状或粉末状等形态，这种现象称为腐朽。按腐朽类型和性质分为白腐和褐腐。白腐菌的危害使木材显露出纤维状结构，外观多似蜂窝状或筛状，后期木材材质变得松软，容易剥落，故又称为筛孔状腐朽或腐蚀性腐朽。褐腐是由各种褐腐菌破坏木材纤维素所形成的，使木材颜色呈现红褐色或棕褐色，并且木材中间有纵横交错的块状裂隙，褐腐后期，木材易被捻成粉末，故又称为粉末状腐朽或破坏性腐朽。二者异同点如表 11-3 所示。

表 11-3　白腐材和褐腐材特征比较

特征	白腐材	褐腐材
材色	白色，有漂白感	褐色
被除去的成分	全纤维素和木素	全纤维素
木材干缩性	大体正常	非常大(特别是顺纹方向)
静曲强度	略微降低	明显降低
纤维素浆合度	逐渐减小	迅速减小
纸浆得率	与健全材大体相同	降低
纤维质量	与健全材差别不大	差
1%NaOH 中的溶解率	比正常材略高	高
易侵害的木材	阔叶材	针叶材

腐朽严重影响木材的物理、力学性质，使木材重量减轻，吸水性增大，强度和硬度降低。通常在褐腐后期，木材的强度基本丧失。一般情况下，完全丧失强度的腐朽材，其使用价值也随之消失。

心材腐朽是一种常见缺陷(图 11-6)，尤其是根部心材腐朽，尽量作锯切用原木使用。树干心材腐朽的应将腐朽部分放在一节原木上，若腐朽蔓延较长，在提高原木等级的前提下，可灵活地造在两节或几节允许存在这种缺陷的原木上。边材腐朽木材，其腐朽显露在外边，一般绕过腐朽部分就可截住腐朽(图 11-7)。

腐朽的检量，心边材是不一样的，边材腐朽通过腐朽部位按径向量得的边腐最大厚度与检尺径相比获得，以百分率计；也可用边腐面积占所在断面面积的百分比计算；或用毫米直接表示边腐的最大厚度。心材腐朽则以腐朽直径(如不规则，可取其平均直径或调整成圆形)与检尺径相比，或腐朽面积与检尺径断面面积相比，以百分率计；也可用毫米直接表示心腐直径的尺寸(图 11-8 和图 11-9)。

4. 蛀孔

昆虫或海生钻孔动物蛀蚀木材形成的孔道叫蛀孔。虫害在各种木材中都可能出现，主要对象是新采伐的木材、枯立木、病腐木和带皮原木，对立木也有侵害，因此，采伐后不应将木材留在林内过夏，夏季采伐的木材应随时运出林区，以防虫害。最常见的虫害有小蠹虫、天牛、吉丁虫、白蚁和树蜂等，不同的害虫，给木材带来的危害是不同的，有的只危害树皮及边材表层，危害较小；有的虽然蛀入木质部，但其虫眼较浅，在使用过程中对木材不构成影响；但有的钻入木质部深处，使木材遭受很大破坏。另外，菌害可能会随着虫害而发生。

图 11-6　心材腐朽

图 11-7　边材腐朽

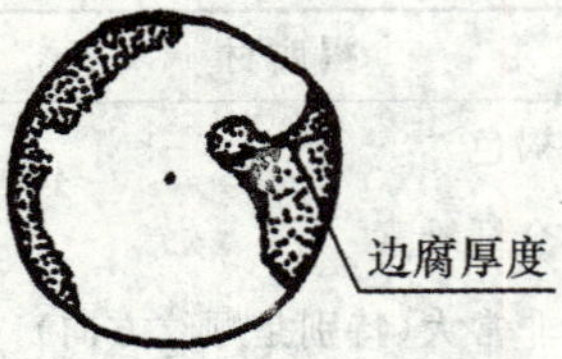

图 11-8　边材腐朽检量

a.形状规则　　b.形状不规则　　c.分散分布

图 11-9　心材腐朽检量

对带有虫害缺陷的木材进行合理利用是十分必要的。一般情况下，首先将带有虫害的木材作为对虫眼不加限制的原木使用；其次，视虫眼密集程度，可集中在一节原木上，若能提高原木等级，也可分散在数根原木上，提高木材的使用价值和经济效益，达到材尽其用。生产中，表面虫眼和虫沟通常可随板皮锯除，对木材利用基本没有影响；分散的小虫眼影响不大；深度自 10 mm 以上的大虫眼和深而密集的小虫眼以及蜂窝状的孔洞，破坏了木材的完整性，并使木材强度和耐久性降低，是引起木材变色和腐朽的主要通道。

蛀孔检量时，虫孔一般检最小直径和垂直深度，均以毫米计。深度足 10 mm 以上、最小直径自 3 mm 以上（深度大虫眼）的虫眼，按检尺长范围内虫眼最多 1 m 中的个数或全材长中的个数计算。蜂窝状孔洞只检深度 10 mm 以上的，按是否允许存在或按腐朽计算，或规定样方尺寸（如 10 cm × 20 cm），按样方内允许蛀孔密集程度计算。

5.裂纹

木材纤维与纤维之间分离所形成的裂隙，叫开裂或裂纹（图 11-10 至图 11-15）。有的因立木生长时期受环境（包括气候因子）或生长应力等因素所形成，如径裂、轮裂、冻裂，也有的为木材干燥过程中形成，如干裂。

裂纹，尤其是贯通裂纹破坏了木材的完整性，降低了木材的强度，影响木材的利用和装饰价值。同时，木材在保管不善时，木腐菌易由裂缝侵人，引起木材的变色和腐朽。

带有裂纹的木材可以考虑作为直接使用原木，如坑木等。若裂纹满足一、二等材要求可尽量作长材使用，否则将裂纹集中在一根短原木上。在不影响下节原木等级时，可将裂纹的长度适当分散在不同原木上，尽可能地缩小裂纹的影响，形成较短的裂纹。

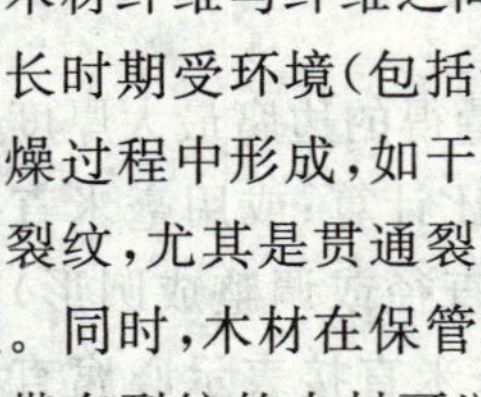

图 11-10　单径裂

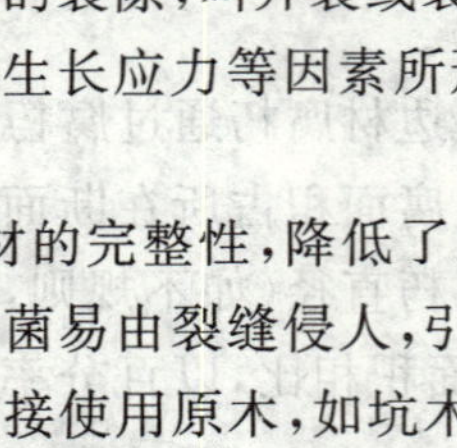

图 11-11　复径裂

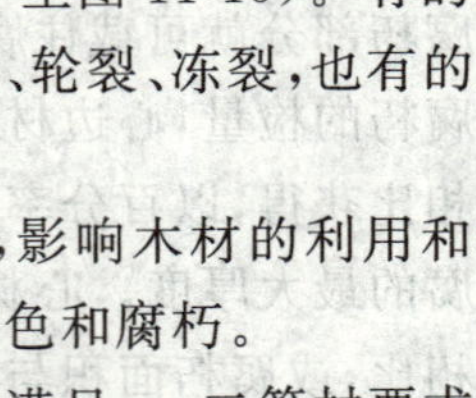

图 11-12　环裂

图 11-13　弧裂

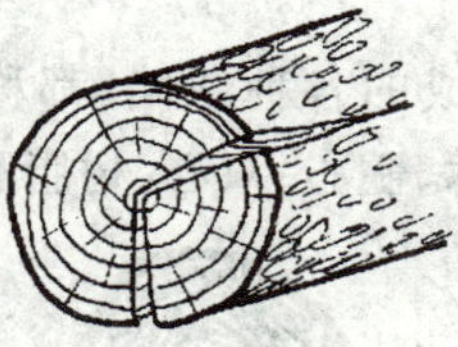

图 11-14　贯通裂

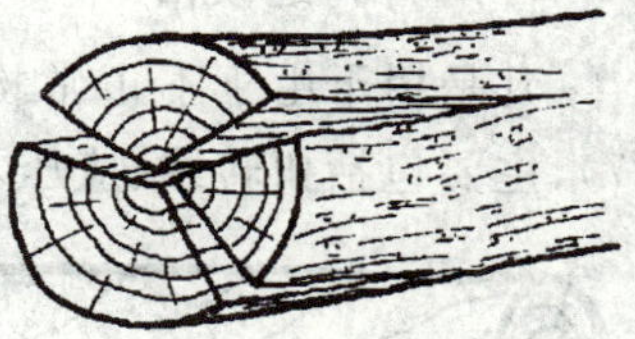

图 11-15　炸裂

6. 树干形状缺陷

树木在生长过程中受到环境条件的影响，使树干出现不正常或不规则的形状称为树干形状缺陷，这类缺陷主要有弯曲、尖削，大兜、凹兜和树瘤等（图 11-16 至图 11-21）。

图 11-16　单向弯曲

图 11-17　多向弯曲

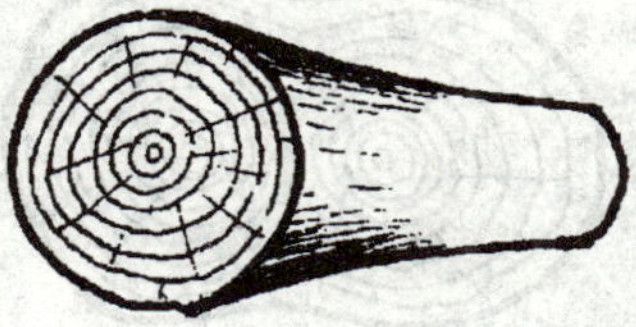

图 11-18　大兜

图 11-19　树瘤

图 11-20　凹兜

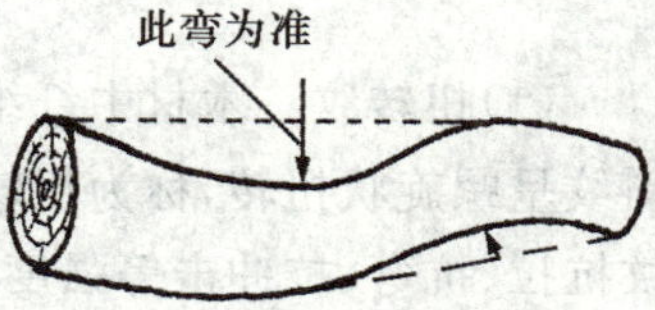

图 11-21　弯曲原木检量

（1）弯曲　弯曲降低了木材的强度，影响木材的出材率。尤其是多向弯曲，无论是对木材强度还是对木材出材率的影响，较单向弯曲都要大。弯曲对木材的出材率有很大的影响，所以，对带有弯曲的木材进行合理利用，可以大大提高木材的经济价值。生产中，常采用见弯取直，变大弯为小弯等方法降低弯曲对木材的影响。检量时，以最大弯曲拱高与内曲水平长相比，或与检尺径相比以百分率计。

（2）尖削　树干上下两端直径相差比较悬殊的现象称为尖削，其降低木材的强度，影响木材的质量，减少木材出材率，从而增大了废材量。检量时，从距大头 1 m 以上的部位对尖削进行计算。当尖削度不太大时，一般可作直接使用原木材种。

（3）大兜　又称为圆兜或肥大根干，是指树干根基部分特别肥大，呈圆形或接近圆形的现象。大兜降低木材的强度、出材率，影响木材的质量。特种用材可检量干基断面或外接圆和离干基 1 m 处断面（或外接圆）平均盘平均直径的差数，以厘米表示。

（4）凹兜　也称凹凸根干或树腿，是指树干靠根基部分凸凹不平的现象，此种木材缺陷使木材难于按要求加工利用，且增加废材量。

（5）树瘤　树瘤是指因生理或病理原因，使树干局部膨大，呈不同形状和大小的鼓包。因树瘤与木材乱纹常同时存在，不易加工。检量时，外表完好的一般不加限制。但如有空洞或腐朽或引起树干内部腐朽时，则按死节或漏节计算。

7. 木材构造缺陷

凡是树干由于不正常构造而形成的各种缺陷，都称为木材构造缺陷（图 11-22 至图 11-27），主要包括扭转纹、应压木、应拉木、髓心、双心、树脂囊、伪心材、内含边材等。

图 11-22　扭转纹

图 11-23　应压木

图 11-24　应拉木

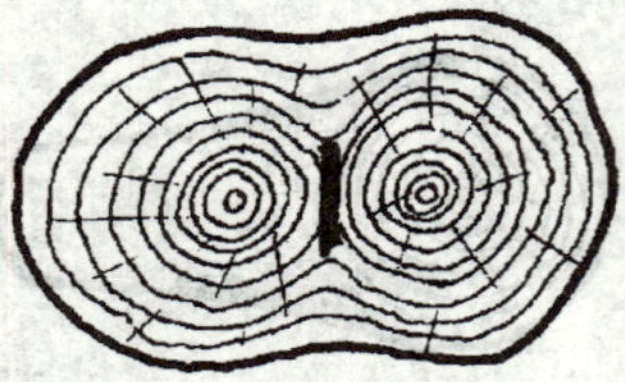

图 11-25　双心

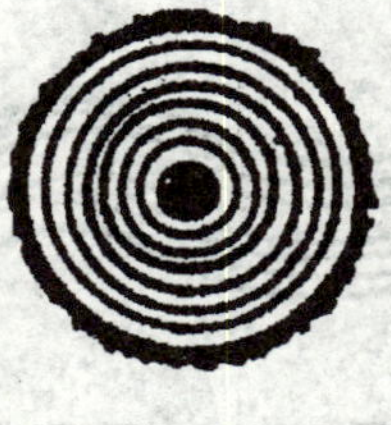

图 11-26　髓心

图 11-27　伪心材

（1）扭转纹　木材中纤维排列与纵轴方向不一致所出现的倾斜纹理称为斜纹。在圆材中斜纹呈螺旋状扭转，称为扭转纹。扭转纹对成材有许多不利的影响，降低了木材的强度，对顺纹抗拉、抗弯、抗冲击等强度的影响较大。对带有扭转纹木材的使用，尽可能作直接使用原木材种或允许此种缺陷限度内的原木。

（2）应压木　也称偏宽年轮，是指针叶树在倾斜或弯曲的树干和枝条下方，在受压部位的断面上，一部分年轮和晚材特别宽的现象。具有应压木缺陷的木材密度、硬度、顺纹抗压和抗弯强度都比正常木材大，特别是纵向干缩显著增大，因而翘曲和开裂严重，但吸水性降低，抗拉和冲击韧性强度比正常木小，并损害木材外观。

（3）应拉木　阔叶树在倾斜或弯曲树干和枝条的上方受拉部位的断面上，一部分年轮明显偏宽的现象，称为应拉木。应拉木材色较浅或浅淡，髓心偏向一边或偏离不大。应拉木提高了木材顺纹抗拉和冲击韧性强度，但降低顺纹抗压和抗弯强度，并增大各方向的干缩，尤其是顺纹干缩，致使木材多翘曲和开裂，给加工带来困难，形成毛茸和毛刺的粗糙材面。

（4）树脂囊　又称油眼，是指在针叶树种年轮中间充满树脂的条状槽沟。在圆材横断面上表现为充满树脂的弧形裂隙，在径切面上表现为短小的缝隙，在弦切面上表现为充满树脂的椭圆形浅沟槽。系形成层的正常活动受到破坏（如树木在生长时被风吹摇晃产生的应力）而形成，影响木制产品表面的油漆和美观，并使木材难以胶合。

（5）伪心材　有些阔叶树，心、边材区别不明显，其心材部分颜色变深，且不均匀，形状也很不规则，这部分木材称为伪心材。在横断面上的形状有圆形、星状、铲状和椭圆形等，其颜色呈暗褐色或红褐色，有时伴有紫色或深绿色。伪心材与边材之间也常由深色或彩色的界线所分开，在纵切面上呈现出带状。伪心材降低木材顺纹抗拉强度并增加脆性，损害木材的外观，而且渗透性不良，但与边材相比，伪心材具有较高的耐腐性能。

（6）内含边材　有些阔叶树在心材部分接连有几圈年轮，其颜色和性质与边材相似者，称为内含边材。在横切面上呈单环状或不同宽度的几个环带状，颜色较周围木材浅，在纵切面呈相同颜色的条状。内含边材的力学性质与心材基本相同，但对液体的渗透性较高，耐腐性能较差。

8. 伤疤

伤疤也称损伤，是指受机械、火烧、鸟害和兽害等所形成的伤痕（图 11-28 至图 11-32），主要包括机械损伤、烧伤、鸟害和兽害、夹皮、偏枯、树包、风折木和树脂漏等。

图 11-28　内夹皮

图 11-29　外夹皮

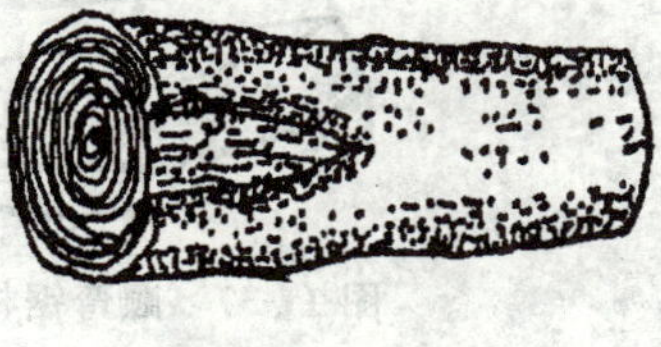

图 11-30　偏枯

图 11-31　树包

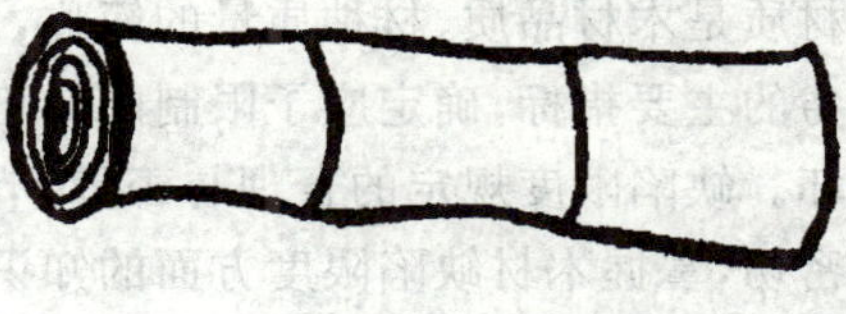

图 11-32　风折木

9. 加工缺陷

在锯解加工过程中所造成的木材表面损伤称为木材加工缺陷，其中在整边锯材上残留的原木表面部称为缺棱，根据未着锯的部位不同又细分为钝棱和锐棱（图 11-33 和图 11-34）；因锯割不当造成的材面不平整或偏斜现则称为锯口缺陷。

缺棱减少材面的实际尺寸，木材难于按要求使用，改锯将增加废材量，降低木材的有效利用率；锯口缺陷使锯材的形状和尺寸不规整，锯材厚薄、宽窄不均匀或材面粗糙，以致影响木材的使用，加工困难，利用率下降。

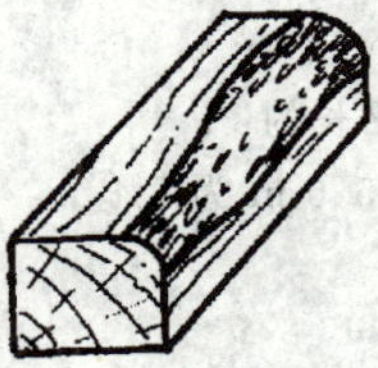

图 11-33　钝棱

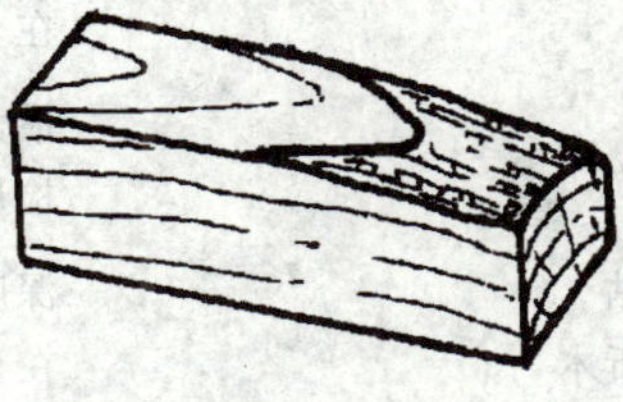

图 11-34　锐棱

10. 变形

锯材在干燥、保管过程中所产生的形状改变称为变形。变形分为翘曲、扭曲和菱形变形三种。其中翘曲指锯材在锯割、干燥和保管过程中所产生的弯曲现象（图 11-35 至图 11-38）。按弯曲方向的不同，可分为顺弯、横弯和翘弯。扭曲则指沿材长方向呈螺旋状的弯曲，成材面的一角向对角方向翘起，即四角不在一个平面上。

图 11-35　扭曲

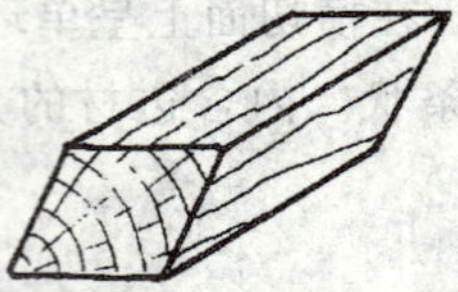

图 11-36　菱形变形

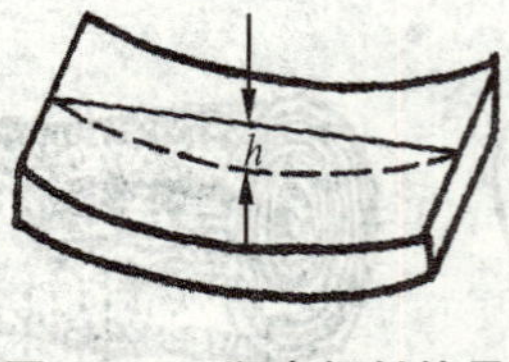

图 11-37　顺弯锯材检量

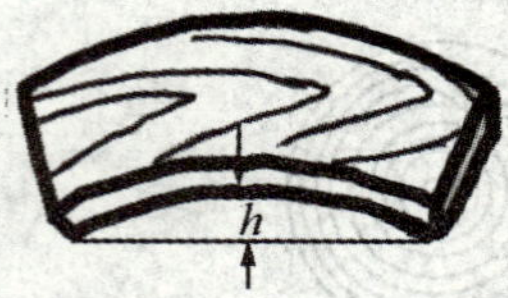

图 11-38　横弯锯材检量

(四)木材缺陷限度与材质评等

材质是木材品质、材种质量的简称，是材种标准中最重要的技术指标。缺陷限度是评定材质优劣的主要指标，确定应予限制的缺陷种类及其允许的限度数值，就可以决定某种产品材质的好坏。缺陷限度规定的合理与否，对节约木材、扩大资源利用、保证产品的最低合用等关系极为密切，掌握木材缺陷限度方面的知识也是木材产品检验者必不可少的一项技能。本节主要参照相关标准对其加以介绍。

1. 直接用原木缺陷限度

参照 GB 142—95《直接用原木——坑木》之规定，坑木的缺陷限度见表 11-4，表中未列缺陷检验时不计。

表 11-4　坑木缺陷限度

缺陷名称	检验方法及允许限度
漏节	在全材长范围内不许有
边材腐朽	在全材长范围内不许有
心材腐朽	在全材长范围内不许有
虫眼	在全材长范围内不许有
弯曲	最大拱高不得超过该弯曲内曲水平长的： 检尺长 3.2 m 以下 3%；检尺长 4、5、6 m 为 5%
外伤、偏枯	深度不得超过检尺径的 10%
炸裂、风折木	在全材长范围内不许有

2. 特级原木缺陷限度

特级原木指适用于高级建筑、装修、文物装饰及各种特种用途的优质原木。参照GB/T 4812—95《特级原木》之规定，特级原木缺陷限度见表 11-5，表中未列缺陷检验时不计。

表 11-5　特级原木缺陷限度

缺陷名称	检量方法	缺陷限度	
		针叶树	阔叶树
活节 死节	全材长范围内，节子尺寸不得超过检尺径 15％的允许	4 个	2 个
漏节 边材腐朽	全材长范围内 全材长范围内	不许有 不许有	
心材腐朽	腐朽面积不得超过检尺径断面面积	小头不许有，大头 1％	
虫眼	全材长范围内及断面	不许有	
弯曲	最大拱高不得超过该弯曲内曲水平长	1％	1.5％
外伤	深度不得超过检尺径	10％	
裂纹	纵裂长度不得超过检尺长	杉木 15％ 其他树种 10％	
	贯通断面开裂	不许有	
	弧裂拱高或环裂半径不得超过检尺径	20％	
劈裂	已脱落的劈裂，劈裂宽度不得超过 劈裂长度不得超过	10 cm 30 cm	
扭转纹	小头 1 m 长范围内倾斜高度不得超过检尺径	10％	
偏心	小头断面中心与髓心之距离不得超过检尺径	10％	
抽心	大、小头断面	不许有	
偏枯、外夹皮	检尺长范围内	不许有	
树瘤、树包、风折木	全材长范围内	不许有	
双心	小头断面	不许有	

3. 加工用原木缺陷限度

加工用原木主要包括针叶树锯切用原木、阔叶树锯切用原木及旋切单板用原木等。参照 GB/T 143—95《针叶树锯切用原木》、GB/T 4813—95《阔叶树锯切用原木》及 GB/T 15779—95《旋切单板用原木》标准之规定，分别将其缺陷限度汇总（表 11-6、表 11-7），表中未列缺陷检验时不计。

表 11-6　针、阔叶树锯切用原木缺陷限度

缺陷名称	检量方法		缺陷限度		
			一等	二等	三等
活节（阔叶树不限） 死节	最大尺寸不得超过检尺径的：	针叶树 阔叶树	15％ 20％	40％ 40％	不限
	任意材长 1 m 范围内的个数不得超过：	针叶树 阔叶树	5 个 2 个	10 个 4 个	不限

续表 11-6

缺陷名称	检量方法	缺陷限度		
		一等	二等	三等
漏节	全材长范围内的个数不得超过	不许有	1个	2个
边材腐朽	厚度不得超过检尺径	不许有	10%	20%
心材腐朽	面积不得超过检尺径断面面积	小头不许有 大头1%	16%	36%
虫眼	虫眼最多1 m范围内的个数不得超过：针叶树 阔叶树	不许有	20个 5个	不限
弯曲	最大拱高不得超过该弯曲内曲水平长	1.5%	3%	6%
外伤、偏枯	深度不得超过检尺径	20%	40%	不限
风折木(针叶树)	全材长范围内的个数不得超过	不许有	2个	不限
扭转纹	小头1 m长范围内的纹理倾斜高度(宽度)不得超过检尺径	20%	50%	不限
纵裂、外夹皮	长度不得超过检尺长 针叶树 阔叶树	杉木20%， 其他10% 20%	40%	不限

表 11-7 旋切单板用原木缺陷限度

缺陷名称	检量方法	缺陷限度	
		针叶树	阔叶树
活节 死节	节子最大尺寸不得超过检尺径	30%	
	任意材长1 m范围内的个数不得超过	8个	4个
漏节	全材长范围内	不许有	
边材腐朽	全材长范围内	不许有	
心材腐朽	心腐直径不得超过	60 cm	
虫眼	虫眼最多1 m范围内的个数不得超过	10个	5个
弯曲	最大拱高不得超过该弯曲内曲水平长	2%	
外伤、偏枯	深度不得超过检尺径	20%	
抽心	抽心最大直径不得超过	60 mm	
双桠材、炸裂	全材长范围内	不许有	
纵裂、外夹皮	长度不得超过检尺长	30%	

4. 锯材缺陷限度

GB/T 153—95《针叶树锯材》、GB/T 4817—95《阔叶树锯材》两项标准对针叶树和阔叶树普通锯材及特等锯材的缺陷限度进行了规定，普通锯材分为三个等级。普通锯材和特等锯材的缺陷限度见表 11-8，表中未列缺陷和阔叶树锯材的活节检验时不计。

表 11-8 针叶树、阔叶树锯材缺陷限度

缺陷名称	检量与计算方法	缺陷限度			
		特等锯材	普通锯材		
			一等	二等	三等
活节、死节	最大尺寸不得超过材宽	15%	20%	40%	不限
	任意材长 1 m 范围内的个数不得超过：针叶树 阔叶树	4 3	6 5	10 6	不限
腐朽	面积不得超过所在材面面积的：针叶树 阔叶树	不许有	2% 5%	10%	30%
虫眼	虫眼最多 1 m 范围内的个数不得超过：针叶树 阔叶树	1	4 2	15 8	不限
弯曲	横弯最大拱高不得超过水平长的：针叶树 阔叶树	0.3% 0.5%	0.5% 1%	2%	3% 4%
	顺弯最大拱高不得超过水平长	1%	2%	3%	不限
钝棱	最严重缺角尺寸不得超过材宽的：针叶树 阔叶树	5% 10%	20%	40%	60%
斜纹	斜纹倾斜程度不得超过	5%	10%	20%	不限
裂纹、夹皮	长度不得超过材长的：针叶树 阔叶树	5% 10%	10% 15%	30% 40%	不限

注：长度不足 2 m 的锯材不分等级，其缺陷允许限度不低于三等材；南方阔叶树锯材裂纹在本表允许限度基础上，各等均放宽 5 个百分点。

第二节 非木林产品利用

非木林产品的概念最早出现于前苏联学术界，在一些国家称为林副产品、林特产品或其他林产品等。在联合国粮农组织的林产品统计中只有木材、纸浆、纸和纸产品等。1992 年联合国环发大会（UNCED）以后，国际林业界对非木林产品十分重视。1995 年由联合国粮农组织（FAO）在印度尼西亚日惹市召开了“非木林产品国际专家讨论会”，并确立了非木林产品（Non-Wood Forest Products，缩写成 NWFPS）的定义：“非木林产品包括森林或林地提供的所有生物源的产品以及服务，但不包括所有形式的木材。”非木林产品的范围很广，主要有：①植物及其各部分，包括树苗、树叶、鲜果、食用菌、非木纤维原料、花、药材、树皮、树木分泌物（树胶、树脂、胶乳等）。②动物和动物产品。③加工产品包括食品、干果、食用菌、糖浆、甜味剂、果酒和饮料、饲料、食用和工业油脂、蜡、色素、植物单宁、植物提取物和药剂、芳香油和浸膏、松香和松香衍生物、燃油和醇、其他植物化学品等。④服务。

从上述非木林产品的定义和范围可见，它包括了经济林产品及部分林化产品。就本学科来说，主要研究上述非木林产品经加工制取的产品及其进一步深加工和应用。就我国情况而言，主要包括松脂、植物单宁、木本精油、药用植物、木本油脂、紫胶、白蜡、生漆等非木林产品的加工和利用。

一、松脂

许多树木的树皮、木材、树根和树叶中含有树脂，统称为天然树脂。松属树木中含有的天然树脂特称为松脂，从化学组成看，其主要是固体树脂酸溶解在萜烯类物质中所形成的溶液。松脂经加工即得到挥发性的萜烯类物质松节油和非挥发性的树脂酸熔合物松香。早在 2 500 年前希腊就有关于从松树采割树脂的记载。公元 3 世纪在中国《神农本草经》中将松脂作为药物使用，在明朝出版的《天工开物》中有采割松脂的图片，到 17 世纪美国将松脂进行直接火加热蒸馏得到脂松香和脂松节油，1910 年美国从采伐松树留下的松根经切片、溶剂浸提、脱色精制得到木松香和木松节油；随着松木硫酸盐纸浆造纸工艺的发展，木材中的树脂酸和脂肪酸溶于碱液浓缩得到硫酸盐皂，经酸化后获得粗浮油，再进行减压分馏得到浮油松香和浮油松节油。目前世界年产松香约 110 万 t，主要生产国家有中国、美国、印度、印度尼西亚和巴西等，3 种松香生产比例大致为 60:4:36。

我国松树资源非常丰富，采脂树种主要有马尾松、云南松、思茅松、南亚松、红松、油松，近年来湿地松等国外松也称为主要割脂树种。松脂化学加工工业是我国林产化学工业最重要的工业部门之一，其研究主要包括松树的松脂形成机理、采脂方法、化学组成、松香和松节油及其再加工和深加工产品的生产工艺、设备和松脂的应用。我国主要生产脂松香和脂松节油，是世界上最大的松香生产国和出口国，年产松香占全世界产量的 40%。20 世纪 60 年代以来已开发生产了氢化松香、歧化松香、马来松香、聚合松香、松香胺及各种松香酯和松香树脂等松香再加工产品以及合成樟脑、冰片、松油、松油醇、萜烯树脂、α-蒎烯、ρ-蒎烯和芳樟醇等松节油再加工产品。利用松香、松节油所含的主要天然化合物，如树脂酸、α-和 ρ-蒎烯为原料，合成各种精细化学品，开发具有自主知识产权的深加工产品的研究也取得了进展。松香用途有 400 多种，归纳起来主要应用于造纸工业、合成橡胶工业、胶粘剂工业、油墨工业、油漆工业、食品工业、医药工业、电子工业等。

二、植物单宁

植物单宁又称植物鞣质，是一种存在于树木等高等植物中复杂的天然多酚类化合物。Howes 曾列举全世界含单宁植物共 87 科 600 余种，我国已发现的含单宁植物也有 300 多种。就其化学结构特征可分为水解单宁和缩合单宁二类，前者可分为棓单宁和鞣花单宁。植物单宁化学加工主要研究植物单宁化学（提取、分离和结构鉴定）、生产工艺和设备、产品应用及其再加工产品的开发和利用。在植物单宁加工技术和应用方面，除原有的鞣革用栲胶生产外，还被广泛应用于医药和食品加工、金属防锈、木工胶粘剂、矿冶工业、纺织印染、水处理及石油钻井、陶瓷及混凝土砂浆生产等方面。由于植物单宁作为可再生的天然多酚化合物，在自然界分布广、数量大，随着今后煤、石油资源的日益减少，研究利用植物单宁将得到进一步重视。

三、木本精油

在森林中有很多含有芳香气味的植物，利用其分泌物或根、皮、枝叶、花、果和种子为原料，经过加工能获得具有各种特殊气味的精油。木本精油是从木本植物的叶、皮、果、根等中提取的一种芳香油状物，在室温下为透明易流动的液体，也有少数在低温时会变成固体，如玫瑰油。大多数精油比水轻，一般比重为0.85～0.99，但也有比水重的，如丁香油、苦杏仁油、芥子油等。我国是世界上精油生产的大国，年产约1.5万t，其中40%来自木本植物。主要的木本植物香料资源包括松科、柏科、樟科、桃金娘科、番荔枝科、肉豆蔻科、龙脑香科、蔷薇科、木樨科、木兰科等，木本精油有肉桂油、山苍子油、桉叶油、柠檬桉油、柏木油、樟油、茴油等。其再加工产品包括上述精油经单离得到的产品，如桉油素、柠檬醛、肉桂醛、芳樟醇、龙脑、黄樟油素、茴香醛等，以及进一步加工合成的香料产品。木本精油具有强烈的杀虫、灭菌、消炎、防腐及除秽气的功能，被广泛应用于牙膏、肥皂、化妆品、烟草、食品、饮料、医药、杀虫剂和合成香料等工业部门和日常生活中。

四、森林药用植物

森林药用植物的利用已有长久的历史，特别是我国的传统中草药更是享有盛名。20世纪70年代以来，随着科学技术的进步，尤其是各种层析分离技术和波谱分析技术以及药效筛选技术的发展，使从药用植物中筛选有效成分、提取分离和制备新药或保健品有了很大的发展，并引起了国际上的重视。森林植物的多样性为人类提供了丰富的天然化合物宝库，目前已经应用于临床的药物包括抗癌(紫杉醇、喜树碱、三尖杉生物碱等)、防治心血管病(银杏叶提取物、芦丁及其衍生物、天然龙脑等)、防治艾滋病(金丝桃素、缩合单宁茶多酚等)等产品，森林药用植物的开发利用将越来越受到人们的重视。森林药用植物的研究主要包括森林植物生物活性成分的化学结构、分析方法、提取、分离和精制、质量标准和制剂配方及其在保健品和药物中的应用。从目前森林植物经加工制备药用或保健制剂大致有以下4种途径：

①从森林植物中提取、分离和制备单一有效成分。如从红豆杉树皮和针叶中制备抗癌药物紫杉醇；从喜树果和皮中提取制备喜树碱等。

②从森林植物中提取制备具有一定有效成分含量的标准提取物。如治疗心脑血管疾病用的含24%黄酮甙和6%银杏内酯的银杏叶提取物；抗抑郁用的含0.3%金丝桃素的贯叶连翘提取物等。

③从森林植物中提取分离某一化合物，用以半合成有效化合物。如从欧洲红豆杉(Taxusbaccata)叶中提取10-去乙酰巴卡亭以合成紫杉醇。

④从森林植物中提取有效部位制成植物提取物。

五、其他非木林产品

除上述松脂、植物单宁、精油和药用植物化学加工外，还有一系列非木林产品可供加工和利用，包括森林蔬菜、森林粮食、木本油脂(如桐油、乌桕油等)、紫胶、白蜡、生漆、树胶(如落叶松胶、罗望子胶、塔拉胶)等。此外，一些树叶，如松针通过化学加工可生产饲料添加剂和其他产品。非木林产品的化学加工利用领域将随着对非木林产品的重视和科学技术的发展进一步拓展。

(一)森林蔬菜

森林蔬菜，也称山野菜、长寿菜，是指生长在森林地段或森林环境中，可作蔬菜食用的森林植物，主要包括某些植物的根、茎、叶、花、果和菌类，是一类重要的可食性植物资源。目前我国森林蔬菜约有63科700种，最常见约有192种，其中草本植物110种，藤本植物约12种，木本植物约70种，大多数处于野生状态，部分由人工栽培。森林蔬菜种类繁多，有多种不同的分类方法。按其生长形态的不同可分为：木本类，如香椿、省沽油、黄连木、合欢、刺槐等；草本类，如薇菜、鱼腥草、蕨菜、马齿苋等；真菌类，如香菇、羊肚菌、蘑菇等。根据其可供食用的部位和器官的不同可分为：茎菜类，如毛竹、枸杞、菜蕨等；叶菜类，如香椿、刺龙芽、马齿苋等；花菜类，如槐花、菊花、黄花菜等；果菜类，如板栗、木通、山核桃等；根菜类，如魔芋、桔梗、百合、玉竹等；菌菜类，如猴头、黑木耳、香菇等。根据开发利用的规模化程度可分为：形成规模化、商品化经营的种类，如香椿、蕨菜等；地方集贸和民间采食种类，如省沽油、马齿苋、毛百合等。

(二)森林粮食

森林粮食是指森林植物体的某个部分(包括果实、种子、根、皮、叶、花等)含有较多淀粉、单糖、低聚糖或者蛋白质，能代替粮食食用的植物，如大枣、柿子、被群众称为“铁杆庄稼”的板栗、被世界卫生组织认定为“长寿果”的山杏等。我国森林粮食资源丰富，据报道共有500余种，现已查明的120多种，其中有木本100多种。据其主要成分的不同，可分为三大类：淀粉植物，如板栗、栎类、银杏、葛根、蕨根、野果与野百合等；糖料植物，此类植物的种类繁多，如枣、柿、猕猴桃、笋用竹等；蛋白质植物，如腰果、马尾松、槐等。

(三)森林油料

森林油料植物是指森林植物体内(果实、种子或茎叶)含油脂8%或在现有条件下出油效率达80%以上的植物。我国木本油料有400多种，含油量在15%～60%的有200多种，在50%～60%的有50多种，已广泛栽培提供油料的有30多种，主要有乌桕、油茶、油桐、油橄榄、核桃等，其中乌桕为中国特产的木本油料树种，油茶林是我国分布面积最大的木本油料林。含油量很高的木本油料植物有山核桃、胡桃、黄连木、元宝枫等。核桃、乌桕和油棕分别素有“面包黄油树”、“绿色原子弹”和“世界油王”的美誉。

(四)生漆

生漆又名大漆，是从漆树韧皮部内割流出来的乳白色粘稠液体，其主要化学成分是漆酚、漆酶和树胶质，是我国特产的一种天然树脂涂料，其经过加工处理后即成精制漆，又称熟漆。漆树品种很多，按其生物学特性及经济性状大致分为大木漆树(野生漆树)和小木漆树(人工栽培)。生漆与空气接触后迅速氧化而变为黑色，涂在器物上干燥后结成光亮坚硬的漆膜，具有耐久、耐腐、耐油、耐磨、绝缘等优良性能，广泛应用于手工工艺、轻工、纺织、建筑、石化、印染、冶金、采矿等部门，也是我国传统出口商品之一。

(五)热解工艺及产品

木材热解是林产化学加工的重要分支，是指在隔绝空气或通入少量空气和其他介质存在的条件下，使木材及其剩余物或其植物原料受热分解制取各种热解产品的方法，包括烧炭、木材干馏、活性炭制备和应用、木材的能源利用及加工转化等。

1.烧炭

将薪炭材置于炭窑或烧炭炉中，通入少量空气进行热分解制取木炭的方法，其以获取木炭为目的，其他热解产物不作回收。这是人类进行木材热解最古老的方法，时至今日仍然被人们采用。除传统的应用于炊事和取暖能源外，木炭还可作为冶金、制造火药、研磨剂、电极、饲料添加剂、阳离子交换剂、电磁波屏蔽剂等。

2. 干馏

将木质原料置于干馏釜中，在隔绝空气的条件下热解，制取醋酸、甲醇、木焦油、木馏油、木炭等产品。

3. 活性炭

活性炭是具有发达孔隙结构、很大比表面积和吸附能力的含碳物质，以植物原料（包括木材、木屑等剩余物、果壳、果核等）、煤以及其他含碳物质作为原料，在炭化、活化装置中进行热加工获取。其性质稳定，不溶于水和有机溶剂，耐酸耐碱，可经受水湿、高温高压作用，使用失活后可再生，是一种优良的吸附剂，被广泛应用于工业、农业、国防、军工和人民生活等多个领域。随着科技进步，活性炭作为碳素材料的一个分支，高性能活性炭、超细粉状活性炭、碳分子筛等新品系不断被开发，其属于新材料的范畴正被越来越多的人们认识。

4. 能源利用和加工转化

包括木质原料直接燃烧、气化和液化。直接燃烧是人们从植物获取热能的传统形式，但由于炉灶的热效率差别，世界各地薪材热利用率相差悬殊，从10％～90％不等。为改善燃烧条件和提高农林废弃物的利用率，近十几年来，木质压缩成型燃料技术在各地被迅速开发和利用。在高温下利用含氧气体使木质原料转变成可燃性气体的热化学过程叫木质原料气化，木煤气的生产已有150多年历史，20世纪70年代的石油危机使得木质原料的气化得到快速发展。我国从“六五”开始重视农林废弃物的气化研究和开发，气化装备研制、原材料来源、应用领域拓展均取得了显著成绩。木质原料液化是指将其转化成液体燃料的热化学过程，包括直接液化和间接液化，前者是木质原料在催化加压下热解为类似石油的液体燃料，后者包括将木材等水解发酵制酒精和利用木煤气催化合成甲醇等。

思考题

1. 从木材宏观构造角度谈谈其与木材高效利用之间的关系。
2. 木材具有哪些特性？在利用上如何判定其优劣？
3. 何谓木材缺陷？简述节子、腐朽、变形、树干形状缺陷、木材构造缺陷等的形成原因。
4. 何谓非木林产品？试结合生活实际介绍1～2种非木林产品的主要用途及应用领域。

参考文献

[1] 薛建辉．森林生态学．北京:中国林业出版社,2006.
[2] 曹福亮．森林生态学．北京:中国林业出版社,2005.
[3] 陈祥伟,胡海波．林学概论．北京:中国林业出版社,2005.
[4] 徐小牛．林学概论．北京:中国农业大学出版社,2008.
[5] 沈国舫,翟明普．森林培育学．2 版．北京:中国林业出版社,2011.
[6] 杨小波,吴庆书．城市生态学．北京:科学出版社,2014.
[7] 张守攻,朱春全,肖文发,等．森林可持续经营导论．北京:中国林业出版社,2001.
[8] 魏殿生,李怒云．造林绿化与气候变化——碳汇问题研究．北京:中国林业出版社,2008.
[9] 雷家富，等．全国森林培育实用技术指南．北京：中国环境科学出版社，2001.
[10] 刘勇．我国苗木培育理论与技术进展．世界林业研究，2000，13(5):43-49.
[11] 孙时轩．林木育苗技术研究．北京:金盾出版社，2005.
[12] 国家质量技术监督局．林木种子检验规程 GB 2772—1999. 北京:中国标准出版社，1999.
[13] 吴泽民．城市景观中的树木与森林．北京:中国林业出版社,2011.
[14] 彭镇华．中国城市森林建设理论与实践．北京:中国林业出版社，2006.
[15] 丁向阳．城市森林建设规划理论与实例研究．长沙:湖南大学出版社,2007.
[16] 亢新刚．森林经理学．北京:中国林业出版社,2011.
[17] 森林资源规划设计调查主要技术规定 GB/T 26424—2010(S). 北京:中国标准出版社,2011.
[18] 简明森林经营方案编制技术规程 LY/T 2008—2012. 北京:中国标准出版社,2012.
[19] 陆守一,唐小明,王国胜．地理信息系统实用教程．北京:中国林业出版社,1998.
[20] 梅安新,彭望琭,秦其明．等．遥感导论．北京:高等教育出版社,2001.
[21] 森林资源资产评估技术规范 LY/T 2407—2015. 北京：中国标准出版社,2015.
[22] 江泽慧．中国林业工程．济南:济南出版社，2002.
[23] 江泽慧．世界竹藤．沈阳:辽宁科学技术出版社，2002.
[24] 成俊卿．木材学．北京：中国林业出版社，1985.
[25] 王庆兴．林产化学工艺学．北京:中国林业出版社，1993.
[26] 王恺．木材工业实用大全．北京:中国林业出版社，1999.
[27] 渡边治人．木材应用基础．张勤丽等译．上海:上海科技出版社，1984.
[28] 徐有明．木材学．北京：中国林业出版社，2006.

[29] 尹思慈．木材品质与缺陷．北京：中国林业出版社，1990.
[30] 赵仁杰．竹材人造板工艺学．北京：中国林业出版社，2002.
[31] 安榆林．外来森林有害生物检疫．北京：科学出版社，2012.
[32] 包建中，古德祥．中国生物防治．太原：山西科学技术出版社，2006.
[33] R. N. 库尔森，J. A. 威特．森林昆虫学—生态学与经营管理．黄竞芳，等译．北京：中国林业出版社，1991.
[34] 杨怀文．生物防治创新与实践．北京：中国农业科学技术出版社，2009.
[35] 马光．环境与可持续发展导论．北京：科学出版社，2000.
[36] 林业部护林防火办公室．森林防火．北京：中国林业出版社，1984.
[37] 蒲蛰龙、李增智．昆虫真菌学．合肥：安徽科学技术出版社，1996.
[38] 丘玲．应用管氏肿腿蜂防治粗鞘双条杉天牛．中国生物防治，1999，15(1)：8-11.
[39] 万方浩，等．我国生物防治研究的进展及展望．昆虫知识，2000，37(2)：65-74.
[40] 张星耀，骆有庆．中国森林重大生物灾害．北京：中国林业出版社，2003.
[41] 郑怀兵，张南群．森林防火．北京：中国林业出版社，2006.
[42] 中国林学会．2008—2009 林业科学学科发展报告．北京：中国科学技术出版社，2009.
[43] Bajwa，W. I.，Kogan M. Compendium of IPM Definitions (CID)—What is IPM and how is it defined in the Worldwide Literature? IPPC Publication No. 998，Integrated Plant Protection Center (IPPC)，Oregon State University，Corvallis，OR 97331，USA. 2002.
[44] Blazier M A，Scott D A，Coleman R. Mid-Rotation Silviculture Timing Influences Nitrogen Mineralization of Loblolly Pine Plantations in the Mid-South USA. Forests，2015，6：1061-1082.
[45] Caltagirone L E，Doutt RL. 1989. The history of the vedalia beetle importation to California and its impact on the development of biological control. Annual Review of Entomology，1989，34：1-16.
[46] Dufour R. Biointensive integrated pest management. Appropriate Technology Transfer for Rural Area. http://www.attra.ncat.org. 2001.
[47] Daniel T W，Helms J A，Baker F S. Principles of Silviculture，2nd Edition，New York：McGraw Hill，1979.
[48] Landis D A，Orr DB. Biological Control：Approaches and Applications. In：Radcliffe's IPM World Textbook，http://www.ipmworld.umn.edu/chapters/landis.htm. 2003.
[49] Ma Y L，Geng Y，Huang Y Y，et al. Effect of clear-cutting silviculture on soil respiration in a subtropical forest of China. Journal of Plant Ecology，2013，6(5)：335-348.
[50] Mason W L，Zhu J J. Silviculture of Planted Forests Managed for Multi-functional Objectives：Lessons from Chinese and British Experiences. Challenges and Opportunities for the World's Forests in the 21st Century，Forestry Sciences，2014，81：37-54.
[51] Mizunaga H，Nagaike T，Yoshida T，Valkonen S. Feasibility of silviculture for complex stand structures：designing stand structures for sustainability and multiple

objectives. J For Res，2010，15:1-2.

[52] Pinkard E.，et al. A history of forestry management responses to climatic variability and their current relevance for developing climate change adaptation strategies. Forestry，2015：88，155-171.

[53] Ralph D. Nyland. Silviculture：Concepts and Applicaions. 2nd. USA：McGraw-Hill Higher Education. 2002.

[54] Roland Hörnfeldt. Silviculture Adapted to Multiple Goals in Swedish Small Scale Forestry - methods for choosing practices，biotopes，stands and events. Swedish University of Agricultural Sciences. 2014.

[55] Saarenmaa H. Integrated pest management in forests and information technology. AGRIS Journal of applied entomology，1992,114(4):321-332.

[56] Smith D M. The Practice of Silviculture. 8th edition. New York：Wiley & Sons，1986.

[57] Smith R F. History and complexity of IPM. IN Pest Control Strategies. New York：Academic Press,1977.

[58] Smith R F，van den Bosch R. Integrated control. In Pest control (Doutt R L ed.)，New York：Academic Press,1967.

[59] Walter L，Michael K. Bamboo：The Plant and its Uses. New York,Dordrecht，London，2015.